数字化教材编委会

主　编　姚文兵

副主编　夏焕章　谭树华　杨　红　胡昌华

编　者　（以姓氏笔画为序）

尹登科（安徽中医药大学）

田　浤（中国药科大学）

杨　红（广东药科大学）

何国振（广州中医药大学）

张　纯（四川大学华西药学院）

郑　青（暨南大学药学院）

赵广荣（天津大学化工学院）

胡昌华（西南大学药学院）

姚文兵（中国药科大学）

夏焕章（沈阳药科大学）

谭树华（中国药科大学）

常务编委会

出版说明

“全国高等医药院校药学类规划教材”，于20世纪90年代启动建设，是在教育部、国家药品监督管理局的领导和指导下，由中国医药科技出版社组织中国药科大学、沈阳药科大学、北京大学药学院、复旦大学药学院、四川大学华西药学院、广东药科大学等20余所院校和医疗单位的领导和权威专家成立教材常务委员会共同规划而成。

本套教材坚持“紧密结合药学类专业培养目标以及行业对人才的需求，借鉴国内外药学教育、教学的经验和成果”的编写思路，近30年来历经四轮编写修订，逐渐完善，形成了一套行业特色鲜明、课程门类齐全、学科系统优化、内容衔接合理的高质量精品教材，深受广大师生的欢迎，其中多数教材入选普通高等教育“十一五”“十二五”国家级规划教材，为药学本科教育和药学人才培养做出了积极贡献。

为进一步提升教材质量，紧跟学科发展，建设符合教育部相关教学标准和要求，以及可更好地服务于院校教学的教材，我们在广泛调研和充分论证的基础上，于2019年5月对第三轮和第四轮规划教材的品种进行整合修订，启动“全国高等医药院校药学类专业第五轮规划教材”的编写工作，本套教材共56门，主要供全国高等院校药学类、中药学类专业教学使用。

全国高等医药院校药学类专业第五轮规划教材，是在深入贯彻落实教育部高等教育教学改革精神，依据高等药学教育培养目标及满足新时期医药行业高素质技术型、复合型、创新型人才需求，紧密结合《中国药典》《药品生产质量管理规范》（GMP）、《药品经营质量管理规范》（GSP）等新版国家药品标准、法律法规和《国家执业药师资格考试大纲》进行编写，体现医药行业最新要求，更好地服务于各院校药学教学与人才培养的需要。

本套教材定位清晰、特色鲜明，主要体现在以下方面。

1.契合人才需求，体现行业要求 契合新时期药学人才需求的变化，以培养创新型、应用型人才并重为目标，适应医药行业要求，及时体现新版《中国药典》及新版GMP、新版GSP等国家标准、法规和规范以及新版《国家执业药师资格考试大纲》等行业最新要求。

2.充实完善内容，打造教材精品 专家们在上一轮教材基础上进一步优化、精炼和充实内容，坚持“三基、五性、三特定”，注重整套教材的系统科学性、学科的衔接性，精炼教材内容，突出重点，强调理论与实际需求相结合，进一步提升教材质量。

3.创新编写形式，便于学生学习 本轮教材设有“学习目标”“知识拓展”“重点小结”“复习题”等模块，以增强教材的可读性及学生学习的主动性，提升学习效率。

4.配套增值服务，丰富教学资源 本套教材为书网融合教材，即纸质教材有机融合数字教材，配套教学资源、题库系统、数字化教学服务，使教学资源更加多样化、立体化，满足信息化教学的需求。通过“一书一码”的强关联，为读者提供免费增值服务。按教材封底的提示激活教材后，读者可通过PC、手机阅读电子教材和配套课程资源（PPT、微课、视频、图片等），并可在线进行同步练习，实时反馈答案和解析。同时，读者也可以直接扫描书中二维码，阅读与教材内容关联的课程资源（“扫码学一学”，轻松学习PPT课件；“扫码看一看”，即可浏览微课、视频等教学资源；“扫码练一练”，随时做题检测学习效果），从而丰富学习体验，使学习更便捷。

编写出版本套高质量的全国本科药学类专业规划教材，得到了药学专家的精心指导，以及全国各有关院校领导和编者的大力支持，在此一并表示衷心感谢。希望本套教材的出版，能受到广大师生的欢迎，为促进我国药学类专业教育教学改革和人才培养做出积极贡献。希望广大师生在教学中积极使用本套教材，并提出宝贵意见，以便修订完善，共同打造精品教材。

中国医药科技出版社

2019年9月

前言

21世纪，人类将迎来生物经济的时代，生命科学的飞速发展，已使以化学为主体的传统药学研究模式迅速向以生命科学与化学相结合的新型模式转变。以分子生物学为代表的现代生物技术的研究与实践虽然只有短短几十年的时间，却对药学学科从新药发现、药物研究、药物生产、药物质量控制和药品临床应用等方面均产生了重要的影响。近20年来，以基因工程、细胞工程、酶工程为代表的现代生物技术迅猛发展，人类基因组计划等重大技术相继取得突破，现代生物技术在医学治疗方面广泛应用，生物医药产业化进程明显加快。20世纪90年代以来，全球生物药品销售额以年均30%以上的速度增长。生物医药产业正快速由最具发展潜力的高技术产业向高技术支柱产业发展。

为了及时反映生物技术的原理、技术、方法在制药领域的应用，顺应国际生物医药产业的发展趋势，使药学及相关专业的学生均能及时了解生物技术制药的最新发展动态，我们在第3版的基础之上，又重新组织国内多所著名药学院校从事这方面教学的教授编写了《生物技术制药概论》第4版。

本教材概括地介绍了生物技术、生物技术制药及生物产业与生物经济的基本概念、现状与发展趋势，并对基因工程制药、蛋白质工程制药、动植物细胞工程制药、发酵工程制药、酶工程制药、抗体工程制药以及合成生物学与制药的基本原理及应用进行了阐述，同时对生物技术药物的质量控制与安全评价等也作了简明介绍。在此基础上，本教材对近年来快速发展的细胞治疗技术、基因治疗技术、免疫检查点类抗体药物等前沿热点也进行了介绍。希望通过本教材的学习，能使药学及相关专业本、专科学生比较全面地了解现代生物技术的基本原理、方法和技术手段及其在制药领域的应用，了解医药生物技术的最新发展趋势，开拓学生的视野，为其今后从事医药企业的相关工作打下良好的基础。本教材为书网融合教材，即纸质教材有机融合电子教材、教学配套资源（PPT、微课、视频等）、题库系统、数字化教学服务（在线教学、在线作业、在线考试），使教学资源更加多样化、立体化。

本教材在编写过程中，得到了所有编者及其所在单位领导的大力支持与帮助，同时得到了相关专家的指导，在此一并表示衷心的感谢！

由于生物技术的发展及在制药领域的应用日新月异，要想十分全面、快速、准确地对其进行论述困难很大。由于编者的知识水平有限，书中难免出现在疏漏与不足之处，欢迎广大同行批评指正。

编者

2015年7月

目录

第一章　绪　论

学习目标

1. **掌握**　生物技术药物的概念与分类、生物技术药物的特性与成药性。
2. **熟悉**　生物技术药物临床用途及研究发展趋势。
3. **了解**　生物医药产业概念与范畴以及生物制药工业的发展。

第一节　生物技术概述

扫码“学一学”

一、生物技术的定义及主要内容

生物技术（biotechnology）一词最早是在1919年由匈牙利农业经济学家艾里基（K. Ereky）提出的，随着分子生物学、DNA重组技术的出现以及基因工程产品等面世，目前比较公认的生物技术的定义是：生物技术就是利用生物有机体（这些生物有机体包括从微生物至高等动、植物）或其组成部分（包括器官、组织、细胞或细胞器等）发展新产品或新工艺的一种技术体系。

近30年来，以基因工程、细胞工程、酶工程、发酵工程和蛋白质工程为主发展组成的现代生物技术（modern biotechnology），逐步成为与微生物学、生物化学、化学工程等多学科密切相关的综合性边缘学科技术。现代生物技术和古代利用微生物酿造技术和近代利用发酵技术有发展中的联系，但又有质的区别。古老的酿造技术及近代的发酵技术只是利用现有的生物或生物功能为人类服务，而现代生物技术则是按照人们的意愿和需要创造全新的生物类型和生物功能，或者改造现有的生物类型和生物功能，包括改造人类自身，从而造福于人类。现代生物技术为解决人类面临的重大问题，如粮食、健康、环境和能源等将开辟广阔的前景。

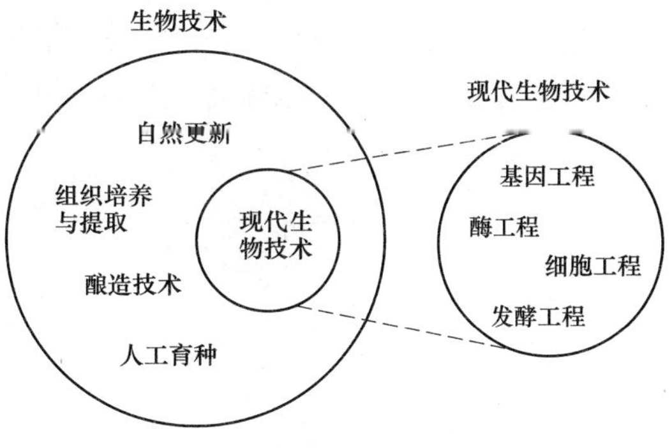

图1－1　生物技术与现代生物技术

生物技术主要内容包括基因工程、细胞工程、酶工程、发酵工程和蛋白质工程等（图1－1）。

1. 基因工程　基因工程又称基因拼接技术或DNA重组技术，是以分子遗传学为理论基础，以分子生物学和微生物学的现代方法为手段，将不同来源的基因（DNA分子），按预先设计的蓝图，在体外构建杂种DNA分子，然后导入活细胞，以改变生物原有的遗传特性，获得新品种，生产新产品（图1－2）。

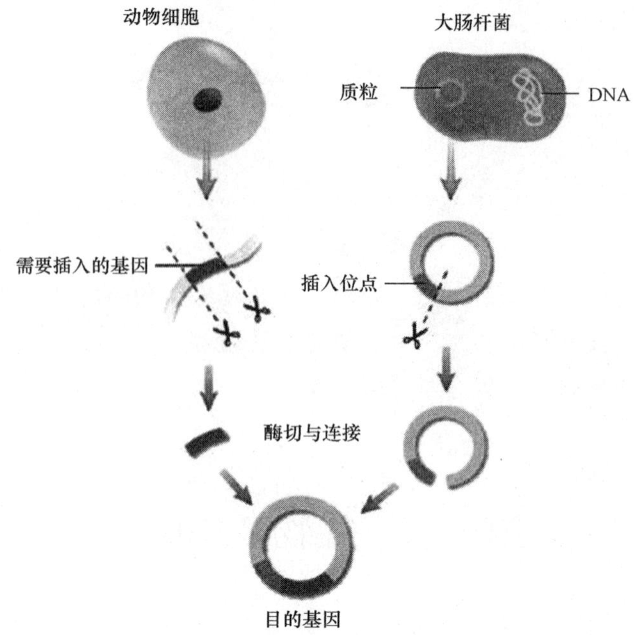

图 1－2　DNA 重组技术示意图

2. 细胞工程　细胞工程包括一切生物类型的基本单位——细胞（有时也包括器官和组织）的离体培养、繁殖、再生、融合以及细胞核、细胞质乃至染色体与细胞器（如线粒体、叶绿体等）的移植与改建等操作技术，如细胞显微注射（图 1－3）。

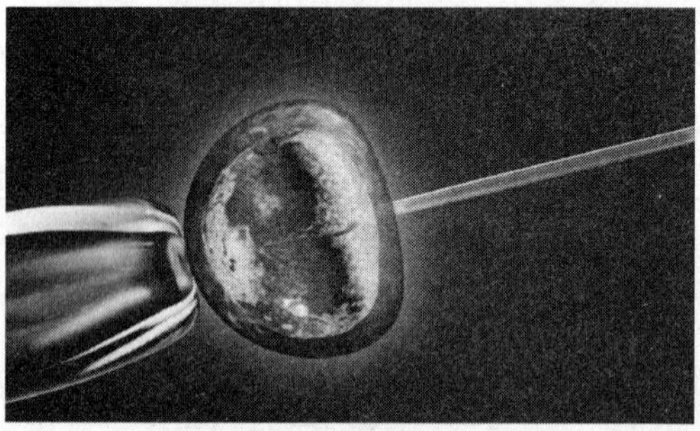

图 1－3　细胞显微注射

3. 酶工程　酶工程指利用生物体内酶所具有的特异催化功能，借助固定化技术、生物反应器和生物传染器等新技术和新装置，高效优质地生产特定产品的一种技术。酶活性中心与底物的高特异性以及酶反应的高效性是酶促反应的特点（图 1－4）。

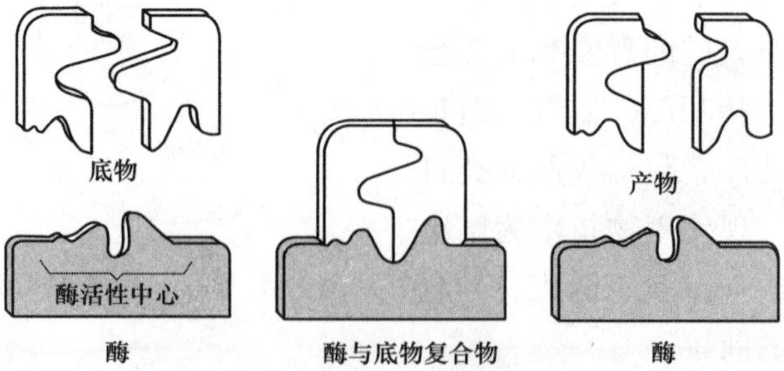

图 1－4　酶促反应示意图

4. 发酵工程　发酵工程也称为微生物工程，就是给微生物提供最适宜的发酵条件生产特定产品的一种技术。发酵工程在工业上的应用具有投资少、见效快、污染小的优点。由于细胞融合、细胞固定化以及基因工程的建立，使发酵工程进入了一个崭新的发展阶段，产品涉及到医药、食品、农业、化工、能源、冶金和环境保护等广泛的领域。工业级别大规模发酵系统是现代生物技术产业化的保证（图1-5）。

5. 蛋白质工程 蛋白质工程是指在基因工程的基础上，结合结构生物学、计算机辅助设计和蛋白质化学等多学科的基础知识，通过对基因的人工定向改造等手段，对蛋白质进行修饰、改造和拼接，以生产出能够满足人类需要的新型蛋白质的技术。

图1-5 中试发酵罐

生物技术的这五大组成部分虽然均可以自成体系，构成独立的完整技术，但在许多情况下又是高度互相渗透和密切相关的，事实上如果没有这种互相渗透和彼此依赖，或许生物技术根本就形成不了像现在这样的一种既深且广的影响与声势。生物技术的依据和出发点是生物有机体本身的种种功能，是各种生物在生长、发育与繁殖过程中进行物质合成、降解和转化的能力（也就是利用其新陈代谢的能力）。各种生物，不管是低等的细菌、真菌等微生物，还是高等的动物、植物、人，其新陈代谢的过程就好像是一座反应器，而且是效率极高的反应器。在此反应器中，各种各样代谢反应（化学反应）在各种生物催化剂——酶的催化下有条不紊地进行，而什么酶催化什么反应，该酶具有什么样的特异结构与功能，又是受特定的遗传基因所决定。所以从某种意义上说，基因工程和细胞工程可以被看作是生物技术的核心基础，因为通过基因工程和细胞工程可以创造出许许多多具有特殊功能或多样功能的“工程菌株”或“工程细胞株”，这些“工程菌株”或“工程细胞株”往往可以使酶工程或发酵工程生产出更多、更好的产品，发挥出更大的经济效益。而酶工程和发酵工程往往又是生物技术产业化，特别是发展大规模生产的最关键环节。蛋白质工程是在基因工程的基础上，有目的地定向改造基因，从而达到改造蛋白质的目的。因此，生物技术包括的五大方面应当是一个完整的整体。

二、生物技术在制药领域的应用

生物技术发展的一大目的就是战胜疾病，延长人类寿命，提高生存质量。二十多年来，生物技术制药已成为现代制药工业的新的经济增长点，并成为新药开发的重要发展方向。生物技术也广泛应用于制药领域的各个方面，主要包括以下几个方面。

1. 利用基因工程技术生产多肽/蛋白质类药物或疫苗 利用基因工程菌表达人类一些重要基因片段，获得具有生理活性的肽类和蛋白质类药物，可以从根本上解决这类药物来源问题。内源性活性成分一般含量少，不易获得，如生长激素、促红细胞生成素、粒细胞集落刺激因子等目前通过基因工程的手段制备，成本显著降低。如提取1mg生长激素抑制素需要用10万只羊的下丘脑。而基因工程方法生产这一激素只需要10L大肠杆菌培养液，其价格大约为每毫克0.3美元。

传统疫苗是灭活疫苗或减毒活疫苗，若将基因工程菌株表达的一些致病微生物的特异性抗原作为疫苗，可以减少疫苗的致病性，提高疫苗的安全性。例如乙型肝炎是常见的传染病，过去从患者血液中分离乙肝病毒的表面抗原作为疫苗，来源有限，价格昂贵，有潜在的交叉感染的危险。通过克隆得到病毒编码的HBsAg的基因，使其表达获得大量HBsAg用作疫苗。1986年美国正式批准基因工程乙肝疫苗投放市场，我国的科学工作者也克隆得到在我国流行的乙肝病毒亚型的HBsAg的基因，研制了适用于我国乙肝基因工程疫苗，并已生成和使用。

2. 利用蛋白质工程技术制造新型活性多肽/蛋白质类药物 天然内源性活性蛋白质通常在成药性方面存在缺陷，需要通过蛋白质工程技术进行改造，以获得性质更好的多肽、蛋白质类药物，如天然形式的胰岛素在临床使用中存在作用时间短、进入血液慢、长期使用时产生抗性且稳定性差、无法长期保存及生产规模不能满足需求等。研究人员通过蛋白质工程技术对胰岛素分子进行了多种突变，获得了速效、中效、长效等多种活性的胰岛素类似物。1996年速效胰岛素类似物Lispro在欧洲和美国批准上市，它与天然胰岛素不同之处是B链28位的Pro和29位的Lys调换了位置，结果其自身聚集的倾向大大降低，静脉推注后15分钟起效，而原型人胰岛素要45分钟起效。目前已有多种通过蛋白质工程改造的药物上市，如改构的tPA、IL-2、IFN-2α等。

3. 利用细胞工程技术制备抗体类药物 细胞工程是改变细胞的某些遗传特性，从而达到改良或产生新品种的目的，以及使细胞增加或重新获得产生某种特定产物的能力，从而在离体条件下进行大量培养、增殖并提取对人类有用的产品。细胞工程在制药领域应用广泛，基因工程技术依赖细胞的大量培养才能生产各种各样的生物活性产物。细胞工程技术在制药领域的一个主要应用是制备单克隆抗体。单克隆抗体技术是将能在体外无限繁殖的恶性瘤细胞与能产生单一抗体的B淋巴细胞融合，使融合细胞具有两种亲本细胞特性的技术。单克隆抗体在医学上的用途十分广泛，抗病毒单克隆抗体已用于临床，例如用于诊断流感病毒类型和狂犬病的治疗。单克隆抗体最受重视的用途是在肿瘤诊断和治疗方面的应用。经抗体与药物结合制成“生物导弹”，能定位杀灭瘤细胞，避免或减少对正常细胞的伤害，从而大大减少了抗癌药物的不良反应。

4. 利用酶工程技术获得活性药物分子或药物中间体 酶工程技术在制药领域的应用主要是利用酶的催化能力将前体药物转变成药物。通过固定化酶、固定化细胞以及酶化学修饰技术等可以简化生产工艺、提高生产效率和产品收率等，如青霉素酰化酶是医药工业上广泛应用的一种固定化酶，可用多种方法固定，1973年已用于生产。它可以催化青霉素G（或V）水解，水解侧链后的产物称为6-氨基青霉烷酸（6-APA），6-APA是生产半合成青霉素的最基本原料，以6-APA为原料已合成了多种耐酸、低毒及具有广谱抗菌作用的半合成青霉素。

5. 利用发酵工程技术提高生产工艺水平 发酵工程也称为微生物工程，它在原有发酵技术的基础上又采用了新技术使工艺水平大大提高。所采用的新技术主要应用于三方面：菌种改造、工艺改进和新药研制。菌种改造主要利用基因工程原理及技术。工艺改进主要依赖于计算机制论及技术的发展。正是由于采用其他学科的理论和新技术成果，使得发酵工程成为一高新技术。这反映出当今各学科之间相互渗透、相互支持，促进科学技术加速发展的趋势。目前氨基酸工业基本上都是利用发酵工程技术，通过菌种改造、工艺优化等显著提高了氨基酸的生产水平。

6. 现代生物技术在新药研发中的作用 现代生物技术的发展以及人类对疾病的分子机制认识的不断深化，使越来越多的生物技术药物及治疗手段应用于疾病的防治，如重组疫苗、治疗性抗体、反义核酸药物和基因治疗、干细胞治疗等。除此之外，生物技术在新药研发中也起着很重要的作用，主要表现在：① 发现新的药物靶点及建立新的筛选模型。随着现代生物技术的发展，疾病中起重要作用的受体、酶、离子通道、细胞因子、核酸与基因位点的分子生物学特征逐步被阐明，药物分子大多通过与人体内靶标分子的相互作用而发挥药效，通过现代分子生物学手段建立分子水平的药物筛选模型，利用高通量筛选的新技术，可以大大加快活性分子的发现速率；② 基于生物信息学的药物分子设计，利用生物信息学技术的发展，针对药物作用靶点，采用分子模拟软件分析结合部位的结构性质，如静电引力、疏水作用、氢键作用位点等信息，通过数据库搜寻或全新药物设计技术，识别得到分子形状和理化性质与受体作用位点相匹配的分子，合并并测试这些分子的生物活性，可发现新的先导化合物；③ 从分子水平阐明药物作用机制，通过现代生物学技术的运用，可以从蛋白质和基因的结构和功能方面，在分子水平阐明药物的作用机制及毒性产生机制。

第二节 生物技术药物

扫码“学一学”

一、生物技术药物的概念与分类

（一）生物技术药物的概念

生物技术药物（biopharmaceutics）是利用生物体、生物组织、细胞或其成分，综合应用生物学与医学、生物化学与分子生物学、微生物学与免疫学、物理化学与工程学和药学的原理与方法加工制造而成的一大类用于预防、诊断、治疗和康复保健的制品。广义的生物技术药物包括以动物、植物、微生物和海洋生物为原料制取的各种天然生物活性物质及其人工合成或部分合成的天然物质类似物，也包括应用生物工程技术（基因工程、蛋白质工程、细胞工程、酶工程与发酵工程）制造生产的新生物技术药物（new biotech drugs）。随着基因工程药物、基因药物和单克隆抗体的快速发展，生物技术药物已获得极大的扩充。利用现代生物技术，人们可以将动物、植物、细菌细胞等改造成为药物的生产车间（图1－6）。

图1－6 现代生物技术制药

现代生物技术药物已形成了四大类型：①基因重组多肽、蛋白质类治疗剂，即应用重组DNA技术（包括基因工程技术和蛋白质工程技术）制造的重组多肽、蛋白质类药物和疫苗、单克隆抗体与细胞因子等；②基因药物，即以基因物质（DNA或RNA）为基础研究而成的基因治疗剂、基因疫苗、反义药物、干涉RNA和核酶等；③天然生物技术药物，即来自动物、植物、微生物和海洋生物的天然产物，包括天然生化药物（biochemical medicine）、微生物药物（microbial medicine）、海洋药物（marine medicine）；④合成与部分合成的生物技术药物，即以天然生物技术药物为分子母体，经化学或生物学方法修饰改造合成的生物技术药物，如四氢叶酸、GSH、前列腺素、雄激素、雌激素和半合成抗生素（甲氧西林、氨苄西林）及聚乙二醇（polyethylene glycol，PEG）、腺苷脱氨酶等。

（二）生物技术药物的分类

生物技术药物通常按其化学特性、制造方法与临床用途进行综合分类。现代生物技术药物可分为3大类。

1. 天然生物技术药物 从动物、植物、微生物和海洋生物中发现、研究和生产的天然药物是生物制药工业的重要领域，也是提供创制生物新药有效先导物的重要途径。

2. 基因工程药物 应用基因工程和蛋白质工程技术制造的重组活性多肽、蛋白质及其修饰物，如治疗性多肽、蛋白质、激素、酶、抗体、细胞因子、疫苗、连接蛋白、融合蛋白、可溶性受体等。

3. 基因药物（核酸药物） 这类药物是以基因物质（RNA或DNA及其衍生物）作为治疗的物质基础，包括基因治疗用的重组目的DNA片段、重组疫苗、反义药物与干涉小RNA（siRNA）和核酶等。基因治疗除用于遗传病治疗外，已扩展到用于治疗肿瘤、艾滋病、囊性纤维变性、糖尿病和心血管疾病等，FDA已批准500多个基因治疗方案进入临床试验。

二、生物技术药物的特性与成药性

（一）生物技术药物的特性

1. 药理学特性

（1）药理活性高 生物技术药物是将体内原先存在的生理活性物质，通过生物分离工程技术从大量生物材料精制而成，因此具有高效的药理活性。如IFN-α纯品的比活 $>10^8$ U/mg，而临床使用一次剂量一般为 $3\times10^6\sim5\times10^6$ U，才相当于 $30\sim50\mu g$ 蛋白质量。

（2）治疗的针对性强，治疗的生理、生化机制合理，疗效可靠，如细胞色素c为呼吸链的一个重要成员，用它治疗因组织缺氧引起的一系列疾病效果显著。

（3）毒副作用较少，营养价值高 生物技术药物的组成单元多为机体的重要营养素，如氨基酸、核苷酸、单糖、脂肪酸及微量元素和维生素等，因此其化学组成更接近人体的正常生理物质，进入体内后更易为机体吸收、利用和参与人体的正常代谢与调节，所以生物技术药物对人体的毒副作用一般较少，而且还具有一定的营养作用。

（4）生理副作用常有发生 生物技术药物来自生物材料，不同生物或相同生物的不同个体，所含的生物活性物质结构上常有很大差异，尤其是分子量较大的蛋白质类药物更为突出，这种差异在临床使用时常会表现出免疫原性反应和变态反应等。另外，生物技术药物在机体内的原有生理活性一般受到机体的调控平衡，当用这些活性物质作为治疗药物时，常常使用大大超过正常生理浓度的剂量，致使其超过了体内的生理平衡调节以致发生副作用，如注射高剂量干扰素-α，常会引起发热症状等。

2. 理化特性与生物学特性

（1）生物材料中的有效物质含量低，杂质种类多且含量相对较高 如胰腺中脱氧核糖核酸酶含量为0.004%，胰岛素含量为0.002%，同时含有多种酶、蛋白质等杂质，分离纯化工艺很复杂。

（2）生物活性物质组成结构复杂、稳定性差 生物技术药物多数为生物大分子，如酶类药物的分子量为10 000~500 000，抗体分子量为50 000~950 000，多糖类药物的分子量小的上千，大的上百万。它们的组成结构复杂，并且有严格空间构象和特定活性中心，以维持其特定的生理功能，一旦遭到破坏，就失去生物活性。引起活性破坏的因素有生物性因素，如被自身酶的水解；理化因素，如温度、压力、pH、重金属、光照及强烈机械搅拌等。

（3）生物材料易染菌、腐败、生物原料及产品均为高营养物质，极易染菌、腐败、使有效物质分解破坏，产生有毒物质、热原或致敏物质和降压物质等。因此生物材料的选择要新鲜无污染，及时低温冻存。生物操作过程，对于低温、无菌操作要求严格，为确保产品的质量，就要从原料制造、工艺过程、制剂、贮存、运输和使用多个环节严加控制。

（4）生物技术药物制剂的特殊要求 生物技术药物易受消化道的酸碱环境和水解酶的破坏，常常以注射给药，因此对制剂的均一性、安全性和有效性都有严格要求。除按一般药物制剂的质控要求外，常附有其他检测项目，如安全性检查、热原检测与过敏试验、降压物质检测、免疫毒性试验、残留 DNA 检测和宿主蛋白质检测等。为保证制品的质量，必须遵守严格的制造过程管理要求，即《药品生产质量管理规范》（good manufacturing practice，GMP），并对制品的有效期、贮存期、贮存条件和使用方法做出明确规定。

生物技术药物是具有特殊生理功能的生物活性物质，因此对其有效成分的检测，不仅要有理化检验指标，而且要根据制品的特异生理效应或专一生化反应拟定生物活性检测方法。通常采用一个国际上法定的标准品或按严格方法制备的参照品作为测定时的参考标准。生物技术药物标准品在国际上有统一的制法与规格，依照这样拟定的制法和规定各国药品检定机构就可以复制出相应的副品，供有关生产单位使用。

（二）生物技术药物的成药性

生物技术药物的成药性是指具有特定生物学活性的生物大分子进行了初步药效学研究、药代动力学特性和安全性的早期评价后，被认为具有开发为药物潜能的特性。由于生物技术药物具有药理活性高、作用靶点明确、特异性强的优点，但同时又由于分子量大、结构复杂、稳定性差以及受常规分析手段的限制，使得生物技术药物在早期成药性评价方面落后于化学小分子药物，所以早期的成药性评价对于生物技术药物研发意义重大。

1. 基于药代动力学特征的早期成药性评价 生物技术药物（蛋白质、肽类和寡核苷酸类药物）与传统小分子药物不同，通过胃肠道给药通常没有治疗作用，这主要由于胃肠道含有多种活性酶以及胃肠道黏膜对生物技术药物的低通透性导致的。所以，大多数生物技术药物的给药途径是注射给药，如静脉给药、皮下给药、输注给药等。静脉给药和输注给药没有吸收过程，直接进入血液；皮下注射给药，蛋白质或多肽类药物可通过毛细血管或淋巴管进入体循环。通常分子量 $>16\,000$ 的大分子大部分被吸收进入淋巴系统，而分子量 <1000 的小分子主要被吸收进入血液循环系统。

进入血液循环的蛋白质或多肽药物在分布上也不同于小分子药物，小分子药物的分布主要受到药物的理化性质，如分子量大小、化学结构和构型、pK_a、脂溶性以及血浆蛋白结合率的影响。蛋白质或多肽类药物主要取决于其理化性质（如电荷、亲脂性）、血浆蛋白结合率以及对其特定的主动运输途径。另外，蛋白质类药物不存在蓄积问题，其分解代谢产物为氨基酸，在内源性的氨基酸库中被循环再利用，所以对蛋白质和多肽类药物的体内分布研究主要是评价其对特异组织的靶向性。

生物技术药物体内消除是影响其成药性的重要因素，一些具有良好生物活性的药物，在代谢系统疾病治疗中极具潜力，其分子结构简单，作用机制明确，但是在体内极易被消除，至今尚未能应用于临床，如 FGF21。通常蛋白质和多肽药物几乎全部是通过与内源性蛋白质一样的分解代谢途径被消除，除了酶解作用外，生物技术药物非代谢消除途径主要包括肾排泄和胆汁排泄途径，但是这些不是蛋白质和多肽类药物的主要消除途径。通过对生物技术药物进行结构改造可改变其消除速度，如常规胰岛素以及速效胰岛素（赖脯胰岛素），通过对常规胰岛素B链进行氨基酸取代获得的速效胰岛素可在5分钟内起效，但是疗效持续时间不超过6小时，而常规胰岛素30～60分钟起效，效应持续时间长达8～10小时。目前研究表明，分子量大小、亲脂性，以及由于结构、电荷等特点导致的调理作用、吞噬作用和受体介导的内吞作用是影响其体内消除的重要因素。

2. 基于药代动力学与药效动力学（PK/PD）模型的早期成药性评价 药物按照一定剂量或给药方案给药后，在身体不同房室和体液中达到特定的药物浓度，进而对机体产生预期效应和非预期效应，这些共同构成了药物的有效性和安全性。所以对于生物技术药物治疗应用的基础与小分子药物类似——就是明确疗效与机体内药物浓度的关系。给药剂量、体液中药物浓度与产生的疗效之间的关系可能是简单的，也可能是复杂的关系。剂量-浓度-效应关系是根据药代动力学（PK）和药物动力学（PD）特征确定的。药代动力学研究影响体液（通常指全血或者血浆）中药物浓度时间进程的所有过程，也就是影响药物吸收、分布、代谢和排泄的所有过程。相反，药效动力学研究的是特定药物浓度在相关效应部位产生的疗效和（或）毒性。简单地说，药代动力学是研究“机体对药物的作用”，而药效动力学是研究“药物对机体的作用”。通过整合PK/PD模型，将这两种药理学原理结合在一起，就可以连续描述特定给药剂量下直接产生的效应-时间过程。

生物技术药物（如蛋白质、肽类和寡核苷酸类药物）通常与体内内源性物质相同或相似，所以在体内药代动力学与药效动力学特征更接近于内源性大分子，而显著区别于小分子药物，主要表现在如下方面。

（1）代谢机制存在明显差异 小分子药物主要通过肝脏代谢，而蛋白质和多肽类药物主要通过非特异性的蛋白质水解途径进行代谢，所以生物技术药物通常不需要进行细胞色素P-450酶的转化研究。

（2）结构上的类似决定了体内过程的相似性 蛋白质和多肽类药物在结构上具有相似性，而不同的哺乳动物对肽类的处理相对保守，所以对于这类生物技术药物更容易预测其在体内的分布、代谢和消除，同时以动物身上获得的药代动力学数据来推测其在人类体内的过程具有较好的可行度。

（3）靶向药物处置的PK特征 生物技术药物通常都是和特定的靶点结合发挥药理学活性，其中有些药物与特定的靶点之间的结合是不可逆的，当药物-受体复合物进入细胞后，通过细胞酶解作用来消除药物，这就将药代动力学和药效动力学过程变成了相互依赖的双向过程，而小分子药物药代动力学和药效动力学过程是独立的过程。当靶点数和药物分子数接近或远远大于时，药物通过与靶点作用进而消除是主要消除途径。靶向药物处置通常与受影响的非线性药代动力学相关，原因是当靶标饱和时，其介导的消除途径也出现饱和，结果导致血药浓度迅速上升。

3. 基于安全性的早期成药性评价 安全是成为一个药物的前提条件，生物技术药物与小分子化学药物在理化性质、免疫学和毒理学性质等都存在很大差异，所以对于生物技术药物来说安全性不仅仅是产品毒性问题，还包括免疫学特性、微生物学安全性、药理学安全性、致癌性、一般安全性等等。生物技术药物的安全性担忧主要包括三个方面：一为其药理作用的放大和延伸；二为免疫原性、免疫抑制和刺激反应及过敏反应；三为杂质或污染物所致的相关毒性。主要安全性担忧是生物制品本身和杂质，前者一般包括活性成分和产品相关蛋白质，杂质主要包括与工艺相关的杂质和产品相关杂质以及环境污染杂质。工艺相关杂质是指生产过程中产生的杂质，如宿主细胞蛋白质、DNA，培养物（诱导剂、抗生素或其他培养基成分等），纯化等工艺产生的杂质（酶、化学试剂、无机盐、溶剂、载体、抗体等）；产品相关杂质是指产品肽链的截短或延长形式、修饰形式（去酰胺化、异构体、二硫键错配、糖基化、磷酸化等）、聚合体、多聚体等；环境污染杂质包括细胞内毒素、可能携带的病毒和有害微生物等；宿主细胞（如细菌、酵母、昆虫、植物和哺乳动物细胞）的污染也存在潜在的危险性。这些均应严格控制。若理化性质和生物活性与产品本省相似，变异体可作为产品相关蛋白质而不是杂质来对待。总之，对具体产品的安全性担忧的性质和来源的分析与判断可以有针对性确定非临床安全性研究的试验项目和具体设计，以最大限度地为人体临床研究提供有价值的安全性信息。

三、生物技术药物的临床用途

生物技术药物广泛用作医疗用品。特别在传染病的预防和某些疑难病的诊断及治疗上起着其他药物所不能替代的独特作用。随着预防医学和保健医学的发展，生物技术药物正日益渗入到人民生活的各个领域，大大扩大了其应用范围。尤其在康复、保健医疗领域更加受到人们的青睐。生物技术药物在治疗肾性贫血、白细胞减少、癌症、器官移植排斥、类风湿关节炎、糖尿病、矮小症、心肌梗死、乙型肝炎、丙型肝炎、多发性硬化症、不孕症、黏多糖病、戈谢病、囊性纤维化、血友病、银屑病和脓毒症等这些以往难以医治的疾病中发挥了不可代替的作用。

（一）作为治疗药物

对许多常见病和多发病，生物技术药物都有较好的疗效。对目前危害人类健康最严重的一些疾病如肿瘤、糖尿病、心血管疾病、乙型肝炎、内分泌障碍、免疫性疾病、遗传病和延缓机体衰老等，生物技术药物将发挥更好的治疗作用。按其药理作用主要分为以下几大类。

1. 内分泌障碍治疗剂 如胰岛素、生长素、甲状腺素等。

2. 维生素类药物 主要起营养作用，用于维生素缺乏症。某些维生素大剂量使用时有一定治疗和预防癌症、感冒和骨病的作用，如维生素 C、维生素 D_3、维生素 B_{12}、维生素 B_{14}等。

3. 中枢神经系统药物 如 L-多巴（治神经震颤）、人工牛黄（镇静、抗惊厥）、脑啡肽（镇痛）。

4. 血液和造血系统药物 常用的有抗贫血药（血红素）、抗凝药（肝素）、纤溶剂——抗血栓药（尿激酶、tPA、水蛭素）、止血药（凝血酶）、血容量扩充剂（右旋糖酐）、凝血因子制剂（凝血因子Ⅷ和Ⅸ），以及造血系统因子 EPO、TPO、SCF 等。

5. 呼吸系统药物 有平喘药（PGE、肾上腺素）、祛痰剂（乙酰半胱氨酸）、镇咳药（蛇胆、鸡胆）、慢性气管炎治疗剂（核酪注射剂、DNA 酶）。

6. 心血管系统药物 有抗高血压药（卡托普利、血管舒缓素）、降血脂药（弹性蛋白酶、猪去氧胆酸）、冠心病防治药物（硫酸软骨素 A、类肝素、冠心舒）。

7. 消化系统药物 常见的有助消化药（胰酶、胃蛋白酶）、溃疡治疗剂（胃膜素、维生素 U）、止泻药（鞣酸蛋白）。

8. 抗感染药物 各类抗细菌、抗真菌抗生素。如头孢菌素用于尿路和呼吸道感染与小儿肠道感染，红霉素及其衍生物对呼吸道感染疗效明确，半合成链球菌素能快速杀灭多耐药性葡萄球菌和链球菌。

9. 免疫调节剂 免疫增强剂能提高机体的免疫功能，增加白细胞、血小板，如灵芝多糖、香菇多糖、GM-CSF、G-CSF；特异性免疫抑制剂，如环孢素、他克莫司（Tacrolimus，FK506）、西罗莫司（Sirolimus，Rapamycin，RAP）用于器官移植排斥反应等。

10. 抗病毒药物 主要有三种作用类型：①抑制病毒核酸的合成，如碘苷、三氟碘苷；②抑制病毒合成酶，如阿糖腺苷、阿昔洛韦；③调节免疫功能，如异丙肌苷、干扰素。

11. 抗肿瘤药物 主要有核酸类抗代谢物（阿糖胞苷、巯嘌呤、5-氟尿嘧啶），抗癌天然生物大分子（门冬酰胺酶、香菇多糖 PSK），提高免疫力抗癌剂（白介素-2、干扰素、集落细胞刺激因子），肿瘤坏死因子（使肿瘤细胞坏死）。

12. 抗辐射药物 如超氧化物歧化酶（SOD）、2-巯基丙酰甘氨酸（MPG）。

13. 计划生育用药 如口服避孕药（复方炔诺酮）和早中期引产药（前列腺素及其类似物，如 PGE_2、$PGF_{2\alpha}$、15-甲基 $PGF_{2\alpha}$、16，16-二甲基 $PGF_{2\alpha}$）。

14. 生物制品类治疗药 如各种人血免疫球蛋白（破伤风免疫球蛋白、乙型肝炎免疫球蛋白）、抗毒素（精制白喉抗毒素）和抗血清（蛇毒抗血清）。

（二）作为预防药物

常见的预防药物有疫苗、类毒素及冠心病防治药物（如改构肝素及多种不饱和脂肪酸）。疫苗，如布氏杆菌病、鼠疫、土拉、炭疽疫苗和卡介苗等。纯化或组分疫苗，如流行性脑膜炎、多糖菌苗，灭活菌苗如霍乱、伤寒、百日咳、钩端螺旋体疫苗等。灭活疫苗如乙型脑炎、森林脑炎、狂犬病和斑疹伤寒疫苗；活疫苗如麻疹、脊髓灰质炎、腮腺炎、流感、黄热病疫苗等。类毒素是细菌繁殖过程中产生的致病毒素，经甲醛处理使失去致病作用，但保持原有的免疫原性的变性毒素，如破伤风类毒素和白喉类毒素。基因疫苗也称 DNA 疫苗，已经在许多难治性感染性疾病，如自身免疫性疾病、过敏性疾病和肿瘤的防治领域显示出广泛应用前景。

（三）作为诊断药物

生物技术药物用作诊断试剂是其最突出又独特的另一临床用途，绝大部分临床诊断试剂都来自生物技术药物。诊断用药有体内（注射）和体外（试管）两大使用途径，诊断用品发展迅速，品种繁多，数可近千，剂型也不断改进，正朝着特异、敏感、快速、简便方向发展。

1. 免疫诊断试剂 利用高度特异性和敏感性的抗原-抗体反应，检测样品中有无相应的抗原或抗体，可为临床提供疾病诊断依据，主要有诊断抗原和诊断血清。

常见诊断抗原有：①细菌类，如伤寒、副伤寒菌、布氏菌、结核菌素等；②病毒类，如乙肝表面抗原血凝制剂、乙脑和森林脑炎抗原、麻疹血凝素；③毒素类，如链球菌溶血素 O、锡克及狄克诊断液等。

诊断血清包括：①细菌类（如痢疾菌分型血清）；②病毒类（如流感、肠道病毒诊断血清）；③肿瘤类（如甲胎蛋白诊断血清）；④抗毒素类（如霍乱 CT）；⑤激素类（如绒毛膜促性腺激素 HCG）；⑥血型及人类白细胞抗原诊断血清（包括抗人五类 Ig 和 κ，λ 轻链的诊断血清）；⑦其他类，如转铁蛋白诊断血清。

2. 酶诊断试剂 利用酶反应的专一性和快速灵敏的特点，定量测定体液内的某一成分变化作为病情诊断的参考。商品化的酶诊断试剂盒是一种或几种酶及其辅酶组成的一个多酶反应系统，通过酶促反应的偶联，以最终反应产物作为检测指标。经常用于配制诊断试剂的酶有氧化酶、脱氢酶、激酶和水解酶等。已普遍使用的常规检测项目有血清胆固醇、三酰甘油、葡萄糖、血氨、ATP、尿素、乙醇及血清谷丙转氨酶（serum glutamic- pyruvic transaminase，sGPT）和血清谷草转氨酶（serum glutamic-oxalacetic transaminase，sGOT）等。目前已有40余种酶诊断试剂盒供临床应用，如HCG诊断盒、艾滋病诊断盒。

3. 器官功能诊断药物 利用某些药物对器官功能的刺激作用、排泄速度或味觉等以检验器官的功能损害程度，如磷酸组胺、促甲状腺素释放激素、促性腺激素释放激素、苯替酪胺（BT-PABA）、甘露醇等。

4. 放射性核素诊断药物 放射性核素诊断药物有聚集于不同组织或器官的特性，故进入体内后，可检测其在体内的吸收、分布、转运、利用及排泄等情况，从而显出器官功能及其形态，以供疾病的诊断。比如^{131}碘化血清清蛋白用于测定心脏放射图及心排血量、脑扫描；氰^{57}钴素用于诊断恶性贫血；枸橼酸^{59}铁用于诊断缺铁性贫血；^{75}硒-甲流氨酸用于胰腺扫描和淋巴瘤、淋巴网状细胞瘤和甲状旁腺组织瘤的诊断。

5. 诊断用单克隆抗体 单克隆抗体（monoclonal antibody，McAb）的特点之一是专一性强。由一个B细胞所产生的抗体，只针对抗原分子上的一个特异抗原决定簇。应用McAb诊断血清能专一检测病毒、细菌，寄生虫或细胞的一个抗原分子片段，因此测定时可以避免交叉反应。McAb诊断试剂已广泛用于测定体内激素的含量（如HCG、催乳素、前列腺素），诊断T淋巴细胞亚群和B淋巴细胞亚群及检测肿瘤相关抗原。McAb对病毒性传染源的分型分析，有时是惟一的诊断工具，如脊髓灰质炎有毒株或无毒株的鉴别、登革热不同型的区分、肾病综合征的诊断等。

6. 诊断用基因芯片 应用基因芯片进行突变基因检测是对遗传病、肿瘤等进行临床诊断的重要手段，如血友病、地中海贫血、苯丙酮尿症、遗传病的诊断和癌症等，癌基因芯片与抑癌基因芯片的应用已愈来愈广泛。

四、生物技术药物的研究发展趋势

自从第一个现代生物技术药物——重组人胰岛素于1982年经美国FDA批准上市以来，生物技术制药进入了一个新纪元，它向世人展示，以基因工程技术为核心的现代生物技术药物具有无限的发展应用前景和生命力。尤其是20世纪90年代以来，现代生命科学基础研究和现代生物技术研究所取得的重大研究进展和技术突破，由此也推动了现代生物技术药物研究与开发的迅猛发展，其具体表现主要有以下方面。

1. 生物技术药物的发展已进入蛋白质工程药物新时期 采用蛋白质工程技术和PEG化技术对蛋白质药物进行分子改造已成为近年来生物技术药物发展的新趋势。如Amgen公司利用定点突变技术开发的第二代EPO产品Aranesp，与第一代EPO相比，*N*-糖链从3条增加至5条，分子量从30 000增加到37 000，其半寿期延长了3倍，因而给药方式从2~3次/周改为1次/周，2001年9月获准上市，年销售额已达到20亿美元。其他如改构胰岛素（速效胰岛素、长效胰岛素）、改构tPA（R-tPA）、改构血液因子等也都获得成功。

2. 治疗性抗体药物发展迅猛 治疗性抗体目前已成为种类最多和销售额最大的一类生物技术药物，是继重组蛋白质药物之后引领世界生物制药第二次高潮的生物技术药物。

2014 年在全球销售排名前十位的处方药中治疗性抗体占了 6 个，每个品种年销售额均超过 50 亿美元。2014 年上市 5 个抗体类药物，约有 400 余个抗体类药物处于临床研究阶段，由于抗体类药物具有巨大的经济和社会效益，已成为 21 世纪生物技术制药领域中最重要的关注焦点之一。

3. 反义寡核苷酸药物及基因治疗药物在治疗一些严重危害人类健康的重大疾病方面发挥了重要作用 反义核酸是根据碱基互补原理，利用特异互补的 DNA 或 RNA 片段与目的序列核酸结合，通过空间位阻效应或诱导的 RNase 活性的降解作用，抑制或封闭目的基因的表达。如已上市的反义寡核苷酸药物 Vitravene 在临床上可用于治疗 AIDS 病人巨细胞病毒性视网膜炎。基因治疗是指将外源正常基因导入靶细胞，以纠正或补偿因基因缺陷或异常导致的疾病，从而达到治疗的目的。我国 SFDA 目前批准的基因药物有两种，重组人 p53 腺病毒注射液和重组人 5 型腺病毒。

4. RNA 干扰类治疗药物用于抗病毒和抗肿瘤治疗前景良好 RNA 干扰是由双链 RNA 介导的序列特性转录后基因沉默过程，是通过双链 DNA 在 mRNA 水平上关闭相应基因的表达，对引发 RNAi 现象的小片段 RNA 双链分子即为小干扰 RNA（siRNA）。如在抗肿瘤治疗中 siRNA 可通过抑制癌基因达到治疗目的，在抗病毒方面可以设计针对病毒基因组 RNA 或宿主细胞病毒受体的 siRNA 来达到抗病毒的目的。目前有用于治疗可导致失眠的老年黄斑变性症（AMD）、由呼吸道合胞病毒（RSV）所引起的小儿疾病 RNAi 药物，用于癌症治疗的 CALAAOI 和 ALN-VSPO2 都已进入临床实验。

5. 疫苗类药物研发由预防性疫苗向治疗性疫苗发展 治疗性疫苗是一类用于治疗疾病而非用于预防疾病的，通过打破慢性感染者体内免疫耐受，重建成增强免疫应答的新型疫苗。世界上第一个肿瘤治疗疫苗——表皮生长因子（EGF）肿瘤性治疗疫苗已于 2008 年上市。目前世界上已有 52 种肿瘤疫苗正在进行临床Ⅰ、Ⅱ期研究，主要集中在肿瘤的治疗。

6. 人干细胞体外培养和定向分化技术的不断建立，极大推动了干细胞治疗的发展 干细胞是一种具有自我复制和多向增殖分化潜能的未分化细胞、能培养成肌肉、骨骼和神经等人体组织和器官，可用于治疗白血病、先天性代谢疾病、某些实体瘤、糖尿病、心脏病和脑瘫等多种疾病。全球干细胞医疗市场大约有 800 亿美元，预计在 2020 年全球市场规模可达 4000 亿美元。我国 SFDA 批准临床干细胞项目包括骨髓原始间充质干细胞、间充质干细胞心梗注射液、自体骨髓间充质干细胞注射液，脐带血巨核系祖细胞注射液脐带血红系祖细胞注射液。

7. 人类基因组结构和功能基因组的深入研究促进了药物靶点的发现 由于药物大多通过与人体内“靶标”分子的相互作用而产生疗效，药物作用新靶点的寻找，已成为当今创新药物研究所面临的主要任务。随着 2001 年人类基因组图谱的建立以及功能基因组、蛋白质组计划的深入研究，在总数估计为 2.5 万种的人类基因中，可以发现有相当数量的基因与疾病的发生和防治有关。这些疾病相关基因的发现及其结构和功能的研究，将大大推动药物作用新靶标的发现。

8. 利用转基因动、植物技术，生产结构复杂的蛋白质类药物 转基因动物生产蛋白质类药物，主要是利用动物的乳腺生物反应器制药技术，该技术具有高产出、高活性、低成本、周期短、无污染等优点，这种方法由于具有表达产物可以进行正确翻译后修饰，容易形成规模化生产，生产成本低，已在全世界范围内引起广泛关注。2009 年 FDA 批准首个转基因动物表达的药物 ATryn，该药物是从转基因山羊分泌的羊奶中提取纯化，用于治疗一种被称为遗传性抗凝血酶缺乏症的疾病。目前已有多种利用动物乳腺生物反应器来生产的药物上市或出于临床研究。转基因植物表达药用蛋白质研究主要集中在疫苗和抗体方面，也取得了一系列进展。

9. 生物芯片技术应用于临床疾病检测 生物芯片技术是融微电子学、生物学、物理学、化学、计算机科学为一体的高度交叉技术，主要包括 cDNA 微阵列、寡核苷酸微阵列、蛋白质微阵列和小分子化合物微阵列。生物芯片技术在疾病诊断方面的价值得到越来越广泛的重视，如 Roche Molecular Systems 公司生产的诊断药物代谢缺乏症的细胞色素 P-450 基因检测系统是第一个获 FDA 批准上市的 DNA 微阵列检测产品。此外，Affymetrix 公司已开发的判断是否携带艾滋病病毒的反转录酶基因 HIV 芯片和确定有无癌症可能的 P53 基因芯片已应用于临床。

10. 生物技术药物新剂型研究进展迅速 由于生物技术药物多数易受消化道酸碱环境的作用及各种消化酶的降解而失活，其体内半衰期也普遍较短，需频繁注射给药，从而造成患者心理与身体的痛苦，即使皮下或肌内注射，其生物利用度也较低。此外，多数多肽与蛋白质类药物不易被亲脂性膜所摄取，很难通过生物屏障。因此，为了克服这些问题，需要对生物技术药物的新剂型进行研究，其中主要包括对药物进行化学修饰、制成前体药物、应用吸收促进剂、添加酶抑制剂、增加药物透皮吸收及设计各种新型给药系统等。

第三节 生物医药产业

扫码“学一学”

一、生物医药产业的概念与范畴

生物产业是指将现代生物技术和生命科学应用于生产以及应用于经济社会各相关领域，为社会提供商品和服务的统称，主要包括生物医药、生物农业、生物能源、生物制造、生物环保等新兴产业领域。

生物医药产业是指应用重组 DNA 技术、单克隆抗体技术、细胞培养技术、生物反应器、蛋白质工程、克隆技术、干细胞技术、生物信息学技术、高通量筛选等技术所生产的药品或试剂、医疗诊断手段、医疗器械及相关产品所形成的产业。

近年来，全球医药市场的发展重心正逐步从小分子化学药转向大分子生物技术药物，全球医药市场中大分子生物技术药物已占到 17%，而我国近年生物技术药物的比重只有 5% 左右，发展亟待提速。我国已经日益重视生物技术及生物产业的发展，《国家中长期科学和技术发展规划纲要（2006—2020）》更是把生物技术作为科技发展的五个战略重点之一。国务院在 2012 年 12 月发布了《生物产业发展规划》，其中显示：未来 3 年，生物产业每年以 20% 的速度增长，到 2020 年，生物产业将成为我国经济的支柱产业。生物医药产业是我国政府确定的七大战略性新兴产业之一，而生物医药产业居生物产业之首，生物医药产业的发展有助于我国在各类疾病治疗领域实现突破创新，弥补大量尚未满足的医疗需求，尤其是糖尿病、癌症、血友病以及免疫系统缺陷等疾病领域。

二、生物制药工业的发展历程

18 世纪，人们发现人体由细胞和蛋白质所组成，同时发现了人体对致病微生物的袭击既敏感又能有效抵抗，由此人们展开了以生物学为基础的生物制药研究，从而诞生了生物技术药物治疗剂。

20 世纪 30 年代，胰岛素被大规模生产和广泛用于治疗糖尿病，20 世纪 40 年代 Florey 与 Chain 开始工业化生产由 Fleming 发现的青霉素。生物制药工业从此蓬勃发展，相继成立了迄今闻名于世的许多制药公司，如 Cibageigy、Elililly、Welcome、Glaxo 和 Roche，它们制造了四环素、肾上腺皮质激素、口服避孕药、抗抑郁药等多种有效药物。1982 年，重组人胰岛素投放市场，开创了生物技术制药工业新门类。

依照生物制药工业发展的技术特征，生物制药工业的发展过程大致可划分为三个阶段。

（一）传统生物制药发展阶段

传统生物制药技术历史悠久。公元 4 世纪，葛洪所著的《肘后备急方》就有用海藻酒治疗瘿病（地方性甲状腺肿）的记载。孙思邈（公元 581—682 年）首用羊肝（富含维生素 A）治疗“雀目”，神农最早应用生物材料制成天然产品用作治疗剂，如用羊靥（甲状腺头部肌肉）治疗甲状腺肿，用紫河车（胎盘）作强壮剂，用蟾酥治疗创伤，用羚羊角治脑卒中，用鸡内金治遗尿及消食健胃。用秋石（男性尿中的沉淀物）治疗类固醇缺乏症，其制备原理与 Windaus 于 20 世纪 30 年代创立的类固醇分离方法近似，此方法则出自 11 世纪沈括所著的《沈存中良方》中，可见人类从生物材料分离活性物质用作治疗药物实为国人所创始。明代李时珍《本草纲目》收载药物 1892 种，除植物药外，还有动物药 444 种（其中鱼类 63 种，兽类 123 种，鸟类 77 种，蚧类 45 种，昆虫百余种），书中还记载了入药的人体代谢物、分泌物及排泄物等。在现代制药工程发展以前，来源于生物药物的草药学已经为人类服务了上千年，我国、印度、欧洲、南美洲的古文明中都可以看到它的身影（图 1－7）。

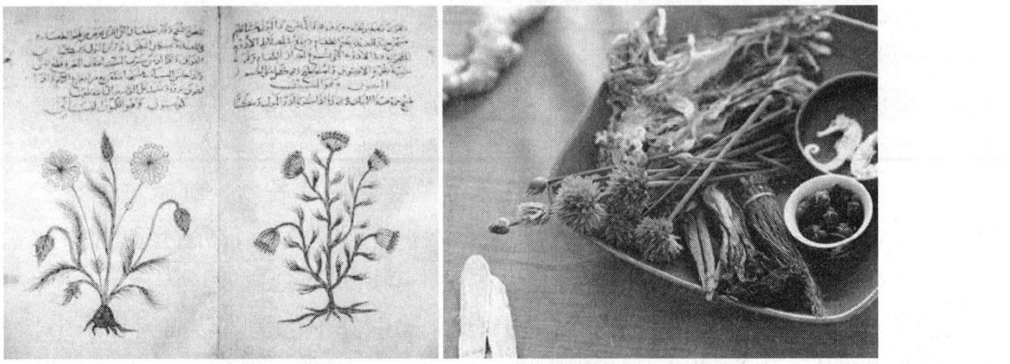

图 1－7　古老的草药学

远在公元前几千年，我国就有酿酒、制醋的酿造技术。显微镜的出现使人们知道微生物在自然界的存在，1897 年发现了磨碎的“死”酵母仍能使糖发酵生成乙醇，其中的活性物质是“酶”，从而揭开了微生物发酵的奥秘，开创了工业微生物的新时代。20 世纪 30 年代后，许多微生物发酵产品（如乳酸、乙醇、丙酮、丁醇、枸橼酸、淀粉酶等）开始进入医疗领域。

早期的生物制药多以动物脏器为原料进行加工制造，其有效成分也不明确，多为粗制剂，曾有脏器制剂之称，到了 20 世纪 20 年代，对动物脏器的有效成分才逐渐有所了解，有关蛋白质和酶的分离纯化技术，如盐析法、有机溶剂分级沉淀法、离心分离法等，开始应用于制药工业领域。纯化胰岛素、甲状腺素、多种必需氨基酸、必需脂肪酸与多种维生素制造工艺的相继成功开发，促使生物制药步入了工业化时代。

（二）近代生物制药发展阶段

Fleming 发现青霉素对人们认识抗生素具有划时代的意义，而 Waksman 等发现链霉素标志着从微生物代谢物中寻找抗生素的黄金时代的到来。第一次世界大战的爆发，急需疗效好、副作用小的抗细菌感染药物，1947 年美国与英国合作开发成功青霉素，为了增加品种，扩大生产规模，降低成本，微生物制药工业快速步入了发酵工程技术新阶段，在菌种选育、培养、诱变、深层多级发酵技术、提炼技术及其设备等方面都取得了巨大发展，促使发酵工程技术成为近代生物制药工业的基础技术。随后又发展了一系列发酵新技术，如灭菌技术、发酵控制技术、补料技术等。此后链霉素、金霉素、红霉素也相继问世。20 世纪 50 ~ 60 年代，抗生素工业、氨基酸工业、酶制剂工业在近代生物制药工业中已居重要地位。

20 世纪 60 年代后，生物分离工程技术与设备在生物制药工业中广泛获得解决应用，离子交换技术、凝胶色谱技术、膜分离技术、亲和色谱技术、细胞培养与组织工程技术及其相关设备为近代生物制药工业的发展提供了强有力的技术支撑，许多结构明确、疗效独特的生物技术药物迅速占领市场，如胰岛素、前列腺素、尿激酶、链激酶、溶菌酶、缩宫素、肝素等。生物技术药物中的生化产品已达 600 多种，还有 100 多种生化诊断试剂在临床广泛使用。

我国民间早有种牛痘预防天花的实践。1796 年英国医生琴纳发明了预防天花的牛痘疫苗，从而保护了人类免受天花病毒的侵害，肯定了生物制品预防传染病的有效性。随着病毒培养技术的发展，疫苗种类日益增多，制造工艺日新月异。

在 20 世纪 30 年代中期建立了小鼠和鸡胚培养病毒的方法，从而用小鼠脑组织或鸡胚制成黄热病、流感、乙型脑炎、森林脑炎和斑疹伤寒疫苗。20 世纪 50 年代，在离体细胞培养物中繁殖病毒的技术取得突破，从而研制成功小儿麻痹症、麻疹、腮腺炎等新疫苗。在贯彻以“预防为主”的医疗保健体系中预防性生物制品（包括传染性疾病疫苗和非传染性疾病疫苗如肿瘤疫苗、风湿性关节炎疫苗等）已成为现代生物制药工业的重要发展领域。

（三）现代生物制药发展阶段

1953 年 Watson 和 Crick 提出了 DNA 的双螺旋结构，1966 年人们破译了 DNA 三联体密码子，随之证明了遗传的中心法则，1973 年 Boyer 和 Cohen 建立了体外重组 DNA 方法。1976 年诞生了全球首家 DNA 重组技术新药研发公司，即美国的 Genetech 公司，1982 年，欧洲首先批准 DNA 重组动物球虫病疫苗。1982 年重组人胰岛素投放市场，1985 年 FDA 批准了重组人生长激素，Cetus 报道了 PCR 技术，从而形成了一个以基因工程为主导，包括现代细胞工程、发酵工程、酶工程和组织工程为技术基础的现代生物制药工业新领域。美国和欧洲培育出众多成长中的生物技术公司，2012 年，美国生物技术公司共计 2175 家，其中上市公司 316 家，上市公司收入为 637 亿美元；欧洲生物技术公司 1964 家，其中上市公司 165 家，上市公司收入 204 亿美元。目前已上市生物技术药物 150 多种，2013 年美国企业针对 100 多种疾病利用生物技术正在研发 907 种生物技术药物（已进入临床研究阶段），癌症以及相关疾病、传染病、自身免疫性疾病、心脑血管疾病是重点研究领域。单克隆抗体、疫苗、重组激素/蛋白质、细胞疗法是研究重点。第一代重组药物是其结构与自然产物完全一致的药物，第二代生物技术药物是应用蛋白质工程技术制造的自然界不存在的新的重组药物。第二代生物技术药物正在取代第一代多肽蛋白质类替代治疗剂。各国正在大力发展以知名大学和研究机构为中心，带动企业而形成的产业群。如美国的圣迭戈和北卡罗来纳州的“三角公园”，日本的筑波和千叶县，法国、瑞士和德国边界的“金三角”，以及韩国的大田等，均已形成以生物技术制药产业为主的“生物技术产业群”。现代生物技术制药发展史上具有里程碑式的纪念事件见表 1-1。

表 1-1　现代生物技术制药发展史上的里程碑

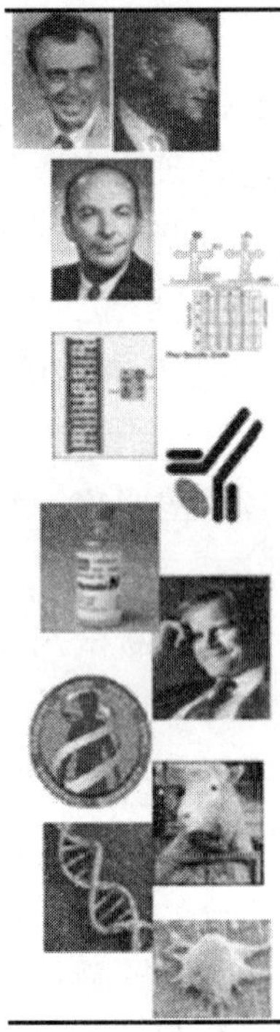

	1953 年 Watson 与 Crick 发现了 DNA 的双螺旋结构
	1956 年 Kornberg 发现了 DNA 聚合酶
	1966 年破译了氨基酸三联密码子
	1970 年发现了限制性核酸内切酶
	1975 年研制出了第一个单克隆抗体
	1982 年 FDA 批准了第一个基因工程药物——重组人胰岛素
	1983 年 Mullis 发明了聚合酶链反应 (PCR) 技术
	1990 年人类基因组计划启动
	1997 年克隆羊多利诞生
	2000 年人类基因组序列草图完成
	2008 年人类可将表皮细胞激活为干细胞

我国自 20 世纪 80 年代开始进行现代生物技术药物研究，至今已有 400 多种生物技术药物和疫苗投入生产，具有生物技术药物生产能力的企业超过 1000 家。2009～2016 年我国生物医药行业销售收入不断增加，且保持了较快的增速。2017 年生物医药行业市场规模为 3417.19 亿元。国民经济“十二五”“十三五”规划及“健康中国 2020”战略规划、《“十三五”国家战略性新兴产业发展规划》都提出把生物产业作为战略性新兴产业，将其培育发展成为我国先导性、支柱性产业，以支撑不断增长的健康保障需求和增强产业竞争力，推动生物医药技术药物新产品、新工艺的开发和产业化。

重点小结

绪论
- 生物技术的定义——主要内容
- 生物技术药物的概念——分类
- 生物技术药物的特性——成药性
- 生物技术药物的研究与发展趋势

思考题

1. 生物技术技术药物的概念是什么？生物技术药物主要可以分为几大类？
2. 生物技术药物具有哪些特性？

（姚文兵）

第二章　基因工程制药

学习目标

1. 掌握　基因工程的原理、基因工程制药的基本过程。

2. 熟悉　基因工程制药的关键技术，包括目的基因和载体的制备与重组克隆、表达体系的设计与构建、重组工程菌的筛选与鉴定等上游技术，以及重组工程菌或生物细胞的发酵培养、表达产物的分离纯化、产品质量检测及控制、过滤除菌及包装等下游技术。

3. 了解　基因工程在制药工业中的应用实例及其发展前景。

第一节　概　述

扫码“学一学”

一、基因工程的概念

基因工程又叫遗传工程（genetic engineering），是对携带遗传信息的分子进行设计和施工的分子工程，包括基因重组、克隆和表达。具体指在基因水平上，按照人类的需要进行设计，在体外将核酸分子插入质粒、病毒或其他载体中，构成遗传物质的新组合（即重组载体分子），并将这种重组分子转移到原先没有这类分子的宿主细胞中去扩增和表达，从而使宿主或宿主细胞获得新的遗传特性，创建出具有某种新的性状的生物新品系，或形成新的基因产物。

基因工程开辟了生物学研究的新纪元，带动了现代生物技术及产业的不断突破和迅猛发展，制药、化工、食品、农业和医疗保健业无不得益于基因工程技术的应用。基因工程帮助人类认识和改造生命世界，也帮助人类认识自己。

二、基因工程的原理

基因工程技术（genetic engineering technology）就是将外源目的基因插入载体，拼接后转入新的宿主细胞，构建成工程菌（或细胞），实现遗传物质的重组，并使目的基因在工程菌内进行复制和表达的技术，因此又称为重组 DNA 技术（DNA recombination technology）。该技术通常包含以下几个操作步骤（图 2－1）。

基因工程作为现代生物技术的关键核心技术，其最终目标是外源目的基因稳定高效表达，要求研究者必须从基因工程所涉及到的一系列技术的原理加以考虑。

（1）利用载体 DNA 在宿主细胞中独立于染色体 DNA 而自主复制的特性，将外源基因与载体分子重组，通过载体分子的扩增提高外源基因在宿主细胞中的数量，以此提高其宏观表达水平，这就涉及到 DNA 分子高拷贝复制以及稳定遗传的分子遗传学原理。

（2）筛选、修饰和重组启动子、增强子、操作子、终止子等基因的转录调控元件，并将这些元件与外源基因精细拼接，通过强化外源基因转录提高其表达水平。

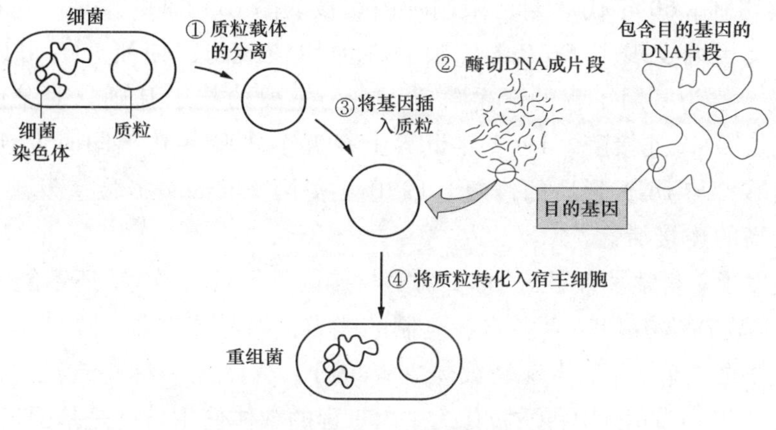

图 2-1　基因工程流程示意图

（3）选择、修饰和重组核糖体位点及密码子等 mRNA 的翻译调控元件，强化宿主细胞中蛋白质的生物合成过程，这两点均涉及到基因表达调控的分子生物学原理。

（4）基因工程菌（细胞）是现代生物工程中的微型生物反应器，在强化并维持其最佳生产效能的基础上，从工程菌（细胞）大规模培养的工程和工艺角度切入，合理控制微型生物反应器的增殖进度的最终数量，是提高外源基因表达目的产物产量的主要环节。

因此，分子遗传学、分子生物化学以及发酵工程学是基因工程原理的三大基石。

三、基因工程技术发展简史

基因工程兴起于 20 世纪 70 年代初，其迅速发展得益于现代遗传学和生物化学成果的积累和运用。从 40 年代开始，科学家以理论和技术两方面为基因工程的产生奠定了坚实的基础，分子生物学领域理论上的三大发现及技术上的三大发明对基因工程的诞生起到了决定性的作用。

（一）三大理论发现

1. 20 世纪 40 年代证明生物的遗传物质是 DNA　1934 年 Avesry 首次报道了肺炎球菌（*Diplococcu Spneumonas*）的转化，他不仅证明 DNA 是遗传物质，还证明了 DNA 可以把一个细菌的性状传给另一个细菌。Avesry 的工作是现代生物科学的革命开端，也可以说是基因工程的先导。

2. 20 世纪 50 年代明确了 DNA 的双螺旋结构和半保留复制机制　1953 年 Watson 和 Crick 提出 DNA 结构的双螺旋模型，这对生命科学的意义足以和达尔文学说、孟德尔定律相提并论。

3. 20 世纪 60 年代明确了遗传信息的传递方式　科学家们经过艰苦的努力，确定遗传信息是以密码子方式传递的，每三个核苷酸组成一个密码子，代表一个氨基酸。1965 年 64 个密码子全部被破译，从而确立了中心法则，提出遗传信息是 DNA→RNA→蛋白质的传递方式。

（二）三大技术发明

1. 限制性内切核酸酶和 DNA 连接酶的发现　20 世纪 40 年代酶学知识已有相当的发展，但科学家们面对庞大的双链 DNA（dsDNA）仍然束手无策，没有任何一种酶能对

DNA 进行有效切割。60 年代后期，限制性内切核酸酶 *Hind*Ⅲ的发现，打破了基因工程的禁锢，随后又相继发现了 *Eco*RⅠ等限制性内切核酸酶，使研究者可以获得所需的 DNA 特殊片段，这为基因工程的诞生奠定了最为重要的技术基础。对基因工程技术突破的另一发现是 DNA 连接酶，1967 年世界上有五个实验室几乎同时发现了 DNA 连接酶，这种酶能够参与 DNA 裂口的修复。1970 年美国 Khorana 实验室发现了 T4 DNA 连接酶，具有更高的连接活性。

2. 载体的发现 科学家有了对 DNA 切割与连接的工具（酶），还不能完成 DNA 重组工作，因为大多数 DNA 片段不具备自我复制的能力，因此还需要一个能运送重组的 DNA 分子到细胞中去的"车子"，这就是载体（vector）。载体是一种特定的、能自我复制的 DNA 分子。1973 年 Cohen 首次将质粒作为基因工程的载体使用。这是基因工程诞生的第二个技术准备。

3. 逆转录酶的发现 1970 年，Baltimore 等和 Temin 等同时各自发现了逆转录酶，打破了中心法则，使真核基因的制备成为可能。

具备了上述理论与技术的支撑，1972 年美国斯坦福大学的 Bery 和 Jackson 等人将猿猴病毒基因组 SY40 DNA 和噬菌体基因以及大肠杆菌半乳糖操纵子在体外重组获得成功。次年，美国斯坦福大学的 Cohen 和 Boyer 等人在体外构建出含有四环素和链霉素两个抗性基因的重组质粒分子，将其导入大肠杆菌后，该重组质粒得以稳定复制，并赋予宿主细胞相应的抗生素抗性，由此宣告基因工程的诞生。Cohen 和 Boyer 创立了基因工程的基本模型，被誉为基因工程之父，并于 1982 年获得诺贝尔生理医学奖。

概括地讲，基因工程研究与发展的意义主要表现在以下方面。

（1）大规模生产生物分子 利用细菌（如大肠杆菌和酵母等）基因表达调控机制简单和生长速度快等特点，令其超量合成其他生物体内含量极微但具有重要价值的生化物质，基因工程药物就是这样产生的。自 1982 年第一个基因工程药品人胰岛素正式进入市场来，短短二十多年，基因工程药物研究已走向辉煌的发展时代，基因工程为现代医药带来了崭新的内涵和经济效益，也为未来的医疗手段带来新的契机和希望。

（2）设计构建新物种 借助于基因重组、基因定向诱变以及基因人工合成技术，创造出自然界中不存在的生物新性状乃至全新物种。

（3）寻找、分离和鉴定生物体尤其是人体内的遗传信息资源 目前，日趋成熟的 DNA 重组技术已能使人们获得全部生物的基因组，并迅速确定其相应的生物功能。"人类基因组计划"是生物学历史上最巨大的科学工程。

第二节 基因工程制药的基本过程

扫码"学一学"

一、基因工程制药的一般流程

基因工程药物的生产涉及 DNA 重组技术的产业化设计与应用，包括上游技术和下游技术两大部分。上游技术指的是外源基因重组、克隆后表达的设计与构建（狭义基因工程）；下游技术则包括含有重组外源基因的生物细胞（基因工程菌或细胞）的大规模培养以及外源基因表达产物的分离纯化、产品质量控制等过程。广义的基因工程是一个高度统一的整体，上游 DNA 重组的设计必须以简化下游操作工艺和装备为指导思想，而下游过程则是基因工程蓝图的体现和保证，这是基因工程产业化的基本原则。

基因工程制药的一般流程如图 2 - 2 所示。具体来讲，基因工程制药主要包括以下步骤。

（1）从供体细胞中分离基因组 DNA，用限制性内切核酸酶分别将外源目的 DNA 和载体分子切开（简称切）。

（2）用 DNA 连接酶将含有目的基因的 DNA 片段接到载体分子上，形成 DNA 重组分子（简称接）。

（3）将人工重组的 DNA 分子导入它们能够正常复制的受体（宿主）细胞中（简称转）。

（4）短时间培养转化细胞，以扩增（amplification）DNA 重组分子或使其整合到宿主细胞的基因族中（简称增）。

（5）筛选和鉴定转化细胞，获得使外源基因高效稳定表达的基因工程菌或细胞（简称检）。

（6）基因工程菌发酵，收获有目的蛋白质的发酵液，采用一系列分离纯化手段从发酵液中获得高纯度的目的产物。

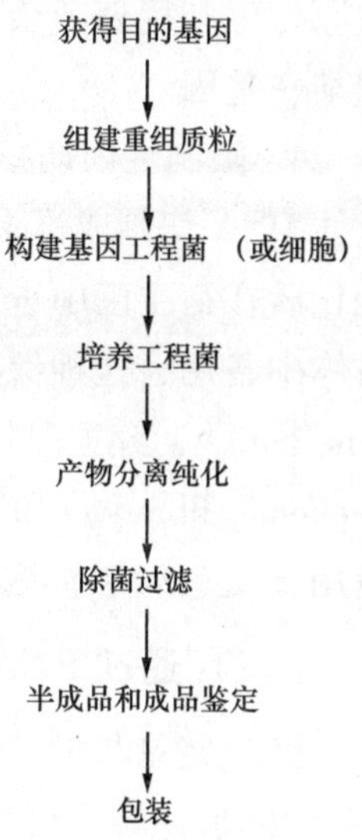

图 2 - 2　基因工程制药流程图

扫码“看一看”

（7）对目的蛋白质进行过滤除菌，对某些要求严格的药物而言，还需要除热原等处理。

（8）对目的蛋白质进行制剂研究，并进行半成品或成品检测，检测合格后进行包装。

由上述可知，一个完整的基因工程药物的制备包括上游的基因分离、重组、转移、基因在宿主细胞中的保持、转录、翻译，以及下游的分离纯化、除菌检测等多个步骤，其中切、接、转、增、检为基因工程药物上游技术的主要操作过程，为了下游获得大量的目的蛋白质，必须对上游技术进行优化。

二、目的基因的选择与制备

基因工程的目的就是外源基因的克隆与表达，目的基因的成功分离是基因工程操作的关键。由于每种基因（尤其是单拷贝基因）占整个生物基因组很少部分，且 DNA 的化学结构和理化性质相似，要从数以万计的核苷酸序列中挑选出非常小的目的基因是一个难题。因此欲获得某个目的基因，必须对其有所了解，然后根据目的基因的性质制定分离或克隆基因的方案。目前主要通过以下方法分离制备目的基因。

（一）从基因组中直接分离

采用物理化学及酶法从基因组中分离基因的方法主要有：①密度梯度离心法；②单链酶法；③分子杂交；④限制性内切核酸酶降解法。这些方法均是从不同的方面利用核酸 DNA 双螺旋之间存在着碱基 G 和 C 及 A 和 T 配对的这一特性，以达到从生物基因组分离目的基因的目的。

1. 密度梯度离心法　DNA 分子中 GC 碱基配对的双链 DNA 片段密度较大，利用精密的密度梯度高速离心技术可使不同切割的 DNA 片段按密度大小分离开来，再通过与某种放射性标记或荧光标记的 mRNA 杂交来检验，分离得到相应的基因。

2. 单链酶法　残基 GC 配对之间有三个氢键，比 AT 配对的稳定性高，即其溶解温度（T_m）值就高。通过控制熔解温度使富 AT 区解链变性，而 GC 区仍维持双链，再利用单链 S1 核酸酶去除单链部分，得到富含 GC 区的 DNA 片段。

3. 分子杂交法　单链 DNA 与其互补的序列有“配对成双”的倾向，这就是分子杂交的原理。利用分子杂交技术（如 DNA-DNA 配对，DNA-RNA 配对），既可以分离又可以鉴别某一基因。

4. 限制性内切核酸酶降解法 一般多采用“鸟枪法”，即应用限制性内切核酸酶将染色体 DNA 切割成许多长短不一的片段，然后将这些片段混合物随机地重组入适当的载体，转化后在宿主菌中进行扩增，再筛选出需要的基因，将其贮存在可以长期保存的稳定的重组体中备用，这种保存某种生物基因组遗传信息组的材料，称为基因文库（gene library 或 gene bank）。建立基因文库是从大分子 DNA 上分离基因的有效方法之一，分为基因组文库（genomic library）和 cDNA 文库（complementary DNA library）两种。有了基因文库就可以应用杂交、PCR 扩增等方法，从中筛选出所需的基因片段。

（二）通过 RNA 合成 DNA

通过转录和加工，每个基因转录出相应的一个 mRNA 分子，借助于逆转录酶，以 mRNA 为模板逆转录可产生相应的 cDNA。通过此方法可以构建 cDNA 文库，再通过分子杂交等方法从 cDNA 文库中钓出含目的基因的菌株。构建一个完整的 cDNA 文库的关键是在提取 mRNA 时，必须尽可能完整，同时不能有 DNA 污染。另外，由于在生物体中，某种基因转录的 mRNA 在不同的组织和不同发育时期的细胞内含量是不同的，为了获得某种目的基因，应选用含这种目的基因的 mRNA 量多的组织来提取。

（三）基因的化学合成

以 5′或 3′-脱氧核苷酸或 5′-磷酰基寡核苷酸片段为原料，采用化学方法将其逐个缩合成基因的方法称为化学合成法。随着核酸的化学合成技术不断完善，DNA 的人工合成已能够在 DNA 合成仪上自动化完成，从而使基因化学合成变得更经济、容易和准确。化学合成基因对那些用其他技术方法不易分离的基因尤为重要。DNA 合成仪不仅可以进行克隆的连接子、测序引物、杂交探针等寡核苷酸片段的合成，有些已知序列的基因，也可以化学人工合成后直接克隆，或分段合成各片段，随后再连接组装成完整的基因进行克隆。目前在核酸的合成方法中，最为常用的是固相合成法，其原理是将寡核苷酸链 3′端的第一个核苷酸先固定在一定不溶性的高分子（如硅胶微粒）上，然后从此末端核苷开始逐一加上脱氧核苷酸，以延长 DNA 链，每延长 1 个核苷酸经历 1 个循环，合成至所需长度后，将寡核苷酸链从固相载体上洗脱，经分离纯化后得到所需的最后产物。

但是，采用纯粹化学合成法反应专一性不强，副反应多，合成片段越长，分离纯化越困难，产率越低。自从 DNA 连接酶发现之后，通常采用化学与酶促相结合的合成法，此方法的特点是不需要合成组成完整基因的所有寡核苷酸片段，而是合成其中一些片段，相邻的 3′端有一短的顺序相互补，在适当的条件下通过退火形成模板-引物复合体（template-primer complex），然后在四种 dNTP 存在的条件下，用 *E. coli* 的 DNA 聚合酶 Ⅰ 大片段（Klenow 片段）去填补互补片段之间的缺口，最后用 T4 DNA 连接酶连接及适当的限制性内切核酸酶切割后重组入载体。本法优点是具有随意性，可通过人工设计及合成和组装非天然基因，为实施蛋白质工程提供了强有力的手段。

（四）聚合酶链反应

在四种脱氧核苷三磷酸（dNTP）存在下，以寡聚核苷酸为引物及单链 DNA 为模板，经 DNA 聚合酶催化合成 DNA 上互补链的过程称为聚合酶链反应（polymerase chain reaction，PCR）技术。PCR 技术反应周期包括三个步骤。①高温变性：待复制的双链 DNA 在 90℃ ~

95℃下变性成为单链。②低温退火：人工合成的两个寡核苷酸引物在37℃～60℃条件下分别与目的DNA片段两侧单链模板互补结合。③适温延伸：在四种dNTP存在下，经DNA聚合酶催化（70℃～75℃），单核苷酸自引物3′端开始渗入，沿模板3′端向5′端延伸合成新的DNA片段。所合成的DNA双链经热变性解离后，又可作为模板与引物结合再合成目的DNA片段，如此经高温变性、低温退火、适温延伸步骤反复循环，则目的DNA片段呈指数扩增（图2-3）。从理论上讲，经n次循环后，DNA分子数目可达2^n。一般经25～30次循环，DNA量从皮克（pg）甚至纳克（ng）扩增至微克（μg），足以有效地进行DNA重组和分析。鉴于此技术具有重大的科学和广泛应用价值，PCR的发明者Kary Mullis于1993年获得诺贝尔化学奖。

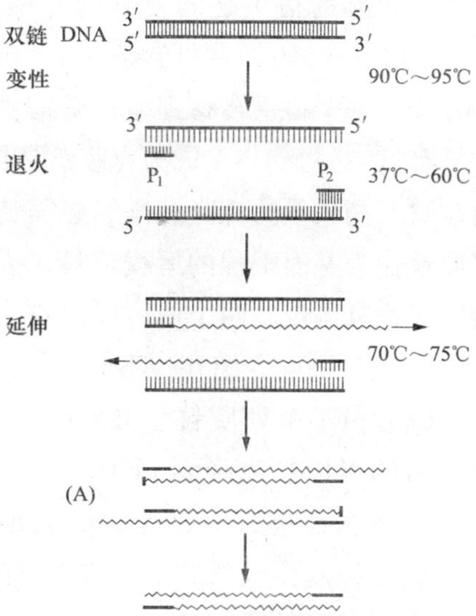

图2-3　PCR过程示意图

三、载体的选择与表达系统的建立

（一）载体的概念

要把一个外源基因通过基因工程手段送进生物细胞中，需要运载工具。一般地把这种能承载外源DNA片段（基因）带入宿主细胞的传递者称为基因载体（gene vector）。载体的作用是把外源DNA带入宿主细胞，使之在细胞内建立稳定的遗传性状，并能传代或进行表达。可以说基因工程载体决定了外源基因的复制扩增、传代乃至表达，因此一个好的载体起码应满足以下条件：①能自我复制并能带动插入的外源基因一起复制；②载体分子的合适位置上必须有外源DNA插入的位点，即克隆位点，这些位点也就是限制性内切核酸酶的切点，在载体上单一的限制性内切核酸酶位点越多越好，这样可以将不同限制性内切核酸酶切割后的外源DNA方便地插入载体；③具有合适的筛选标记，如抗药性基因等，以便进行重组体筛选和鉴定；④在细胞内稳定性高且多拷贝，这样可以保证重组体稳定且高效传代而不易丢失。

以上这些条件是人们设计建造载体的原则，载体的设计和应用是DNA体外重组的重要环节。在基因工程初期阶段，多利用天然质粒和λ噬菌体作为载体，但它们存在许多缺陷，目前世界各地的实验室改造构建了许多载体，这些载体主要有质粒、噬菌体、考斯质粒、其他病毒载体以及酵母人工染色体、细菌人工染色体载体等。

（二）常用载体

1. 质粒载体　质粒（plasmid）是染色体外能独立自主复制并遗传的环状双链DNA分子，质粒的大小不定，一般在1kb～5kb范围内，每个质粒都有一段DNA复制起始位点的序列，它帮助质粒DNA在宿主细胞中复制，不同质粒在细胞中的复制量不同，于是质粒又有高拷贝的松弛型质粒（relaxed plasmid）和低拷贝的严紧型质粒（stringent plasmid）之分。另外有些质粒复制起点较特异，只能在一种特定宿主细胞中复制，称为窄宿主范围质粒；还有一些质粒的复制起点不太特异，可以在许多种细菌细胞中复制，称为广宿主范围质粒（也称为宿主之间复制的穿梭质粒）。在一个细菌细胞中，质粒最多可以占细菌总DNA的1%~5%，在自然条件下，许多质粒可通过类似于细菌结合（bacterial conjugation）的方式从一个宿主转移到另一个宿主中。正是由于质粒具有遗传传递和交换的能力，因此它具有携带外源DNA成为克隆载体的潜在可能性，但是没有经过修饰的自然状态的质粒，通常缺乏高质量的克隆载体的必需特性，故人们以天然质粒为基础，改造和构建了许多人工质粒作为基因工程的运载工具。人工质粒的DNA一般在4kb左右，含一个DNA复制起始区或称复制点、两个遗传标记和一些限制性内切核酸酶切点，一般用于克隆10kb以下的DNA片段。下面介绍几种不同结构特征的常用质粒。

（1）pET系列质粒　pET系统是在*E. coli*中克隆表达重组蛋白质的功能最强大的系统。目的基因被克隆到pET质粒上，受噬菌体T7强转录及翻译（可选择）信号控制，表达受宿主细胞的T7 RNA聚合酶控制。T7 RNA聚合酶具有选择性和有效性，加入诱导剂后，细胞生长缓慢，几乎所有的细胞资源都用于表达目的蛋白质；诱导表达后仅几个小时，目的蛋白质通常可以占到细胞总蛋白质的50%以上；pET系统可通过控制诱导物的浓度来改变蛋白质的表达量。该系统的另一个重要优点是在非诱导条件下，可以使目的基因完全处于沉默状态而不转录。在不含T7 RNA聚合酶的宿主菌中克隆目的基因，可以避免因目的蛋白质对宿主细胞的可能毒性造成的质粒不稳定。不同的pET载体与不同的宿主细胞共同构成了一个极为灵活而有效的系统，使各种目的蛋白质得以最优化表达。

质粒pET32a（+）是广泛应用的克隆载体，其图谱如图2-4所示。它具备一个好载体的所有特征：它以氨苄西林作为抗性标记，分子量小，拷贝数高，并具有多个单一的限制性内切核酸酶位点，其中包括*Not* Ⅰ、*Hind* Ⅲ、*Xho* Ⅰ、*Eco*R Ⅰ、*Bam*H Ⅰ等常用酶切位点。pET32 a(+)的最方便之处就在于可调控并且高表达相关蛋白质。pET32 a(+)以T7 *lac*作为启动子，在紧贴T7启动子的下游有一个*lac*操纵子序列。采用此种载体，Lac阻遏蛋白（LacI）可以作用于宿主染色体*lac* UV5启动子，抑制宿主聚合酶转录T7 RNA聚合酶，也作用于载体T7 *lac*启动子，以阻断任何T7 RNA聚合酶导致的目的基因转录。此外，pET32 a(+)上还带有T7 *Tag*和His-*Tag*融合标签，可用于检测和纯化相关目的蛋白质，并且pET32a(+)上与目的基因共表达的硫氧还蛋白还可促进二硫键的形成，增加目的蛋白质的可溶性，便于下一步的分离纯化。

（2）pPIC9K质粒　巴斯德毕赤酵母（Pichia pastoris）是一种能高效表达重组蛋白质的酵母品种，一方面其是属于真核生物，因此表达的蛋白质可以进行糖基化修饰，另一方面毕赤酵母生长速度快，可以将表达的蛋白质分泌到培养基中，利于蛋白质纯化。

pPIC9K质粒是巴斯德毕赤酵母中比较常用的表达载体，其图谱如图2-5所示，属于穿梭质粒，既可在酵母中表达，也可在原核生物中表达。pPIC9K全长9276bp，含有一个Co1EI复制起始位点和两个抗性基因（*amp*、*kan*），*amp*抗性基因用于筛选导入大肠杆菌的重组子，*kan*抗性基因在大肠杆菌中是抗卡那霉素的，在毕赤酵母中则具有G418抗性。pPIC9K有4个多克隆位点：*Not* Ⅰ、*Bgl* Ⅱ、*Sac* Ⅰ、*Sal* Ⅰ，有一强启动子（AOXI）和转录终止子（5′AOXI和3′AOXI），能在甲醇的诱导下高效表达外源蛋白质。该载体还有一段长269bp的α因子信号肽序列，作用是使外源蛋白质分泌到培养基中。

通常用G418检测基因拷贝数，因pPIC9K质粒含有卡那霉素的抗性基因，其转染的宿主菌能够耐受G418，当转入的外源基因拷贝数增多时，宿主菌耐受G418的量就越高，其

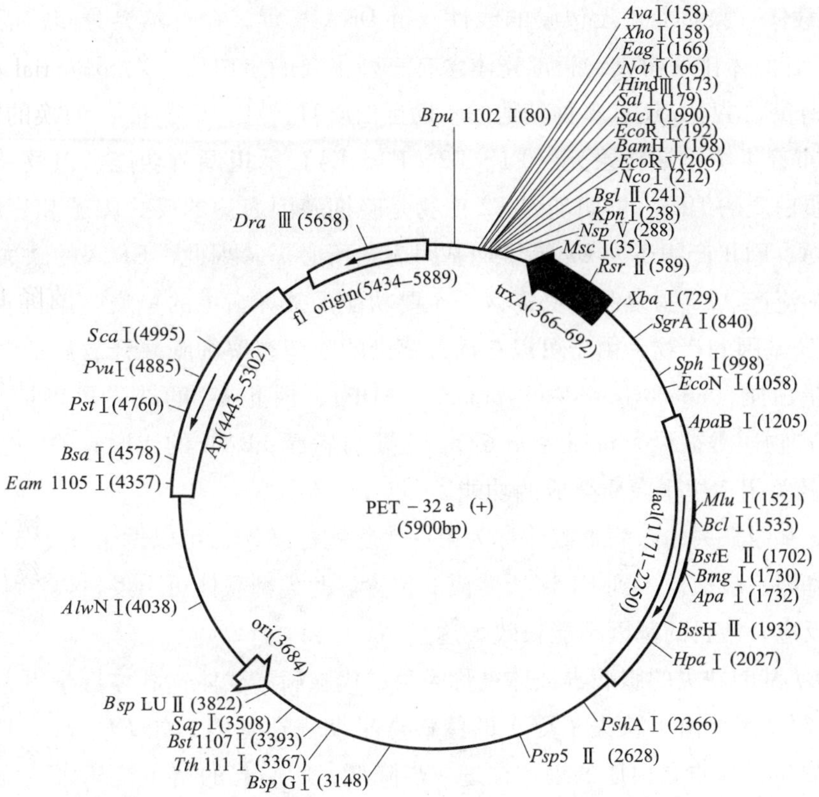

图 2－4　pET-32a（+）质粒图谱

蛋白质表达量也会增加，因此，可以利用不同浓度 G418 逐级筛选含高拷贝数质粒的酵母菌落。

2. λ 噬菌体　λ 噬菌体为双链 DNA 病毒，基因组大约 50kb，其宿主为 *E. coli*。λ 噬菌体颗粒中的 DNA 为线状双链，其两端带有长为 12 个碱基的互补单链末端。DNA 进入宿主后，在宿主 DNA 连接酶和促旋酶的作用下通过黏性末端（cohesive end，cos）的碱基配对形成环状 DNA 分子，作为感染早期的转录模板。DNA 在宿主内具有溶菌及溶源两种不同的生活方式：在溶源方式中，噬菌体感染后其 DNA 整合到宿主染色体 DNA 中，伴随宿主染色体复制而复制，此即为 DNA 作为基因工程载体的理论依据；在溶菌方式中，噬菌体感染宿主后，λDNA 大量复制，众多的基因产物不断合成。随着子代噬菌体不断成熟，最终导致细菌细胞裂解，并释放出大量感染性病毒颗粒。

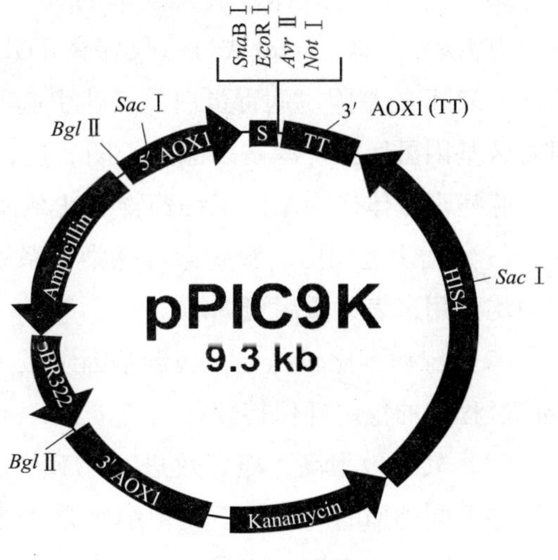

图 2－5　pPIC9K 质粒图谱

与质粒相比，λ 噬菌体作为克隆载体具有以下优点：①对外源基因的容量比较大，可插入几 kb 到 20 多 kb 大小的片段；②重组体 DNA 分子可以在体外被包裹成噬菌体颗粒，具有更高的感染宿主细胞的能力；③λ 噬菌体寄主的选择面比质粒窄，具有更好的安全性；④λDNA 的体外包装对 DNA 的大小有一定的要求（λDNA 的包装限制性），有助于对重组体分子进行正选择，从而使阳性重组子的筛选更加简便。

3. 病毒载体 腺病毒是无包膜的线性双链 DNA 病毒，在自然界分布广泛。腺病毒由 252 个壳粒呈廿面体排列构成，病毒壳体含有三种主要的蛋白质：六邻体（Ⅱ）、五邻体基底（Ⅲ）和纤突（Ⅳ），还有多种其他的辅助蛋白质Ⅵ、Ⅷ、Ⅸ、Ⅲa 和Ⅳa2。其基因组长约 36kb，分布着 4 个早期转录元（E1、E2、E3、E4）承担调节功能，以及一个晚期转录元负责结构蛋白质的编码。早期基因 *E2* 产物是晚期基因表达的反式因子和复制必需因子，早期基因 E1A、E1B 产物还为 *E2* 等早期基因表达所必需。因此，E1 区的缺失可造成病毒在复制阶段的流产。*E3* 为复制非必需区，主要功能是破坏宿主的免疫防御机制，逃避宿主免疫监视。*E3* 基因的产物，由于可以在病毒感染的晚期裂解细胞并释放病毒颗粒而被称为腺病毒死亡蛋白质（adenovirus death protein，ADP），因此 *E3* 的缺失可以扩大插入容量。E4 区的基因产物通常被称为 orf 1 ~ orf 6/7，主要与病毒 mRNA 的代谢有关，还有促进病毒 DNA 复制以及关闭宿主蛋白质合成的功能。

E1 或 *E3* 基因缺失的腺病毒载体称为第一代腺病毒载体，可以携带 6.5kb ~ 8kb 的外源基因，外源基因一般被插入到 E1 区所对应的位置。此类型载体可引发机体产生较强的炎症反应和免疫反应，使目的基因不能长效表达。

E2A 或 *E4* 基因缺失的腺病毒载体被称为第二代腺病毒载体，载体容量更大，最大可携带 14kb 的外源基因。由于缺失了更多的腺病毒早期表达基因，如 *E1*、*E3*、DNA 聚合酶、*IVa2* 以及 *pTP* 等，病毒蛋白质的表达被进一步降低，所引起的宿主抗病毒免疫反应与第一代比较要弱很多，因此在靶细胞中更稳定，目的基因的表达时相也更长。

第三代腺病毒载体，缺失全部的（无病毒载体，gutless vector）或大部分腺病毒基因（微型腺病毒载体，mini Ad），仅保留 ITR 和包装信号序列，因此载体容量最大，可插入 35kb ~ 37kb 的基因，病毒蛋白质表达引起的细胞免疫反应进一步减少，载体中引入核基质附着区基因可使得外源基因保持长期表达，并增加了载体的稳定性。

腺病毒载体作为基因工程药物表达载体的优点如下。

（1）宿主范围广。腺病毒可感染一系列哺乳动物细胞，因此在大多哺乳动物细胞和组织中均可用来表达重组蛋白质。

（2）腺病毒比较稳定，病毒基因组较少发生重排，插入外源基因的病毒基因组在连续传代过程中的稳定性保持较好。

（3）转导效率高，能有效进行增殖，滴度高。体外实验通常接近 100% 的转导效率；可转导不同类型的细胞，不受靶细胞是否为分裂细胞所限；容易制得高滴度病毒载体，在细胞培养物中重组病毒滴度可达 10^{11} VP/ml。

（4）与人类基因同源。腺病毒载体系统一般应用人类病毒作为载体，以人类细胞作为宿主，因此为人类蛋白质进行准确的翻译后加工和适当的折叠提供了一个理想的环境。大多数人类蛋白质都可达到高水平表达并且具有完全的功能。

腺病毒是目前应用最广的病毒载体。第一个获得国家批准主要用于治疗头颈部鳞状细胞癌的“今又生”就是利用腺病毒作为载体制备的 *p53* 基因治疗药物。

常用克隆载体比较见表 2 - 1。

表 2－1　常用各种克隆载体的比较

载体	宿主细胞	结构	插入大小
pET32 a（+）	*E. coli*	环形质粒	<10kb
pPIC9K	*P. pastoris*	环形质粒	<10kb
λ 噬菌体	*E. coli*	线性载体	<24kb
腺病毒	CHO 细胞	二十面体	35kb～37kb
BAC	*E. coli*	环形质粒	可达 300kb
PAC	*E. coli*	环形质粒	100kb～300kb
YAC	酵母细胞	线性染色体	100kb～2000kb
MAC	哺乳类细胞	线性染色体	>1000kb

（三）宿主细胞与表达系统

基因工程发展到今天，从原核到真核细胞，从简单的真核如酵母菌到高等的动物、植物细胞都可以作为基因工程的宿主细胞，选择适当的宿主细胞是重组基因高效表达的前提。

原核生物细胞作为宿主细胞具有容易摄取外界的 DNA、增殖快、基因组简单、便于培养和基因操作等优点，普遍被用作构建 cDNA 文库和基因组文库的文库菌体，或者用作生产目的基因的工程菌，或者作为克隆载体的宿主。目前用作基因克隆的原核宿主细胞主要是大肠杆菌，真核宿主细胞主要是酵母和哺乳动物细胞以及昆虫细胞。

所谓表达系统是由目的基因、表达载体与宿主细胞组成的完整体系。目前基因工程的表达系统有真核与原核两大类，其中原核表达系统中以大肠杆菌体系较常用，而真核表达系统常用的有酵母系统、哺乳动物细胞系统及昆虫的表达系统。

1. 大肠杆菌表达系统　大肠杆菌是基因工程采用最多的蛋白质表达系统，因为其遗传背景清楚、繁殖快、成本低、表达量高、易于操作和大规模发酵等诸多优势，技术操作简便，培养条件简单，大规模发酵经济，因此常常作为高效表达的首选体系。使用大肠杆菌表达外源基因必须具备以下条件：①要求外源基因的编码区不能含有非编码序列。因为大肠杆菌原核表达载体不具备识别内含子、外显子的能力，因此，对于真核细胞的基因在原核中表达时，一般都采用由 mRNA 逆转录的 cDNA，而不能直接用从染色体剪切下的基因片段。②表达的外源片段要位于大肠杆菌启动子的下游，接受启动子的控制，由 *E. coli* DNA 聚合酶识别启动子从而进行转录。③转录出的 mRNA 中仍然有能与 16S 核糖体 RNA 3′端相互补的 SD 序列，才能被有效地翻译成蛋白质。④翻译产物必须比较稳定，不易被细胞内蛋白质修饰酶快速降解。

目前采用大肠杆菌表达的基因重组生物技术药物主要有：甲状旁腺激素（1～34）、利尿钠肽、胰岛素及其两种突变体、生长激素、干扰素-α、干扰素-β 和干扰素-γ，G-CSF、白介素-1Ra、白介素-2、白介素-11、rPA、白喉毒素-IL-2 融合蛋白、OspA 脂蛋白等。这些产品主要为细胞因子类药物，都是结构相对简单、分子量较小的多肽，表明 *E. coli* 表达系统的应用有很大局限。为了克服大肠杆菌缺少翻译后修饰、高表达时易折叠错误而形成包涵体等不足，人们开发出了多种其他类型的表达系统，如酵母、昆虫、植物、哺乳动物等表达系统。

2. 酵母表达系统　酵母表达系统是非常重要的真核细胞表达系统。酵母是单细胞生物，其基因较少，只是大肠杆菌的 4 倍，增殖一代只需要几个小时，且易于培养、无毒害，因此酵母很适合作为基因工程菌。随着各种酵母质粒的构建和酵母转化技术的建立，已有一定数量的外源基因成功地在酵母系统中表达。酵母表达载体含有酵母的复制子、选择标记以及表达所需的表达元件，穿梭型酵母质粒载体还含有原核复制子和抗性标记，酵母载体的构建可以方便地在细菌中完成。酵母载体中所用的选择性标记是基于一些氨基酸或核苷酸合成酶突变的营养缺陷型标记，如亮氨酸（Leu^-）缺陷型标记和尿嘧啶（Ura^-）缺陷型标记。绝大多数酵母表达载体的启动子是酵母自身的启动子，如磷酸甘油酸激酶（PGK）启动子，甘油醛-3-磷酸脱氨酶（GAP）启动子。目前常用的有：酿酒酵母（*Saccharomyces cerevisiae*）表达系统、甲醇营养型酵母表达系统、裂殖酵母（*Schizogenesis pombe*）表达系统等。

目前采用酵母表达的基因重组生物技术药物主要有：尿酸氧化酶（rasburicase）、胰高血糖素 GlucaGen、GM-CSF、血小板衍生生长因子（rhPDGF-BB）、乙肝疫苗、胰岛素 Novolin 及其突变体 NovoLog、水蛭素等。由于酵母表达系统是一种真核表达系统，其表达的蛋白质可以正确折叠，且蛋白质分子量较大、结构较复杂。不过，虽然酵母表达系统表达的蛋白质有糖基化修饰，但是糖链结构和组成与天然糖蛋白质相差甚远，对于糖链极大影响生物活性的蛋白质如 EPO、治疗性抗体等，仍无法用酵母表达系统表达。

3. 哺乳动物细胞表达系统 利用哺乳动物细胞表达系统可表达较为复杂的蛋白质，该体系的优越性是它表达的高等真核蛋白质能正确地被修饰，这种修饰包括二硫键的正确形成、糖基化、磷酸化等等，这些翻译后的加工是原核系统所不具备的，利用该系统除了可以进行基因工程产品生产外，还可以进行蛋白质结构与功能和有关基因表达调控等方面的研究。目前已发展的哺乳动物细胞表达系统有转染 DNA 的瞬间表达系统或稳定表达系统以及病毒载体表达系统。哺乳动物细胞表达载体必须具备以下条件：既含有原核生物基因的复制序列，又要有能在真核细胞中表达外源基因的真核转录元件，构建成的重组体一般先导入原核细胞中进行大量复制，然后再提取质粒载体转染动物细胞。哺乳动物细胞表达系统的缺点是组织培养技术要求高，培养和筛选一个高度扩增的转化子中国仓鼠卵巢细胞（CHO 细胞），通常需要数月时间，难度较大。但这样的转染细胞一经产生，即可在液氮中较长久地冻存，CHO 细胞表达系统适合大规模表达蛋白质。

采用哺乳动物细胞表达系统研制的生物技术药物种类很多，其中激素类主要有人生长激素、促滤泡素、人绒毛膜促性腺激素、促甲状腺素等；酶类主要有组织型纤溶酶原激活剂（tPA）、尿激酶（urokinase）、葡糖脑苷酯酶（glucocere brosidase）、半乳糖苷酶（galactosidase）、DNA 酶等；细胞因子类主要有干扰素-N3、干扰素-N1、干扰素-1α、EPO、骨形成蛋白-2（rhBMP-2）等；凝血因子类主要有凝血因子Ⅶa（NovoSeven）、凝血因子Ⅷ（Helixate）、缺失 B 链的凝血因子Ⅷ（ReFacto）以及凝血因子Ⅸ（BeneFix）等；治疗性抗体类主要有 Avastin、Bexxar、Campath、Erbitux、Herceptin、Humira、Mylotarg、Orthoclone OKT3、Raptiva、Remicade、ReoPro、Rituxan、Simulect、Synagis、Xolair、Zenapax 和 Zevalin 等；诊断用抗体类主要有 CEA-Scan、Myo Scint、OncoScint、ProstaScint、Verluma；组织工程产品主要有皮肤 Apligraf、Dermagraft、OrCel 和软骨 Carticel。

哺乳动物细胞已成为生物技术药物最重要的表达或生产系统。2000 年以后 FDA 批准的创新生物技术药物，大部分是通过动物细胞培养生产的生物技术产品，而且多是蛋白质类产品。这些蛋白质都是分子量大、二硫键多、空间结构复杂的糖蛋白，只有使用 CHO 等哺乳动物细胞表达系统，这些蛋白质的生产才成为可能。哺乳动物细胞表达系统受到 FDA 和各大制药公司的重视，美国在生物制药领域遥遥领先，我国生物制药与欧美国家的主要差距就是哺乳动物细胞表达的产品寥寥无几。

以上三大表达系统的比较见表2-2。

表2-2　常见的三大表达系统的比较

	大肠杆菌表达系统	酵母表达系统	哺乳动物细胞表达系统
优点	遗传背景清晰、成本低廉、可选载体及宿主多	细胞生长快、易于培养、遗传操作简单、使用穿梭质粒载体、能对蛋白质进行正确加工、修饰、合理的空间折叠	产物最接近于天然蛋白质、易纯化、扩增和表达能力高、耐较高的剪切力和渗透压力、内源蛋白质分泌少
缺点	缺乏翻译后修饰加工，信号肽不能切掉，不能分泌表达，不能糖基化	产物蛋白质不均一、信号肽加工不完全、内部降解、易形成多聚体	技术要求高、生产成本高、生产规模小

4. 昆虫和昆虫细胞表达系统　昆虫或昆虫细胞可以作为基因工程中的目的基因表达系统，其表达载体是以棒状病毒的多角体基因为基础构建的，由于昆虫及昆虫细胞来源广，具有操作简单、安全、经济等优点，已有几十种外源基因在昆虫表达系统中获得了成功的表达。这也是一种很有发展前景的真核表达系统，但FDA目前尚无相关产品上市在临床上应用。

四、重组工程菌的构建、筛选与鉴定

（一）目的基因与载体DNA的连接

在得到了目的基因并选择了合适的载体后，就要将基因片段与载体加以连接，常用的连接方法有以下几种。

1. 同种限制性内切核酸酶产物之间的连接　同一种限制性内切核酸酶酶切产物之间的末端是互补的，因此可以是正方向，也可以是反方向插入载体，为防止载体自身的环化，常常还对载体进行去磷酸化操作。相同的两种限制性内切核酸酶酶切处理的载体与目的DNA的连接是定向的，因此也叫定向连接。

2. 产生相同末端结构的不同限制酶切产物之间的连接　在载体与目的基因连接中还存在同尾酶现象，即两种不同限制性内切核酸酶的识别序列不同而其切割产生的黏性末端相同，用同尾酶切割得到的载体与目的基因之间也可以连接，但连接后由于切口两端得到的识别序列不同，原来的两种酶切位点都丧失。

3. 不同末端结构的片段之间的连接　不同的末端结构的DNA片段之间不能直接连接，但可以对其进行适当的加工修饰后再进行连接。加工修饰的方法有：①利用人工合成的寡核苷酸片段接头（linker）进行连接；②利用S1核酸酶削平载体的黏性末端再连接；③利用*E. coli* DNA聚合酶大片段（Klenow）将目的基因和载体的黏性末端补平再连接；④利用末端转移酶在载体与目的基因的3′端分别接上相互配对的同聚碱基进行连接。

4. 平末端的片段之间的连接　具有3′-羟基和5′-磷酰基齐平末端的DNA片段之间，在T4 DNA连接酶作用下，形成共价结合过程，称为平接法。该法是DNA重组实验中最简单的，任何齐平末端外源的DNA片段及载体之间均可进行重组，在基因工程中用途较大，尤其对于不具有交错切割限制酶位点的外源性DNA片段的重组具有重要意义。

5. PCR产物的连接克隆　PCR为基因定向重组和构建外源基因高效表达质粒提供了一个通用方法。在进行PCR时，可根据载体上的克隆位点设计PCR引物，使引物上带有与载体克隆位点相应匹配的限制性内切核酸酶识别序列，通过PCR或RT-PCR直接产生可用重组的外源基因片段，克隆PCR扩增产物的常用方法是黏性克隆法和平端克隆法。黏端克隆法是借助一定的方法在扩增产物的引物上造成黏端而进行连接，最常用的是在合成的引物上直接引入限制性内切核酸酶切点，扩增完成后再用限制性内切核酸酶进行酶切而获得黏性末端。

（二）重组基因导入宿主

体外重组的DNA必须经过一定的方式导入细胞中进行复制或表达目的蛋白质产物，DNA重组克隆的意义才能得以体现。外源基因的高效稳定表达是载体、基因、宿主细胞以及外部条件等相匹配的结果，目前人们根据自然界中遗传物质在生物细胞间传递原理和方式，已研究出多种重组体DNA导入宿主细胞的转移技术，如转化、转导、转染、杂交、细胞融合及脂质体介导转移等。

1. 转化作用　将携带某种遗传信息的DNA引入宿主细胞，通过DNA之间同源重组作用，获得具有新遗传性状生物细胞的过程称为转化作用（transformation）。转化是生物界客观存在的自然现象。外源DNA通过转化作用进入宿主细胞时，宿主必须经特定处理变为感受态细胞（competent cells）。所谓感受态细胞，是指处于能摄取各种外源DNA分子的生理状态的细胞。外源DNA分子一旦被感受态细胞所吸收，即与宿主细胞中同源DNA进行交换，称为同源重组。外源DNA被整合到宿主细胞遗传物质中，并与宿主细胞中DNA分子一起复制和表达，从而传递至所有子代细胞。

2. 转导作用　自然界中，通过噬菌体或病毒的感染作用将一个细胞的遗传信息传递到另一个细胞的过程称为转导作用（transduction）。即通过噬菌体（病毒）颗粒感染，把DNA导入被感染的宿主细胞的过程。基因工程中体外重组DNA要通过转导途径进入宿主细胞，必须将噬菌体头部蛋白质及尾部蛋白质包装成完整噬菌体颗粒才具有感染作用，体外包装重组噬菌体的原理是：噬菌体进行包装时需要两个重要的蛋白质，分别为D蛋白和E蛋白。D蛋白位于噬菌体头部外侧，与噬菌体DNA进入头部和头部成熟有关。E是头部蛋白质主要成分，可以利用突变型的噬菌体制备头、尾部蛋白质的抽提物，如D蛋白基因突变导致头部蛋白质的积累，E蛋白的突变导致尾部蛋白质的积累。这样从不同突变株的菌株BHB2688（含E突变）及BHB2690（含D突变）培养物中，收集未装配的头部蛋白质和尾部蛋白质，再与外源DNA相混合，其中的外壳蛋白质会自动组装并将蛋白质包裹在内，形成具有感染力的噬菌体。

3. 转染作用　转染作用（transfection）是将外源DNA分子导入真核细胞的过程，原核生物中转化的同义词。近年来通过研究发展了一系列能有效地将外源DNA分子导入哺乳动物细胞的方法。

（1）磷酸钙或DEAE-葡聚糖介导法　基本原理是DNA与磷酸钙可以形成能附着在哺乳动物细胞表面的复合物，而这种复合物可以被细胞摄入，从而实现对哺乳动物细胞的基因导入。用这种方法可以对基因进行瞬时表达，也可用于基因的稳定表达。

（2）脂质体介导法　脂质体（liposome）是人工构建的磷脂双分子层组成的膜状结构，具有细胞膜特征，并可以与细胞膜相融合，脂质体介导法便是将DNA与脂质体混合后，DNA被膜双层包围，通过细胞的吞噬或融合作用使DNA进入细胞内，脂质双层可以保护DNA免受DNA酶降解，且脂质体毒性低，包装容量大，操作简单。利用脂质体转染的效果比用裸露DNA高100倍，在正常情况下，每个细胞平均可以吸收1000个左右的脂质体，并且脂质体包装的DNA在4℃就可以长期放置，此方法是哺乳动物转基因研究中常用的方法之一。

（3）原生质体融合法（protoplast fusion）　原核细胞有细胞壁，无法直接与真核细胞进行融合以实现遗传物质交流，将其用溶菌酶等破壁后得到球状原生质体，在聚乙二醇的作用下与哺乳动物细胞融合，通过这种方式将原核细胞中扩增的原生质体导入真核细胞中，但其效率较低。

（4）电穿孔法（electroporation） 细胞在高压电场的作用下，细胞表面会形成临时性的微孔，在这种状态下，外面的DNA分子可以进入细胞。电穿孔法对仪器的要求较高，成本高，因此一般用于构建基因库等目的。目前电穿孔技术以其简便、高效被广泛运用，不仅可以用于细菌的转化，也可以用于动物细胞的转染，可以说几乎所有的细胞都可以使用此技术。

（5）显微注射技术（micromanipulation technique） 即将重组DNA通过显微注射器直接注入细胞中。此法是转基因动物技术中将基因导入哺乳动物的主要方式之一。显微注射器所采用的细胞一般是单层贴壁细胞，由于是直接单个地注射细胞，因此需要一定的操作技巧，如果操作得当，可以达到相当高的转染效率。

（6）基因枪法 （gene gun）又称粒子轰击（particle bombardment）、高速粒子喷射技术（high-velocity particle microprojection）或基因枪轰击技术（gene gun bombardment），此方法是将DNA包被在金或钨的微粒中，然后用基因枪将此DNA包被的微粒直接转移到原位组织、细胞乃至细胞器中去，这种方法在基因治疗中也被广泛应用。

（7）病毒感染法（viral infection ） 具有外源基因的逆转录病毒或DNA病毒在包装细胞内可形成完整的病毒颗粒，并被释放到培养基中，感染哺乳动物细胞，能有效实现基因转移。

总之，基因导入方法有各种各样，各有利弊，在实际操作上可以根据宿主细胞的特征、实验目的和实验条件等加以选用。

（三）重组子的筛选与鉴定

宿主细胞经转化、转染或转导处理后，必须从大量的菌落和细胞中筛选出含重组DNA的重组菌落或细胞克隆。到目前为止，已建立起重组体的各种不同特征的筛选方法，大体可以把它们分为三大类，即根据重组子遗传重组表型改变的筛选法、分析重组子的结构特征的筛选法和根据目的基因表达产物特征建立的免疫化学方法筛选法。

1. 根据重组子遗传重组表型改变的筛选法 由于外源DNA插入载体DNA中有特定功能的区域，导致其特定遗传表型的丧失或改变，这种改变往往以直接的方式表现出来。

（1）利用抗生素抗性基因进行筛选 插入失活是指将外源基因插入用于筛选的遗传标记中，使菌落在选择性培养基上的生长状态出现明显的差异，从而进行选择，目前使用的载体大多含有一些用于作为筛选标记的抗性基因。当质粒上存在两种抗性基因，如四环素抗性基因和氨苄西林抗性基因时，可以在氨苄西林抗性基因上插入外源基因，进行筛选时，能在含有四环素的培养基上生长而不能在含氨苄西林的培养基上生长的为我们所需要的转入外源基因的菌株。

（2）通过α互补使菌产生颜色来筛选 当使用载体（如pUC质粒等）含有多克隆位点，正好位于质粒与*lac*基因（β-半乳糖苷酸基因）当中，将外源基因插入后，转化菌不能表达正常功能的β-半乳糖苷酶，因此含有IPTG和X-gal的平板上呈现白色，而非重组子则蓝色。

（3）利用报道基因筛选克隆子 对于那些不宜利用选择标记筛选克隆子的宿主细胞，一般在目的基因上游或下游连接一个报道基因，这样的重组DNA导入宿主细胞后，根据报道基因的表达产物筛选克隆子。通常的报道基因有 GUS（葡萄糖苷酸酶）基因和 LUC（荧光素酶）基因，利用这些基因产物催化底物的反应产物筛选克隆子。

2. 根据重组子结构特征的筛选法

（1）琼脂糖凝胶电泳比较重组 DNA 的大小　对于插入比较大的重组 DNA 可以直接裂解菌落获得重组质粒 DNA，与原载体进行电泳比较，根据其他电泳迁移率的差别进行鉴定，这是重组体的初步筛选方法。

（2）限制性内切核酸酶分析　当载体和外源 DNA 片段连接后产生的转化菌落比任何一组对照连接反应（如只有酶切后载体或只有外源 DNA 片段）都明显得多时，从转化菌落中随机挑选出少数菌落，快速提取质粒 DNA，用限制性内切核酸酶酶切，根据片段的大小和酶谱特征与预计的重组 DNA 的酶谱特征进行比较，即可作出鉴定。

（3）印迹杂交方法　含有外源 DNA 的重组 DNA 在一定条件下能和与外源 DNA 互补的 DNA 探针进行杂交，用于杂交的探针必须是对目的基因有高度特异性的，并且探针要用放射性核素或生物素进行标记，这样重组子的 DNA 就表现出所带的标记信号的特征，据此可与非重组子 DNA 进行区别。

（4）原位杂交　原位杂交（*in situ* hybridization）可分为克隆和噬菌斑原位杂交，两者的基本原理是相同的。将转化后得到的菌落或重组噬菌体感染菌体所得到的噬菌斑原位转移到硝酸纤维素滤膜或尼龙膜上，得到一个与平板菌落或噬菌斑分布完全一致的复制品，然后进行菌落的裂解及 DNA 的变性、中和，再与放射性核素标记的探针进行杂交，将滤膜干燥后进行放射自显影。最后将胶片与原平板上的菌落或噬斑的位置对比，就可以得到杂交阳性的菌落或噬斑。此方法适用于大规模的筛选工作。

（5）点杂交和 Southern 杂交　点杂交（dot hybridization）的基本操作与菌落杂交相同，只是将现成的转化子 DNA 直接点在硝酸纤维素膜上进行，Southern 杂交（Southern hybridization）是将重组子 DNA 用限制性内切核酸酶消化之后，用凝胶电泳分离，然后将 DNA 转移到硝酸纤维素膜上，变性中和后，再与放射性核素标记的相关探针进行杂交。Southern 杂交可以作为重组子 DNA 的准确性的进一步鉴定方法。

（6）Northern 杂交（Northern hybridization）　通过克隆子筛选和鉴定，证实含目的基因的 DNA 片段已随克隆载体进入宿主细胞，以不同方式进行复制。但还需用 RNA 印迹法进一步推测目的基因能否在宿主细胞内进行有效的转录，根据转录的 RNA 在一定条件可以与转录该种 DNA 的模板 DNA 链进行杂交的特性，制备目的基因 DNA 探针，变性后与克隆子总 RNA 杂交，若出现明显杂交信号，可认定进入宿主细胞的目的基因转录出相应的 RNA。

（7）蛋白质印迹法　基因工程的最终目的是获得目的基因的表达产物——蛋白质，因此常用蛋白质印迹法（Western blotting）来检测目的基因的表达产物。提取总蛋白质，经 SDS-聚丙烯酰胺凝胶电泳后转移到杂交膜上，再与放射性核素或非放射性标记物标记的特异性抗体结合，通过一系列抗原-抗体反应，在杂交膜上显示出明显的杂交信号，表明宿主细胞中有一定目的基因表达产物。

（8）PCR 法　根据含目的基因两端或两侧已知核苷酸序列，设计合成一对引物，以待鉴定的克隆子的总 DNA 为模板进行扩增，若获得特异性扩增 DNA 片段，表明待鉴定的克隆子含有目的基因，就是阳性克隆子。此方法的优点是灵敏、快速，并且可证实是完整的目的基因。

（9）DNA 的序列分析　将可能的重组克隆进行序列测定分析并与目的基因序列比较，

这是最后确定分离的基因是否是原定的目的基因相同序列的惟一方法，也是最精确的方法。随着 DNA 序列分析技术的商品化和自动化，使 DNA 序列分析变得越来越快速、方便和实用。

3. 根据目的基因表达产物的免疫化学筛选法　利用特异抗体与目的基因表达产物相互作用进行筛选，免疫学方法特异性强，灵敏度高，此方法的优点是能检测出不同宿主提供任何可选择标记的克隆基因。但使用这种方法的前提条件是需制备目的蛋白质的抗体以及所克隆的基因能在细胞中忠实地转录与翻译。免疫测定法有放射性抗体测定法和酶联免疫法等。放射性免疫抗体测定法的基本原理是：将琼脂培养板上的转化子菌落经三氯甲烷蒸气裂解，释放抗原。另把抗体固定于聚乙烯塑料膜上，并将此膜覆盖在裂解菌落上，在薄膜上得到抗原-抗体复合物，然后使^{125}I-IgG 与薄膜反应，^{125}I-IgG 即可结合与抗原不同位点。最后经放射自显影检出阳性反应菌落，并在复制培养板相应位置上找到目的基因的无性繁殖株。酶联免疫法是通过化学方法将酶与抗原或抗体结合在一起，形成酶标记物；或者通过免疫学方法使酶与抗原-抗体相结合，形成酶-抗体-酶复合物，这些酶的标记物或复合物仍保持免疫学活性和酶活性，将它们与相应的目的基因表达产物（抗原或抗体）反应时，形成酶标的（或含酶的）免疫复合物。结合在免疫复合物上的酶，在遇到相应的底物，催化无色底物，产生可溶性的有色物质，可用酶标仪就可快速大量进行筛选鉴定。

综上所述，介绍了多种基因重组体筛选及鉴定所克隆基因序列正确性的方法，在应用时需要根据具体情况选择适当的方法，本着先粗后精的原则，对重组体进行逐步的分析。

（四）目的基因在宿主细胞中的表达

基因工程研究的主要目的之一是使外源基因获得表达，产生出相应的编码蛋白质。如何使外源基因在宿主细胞中高效表达，成为基因工程中的关键问题。基因表达包括转录、翻译、加工等过程，这些过程必须在调节元件控制下进行。外源基因首先要转录出 RNA，然后在核糖体上进行蛋白质合成，以获得酶、结构蛋白、激素、抗体等各种各样的功能蛋白。在多数情况下，表达产物需经过翻译后加工，如糖基化、磷酸化等才能成为有功能的蛋白质。因此，基因的表达、合成功能都依赖于基因的有效转录和 mRNA 正确的翻译和翻译后加工，任何一个环节不能正确地进行，均可导致基因表达的失败。目的基因高效表达需考虑以下几个因素。

1. 阅读框架　制约目的基因表达最重要的因素是外源目的基因必须置于正确的阅读框架之中。阅读框架是由每三个核苷酸为一组连接起来的编码序列。阅读框架规定了 DNA 或 mRNA 中哪三个核苷酸成为一组而被读做一个密码子，这是由起始密码子决定的，如果改变阅读框架，则新的三联体编码的氨基酸就面目全非了。因此，通过选择适当的酶切位点，使外源目的基因与载体连接后，其阅读框架恰好与载体的起始密码子吻合。现在已有很多方法来保证目的基因处于正确的阅读框架之中，如选用适当的酶切位点；用人工接头调节阅读框架，构建一组适合不同阅读框架的载体等。

2. 启动子与终止子　启动子是指导 RNA 聚合酶与之结合并启动 mRNA 合成的 40～60bp 的 DNA 序列。启动子 DNA 序列有明显特点，都包括两个高度保守的区域。原核细胞启动子的两个保守序列一处位于转录起始点上游的 10bp 的-10 区域 TATAAT 序列（Pribnow box），另一个位于转录起始点上游 35bp 区域 TTGACA 序列。研究表明，35 区为 RNA 聚合酶的识别与结合位点，当酶与-35 区结合后，即沿 DNA 链滑向 Pribnow 框，Pribnow 框富含 AT，易于解链，当 RNA 聚合酶沿单链 DNA 滑行至 +1 位置时即开始转录。

转录起始的速率是基因表达的主要的限速步骤，因此，选择强的可调控的启动子及相关的调控序列，是组建一个高效表达载体首先要考虑的问题。最理想的强的可调控的启动子应该是：在发酵的早期阶段，表达载体的启动子被紧紧地阻遏，这样可以避免出现表达载体不稳定，细胞生长缓慢或由于产物表达而引起细胞死亡等问题。当细胞数目达到一定的密度，通过多种诱导（如温度、药物等）使阻遏物失活，RNA 聚合酶快速启动转录，对于原核细胞而言，*lac*、*trp*、*tac*、λPL、λPR、*phoA* 都是属于这一类启动子。

3. SD 序列 在翻译过程中，mRNA 必须首先与核糖体相结合才能进行蛋白质合成，在原核生物中，mRNA 分子上有两个核糖体结合位点，一个是起始密码子 AUG，另一个是位于起始密码子上游 3～11 个核苷酸处的 3～9bp 的核苷酸序列，后者是由 Shine J 及 Dalgarno L 发现，故称为 SD（Shine-Dalgarno）序列。SD 序列富含嘌呤核苷酸，核糖体 16S rRNA 3′端富含嘧啶核苷酸，两者为互补，也就是说必须有这一序列 mRNA 才能顺利进入核糖体。因此，基因重组过程中应将结构基因接于 SD 序列之后，以便为 mRNA 提供核糖体结合位点，提高真核基因表达效率。AUG 与 SD 序列之间的距离以及 SD 序列的核苷酸组成对翻译效率有明显的影响。

4. 表达产物的形式 表达蛋白能否在宿主细胞中稳定积累，不被内源蛋白酶降解，这是基因高效表达的一个重要参数，很多克隆的蛋白质分子被宿主细胞的蛋白质水解体系视为“非正常”蛋白质而加以水解，目前研究人员已通过以下几种方法来避免克隆的蛋白质被选择性地降解。

（1）通过组建融合基因的方法，产生融合蛋白。该融合蛋白的氨基端是原核序列，羧基端是真核序列，这样的蛋白质是由一条短的原核多肽和真核蛋白质结合在一起的，故称为融合蛋白。表达融合蛋白的优点是基因操作简便，蛋白质在宿主内比较稳定，不易被宿主酶类所降解，表达效率高，缺点是融合蛋白尚需经特异蛋白酶或化学处理以切掉融合蛋白氨基端的原核多肽，从而获得具有生物活性的真核天然蛋白质分子。

（2）产生可分泌的蛋白质。外源蛋白质的分泌表达是通过将外源基因融合到编码原核蛋白质的信号肽序列的下游来实现的，将外源基因接在信号肽之后，使之在胞质内有效地转录和翻译，当表达的蛋白质进入细胞内膜与细胞外膜之间的周质后，被信号肽酶识别而切掉信号肽，释放出有生物活性的外源基因表达产物。分泌表达有以下特点：一些可被细胞内蛋白酶所降解的蛋白质在周质中是稳定的，由于有些蛋白质能按一定的方式进行折叠，所以在细胞内表达时无活性的蛋白质分泌表达时却具有活性。

（3）以包涵体的形式表达蛋白质。这种不溶性的沉淀复合物可以抵抗宿主细胞中蛋白水解酶的降解，也便于纯化。然而经包涵体纯化的重组蛋白质必须经过变性→复性的处理，最终如何获得具有天然构象和活性的蛋白质是一挑战性的难题。

（4）选择合适的宿主表达系统。需选择蛋白质水解基因缺陷型的宿主细胞（如*E. coli*）品系，然而这种蛋白水解酶缺陷的细胞，一般生长都不正常且不稳定。应该指出，宿主细胞的选择是保证外源基因有效表达的最重要的因素之一。要根据所用载体的特点，从多个基因型不同的细胞中选择合适的宿主细胞。

以上概括了影响外源基因高效表达的主要因素，外源基因的高效表达很重要，而表达产物具有天然构象及完全生物功能更为重要，两者缺一不可，这是量和质的统一。

五、基因工程菌的稳定性考察

基因工程菌在传代过程中经常出现质粒不稳定的现象，有分裂不稳定和结构不稳定两种。分裂不稳定是指工程菌分裂时出现一定比例不含质粒子代菌的现象；结构不稳定是指外源基因从质粒上丢失或碱基重排、缺失所致工程菌性能的改变。由于质粒不稳定导致的质粒丢失菌与含有质粒的菌种之间生产速率不一致，导致可能的生长优势，进而能在培养基中逐渐取代含质粒的菌成为优势菌群，从而减少基因表达的产率，导致基因工程菌在生产过程中出现不稳定现象。基因工程菌产业化应用的最大障碍在于工程菌在保存与培养过程中表现出这种遗传不稳定性。因此加强基因工程菌的稳定性考察很有必要。

1. 质粒不稳定的原因　重组质粒在传代过程中会出现不稳定的情况，常见的是分裂不稳定，与两个因素有关：①含质粒菌产生不含质粒子代菌的频率；②这两种菌的生长速率差异的大小。含低拷贝质粒的工程菌产生不含质粒子代菌的频率较大，增加工程菌中的质粒拷贝数能提高质粒的稳定性。含高拷贝质粒的工程菌产生不含质粒子代菌的频率较低，但是大量外源质粒的存在使含质粒菌的生长速率明显低于不含质粒菌，而不含质粒菌一旦产生，能较快地取代含质粒菌而成为优势菌，因而对这类菌进一步提高质粒拷贝数反而会增加含质粒菌的生长负势。

2. 质粒稳定性的分析方法　将工程菌培养液样品适当稀释，均匀涂布于不含抗性标记抗生素的平板培养基上，培养 10 ~ 12 小时，然后随机挑出 100 个菌落接种到含抗性标记抗生素的平板上，培养 10 ~ 12 小时，统计长出的菌落数，每一样品重复 3 次，计算比值，该比值反映了质粒的稳定性。

3. 提高质粒稳定性的方法　为了提高工程菌中质粒的稳定性，工程菌一般采用两阶段法，第一阶段先使菌体生长至一定密度，第二阶段诱导外源基因的表达。由于第一阶段外源基因未表达，从而减小了重组菌与质粒丢失菌的比生长速率的差别，增加了质粒的稳定性。在培养基中加入选择性压力如抗生素等，可以抑制质粒丢失菌的生长。另外，适当的操作方式也可使工程菌生长速率具有优势，控制外源基因的过度表达、调控培养温度、pH、培养基组分、溶解氧等策略都可以提高质粒的稳定性。

第三节　基因工程制药的关键技术

扫码“学一学”

一、基因工程菌的上游构建

基因工程是 DNA 重组技术的产业化设计与应用，包括上游技术和下游技术两大部分。上游技术指的是外源基因重组、克隆、表达的设计与构建，下游技术则是含有重组外源基因的生物工程菌或细胞的大规模培养及其表达产物的分离纯化过程。上游 DNA 重组的设计必须以简化下游操作工艺和装备为指导思想，而下游过程则是上游基因重组蓝图的体现与保证。

应用基因工程技术生产新型药物，首先必须构建一个特定的目的基因无性繁殖体系，即产生各种新药的基因工程菌株。上游构建的好坏直接影响目的基因表达产量、表达产物稳定性、生物学活性、分离纯化等。构建最佳的上游基因表达体系是研发必不可少的基础。

（一）大肠杆菌基因工程菌的构建

大肠杆菌作为一种成熟的基因克隆表达受体，广泛用于分子生物学研究的各个领域。利用 DNA 重组技术构建大肠杆菌工程菌，以规模化生产真核生物基因尤其是人类基因的表达产物，具有重大的经济价值。

在众多异源表达系统里，大肠杆菌表达系统是应用最广泛的一种，其突出的优点有：①遗传背景清晰；②能以廉价培养基高速生产和高密度发酵；③克隆载体和突变型宿主菌选择性范围广，但它保留原核表达系统的缺点，如缺乏翻译后修饰加工，使蛋白质表达信号肽不能切掉，不能分泌表达、不能糖基化等。

目前大肠杆菌重组蛋白质的上游构建有两种形式：融合蛋白和非融合蛋白，现多采用融合蛋白方式表达。融合蛋白在大肠杆菌中表达的优点是：融合蛋白 N 端由正常的大肠杆菌本身序列控制，因而更易得到高效表达；融合蛋白往往不被大肠杆菌视为异己蛋白质，更为稳定；融合蛋白表达是防止包涵体形成的另一胞内表达重要方式。虽然融合蛋白表达解决了外源基因表达的很多问题，但也有其缺点，如融合蛋白的两部分互相作用很容易受蛋白酶的水解，融合蛋白部分与基因表达产物间的断裂及效率和成本，分离纯化去除融合蛋白的成本等，使得融合表达有其局限性。

非融合蛋白表达是指所表达的外源蛋白质不含其他生物的多肽链，要求表达起始位点 ATG 必须位于所要表达的外源基因 5′端，其 3′端加终止密码子，在合适的原核启动子和 SD 序列下游构成表达系统时，就可以在原核生物中表达出外源蛋白质（表达的外源蛋白质 N 端多一个 Met）。鉴于外源基因在大肠杆菌细胞非融合表达的现状，尤其是表达产物富含二硫键，利用大肠杆菌细胞进行基因工程药物生产时，包涵体变性/复性的生物活性收率低，或为解决可溶性表达等引起生产成本提高等，甚至利用大肠杆菌无法进行基因工程药物生产。基于上述现实问题，目前已有研究者尝试构建大肠杆菌非融合可溶性表达质粒，利用某些因子的生理生化特性，促进外源基因在大肠杆菌中以非融合的形式进行可溶性高效表达。

在大肠杆菌中表达的重组蛋白质经常以聚集的形式表达，被称作包涵体（inclusion bodies），它们致密地聚集在细胞内，或被膜包裹形成无膜裸露结构。包涵体形成的主要原因是高水平表达的结果，在高水平表达时，新生肽链的速率一旦超过蛋白质正确折叠的速率就会导致包涵体的产生。活性蛋白质的产率取决于蛋白质合成的速率、蛋白质折叠的速率、蛋白质聚集的速率。大肠杆菌缺乏一些蛋白质折叠过程中需要的酶和辅因子，如折叠酶和分子伴侣等，是形成包涵体的另一原因。

包涵体具有正确的氨基酸序列，但空间构象往往是错误的，因而无生物学活性。但在重组蛋白质生产中它也有独特优势：包涵体具有高密度，易于分离纯化；重组蛋白质以包涵体的形式存在有效地降低了蛋白酶对目的蛋白质的降解；对于那些处于天然构象对宿主有毒害作用的蛋白质时，包涵体无疑是最佳选择。

包涵体的分离主要包括菌体破碎、离心收集和洗涤三大步骤。包涵体的溶解需要打断包涵体蛋白质分子内和分子间的各种化学键，使多肽链伸展，一般采用强变性剂如脲、盐酸胍、尿素等。一个理想的复性方法应该具备以下特点：活性蛋白质回收率高；正确复性产物易于与错误折叠蛋白质分离；复性后应得到浓度较高的蛋白质产品；复性方法易于放大；复性过程耗时较少。蛋白质复性过程必须根据目的蛋白质的不同而优化参数，如蛋白质的浓度、温度、pH 和离子强度等。一般采用的复性方法有：①稀释、透析复性；②凝胶过滤色谱复性；③封闭蛋白质的疏水作用促进的复性；④小分子添加剂促进的复性；⑤分子伴侣或折叠酶促进的复性；⑥人工分子伴侣促进的复性等。

（二）酵母基因工程菌的构建

酵母是低等的真核生物，除了具有细胞生长快、易于培养、遗传操作简单等原核生物的特点外，还具有如下特点：①细胞壁厚，转化实验需提取原生质球；②对多种抗生素不敏感，一般采用某些营养缺陷性遗传标志筛选重组体；③外源基因重组到穿梭质粒载体中，利于外源基因在酵母中的表达和操作；④具有对蛋白质进行正确加工、修饰、合理的空间折叠等功能，利于真核基因的表达，能有效克服大肠杆菌表达系统缺乏蛋白质翻译后加工、修饰的不足。但是酵母表达系统也存在一些不足，如产物蛋白质可能出现不均一、信号肽加工不完全、内部降解、多聚体形成等，造成表达的蛋白质在结构上的不一致。

目前广泛用于外源基因表达的酵母有：酿酒酵母（*Saccharomyces cerevisiae*）、乳酸克鲁维酵母（*Kluyveromyces lactis*）、巴斯德毕赤酵母（*Pichia pastoris*）、粟酒裂殖酵母（*Schizogenesis pombe*）以及多态汉逊酵母（*Hansenula polymorpha*）等，其中酿酒酵母的遗传学和分子生物学研究最为详尽。利用经典诱变剂术对野生型菌株进行多次改良，酿酒酵母表达系统已成为高效表达外源基因尤其是高等真核生物基因的优良宿主系统。

酵母中天然存在的自主复制型质粒并不多，而且相当一部分野生型质粒是隐蔽型的，因此目前用于外源基因克隆和表达的载体质粒都是由野生型质粒和宿主染色体 DNA 上的自主复制子结构（ARS）、中心粒序列（CEN）、端粒序列（TEL）以及用于转化子筛选鉴定的功能基因构建而成。质粒进入酵母细胞后，或与宿主基因进行同源重组，或借助 ARS 序列进行染色体外复制。尽管酵母的生长代谢特征与大肠杆菌等原核细菌有许多相似之处，但在基因表达调控尤其是转录水平上与原核生物有着本质的区别。绝大多数的酵母基因在所有生理条件下均以基底水平转录，每个细胞或细胞核只产生1～2 个 mRNA分子。外源基因在酵母菌中高效表达的关键是高强度的启动子，改变受体细胞基因基底水平转录的控制系统。

（三）哺乳动物细胞工程细胞的构建

哺乳动物细胞是应用于生产的最高级的表达系统，具有许多优点：①具有准确的转录后修饰功能，表达的糖基化蛋白质在分子结构、理化特性和生物学功能方面最接近于天然蛋白质分子；②具有产物胞外分泌功能，便于下游产物分离纯化；③具有重组基因的高效扩增和表达能力；④具有贴壁生长特性，且有较高的耐剪切力和渗透压力，可以进行悬浮培养，表达水平较高。从发展看，以 CHO 细胞为主的动物细胞表达系统将可能成为产生基因工程药物的主要宿主细胞。为此，还需在以下方面加强：①提高表达水平，如开发一些新的启动子、寻找合适的增强子、装配适合于 cDNA 高效表达的必要元件以及根据 CHO 细胞翻译的特点，调整外源基因密码子等；②利于分离纯化，如改变 DNA 中个别序列，使表达产物在不影响生物活性的前提下，携带有利于分离纯化的基因；③降低细胞培养成本，提高产量；④降低分离纯化成本，提高活性回收率；⑤建立大型化、自动化生产线。

为了将外源基因在动物细胞中高效表达，首先要将其构建在一个高效表达载体内。目前一般使用的载体有两类：病毒载体和质粒载体。病毒载体，如牛痘病毒、腺病毒和逆转录病毒等。牛痘病毒已被广泛运用于构建多价疫苗，腺病毒和逆转录病毒正被试用于基因治疗中。当前被用以构建工程细胞的动物细胞有：BHK-21、C127、CHO-K1、COS、MDCK、Namalwa、Vero 和多种骨髓瘤细胞。

上述三种基因工程菌（细胞）的构建与产物最终表达形式和表达量有直接的关系。表 2-3 是几种表达形式的主要优缺点。

表 2-3　重组蛋白质不同表达策略的优点和缺点

表达策略	优　点	缺　点
分泌表达至细胞外	增强正确二硫键的形成 降低蛋白酶对表达蛋白质的降解 可获得确定的 N 端 显著减少杂蛋白水平，简化纯化 不需要细胞破碎	表达水平低 多数蛋白质不能进行分泌表达 表达的蛋白质需要进行浓缩
细胞周质空间表达	增强正确二硫键的形成 可获得确定的 N 端 显著减少杂蛋白水平，简化纯化	一些蛋白质不能分泌进入周质空间 没有大规模选择性地释放周质空间蛋白质的技术 周质蛋白酶可引起重组蛋白质酶解
胞内包涵体表达	包涵体易于分离 保护蛋白质不被降解 蛋白质不具有活性，对宿主细胞生长没有大的影响，通常可获得高的表达水平	需要体外的折叠和溶解，得率较低 具有不确定 N 端
胞内可溶性蛋白质表达	不需要体外溶解和折叠 一般具有正确的结构和功能	高水平的表达常难以得到 需要复杂的纯化 可发生蛋白质的酶解 具有不确定的 N 端

二、基因工程药物的中试技术

（一）基因工程药物中试的概念

生物技术药物与其他药物一样，从实验室研究到产业化必须经过中间放大试验的系列工艺研究和验证，这种中间放大试验简称中试。药物从实验室的微量制备到工厂的产业化制备，并不是简单的数量级的线性放大关系，而是各种研究技术的系统集成和放大优化。中试研究就是将基因工程药物从实验室阶段到生产阶段过渡的一个中间阶段，目的是建立一条完全模拟实际生产条件的小型生产流水线，是对中试规模的一系列参数和条件进行优化研究的过程。因此中试研究的理想状况是工艺稳定，工艺规模可同等条件放大，使设计的生产批量和成本符合使用要求。

（二）基因工程药物的中试放大技术

基因工程药物的中试研究需要达到以下目标：建立三级工程细胞和种子库，探索生产工艺的可行性，进行制剂研究和成品的初步稳定性研究，建立产品质量控制方法和标准，进行中试工艺验证，完善制造和检定记录和规程草案，制备和标定参比品，提供动物实验和临床研究的样品。按照基因重组蛋白质的生产过程将中试工艺分为几个阶段：细胞培养与发酵、分离纯化、原液配制、分装制剂（冻干）产品。基因重组蛋白质类产品的工艺研究已相对比较成熟，许多产品写入了《中国药典》，因此在研究过程中可以参考。

1. 发酵工艺中试研究　发酵工艺研究主要包括发酵培养基的确定、发酵条件参数（pH、温度、补料、溶解氧、搅拌速度、诱导时机和剂量等指标）的确定。这些研究结果都应该保留原始记录备查，比如说对补料的研究，加多少碳源或氮源，什么时候加，对表达量和表达产物有什么影响，对每次发酵后菌体密度及细胞产物的收获点应该有明确规定。需要检测每一个参数的选择对表达量和产物活性的影响，一般采用电泳扫描法测定表达产物的表达量，细胞或酵母表达产物一般在上清液中则可以采用活性测定方法确定含量。综合以上各项条件得出最后各项工艺的技术路线，为产业化生产提供放大参考。

2. 分离纯化中试研究　根据蛋白质产物的不同表达形式确定合适的固液分离方法和细胞破碎方法，选择恰当的蛋白质纯化技术路线。如果大肠杆菌表达产物是包涵体，需要经过复性工艺研究，选择稀释复性、超滤复性或者柱上复性，这些复性工艺帮助蛋白质分子恢复到天然有活性的构象，在建立活性测定方法的基础上对整个复性过程进行检测，以找到最佳的活性点。这些参数包括变性试剂的选择、复性速率的控制、温度、pH、缓冲系统等。

为了有效去除培养物中的杂质和复性纯化过程中引入的杂质和有害物质，需要对目的蛋白质进行纯化工艺研究，根据产品使用的目的和剂量确定蛋白质的最终纯度。纯化工艺每完成一步均应测定收获物纯度，计算提纯倍数、活性回收率、蛋白质回收率。同时，纯化方法的设计应该考虑到尽量去除污染的病毒、核酸、残留宿主蛋白质以及纯化过程中带入的杂质或有害物质。在整个过程中考虑检测方法的可信性，需对目的蛋白质建立特异性的分析方法。

三、基因工程药物的下游分离与纯化技术

依据重组蛋白质的性质，以合理的效率、收率和纯度从细胞或菌体的全部组分中分离纯化目的蛋白质是基因工程药物制备的关键。用于重组蛋白质分离纯化的相关技术应该满足以下要求：条件要温和，能保持目的产物的生物活性；前后技术自然衔接，不需对物料做处理或调整；选择性好，能从复杂混合物中分离目的产物并达到较高纯化倍数；产物回收率高，得率高；整个分离纯化过程要快。

用基因重组技术得到的重组蛋白质药物，其产物浓度低、环境组分复杂（含有细胞、细胞碎片、蛋白质、核酸、脂类、糖类和无机盐等）、性质不稳定、在分离的过程中容易产生失活（如pH和温度的影响，蛋白水解酶的作用）等。因此在重组蛋白质的分离与纯化过程中，应尽量减少纯化工序，缩短分离纯化时间，避免目标产物与环境的接触，只有这样才能提高目标产物的纯度和收率。

（一）菌体的破碎

将细胞与液体物质分离后，若表达的蛋白质被分泌于胞外液体成分中，则可以实施重组蛋白质的分离与纯化，如表达的蛋白质位于细胞内则必须实行细胞破碎。实际上重组蛋白质在工程细胞中表达很容易形成胞内可溶表达和包涵体形式，这就要求进行工程菌细胞的破碎。常用的细胞破碎方法有物理法和化学法。物理法包括机械磨碎法、加压破碎法、超声波破碎法、反复冻融法。化学法包括酶处理法、表面活性剂处理法、脂溶性溶剂处理法、低渗法等。

一般生产过程中采用较多的是珠磨机和高压均质机两种仪器，而实验室阶段较多使用超声波和酶法或化学法。细胞破碎的质量直接影响蛋白质纯化得率和纯度质量。

（二）常用分离技术

通过基因重组技术得到的培养液，无论目的蛋白质是位于胞内还是被分泌至胞外，首先都应该将细胞与液体物质分离。常用分离技术主要采用离心法和沉淀法。

1. 离心法　对于胞外分泌表达的重组蛋白质，直接将其发酵液进行离心就可做到固液分离，取其上清液即可。对于胞内表达产物，须先将细胞破碎使胞内产物释放出来，经离

心使目标产物从复杂的环境中沉淀分离出来。离心是实现固液分离的重要手段，其原理是在转子高速转动所产生的离心力的驱动下，利用固体与液体间的密度差来进行混悬液、乳浊液的分离。由于细胞、细胞碎片、包涵体等的密度都大于环境液体的密度，可以用离心法将其分离开来。

离心机一般分为3类，即低速离心机、高速离心机和超高速离心机。由于基因重组产物含有大量DNA，液体黏度较高，所以通常都采用高速离心机进行分离。离心机按其作用原理的不同又分为过滤式离心机和沉淀式离心机两大类。各种离心分离设备在基因重组蛋白质的分离纯化过程中的应用十分广泛，与其他固液分离设备比较，离心分离具有分离速度快、效率高、液相澄清度好等优点。

2. 沉淀法 利用蛋白质在不同条件下溶解度不同，降低某一蛋白质的溶解度，使其形成蛋白质聚集体，再通过离心法将其与溶液中其他蛋白质或物质分离开来，蛋白质沉淀的方法主要有等电点沉淀法和盐析法。

蛋白质具有带电的特性，而蛋白质的带电特性与溶液的pH有关，当溶液的pH为某一值时，蛋白质所带电荷为零，此时的pH为等电点pI。蛋白质等电点沉淀就是基于不同的蛋白质具有不同的等电点特点，逐渐改变其环境溶液pH，使不同等电点的蛋白质依次沉淀，从而达到不同蛋白质的分离。当蛋白质的等电点与溶液的pH相差很远时，等电点沉淀的效率越高。等电点沉淀法易使蛋白质发生不可逆变性，造成蛋白质的大量损失。

盐析法的原理在于当高盐浓度时，使蛋白质的极性基团与溶液中的离子配对从而消除溶液中蛋白质间的相互作用，以及促进蛋白质表面疏水区的相互作用，使蛋白质聚集出现沉淀。目前常见的盐析剂是硫酸铵。盐析法可与其他方法配合使用，例如一些有机溶剂如丙酮、乙醇等都具沉淀作用，可当作一种良好的沉淀剂来使用。

（三）常用纯化技术

基因重组蛋白质的纯化主要采用色谱法（chromatography）。常见的有离子交换色谱、凝胶过滤色谱、反相色谱、亲和色谱和疏水色谱等。

1. 离子交换色谱 离子交换色谱（ion exchange chromatography，IEC）是最常用的色谱技术之一，它是利用蛋白质带电性的差异来达到分离纯化的目的。离子交换采用的介质是一类树脂骨架上固定有离子化基团的凝胶，由于不同蛋白质在某一特定的pH时所带的电荷不同，因而与这些基团的结合能力也不同，在不同浓度的反离子溶液中被逐步洗脱下来。离子交换树脂根据其不同电荷载量以及与蛋白质分子上交换官能团的不同，可分为阳离子交换树脂、阴离子交换树脂、两性离子树脂、选择性离子交换树脂等。

一般蛋白质只在某一pH范围时，蛋白质的生物活性将显著下降，甚至可能引起蛋白质的变性。在分离某一个特定蛋白质时，要了解该蛋白质在什么pH条件下稳定，才能选择合适的离子交换树脂来分离。强的阴离子和强的阳离子交换树脂在很宽的pH范围内都能解离和产生离子交换作用，使用的pH一般没有限制。弱阴离子、弱阳离子交换树脂由于离解度较弱，在使用时对pH有一定限制。此外，溶液的盐浓度对蛋白质分子与交换离子的结合有一定的干扰，洗脱梯度和流速对分离效果也有明显的影响。

2. 凝胶过滤色谱 凝胶过滤色谱（gel filtration chromatography，GFC）又称为分子筛色谱，也称为排阻色谱，是生化分离中常用的方法之一，其基本原理是根据生物大分子的大小来分离纯化目的蛋白质。凝胶过滤色谱所使用的凝胶是一种惰性的不带电荷的、具有三维空间结构的多孔网状物质，使凝胶的每个颗粒的微细结构如一个筛子。当样品随流动相经过凝胶柱时，较大的分子不能进入凝胶网孔而受到排阻，与流动相一起先被洗脱下来，而较小的分子进入部分凝胶网孔内，所以流出的速率相对较慢。

凝胶过滤色谱是基于液相的分离方法，凝胶包裹的内环境形成固定相，凝胶的外环境形成流动相，蛋白质分子越大越不容易渗透进入固定相，所以又称为分子筛色谱，色谱的分辨率与介质的排阻极限和上样的体积有关，是一种易于操作的色谱方法，常用于脱盐、分级分离及分子量的测定。

3. 亲和色谱 亲和色谱（affinity chromatography）是基于蛋白质与其相对应的配体具有特异性结合的能力，即亲和力，是一种高度专一性的分离纯化蛋白质的有效方法。从分离原理上来讲，亲和色谱是一种典型的吸附色谱，分子与其配体的结合具有特异性和可逆性，特异性使纯化具有高度的选择性，而可逆性使蛋白质在适宜的条件下洗脱下来。用于亲和色谱的配体可以是针对抗原的抗体、针对蛋白质分子的受体、酶的底物或抑制剂、针对糖分子的凝集素、活性染料、金属离子、天然或改造过的相互作用多肽等等。

亲和色谱的主要步骤是先用化学方法使相应配体与固相载体相连接，常用的载体有琼脂糖凝胶、葡聚糖凝胶、纤维素等；然后将连有配体的固相载体装入色谱柱，使含有待分离蛋白质的混合物通过此柱，相应的蛋白质被配体特异地结合，而非特异的组分不能被吸附而直接流出；再通过改变洗脱条件使蛋白质从配体上解离下来，即可获得纯化的蛋白质。与其他色谱方法相比，亲和色谱的纯化能力更为强大，一步纯化就可以得到很高的纯度，可以使蛋白质纯化 100 ~ 1000 倍，活性蛋白质的回收率很高，而且可以纯化其他方法难以分离的蛋白质。亲和色谱已成为 DNA 重组技术制备蛋白质中常用的分离纯化手段。

4. 疏水色谱 疏水色谱（hydrophobic interaction chromatography）基于蛋白质表面的疏水区和介质疏水配体间的相互作用，在高盐浓度条件下，蛋白质的疏水区表面上有序排列的水分子通过盐离子的破坏作用释放，裸露的疏水区与疏水配体相互作用而被吸附，随着盐浓度的降低，疏水性相互作用也降低，蛋白质的水化层又形成，蛋白质最终解吸附，其他物质，如乙二醇、甘油、非离子表面活性剂也可以降低疏水相互作用，而且疏水性相互作用也受 pH、温度和添加剂的影响。疏水色谱的选择性依赖于疏水配体的结构，有烷基配体和芳香基配体，烷基的链越长，蛋白质的保留就越强。羟基磷灰石色谱常用于分离纯化，对其分离的机制还了解的不清楚，但涉及介质上钙离子和磷酸根与蛋白质上带电残基的相互作用。传统的片状羟基磷灰石物理和化学稳定性比较差，仅能在低流速条件下使用，新的球形羟基磷灰石克服了以上缺点，对于其他方法不易分离的蛋白质，可以用羟基磷灰石色谱进行分离纯化。

在过去的几十年里各种色谱用基质得到发展，如 Sephacryl、Sepharose FF、Sepharose HP、Superose、Superdex、Source、Mono Beads、Toyopearl，这些基质都有其物理和化学特点，在蛋白质的分离纯化中发挥着重要的作用。色谱技术的另一个发展方向是功能基团的发展，适应不同的选择性要求，如各种不同亲和色谱介质的合成，使一步纯化就能达到很高的纯度。色谱技术的第三个发展方向是操作模式的多样化，已发展的操作模式有扩张床吸附、模拟移动床色谱、置换色谱、灌流色谱和径向色谱，这几种方法能够具有处理大体积样品的能力，适合于大规模生产应用。另外，扩张床吸附和双水相萃取整合了细胞碎片处理过程和初步浓缩纯化过程，在大规模纯化重组蛋白质时具有很强的优势。

以上常用色谱方法在重组蛋白质分离纯化中的应用特点见表 4 - 2。

表 2－4 几种常用色谱方法在重组蛋白质分离纯化中的应用特点

色谱方法	亲和色谱	凝胶过滤色谱	离子交换色谱	疏水色谱
分离机制	特异性亲和	大小	电荷	疏水性
选择性	非常高	中等	高	高→中等
载量	高	低	高	高
纯化速度	中等	中等→低	高	高
生物相容性	好	非常好	好	中等→好
目的蛋白质的得率	高	高	高	中等→高
捕获浓缩阶段	+ + +	+	+ + +	+ + +
中间纯化阶段	+ + +	+	+ + +	+ + +
精制纯化阶段	+ +	+ + +	+ + +	+

（四）分离纯化遵循的基本原则

（1）不同的蛋白质理化性质有很大的不同，这是能从复杂的混合物中纯化出目的蛋白的依据，应尽可能地利用蛋白质的不同物理化学特性选择所用的分离纯化技术，而不是利用相同的技术进行多次纯化；

（2）每一步纯化步骤应当充分利用目的蛋白和杂质成分物理化学性质的差异，在分离纯化的开始阶段，要尽可能地了解目的蛋白的特性，不仅如此还要了解所存在杂质成分的性质，如大肠杆菌的蛋白质大多是一些低分子量的蛋白质（＜50 000），而且酸性蛋白质较多；

（3）在纯化的早期阶段要尽量减少处理的体积，方便后续的纯化；

（4）在纯化的后期阶段，再使用造价高的纯化方法，这是因为处理的量和杂质的量都已减少，有利于昂贵纯化材料的重复使用，减少再生的复杂性。

四、基因工程药物的制剂研究

由于基因工程药物多为肽和蛋白质类，性能很不稳定，易受胃酸和消化酶的降解破坏，其生物半衰期较短，生物利用度也较低，且不易被亲脂性膜摄取，因此如何将这类药物制成稳定、安全、有效的制剂，是摆在我们面前的一大难题。

（一）基因工程药物的原液、半成品、成品

基因工程药物一般没有原料药的说法，而是直接称为原液。原液是指经过最后一步纯化所得，并经除菌过滤的目的产物（分装、－70℃冻存）。半成品是指分装成成品前的溶液，组分与成品一样，但有赋形剂或保护剂等成分。成品则是完成剂型制备后用于临床的最终产品，是经过特有的剂型研究后得到的终产品。

一般说来，pH 和离子强度对蛋白质的稳定性及溶解度都有很大影响，通常在蛋白质药物溶液中采用适当的缓冲系统是很必要的。盐类除了影响蛋白质的稳定性外，其浓度对蛋白质的溶解度与聚集均有很大影响。离子型表面活性剂常会引起蛋白质变性。用于稳定蛋白质溶液的添加剂可以阻止聚集，增加溶解度。

（二）基因工程药物的冻干制剂研究

蛋白质和多肽的化学结构决定其活性，影响活性的因素很多，主要有两方面：一是结构因素，包括分子量大小、氨基酸组成、氨基酸序列、有无二硫键、二硫键位置、空间结构；二是蛋白质分子周围的环境因素，蛋白质、多肽易受复杂的物理化学因素影响而产生凝聚、沉淀、水解、脱酰氨基等变化。国内已批准上市的基因工程药物和疫苗有20多种，大部分是冻干制剂，原因就是冻干制剂能长期保持蛋白质、多肽的活性，因此，在新药的研发过程中，蛋白质药物冻干制剂技术是重要的一个环节。

冷冻干燥是指将药品在低温下冻结，然后在真空条件下升华干燥，去除冰晶，再进行解吸干燥，除去部分结合水的干燥方法。基因工程技术纯化制备的蛋白质和多肽样品需要经过配制、过滤与分装，再进入冷冻干燥机，进行预冻、升华和干燥等过程，因此蛋白质和多肽冻干制剂的生产过程包括药物准备、预冻、一次干燥（升华干燥）、二次干燥（解吸干燥）和密封保存等5个步骤。

对于一个新型重组蛋白质药物的冻干制剂的开发，主要考虑两个问题：一是选择适宜的辅料，优化蛋白质药物在干燥状态下的长期稳定性；二是考虑辅料对冷冻干燥过程一些参数的影响，如最高与最低干燥温度、干燥时间、产品外观等，因此，必须选择合适的冻干保护剂和赋形剂做处方研究，并通过实验来确定冻干的工艺条件。冷冻干燥时间一般较长，为保证产品质量和缩短生产周期，必须通过反复试验来确定冻干曲线，因为冻干效果是以冻干制剂与原药液的活性保存率来衡量，而活性保存率既与冻干曲线有关，亦与药液的组成与配比有关，因此需多次反复试验才能进行优化与确定。

（三）基因工程药物的长效制剂研究

由于多肽和蛋白质类药物稳定性差，在肠胃中易被降解，且存在生物利用度低的问题，故多采用注射剂。但是此类药物的生物半衰期短，临床应用时常常需要多次注射给药。为了减少频繁注射给患者带来的痛苦和负担，减少事故发生率和重复注射引起的副反应，近年来开发基因工程药物长效制剂技术已成为重要的研究方向。其优点是能保证药物充分发挥药效，维持血药浓度恒定，最大程度地减少药物对身体的毒副作用。“一次用药，长期有效”是用药者的愿望，对于癌症、心脏病、高血压的治疗及避孕等需要长期服药者而言，更具重要意义。

要延长蛋白质药物在体内血浆的半衰期就需要改变蛋白质的体内药代动力学性质，可以对蛋白质的分子进行化学修饰，以抑制其药理清除，或控制其进入血液的释放速度。聚乙二醇修饰是蛋白质药物进行长效制剂技术研究的主要方法，反应条件温和，修饰度高且能保持蛋白质［如粒细胞集落刺激因子（CCSF）］的天然活性。实验表明，修饰后的蛋白质药物在动物体内的循环时间显著延长，药效提高。

此外，通过控制药物释放来延长药物在体内的作用时间，以达到提高疗效的目的，这方面的研究主要有控释微球制剂与脉冲式给药系统。控释微球制剂是以聚乳酸、壳聚糖为基质膜材包埋基因工程药物，应用SPG膜乳化技术制得粒径均一、药物生物活性保持良好、释药动力学稳定的生物可降解微球。首次经FDA批准的蛋白质类药物微球制剂就是醋酸亮丙瑞林（leuprolide acetate）聚丙交酯-乙交酯微球。脉冲式药物释放系统是根据人体的生物节律变化特点，按照生理和治疗的需要而定时定量释放药物，以制剂手段在经过一个时滞之后，在疾病即将发作时快速并完全地释放药物，使其达到最佳疗效，特别适合于一些具有日内周期性发病节律的疾病，如哮喘、关节炎、神经症状和高血压。目前国内在这方面的研究尚处于起步阶段。

多肽和蛋白质类药物最常见的剂型是注射剂，除此之外还有很多非注射型给药系统，如口服给药制剂、鼻腔给药、肺部给药、透皮给药、直肠给药等等。随着生物技术药物的发展，肽和蛋白质药物制剂的研究与开发，已成为医药工业中一个重要的领域，同时给药物制剂带来新的挑战。

扫码“学一学”

第四节　基因工程在制药工业中的应用

一、大肠杆菌表达生产重组人甲状旁腺激素

大肠杆菌作为基因工程药物主要的表达系统，到2004年底，全球已经上市的基因工程药物中已有18种药物，但近10年这一类药物上市速率减慢，主要因为表达系统的局限性，但仍是小分子蛋白质药物和多肽的表达系统选择。其中重组人甲状旁腺素（1～34）是用大肠杆菌表达生产的最新上市的代表药物。

重组人甲状旁腺素（1～34）又称特立帕肽（teriparatide），由美国Eli Lilly公司研发，商品名Forteo，2002年11月皮下注射用的甲状旁腺激素药物已被美国FDA批准上市。它是第一个也是惟一一个被批准用于治疗严重骨质疏松症的骨形成促进剂，为含甲状旁腺素N端34个氨基酸残基的重组人甲状旁腺素，是PTH的活性部位。2006年3月，加拿大NPS公司上市第一个PTH 1～84的药物Preos。在近年销售排名榜上的生物技术药物中重组人甲状旁腺激素销售额达到12亿美金，成为生物技术药物的重磅炸弹药物。目前国内已有几家正在申报重组人甲状旁腺激素的生产和临床研究。以下以重组人甲状旁腺激素1～34为例介绍大肠杆菌表达生产制备重组蛋白质药物。

（一）甲状旁腺激素的结构与功能

人甲状旁腺激素（parathyroid hormone，PTH）由115个氨基酸组成，其N端31外肽为前导肽和信号肽，在胞内被切除后即形成成熟的PTH，由84个氨基酸组成。PTH分子中不含半胱氨酸和酪氨酸，分子量为9425，等电点9.58。PTH蛋白质的活性区段为N端1～34个氨基酸，该片段分子量约为4100。在甲状旁腺主细胞内先合成一个含有115个氨基酸的前甲状旁腺激素原（prepro-PTH），以后脱掉N端二十五肽，生成九十肽的甲状旁腺激素原（pro-PTH），再脱去6个氨基酸，变成PTH。

甲状旁腺激素的生物学功能包括：①调节骨细胞和肾细胞维持血钙平衡，是调节钙、磷代谢的重要肽类激素；②刺激破骨细胞的增殖及对老化骨质的分解；③增加成骨细胞的数目，并促进成骨细胞释放骨生长因子促进骨形成；④促进肾小管细胞对钙离子的再吸收，激活肾皮质细胞产生激活α-羟化酶，使25-羟维生素D_3转变为有活性的1，25-二羟维生素D_3，从而促进小肠上皮细胞对钙离子的吸收，为骨细胞合成新骨提供物质基础，是目前已知的惟一促进骨重建、改善骨质疏松症患者骨质量的活性多肽。

基因重组人甲状旁腺激素（1～34）[rhPTH（1～34）]具有与人体内源甲状旁腺激素相同的受体亲和力和对骨骼与肾脏相同的生理作用，主要包括调节骨代谢、肾小管对钙、磷的重吸收和钙的肠吸收。其生物学作用主要通过与细胞表面高亲和力特异性受体结合后，激活腺苷酸环化酶和磷脂酶C，经与后者偶联的信号转导途径，优先刺激成骨细胞，使成骨细胞活性超过破骨细胞活性，总的效应使合成代谢作用显著增加，通过刺激骨松质层和骨皮质层的新骨形成作用，改善骨小梁微结构，增加骨密度和骨强度。

（二）基因工程菌的构建

PTH及其衍生物已在哺乳动物细胞、大肠杆菌和酵母菌系统中得到稳定表达。这三种表达系统都能表达PTH，但PTH在后两种表达系统中易发生蛋白质水解现象。而PTH在大

肠杆菌中直接表达，有三种产物 PTH、Met-PTH 及 PTH8～84。因为大肠杆菌系统去甲硫氨酸不完全，所以有相当部分表达产物仍以 Met-PTH 存在，Met-PTH 的生物活性仅为 PTH 的 10%，而 Met-PTH 与 PTH 理化性质相似，分离两者是相当困难的。PTH8～84 无生物活性，其是 PTH 的降解产物。以上说明 PTH N 端氨基酸序列的完整性是 PTH 生物活性所必需的。获得 PTH 的较佳方法为融合蛋白形式在大肠杆菌中表达 PTH。

通过人工合成 PTH（1～34）cDNA，应用 DNA 重组技术，将目的片段亚克隆在表达载体 pThioHisA 质粒上（其图谱如图 2－6 所示），用 $CaCl_2$ 转入大肠杆菌 BL21（DE3）菌株，对转化后大量的单克隆菌落通过酶切鉴定、序列测定分析和表达实验，获得高表达工程菌 BL21/pThioHisA-PTH，且传代稳定，该工程菌诱导后目的蛋白质表达量占总蛋白质表达量的 25% 以上（图 2－7）。

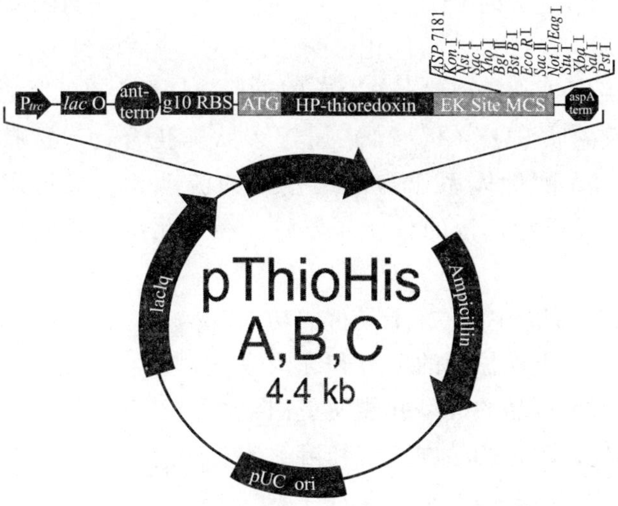

图 2－6　pThioHisA 质粒图谱

（三）制备工艺

基因工程菌的表达效率取决于多种因素，内因方面如重组质粒的特性、宿主菌自身的特性、目的产物的性质等；外因方面有培养基的组成和培养条件等。在成功构建稳定表达重组人甲状旁腺激素工程菌的基础上，从培养基组成和培养条件两方面着手，对发酵工艺条件进行了从摇瓶到发酵罐的摸索实验，建立了稳定的中试发酵工艺。

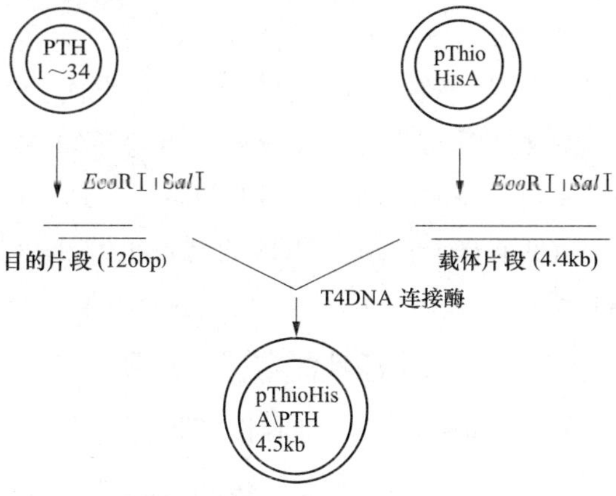

图 2－7　重组 PTH 质粒构建流程图

1. 包涵体制备　含有目的肽 PTH（1～34）氨基酸序列的融合蛋白在宿主菌 *E. coli* 中的表达方式是胞内不溶性表达，即形成包涵体。首先需要将包涵体从发酵的菌体中分离出来。菌体的破碎可以有很多种方法，根据工艺的目的和规模，可以采用冻融法、超声破碎法、高压匀浆法、加砂研磨法、溶菌酶法等。考虑到生产放大和生产成本，需采用了容易放大、能耗小的高压匀浆来进行细胞破碎和包涵体提取。采用 75MPa（750bar）的匀浆功率，每克湿菌/10ml 裂解液的菌体浓度，经过 3～4次匀浆处理，细胞破碎率即达 95% 以上。匀浆破菌后，采用 Beckman 高速冷冻离心机，4000r/min 离心 15 分钟，弃上清液，沉淀即为粗制包涵体。

2. 包涵体复性 采用8mol/L尿素作为溶解包涵体的试剂，变性溶解后，采用大型高速冷冻离心机，20 000r/min、15℃离心30分钟，收集上清液。进行稀释复性，稀释复性过程中会因蛋白质聚集产生沉淀，因此在复性后采用Beckman大型高速冷冻离心机，20 000r/min、15℃离心30分钟，收集上清液。

3. 凝血酶酶切 由于目的肽是采用融合蛋白形式进行表达的，稀释复性后首先应将目的肽段PTH（1～34）从融合蛋白中切割下来。上游构建时，有意识地在融合蛋白序列中引入一个凝血酶酶切位点，故采用商品凝血酶对复性后的融合蛋白样品进行酶切。

4. 阴离子交换色谱 据理论值推测和相关文献报道，目的肽PTH（1～34）为碱性多肽，选用上样量大、具有电荷选择性吸附的离子交换色谱进行目的肽的进一步分离纯化。大多数蛋白质的等电点在中性范围，在偏碱性的环境下大多数的蛋白质（包括凝血酶酶蛋白）和核酸均带负电荷，而此时PTH（1～34）带正电荷，无法与阴离子交换介质结合，因此选用阴离子交换介质。经过工艺的优化，酶解离心上清液流经Q-Sepharose FF柱，大量杂蛋白和切掉目的肽后的融合蛋白残余部分吸附上柱，收集含目的肽的穿透峰。

5. 反相色谱 目的肽PTH（1～34）属于多肽类化合物，选择反相色谱作为精细分离方法。以乙腈-TFA酸性体系作为反相色谱的流动相。经过工艺的优化，在摸清PTH的Q柱穿透峰样品反相色谱的各项参数后，经过此步骤可使目的肽达到98%以上的纯度。

6. 制剂处方研究与冻干制剂 冻干是否成功主要取决于两个方面：冻干保护剂的配方和冻干工艺。冻干保护剂能保证产品的成型并能使蛋白质保持原有的生物活性，改善产品的稳定和溶解性。选用价格低、共熔点高、化学惰性的甘露醇、甘氨酸作保护剂。选择合适的缓冲液系统，筛选研究确定制剂处方。根据产品溶液的共熔点温度，产品允许的最高温度及所要求的残余水分，所装产品容器形状及分装厚度等因素来设置冻干曲线，完成产品冻干剂型制备。

概括起来，重组人PTH的制备工艺流程如图2-8所示。

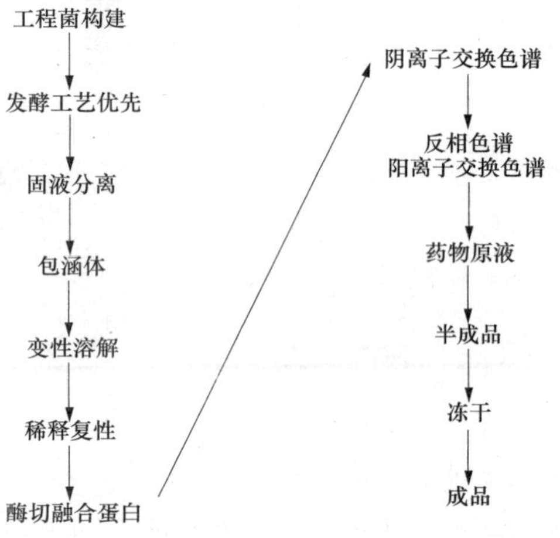

图2-8 重组人PTH的制备工艺流程图

（四）生物学活性测定

采用UMR-106-01细胞株/RIA法。

取对数生长期的细胞，将其制成细胞悬液，记数并调整细胞密度至1×10^5/200μl。每孔加入200μl的细胞悬液于48孔培养板中。

用含0.2mmol/L IBMX的细胞培养液对标准品和待测样品做3倍稀释，标准品和待测样品同时做8个稀释度，每个稀释梯度做两复孔，并设只含0.2mmol/L IBMX的对照和阴性对照，每孔加入200μl不同浓度的样品，置37℃、5% CO_2孵育5分钟。

收集细胞于EP管中，并用无菌PBS洗涤一次，加入1ml 90%正丙醇提取细胞中的cAMP，振荡，1000r/min离心去细胞残渣，用氮气将正丙醇吹干。

每管加入50mmol/L醋酸缓冲液500μl溶解cAMP，采用^{125}I-cAMP RIA KIT测定cAMP含量。

试验数据采用计算机程序或直线回归计算法进行处理，并按下式公式计算结果：

$$待测样品效价 = 标准品效价 \times \frac{待测样品半效稀释倍数}{标准品半效稀释倍数}$$

二、酵母表达生产重组乙肝疫苗

20世纪80年代，随着基因工程技术的成熟，Valenzuela等率先用啤酒酵母表达乙肝表面抗原获得成功，随即科研人员纷纷效仿，很快美国默克（Merck Sharp&Dohme，MSD）公司运用酵母表达系统开发出世界上第一瓶商品化的重组酵母乙肝疫苗（Recombivax-B），并通过美国药品食品监督管理局（FDA）批准在美国获准上市；随后，比利时百时美施贵宝公司（Smith Kline Beecham，SKB），Bioge公司，日本熊木、武田制药、盐野义，韩国绿十字，美国安进，阿根廷莱茵美州公司，古巴，以色列等公司的重组酵母乙肝疫苗也都相继上市，目前共有20家企业被世界卫生组织认定为疫苗生产商。国内从1994年开始引进美国默克公司的酵母基因工程乙肝疫苗的技术。目前主要有北京天坛生物、深圳康泰、上海生研所、华北制药集团以及大连高新等企业生产。现在市场上已发展出CHO表达系统生产的乙肝疫苗，两种表达系统生产的乙肝疫苗在国内皆有上市，产品质量和免疫原性都能得到保证。目前所应用的重组乙肝疫苗均具有很好的免疫原性已得到世界公认和肯定，且国内外无明显差别。在治疗性乙肝疫苗方面，其治疗效果已经初见端倪，可产生良好的临床应答，目前国内外的治疗性乙肝疫苗均处于临床研究阶段。

（一）乙肝病毒的分子结构与重组乙型肝炎疫苗的生物学功能

HBV是双链DNA病毒，有4个开放阅读框架，其中表面抗原（HBsAg）有3个片段，分别为前S1（Pre-S1）、前S2（Pre-S2）和S。Pre-S1由108个氨基酸组成，Pre-S2由55个氨基酸组成，S由226个氨基酸组成，这三个片段各自有独立的起始密码子，但有一个共同的终止密码子，因此，可以形成三种形式的表面抗原，即大蛋白质（preS1/preS2/S）、中蛋白质（preS2/S）和小蛋白质（S）。

HBsAg是乙型肝炎病毒的包膜蛋白质。HBsAg本身无传染性，又能组装成颗粒，因而具有很强的免疫原性，当HBsAg进入机体后，可刺激机体的免疫系统产生体液免疫和细胞免疫，阻止病毒进入肝细胞，从而有效地预防乙型肝炎的发生。重组乙型肝炎疫苗是迄今为止世界上应用最为成功的基因工程疫苗，其原因是表达的乙型肝炎病毒表面抗原（HBsAg）能自动组装出天然HBsAg 22nm颗粒相似的结构，而颗粒状的HBsAg要比单体的HBsAg免疫原性高1000倍。

（二）酵母重组乙肝病毒表达载体的构建

酵母是一个重要的真核表达系统，酵母重组基因工程乙肝疫苗是一种乙肝表面抗原（HBsAg）亚单位疫苗，但在表达preS2/S、preS1/preS2/S时，由于细胞本身的限制，不能完成正确的转录后的加工和修饰，如不能形成正确的分子折叠和糖基化等，免疫原性不如利用哺乳动物细胞表达的preS2/S、preS1/preS2/S的高，酵母细胞表达S蛋白抗原的抗原性与哺乳动物细胞表达的抗原相差不多。酵母表达系统比大肠杆菌完善，外源基因重组到既可转化细胞，又可转化酵母菌的穿梭质粒载体中，有利于外源基因的表达和操作，同时表达量高，质量均一。但也存在一些不足，譬如酵母转化时要提取原生质球，对多种抗生素不敏感，不利于重组子的筛选，无糖基化且表达产物不能分泌。目前酵母重组乙肝疫苗主要分为酿酒酵母和甲基营养型酵母。

1. 酿酒酵母疫苗 1982 年 Valenzuela 首先在酿酒酵母（*Saccharomyces cervisae*）中成功表达乙型肝炎病毒表面抗原（HBsAg），1986 年 9 月美国默克公司的重组酵母乙肝疫苗首次取得专利并得到美国 FDA 的批准。1989 年 7 月比利时百时美施贵宝公司的另一重组酵母乙肝炎疫苗也取得专利。目前重组酵母乙肝疫苗的生产厂家除默克公司，史克公司外，我国北京天坛生物、深圳康泰公司也大量生产该种疫苗。其优点为：酵母为低等真核微生物，易于在营养成分简单的培养基中高密度发酵培养，利用工业化生产，表达量高，目前世界上大规模生产和上市的疫苗大多数由该表达系统制备而成。

2. 甲基营养型酵母疫苗 甲基营养型酵母共有 4 种表达系统，同时具有培养基廉价、目的基因与酵母染色整合的优点，不仅可克服质粒丢失，还可提高表达量。汉逊酵母（*Hansenula Polymorpha . H. P*）和毕赤酵母（*Pichia plstoris . P. P*）系统已应用于工业化生产。

已上市的酿酒酵母和甲基营养型酵母表达乙肝疫苗为含 HBsAg 成分的疫苗。基因工程乙肝疫苗是使用限制性内切核酸酶切出编码 HBsAg 多肽的乙肝病毒 *S* 基因，前面加上甘油醛磷酸脱氢酶（GAPDH）基因作为启动子，后面加 *ADH-1* 基因作为终止子形成一个基因盒，与 pBR322 质粒重组，再与酵母的 2μDNA 复制起点构成穿梭质粒，转化酵母细胞，获得目的酵母重组工程菌株。

（三）制备工艺

目前有多条基因工程乙肝疫苗（酵母重组）的生产工艺：酵母重组乙肝疫苗的生产工艺包括发酵、提取、纯化、吸附、配制、分装等工序。生产工艺中采用世界一流的发酵罐，通过全自动控制，提供酵母菌最优生长条件，发酵后纯化，基因工程乙肝疫苗的纯化是以疏水色谱为主，超滤、吸附技术为辅的综合工艺。以工艺 1 为例，在初步纯化过程中，将酵母细胞在高压均质机内，通过“气穴现象”造成的旋涡对细胞进行剪切和破碎，加入蛋白酶抑制剂后立即冷却，防止目的蛋白质的分解。经微滤和超滤系统处理后，将细胞碎片去除，HBsAg 蛋白质得到进一步浓缩。随后进行的是硅胶吸附和硼酸洗脱，硅胶（Aerosi1380）的特点是表面积大，每 2g 重的硅胶可有 50 ~ 380m^2 的表面积。其吸附原理主要依靠硅烷醇基表面的氢键与表面抗原蛋白质结合，经过加入硼酸洗脱，得到 HBsAg 蛋白质的粗制品。第 2 步的精制纯化，采用丁基琼脂糖疏水色谱，HBsAg 蛋白质通过疏水作用可与琼脂糖丁基结合，而酵母蛋白质、核酸与丁基不结合，通过洗涤和解析，得到高纯度的表面抗原蛋白质。经纯化的 HBsAg，再通过硫氰酸盐进行转型处理，可使单体和双体转型为多聚体，提高 HBsAg 蛋白质的抗原性。同时，通过一定浓度的硫氰酸盐恒滤，可削弱残留的酵母蛋白质与 HBsAg 之间的疏水作用，去除酵母蛋白质，保证 HBsAg 纯度在 99 % 以上。电镜下观察，与血源的 HBsAg 形态相一致，并具有相同的免疫学和化学性质。经灭活和佐剂 $Al(OH)_3$ 吸附制成疫苗（图 2 - 9）。

（四）生物学活性评价

我国现行的基因工程乙肝疫苗都是小蛋白质疫苗，也是 S 疫苗。其优点是：①S 是 HBsAg 的主要成分，其抗体具有良好的中和作用；②S 蛋白具有分泌性，利于产物的纯化；③S 蛋白可形成颗粒，具有良好的免疫原性。但也存在一些不足：①5% ~ 10% 的接种者为弱反应或无反应；②至少需 3 针以上的免疫接种；③仅有预防作用而无治疗作用（S 蛋白不能直接或间接与肝细胞膜结合）。

三、哺乳动物细胞表达系统生产重组人促红细胞生成素

人促红细胞生成素（human erythropoietin，hEPO）是一种主要由肾和中枢神经系统等部位合成分泌的多功能糖蛋白激素，是作用于红细胞的造血生长因子，对神经元的许多功能也具有重要的调控作用。因此，hEPO既是细胞集落刺激因子，又是糖蛋白激素。hEPO是最早发现并首先运用于临床的造血生长因子。对hEPO的研究始于1906年，发现贫血动物的血液中存在调节造血的激素，意识到红细胞的生成是受激素调节的，这种激素后来被命名为促红细胞生成素。1957年证实合成hEPO的主要器官是肾。1985年Lin等克隆了*hEPO*基因，并在同年成功表达了重组人促红细胞生成素（rhEPO）。次年用基因工程技术生产出了rhEPO。至1989年，经美国FDA批准试用至今，FDA在国外的销售已经经历了三个高峰。第一个高峰是自1989年Amgen公司生产的rhEPO上市至1996年，其主要适应证为慢性肾衰竭引起的贫血，其全年销售额为21.45亿美元。第二个高峰是2000年，hEPO在治疗肿瘤贫血中得到了广泛的应用，更是成为了年销售额超过30亿美元的“重磅炸弹”。第三个高峰是2003年美国Amgen公司的第二代产品在和强生公司产品的价格战后。预计下一个高峰将是罗氏公司第二代产品CERA的介入和刚获得批准的心衰适应证的应用。对我国来说，hEPO的第一个高峰期还远没有到达，EPO在国内多应用于肾性贫血。目前，hEPO国内的市场是以30%的速度增长，前景可观。

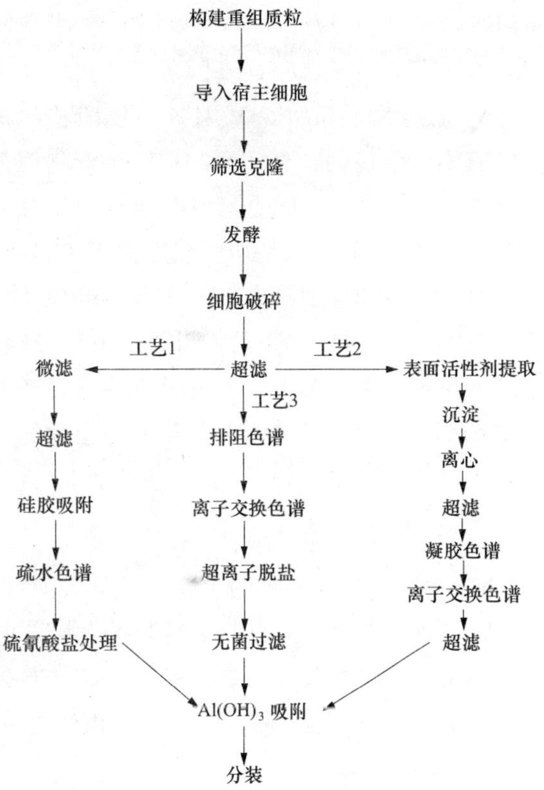

图2-9 重组酵母乙肝疫苗的制备工艺流程

（一）人促红细胞生成素的结构与功能

1. 人促红细胞生成素的分子结构 *hEPO*基因定位于7号染色体长臂22区（7q22），由5个外显子（共582bp）和4个内含子（共1562bp）组成。细胞内一开始表达出的hEPO初产物由193个氨基酸残基组成，其N端包含一个由27个氨基酸组成的信号肽序列，当细胞分泌这种蛋白质时，其N端的信号肽就被信号肽酶切除，从而形成由166个氨基酸组成的成熟的hEPO分子，其分子量为18400。此外，成熟的hEPO除蛋白质部分外，还含有35%左右的糖基组分，使hEPO的总分子量达34400。糖基部分由3个N端糖链（糖基化位点为Asn24，38，83）和1个O端糖链（糖基化位点为Ser 126）组成，糖基的存在对hEPO合成后的分泌及其体内、外生物学活性的发挥都具有重要意义。

2. 人促红细胞生成素的生物学作用 传统认识中，hEPO是一种作用于骨髓造血细胞，促进红细胞增生、分化，最终成熟的内分泌激素。对机体供氧状况发挥重要的调控作用。在胚胎早期，hEPO由肝生成，然后逐渐向肾转移，出生后主要由肾小管间质细胞分泌。随着近年来研究不断进展，对于hEPO的认识产生了一次又一次革命性的飞跃。

（二）基因工程菌的构建

hEPO 基因的合成和表达质粒的构建采用固相亚磷酰胺方法，使用美国 ABI 公司 381A DNA 合成仪，合成 *hEPO* 基因各小片段，再用 T4 DNA 连接酶将 *hEPO* 基因各小片段连接成完整的 *hEPO* 基因，经 DNA 序列分析测明序列的准确性。将 pSVL 载体用限制性内切核酸酶 *Xho* Ⅰ及 *Bam*HⅠ双酶切，然后使用 T4 DNA 连接酶，与两端分别具有 *Xho* Ⅰ及 *Bam*H Ⅰ黏性末端的 *hEPO* 基因连接（图 2－10）。连接物转化大肠杆菌 JM103，筛选阳性克隆扩增，抽提 pSVL-EPO 重组质粒，供转中国仓鼠卵巢细胞（CHO）。

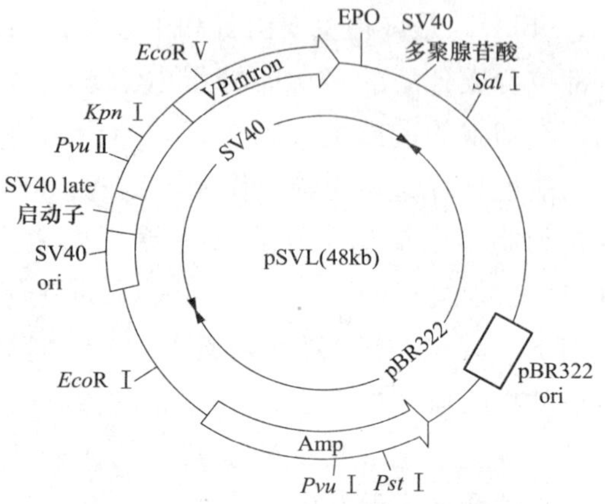

图 2－10　重组 hEPO 质粒构建图

（三）制备工艺

取冻存于细胞库中的 CHO 工程细胞株，复苏后经由小方瓶、大方瓶至转瓶扩大培养后，接种到堆积生物反应器皿，培养 5 ~ 7d 后，开始用无血清培养基进行灌流培养。纯化方法：灌流液→冷冻离心收集上清液 L ›Q-Sepharose XL 离子交换色谱→脱盐→C4 反相色谱→超滤浓缩→Sephadex S-200 分子筛析（图 2－11）。

1. 离子交换色谱　Q-Sepharose XL 经用 0.1mol/L 的磷酸缓冲液平衡后，柱床体积约 0.8L。取 18L 灌流培养上清液，连续流冷冻离心除去细胞碎片后，直接上样，上样流速约为 40ml/min。上样完毕后用含 20mmol/L NaCl 平衡缓冲液淋洗至基线，再用 150mmol/L NaCl 洗脱，收集 hEPO 洗脱峰，收集峰体积约 1000ml。

2. 反相色谱　将上述离子交换色谱收集的 EPO 洗脱峰，经以 10mmol/L Tris-HCl（pH 7.0）缓冲液平衡的 Sephadex G-25 柱脱盐后，上样于同缓冲液平衡的 C4 反相柱上，柱床体积为 300ml，上样流速为 10ml/min。上样完成后，先用平衡缓冲液淋洗至基线，以 10mmol/L Tris-HCl（pH 7.0）缓冲液为 A 液，无水乙醇为 B 液，分别用 20%、50 %、60% B 液的不连续梯度洗脱，流速为 10ml/min，收集 60% B 洗脱峰。收集样品用注射用水稀释后，超滤浓缩至 50ml。

3. 分子筛色谱　将上述经反相色谱浓缩的样品上样于流动相为 10mmol/L 的枸橼酸钠 100mmol/L NaCl 的 Sephadex S-200 柱上，上样量小于柱体积的 5%，上样及洗脱速度为 5ml/min，收集 hEPO 活性峰。

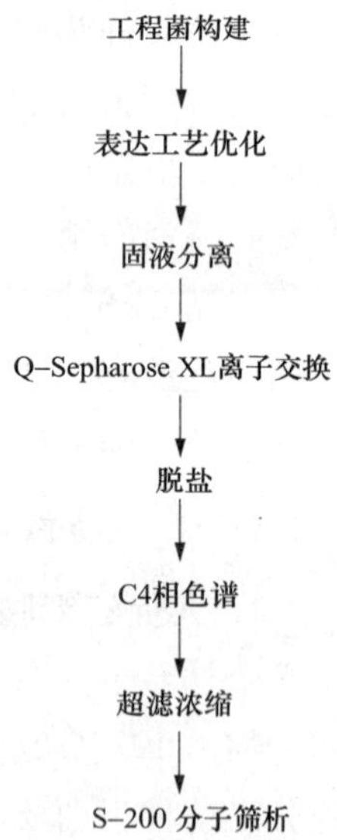

图 2－11　重组人 EPO 的制备工艺流程图

（四）生物活性测定

EPO 体内生物学活性测定：采用网织红细胞计数法，选购 7 周龄同性别 BALB/C 小鼠（约 21g），分为 3 个剂量组，每组两只，分别于每只腹部皮下注射 EPO 标准品 2IU、4IU、8IU，连续注射 3 日后，眼眶取血。用煌焦油蓝染色，涂片计数 1000 个红细胞中的网织红细胞数，同时也计数原血中红细胞数，两值相乘为原血中网织红细胞数绝对数。以注射剂量为横坐标，网织红细胞绝对数为纵坐标作标准曲线，求得被测样品的体内生物学活性。

（五）重组人促红细胞生成素的质量标准

1. CHO 细胞蛋白质残留量采用酶联免疫法测定　CHO 细胞蛋白质对人体来说是一种异种蛋白质，反复注射一定量的异种蛋白质会产生不良反应，如发生过敏反应。检测制品是否受宿主细胞蛋白质（HCP）污染常用的分析工具是 Western 印迹法。但是该方法只能进行限量分析，而且灵敏度较低，通常达不到指控水平。现多按照《中国药典》(2020 年版）中的 CHO 细胞蛋白质残留量的测定方法。

2. 细菌内毒素含量测定　按《中国药典》(2020 年版）的“细菌内毒素检测法”进行检测。使用厦门鲎试剂厂出口的鲎试剂，灵敏度为 0.25EU/ml。将样品进行倍比稀释，加入鲎试剂进行测定，根据鲎试剂的凝结终点和鲎试剂的灵敏度来确定样品的细菌内毒素含量。

3. HPLC 纯度　按《中国药典》（2020 年版）的方法，对两种纯化终产物进行 HPLC 纯度检测。

4. SDS-PAGE 及电泳纯度　按照文献报道，分离胶浓度为 10%，通过测量蛋白质的相对迁移率来计算分子量，对每步纯化的主峰与标准品对照在聚丙烯酰胺凝胶电泳后用 0.05g/100ml 考马斯亮蓝染色液染色脱色后，进行电泳扫描，测电泳纯度。

重点小结

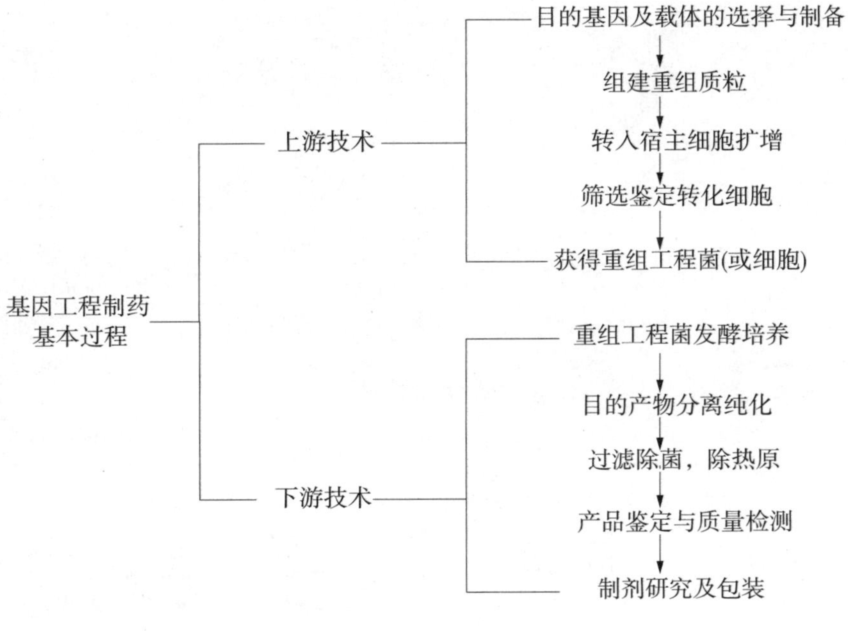

思考题

1. 基因工程制药的主要步骤有哪些？
2. 举例说明三种获取目的基因的方法。
3. 重组阳性克隆筛选与鉴定方法有哪些？
4. 重组蛋白质形成包涵体的原因有哪些？分离纯化蛋白质包涵体的策略有何特点？

扫码“练一练”

5. 怎样在大肠杆菌中获得真核基因的表达产物?

6. 设计实验鉴定外源基因在宿主细胞中的表达形式。

7. 举例说明三大表达系统生产生物技术药物时在上游构建、下游纯化以及产品质量控制等方面的优缺点。

8. 简要说明基因工程菌的不稳定性产生的原因和考察方法。

9. 设计一种分离纯化分子量为4000 的重组蛋白质小肽的实验方案。

10. 名词解释：基因工程 、重组 DNA 技术、基因载体、基因文库、工程菌、基因表达系统

（杨　红　胡昌华）

第三章　蛋白质工程制药

扫码“看一看”

学习目标

1. **掌握**　蛋白质工程的概念和研究的内容、蛋白质分子设计的主要方法。
2. **熟悉**　蛋白质工程研究的主要技术和方法、蛋白质药物结构改造的主要方法。
3. **了解**　蛋白质工程的发展历程。

第一节　概　述

扫码“学一学”

生命是物质运动的高级形式，这种运动方式主要是通过蛋白质来实现的。蛋白质不仅是一切生命的物质基础，而且还是生命活动的主要执行者和承担者，几乎参与了所有生命现象和生理过程，可以说一切生命现象都是蛋白质功能的体现。对蛋白质的研究、开发和利用，不论过去、现在和将来都是非常重要的研究课题。蛋白质类药物已成为继化学类药物后的第二大类药物，其发展速度迅猛、治疗效果突出，已成为疾病防治药物研发的首选策略。这一令人欣喜的成果主要得益于蛋白质工程技术与高通量药物筛选方法的快速发展。

在研究蛋白质结构与功能关系时，学者们希望通过对天然蛋白质结构进行改造，进而提高蛋白质对热、pH、水解或氧化的稳定性，或改进生物活性，或降低毒性，或制成具有生物靶向作用的非天然蛋白质，从而创造出与天然蛋白质有所不同且更加符合人们需要的蛋白质类或多肽药物。蛋白质工程就是基于蛋白质结构功能和分子遗传学知识，从改变或合成基因入手，定向地改造天然蛋白质或设计制造新的蛋白质。蛋白质工程是在蛋白质空间结构和结构与功能研究的基础上，借助计算机计算功能、图形显示功能和辅助设计功能，确定某 蛋白质分子的改造。按设计方案，或进行局部的定点突变或化学修饰；或对不同蛋白质中不同功能区域片段作分子剪接；或作全新蛋白质设计（de novo protein design），从头设计出具有所需功能的非天然蛋白质，通过 DNA 重组技术手段，克隆并表达出杂合蛋白质，获得新的性能更优的蛋白质分子。蛋白质工程融合了遗传工程、蛋白质化学、蛋白质晶体学和计算机技术，为合理药物设计提供了源泉和前提，而合理的药物设计又拓宽了蛋白质工程的研究范围。随着蛋白质工程技术日新月异的发展，点突变技术、融合蛋白技术、DNA 重组、定向进化、基因插入及基因打靶、展示技术、DNA 或蛋白质芯片、药物生物信息学和计算机技术的运用，使得蛋白质工程药物研究不断深入和完善，蛋白质工程药物新品种增加迅速，蛋白质工程药物将占据着越来越大的市场份额，并成为新型生物技术药物的快速发展前沿。

一、蛋白质工程的概念及其在新药研究中的作用

蛋白质工程这一名称最早是 1981 年由美国 Gene 公司的 Ulmer 最先于 1983 年在《科学》杂志上发表了以“protein engineering”（蛋白质工程）为题的专题论著中所提出的，标志着新一代基因工程——蛋白质工程的诞生。

基因工程通过对目的基因的克隆重组，使目的基因在新的宿主细胞中得以表达，但这仅能表达出自然界固有的蛋白质。蛋白质工程则是根据对蛋白质已知结构和功能的了解，借助计算机辅助设计，利用基因定点突变等技术对现有蛋白质结构基因进行改造，或直接从头设计全新的蛋白质序列，从而获得改良的蛋白质或自然界没有的全新蛋白质的技术过程。由于蛋白质工程是在基因工程的基础上发展起来的，其技术手段也大都相同或相似，因而蛋白质工程也被称为“第二代基因工程”。

蛋白质工程整合基因工程、分子生物学、细胞学等众多学科的前沿技术，为生物制药行业提供了前所未有的机遇。通过 X 射线、分光光度计、磁共振、圆二色谱、电镜等技术获得某些结构信息，借助计算机模拟三维图像对蛋白质进行能量和动力学研究，生物信息研究技术的应用为蛋白质工程的高效、理性和创造性奠定了更强有力的依据，创建了药物设计的新模式。蛋白质工程技术为药物研发提供了新的有效技术平台，加快了蛋白质类药物的开发进程。蛋白质工程技术在生物新药的研究中的作用大致可分为 8 个方面。

1. 提高药效活性 基因工程重组蛋白质药物应用于人体时，可以通过与靶蛋白相互作用触发一系列的细胞内信号转导而发挥效应，或干扰受体-配体相互作用而中和异常表达的内源分子。这就需要重组蛋白质药物对于靶分子的高亲和力和特异性，天然蛋白质分子往往无法达到临床应用的要求，而通过蛋白质工程技术对天然蛋白质进行改造进而可提高其亲和力和特异性，达到提高功效、降低用量和副作用的目的。

2. 提高靶向性 具有生物治疗活性的蛋白质分子往往对多种组织和细胞都有广泛的效应，这种低特异性往往造成临床使用中需要剂量大，毒副反应严重，治疗效果差，而限制临床的使用。提高效应蛋白质的靶向性，使之作用于特定的组织或细胞，可以克服以上缺陷。这类药物主要是针对临床难以治愈的肿瘤的治疗，通过蛋白质工程的方法设计的导向药物一般由两部分构成：一部分是对肿瘤细胞有杀伤能力的“子弹”；另一部分是针对肿瘤细胞有特异性的载体，把子弹导向靶部位。目前研究的抗肿瘤导向药物的载体主要为针对肿瘤表面的肿瘤相关抗原或特定受体的抗体或细胞因子，用作子弹的有放射性毒素等。最初的导向药物是用化学交联的方法将毒素分子与细胞特异性抗体连接构成，分子量大、副作用强，限制其广泛应用于人体。蛋白质工程的方法使人们可以通过体外重组，在基因水平设计构建导向特异细胞的融合毒素蛋白质。目前导向部分从单一的特异抗体发展为单链抗体、细胞因子、激素、受体识别的小分子肽等，在构建时可将导向蛋白质替代毒素的受体结合部分，既去掉了毒素对正常细胞的结合活性，同时又增加了其对表达特定靶蛋白分子的细胞的杀伤活性，提高了药效。对于导向部分，在发现的更多靶蛋白基础之上，通过结构分析、模拟构建、体外重组和合理的筛选，可以获得更高特异性、亲和性的蛋白质分子。

3. 降低蛋白质类药物引起的免疫反应 生物技术重组蛋白质药物存在种属特异性，故应用于人体的蛋白质类药物都希望是人源的或者是经蛋白质工程改造而成的“人源化”的重组蛋白质。单克隆抗体类药物在初期阶段绝大多数是鼠源的，鼠源的单抗分子在人体内会引起免疫反应，而达不到预期的效果，甚至产生严重的副反应。为了解决这一问题，抗体的人源化成为蛋白质工程研究中的一个重要课题，进而衍生出蛋白质工程的分支——抗体工程。近几年来，人源化单克隆抗体研究取得了成功，已有多种蛋白质工程人源化单克隆抗体药物被批准上市或正在临床试验中。

4. 获得具有新功能的蛋白质分子 利用定向进化策略改造蛋白质功能已经在医药等领

域得到了广泛的应用。蛋白质工程的最新进展是利用定向进化策略对自然界蛋白质引入新功能，但由于其决定因素比较复杂，正面临巨大的挑战。回顾国外近年蛋白质新功能定向进化研究的发展策略：对传统突变体库构建策略进行改进以及非同源重组改造技术的开发，是早期引入蛋白质新功能的常用手段，利用计算/理性设计与定向进化相结合引入蛋白质新功能是近年定向进化研究的一个重大突破，而噬菌体展示技术是蛋白质新功能筛选的主要策略。蛋白质新功能的分子进化模型已逐渐成为蛋白质工程改造的新思路。一方面可获得特定蛋白质的拮抗物或类似物，通过对于蛋白质结构与功能的深入了解，按需要把具有不同功能的部分重新组合，得到新功能蛋白质。多价抗原决定簇疫苗就是基于这种设计构建的，它是人们根据病原体最保守的致病结构区和抗原决定簇进行设计、构建的新型疫苗。当前利用作用于细胞不同靶位的功能多肽，设计构建双功能或多功能的活性多肽，也是蛋白质工程药物的一个方向。另一方面也可用于设计具有蛋白质激素类物质活性的小分子模拟肽等。

5. 提高稳定性，改善药代动力学特性　蛋白质分子中基团的化学修饰和生物修饰是目前蛋白质工程研究中的一个重要课题，可极大地提高目的蛋白质药物的稳定性，进而对其药代动力学特性进行改善。

6. 提高工业生产效率　可通过对目的蛋白质药物的密码子进行优化或同类氨基酸残基的替换进而实现目的蛋白质药物在特定的表达系统中的表达量。

7. 获得特定蛋白质的拮抗物或类似物　通过对目的蛋白质药物的空间结构的深入解析，进而可通过对已知结构蛋白质库的筛选或从头设计获得具有与该特定蛋白质相似空间结构的拮抗物或类似物。

8. 模拟原型蛋白质分子结构开发小分子模拟肽类药物　通过对目的蛋白质药物的空间结构的深入解析，进而可对其活性部位的特定结构进行确证，从而可获得具有与该特定蛋白质相似活性部位空间结构的小分子肽类药物。

伴随着分子生物学、结构生物学及生物信息技术的快速发展以及对蛋白质结构与功能之间关系的深入理解，蛋白质工程近十几年里取得了长足的发展，成为研究蛋白质结构与功能的重要手段。蛋白质工程的应用范围不仅仅涉及医药领域，也涉及工业、农业等各个领域，其发展前景无可限量。如在生物工程中，利用工程蛋白质独特的催化和分子识别特性来构建生物传感器，也可通过蛋白质工程技术手段改造或从头设计出能在有机介质中进行酶促反应的工业用酶，以及可利用蛋白质工程技术手段改变或改善农作物的品质或设计新的生物杀虫剂等。

二、蛋白质工程的原理及其研究的内容

蛋白质工程是在对蛋白质结构与功能关系认识的基础上，按人类需要通过基因工程等途径定向地改造或创造出新的蛋白质的理论及实践。蛋白质工程是在基因重组技术及生物化学、分子生物学、分子遗传学等学科的基础之上，融合了蛋白质晶体学、蛋白质动力学、蛋白质化学和计算机辅助设计等多学科而发展起来的新兴研究领域。其内容主要有两个方面：①根据需要合成具有特定氨基酸序列和空间结构的蛋白质；②确定蛋白质化学组成、空间结构与生物功能之间的关系。在此基础之上，实现从氨基酸序列预测蛋白质的空间结构和生物功能，设计合成具有特定生物功能的全新蛋白质，这也是蛋白质工程最根本的目标之一。

蛋白质工程是运用基因工程DNA重组技术，将克隆后的基因编码序列加以改造或人工合成新的基因，再将改造后基因通过载体引入适宜的宿主系统内加以表达，从而产生出有特定性能的“突变型”或全新的蛋白质分子。根据人类的需要改造天然蛋白质或设计创造自然界没有的新蛋白质的目标时需考虑以下3个环节。

1. 结构生物学的理论和技术 可利用X射线衍射技术确定蛋白质的三维结构，还可以通过分光光度计、核磁共振、圆二色光谱、电镜等技术以及生物质谱获得目的蛋白质的某些结构信息。

2. 生物信息学的理论和手段 借助计算机对蛋白质进行选择优化，从氨基酸一级结构着手，通过能量计算和动力学优化模拟目的蛋白质的三维结构，也可通过已建立的蛋白质结构数据库进行同源比对，并经专家系统和利用人工智能等手段对目的蛋白质的三维空间结构进行模拟。

3. 分子生物学的理论和技术 通过改变编码蛋白质的核苷酸序列实现蛋白质结构的改变。这首先需对基因序列有所了解，然后通过定点突变技术（site directed mutagenesis）进行碱基替换，这就需要一整套的基因操作技术。

总之，通过以上3个环节的工作才能对目的蛋白质的结构与功能有一基本的认识。由于目标不同，起点可能不同，如对已有的蛋白质改造需要从结构测定入手，而创造新的蛋白质则可通过对已有的蛋白质结构功能信息资料进行分子设计，通过基因表达后再对表达产物的结构与功能进行检测、分析。要获得理想的蛋白质工程产品往往需进行多轮的饰变、分析、检测与修改过程才能实现。

三、蛋白质工程发展历程

20世纪以来，随着生物学研究的深入以及现代物理、化学实验技术的应用，蛋白质化学及生物化学研究得到了长足的进步。30年代、40年代通过分离、提纯等手段对各类蛋白质的组成和性质有了较多的认识，并开始了对其空间结构的研究。50年代、60年代分子生物学的创立，把生物大分子的结构和功能联系起来，使人们对蛋白质的生物学作用有了更深一步的了解，尤其是中心法则指明了蛋白质与DNA之间的关系，随后编码氨基酸的三联体密码子得到破译，这些理论为蛋白质的生物合成奠定了基础。与此同时，蛋白质的人工合成和化学修饰也取得了初步成功。胰岛素氨基酸序列的测定，肌红蛋白三维立体结构的建立以及DNA重组技术的问世，是蛋白质工程诞生的三大理论基石。1978年，美国Hutchison使用寡聚脱氧核糖核苷酸作为体外诱变剂，成功地实现了定点突变试验，培育出了多种具有生物学特性的突变株。1981年，美国Gene公司Ulmer则将此定点突变试验冠以“蛋白质工程”。随着分子生物学、晶体学及计算机技术的迅速发展，人们对蛋白质结构与功能之间关系的理解更加深入，蛋白质工程在最近几十年里取得了长足的进步，成为研究蛋白质结构和功能的重要手段，同时也已广泛地运用于新药设计及其他领域中。

蛋白质工程创立初始即显示出巨大的应用前景。如英国医学研究会分子生物学研究所Winter等通过蛋白质工程技术极大地提高了嗜热脂肪芽孢杆菌氨酰tRNA合成酶活性。美国旧金山Genentech公司Pery等也通过蛋白质工程技术手段使T4溶菌酶热稳定性得到改变，对于用T4噬菌体清除乳酪制造中梭状芽孢杆菌的污染发挥着重要作用。Rosenberg等对α-抗胰蛋白酶进行了改造，增强了其抗氧化能力，对于防止肺气肿有着重要的作用。美国Genentech和Genencor公司通过蛋白质工程技术手段改善了枯草杆菌蛋白酶稳定性及抗氧化性，在洗涤、蚕丝加工业、制革工业中都发挥着重要作用。蛋白质工程已得到众多国家和大型企业的特别关注与大力支持，并纷纷相继投入巨额资金进行相关研究与开发。近20年来已有一些工业用酶和家用产品进入市场，一些项目得到专利保护，商业竞争趋势异常激烈。在产品研发的同时，蛋白质工程基础研究也在不断加强，研究对象由单一蛋白质扩充到糖蛋白、糖-蛋白质-核酸复合物等生物分子和复合体，研究内容也从蛋白质饰变延伸到分子设计、构象设计、药物设计等。

自从人类第一次采用定点突变技术对已知结构和机制的一种酶活性位点进行改造以来，蛋白质工程已经历了30年多的发展历程。自20世纪90年代以来，对天然蛋白质进行改造的技术越来越娴熟，从头设计合成新的蛋白质的方法也已取得突破性进展，为蛋白质工程树立了新的里程碑。目前，通过蛋白质工程技术已能够对蛋白质的活性、特异性、稳定性和折叠性进行预期的设计改造。工程化的蛋白质已成功地应用于制药工业和许多重大疾病的治疗。蛋白质工程药物分子设计是第三代蛋白质工程药物的特征，研究蛋白质结构、功能、活性间的相互关系，并以蛋白质分子的结构规律及其与生物功能的关系为基础，通过有控制的基因合成和/或基因修饰，对现有蛋白质加以定向改造、设计、构建，随后可通过高通量筛选技术等策略筛选出具有新药开发价值的生物分子。在此基础上进行包括疫苗、酶、抗体、治疗肽及其他一些生物分子等新型蛋白质、多肽或其他代谢分子的设计，并最终生产出性能更优、更加符合人类社会需要的新型蛋白质。

随着蛋白质工程技术日新月异的发展，点突变技术、蛋白质融合技术、DNA重组、定向进化、基因插入及基因打靶、展示技术、DNA或蛋白质芯片、药物生物信息学和计算机技术的运用，使得蛋白质工程药物研究的不断深入和完善，蛋白质工程药物品种迅速增加，蛋白质工程药物将占据着越来越大的市场份额，并成为新型生物技术药物的快速发展前沿。2002~2011年美国食品药品监督管理局（FDA）平均每年批准数为23种。1999年，在FDA批准的40种新药中，蛋白质工程药物仅占12.5%，在2002年，在被批准的26种新药中，蛋白质药物就占了34.6%，目前蛋白质工程类药物已达百余种。在被批准的新药中，小分子药物所占的比例在不断减少，而蛋白质工程药物所占比例却呈稳定趋势上升。据全球权威的医药管理咨询公司艾美仕市场研究公司（IMS Health）资料显示，2012年全球药品市场约9621亿美元，较前一年增长2.4%；在生物技术药品部分（蛋白质药物占绝大部分），2011年全球市场约1570亿美元，占整体药品市场的16.4%，且其增长速率高于整体药品市场增长率，到2018年蛋白质药物市场已超过2300亿美元。现研究成功的蛋白质工程药物已达百种之余，且在不断迅速增加。

第二节　蛋白质工程研究内容

扫码“学一学”

蛋白质工程研究的内容十分广泛，大致可分为两方面。①基因水平上的蛋白质改造：基因水平上的蛋白质改造是从根本上实现蛋白质的改造，不再是单纯的基因克隆和表达，需要进一步的基因操作。②蛋白质修饰：蛋白质分子中基团的化学修饰和生物修饰是目前蛋白质工程研究中的另一个重要领域。蛋白质工程最根本的目标是利用基因工程手段，包括基因的定点突变和基因表达对蛋白质进行改造，以期获得性质和功能更加完善的蛋白质分子。

蛋白质工程的研究内容和目的可以概括为：以蛋白质结构与功能为基础，通过化学和生物手段，对目的基因按预期设计进行修饰和改造，合成新的蛋白质；对现有的蛋白质加以定向改造、设计、构建和最终生产出比自然界存在的蛋白质功能更优良，更符合人类需求的功能蛋白质。

一、蛋白质工程技术路线

蛋白质工程的主要研究手段是反向生物学技术，基本思路为按期望的结构寻找最适合的氨基酸序列，通过计算机设计，进而模拟特定氨基酸序列在细胞内或在体内环境中进行多肽折叠而形成三维结构的全过程，并预测蛋白质的空间结构和表达的生物学功能的可能性及其高低程度。由此可见，蛋白质工程的基本途径是从预期功能出发，设计期望的结构，合成目的基因且有效进行克隆表达或通过诱变、定向修饰和改造等一系列工序，合成新型优良蛋白质。

众所周知，蛋白质的合成是按照遗传中心法则进行的：基因→表达→多肽链→具有高级结构的蛋白质→行使生物功能。然而，蛋白质工程却与之相反，它的基本途径是：从预期的蛋白质功能出发→设计预期的蛋白质结构→推测应有的氨基酸序列→找到相对应的脱氧核糖核苷酸序列（DNA）即基因序列→采用基因工程技术获得所设计的新蛋白质（图3-1）。

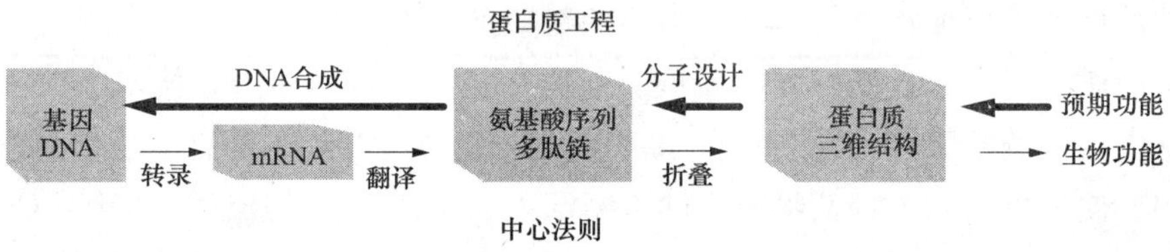

图3-1　蛋白质工程技术路线示意图

蛋白质工程是在DNA水平上位点专一性地改变结构基因编码的氨基酸序列，使之表达出比天然蛋白质性能更优的突变蛋白质（Mutein），或者通过基因化学合成，设计制造自然界不存在的崭新工程蛋白质。近年来随着药物设计发展的需要，基于生物大分子结构知识的药物设计已成为药物发展中的重要领域。蛋白质工程主要涉及到蛋白质空间结构解析、蛋白质分子设计和基因克隆与表达。空间结构测定的解析主要是通过X射线衍射晶体结构分析技术、多维磁共振技术和电子衍射等电子晶体学技术等对蛋白质分子的空间结构进行测定。得到蛋白质的空间结构之后，与其生物学功能相比较，对其结构与功能进行对应研究，以确定哪些特征结构决定了其生物功能，哪些结构可能与毒副作用有关，从而为定向改造提供依据。分子设计主要是基于在了解目的蛋白质的功能及其相应的结构基础之后，通过理论的方法提出蛋白质改性或从头设计的方案，这一方案将提供新的序列以及可导致怎样的空间结构和电子结构的变化，从而能赋予新蛋白质什么样的特性。当前的分子设计主要以计算机以及相应的设计软件为工具，采用基于物理学原理的各种模拟方法和基于蛋白质分子结构知识的模型构建方法对其进行设计。基因工程的操作是在得到了新的蛋白质改性设计方案之后，采用分子生物学技术，先合成相应的基因模板，再经过克隆与表达，得到新蛋白质的产物，最后通过分离、纯化，提取出足够纯的新蛋白质，以研究其功能。蛋白质工程要经过多次的循环，不断改进设计方案进而发现更为理想的新的改性蛋白质，因此蛋白质工程是一个多学科交叉的复杂领域。

根据蛋白质工程的基本特征的含义，蛋白质工程实施的基本流程如图3-2所示。

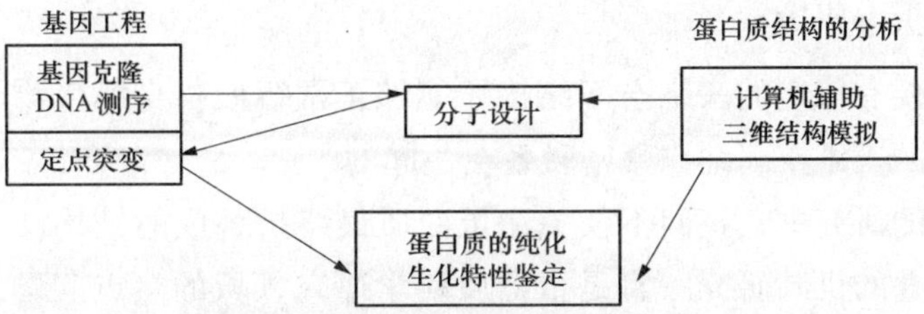

图 3-2　蛋白质工程的基本流程

(1) 功能蛋白质（或酶）结构基因的克隆。

(2) 核苷酸编码序列的确定。

(3) 相应氨基酸序列的转换。

(4) 该功能蛋白质生物学性质的确定。

(5) 建立该功能蛋白质的三维空间结构。

(6) 设计工程蛋白质的分子草图。

(7) 借助于 DNA 定点突变技术对其进行改造。

(8) 分析突变蛋白质的生物化学特性。

(9) 确定蛋白质序列、结构、功能三者的对应关系。

(10) 将此对应关系反馈至第 6 步并进行下一轮操作，直到构建出理想的工程蛋白质。

由此可见，蛋白质工程需要生物学、化学和物理学以及计算机学等多种学科知识的综合运用。蛋白质工程与 DNA 重组技术、常规 DNA 诱变技术以及蛋白质侧链修饰技术有着本质的区别。DNA 重组技术使得分离任何天然存在的基因并在特殊受体细胞中表达成为可能，其所使用的基因是天然存在的，在目的蛋白质的编码区中未做任何改动，因而表达产物仍为天然蛋白质。常规的诱变及筛选技术能创造一个突变基因并产生相应的突变蛋白质，但这种诱变方式是随机的，无法预先确知哪个核苷酸发生了变化，因此导致靶基因定点发生改变的频率极低，可能产生的突变蛋白质数目过多。多肽链水平上的化学修饰也能在一定程度上改变天然蛋白质的结构及性质，但其工艺十分繁杂，并且由于基因未发生突变，所以修饰的蛋白质不能再生。因此，与上述基因工程、常规诱变以及多肽修饰技术相比，蛋白质工程的特征是在基因水平上特异地做一个非天然的优良工程蛋白质，在蛋白质工程中最常用的技术是定点诱变技术，即专一改变基因中某个或某些特定氨基酸的技术，可以产生具有工业上和医药上所需的性能更优的蛋白质。

二、蛋白质结构分析

蛋白质结构分析是蛋白质科学领域中非常重要的研究内容，许多疾病都是由于蛋白质结构遭到破坏而引起的，因此蛋白质结构分析研究能够对医学、药学等领域产生重大影响。蛋白质折叠和蛋白质结构域预测是蛋白质结构分析中非常重要的两个问题，蛋白质折叠研究的是蛋白质结构的动态变化过程，蛋白质结构域预测研究的是蛋白质相对静态的结构，它们的本质是统一的，都是探讨蛋白质的一级结构序列如何影响和决定蛋白质的高级结构。随着学科交叉的日益广泛，越来越多的计算机方法和技术被应用到了蛋白质结构分析研究领域中，例如信号处理、分布式计算、数据挖掘、机器学习等等，这些计算机方法和技术为蛋白质结构分析领域的研究带来了新的生机和活力。

（一）蛋白质折叠研究

蛋白质分子需要有特定的三维空间结构才能够正常行使自身的生物功能，蛋白质的生物功能是和其特定的三维空间结构紧密联系在一起的。

在蛋白质折叠的研究中，我们不仅关注蛋白质最终折叠成的结构，也关注蛋白质的折叠过程。蛋白质折叠的机制研究一直是蛋白质科学研究领域的热点问题之一。目前，学术界对于蛋白质折叠过程的机制依然存在争议，因而吸引了全世界大量的科研工作者的关注，共同探讨蛋白质折叠的机制。20 世纪 60 年代，Anfinsen 基于还原变性的牛胰核糖核酸酶在不需其他任何物质帮助下，仅通过去除变性剂和还原剂就使其恢复天然结构的实验结果，提出了“多肽链的氨基酸序列包含了形成其热力学上稳定的天然构象所必需的全部信息”的学说。Anfinsen 认为一定的氨基酸序列相对应的空间结构是热力学上最稳定的结构，蛋白质特定的三维空间结构是由其氨基酸排列顺序所决定的，也就是说一级的氨基酸序列决定了蛋白质的高级空间结构，Anfinsen 因此也获得了 1972 年的诺贝尔化学奖。Anfinsen 虽然指出蛋白质的空间结构是由其氨基酸序列直接决定的，但是并没有解决最主要最根本的问题，即蛋白质是如何从无结构的氨基酸序列折叠到其对应的三维空间结构的。

蛋白质折叠作为生命活动中的一个非常重要的过程，一直是生命科学领域中的研究热点。随着实验技术的进步，传统的生物化学实验能够在一定程度上测定蛋白质在折叠过程中不同时期的结构状态，为蛋白质折叠的动力学和热力学研究提供宝贵的数据。不过许多蛋白质折叠的速度非常快，能在极短的时间内完成自身的折叠过程，时间量级一般在微秒到毫秒之间，而传统的生物化学实验受到实验技术和实验条件等因素的影响，并不能提供非常详尽的实验数据，因此计算机分子模拟技术自然也被引入到了蛋白质折叠领域的研究中，计算机分子模拟能够为蛋白质折叠的研究提供大量的计算机模拟数据，这些数据可以作为生物化学实验的补充。当前，计算机分子模拟已经成为蛋白质折叠研究的一种重要研究方法，而且许多计算机模拟软件也被开发应用到蛋白质折叠研究领域中，例如 AMBER、GROMACS、IMPACT、NAMD 等。

（二）蛋白质结构域预测研究

蛋白质结构域是蛋白质结构、折叠过程、功能实现和进化的基本单元。一个蛋白质结构域，在折叠过程中能够独立或者半独立地完成自身的折叠，形成相对独立的三维空间结构。同时，蛋白质结构域作为蛋白质功能实现的基本单元，通过自身或与其他蛋白质结构域进行作用来实现蛋白质在生物学上的各种功能。

蛋白质结构域预测所要解决的问题就是给定一个序列，首先需要回答这个序列包含了几个蛋白质结构域，或者说这个序列是由几个蛋白质结构域组成的，如果判定该序列不是单结构域蛋白质序列，那么还需要进一步回答该序列中蛋白质结构域之间的边界在什么位置。从某种意义上说，蛋白质结构域预测问题可以理解为一个两类分类问题，即把给定的蛋白质序列上的氨基酸残基分为两类，一类是蛋白质结构域边界，另一类是非蛋白质结构域边界，或者说是结构域内部。因此各种概率统计方法和机器学习算法都被广泛应用到这个领域中，人们也已经设计开发出了许多基于 HMMOL/L、SVM、神经网络等计算机技术的蛋白质结构域预测方法。不过，蛋白质结构域预测问题并不完全等同于一个简单的两类分类问题，在蛋白质序列中，每个氨基酸残基并不是一个个相互独立的个体，它们彼此之间都存在着一定的关联，同时，还有必要考虑蛋白质序列的整体性以及结构域本身的特性，而且样本的数量也存在较为严重的偏向性，因为在蛋白质序列中，结构域边界的氨基酸残基数目要远远小于非结构域边界的氨基酸残基，这就导致了在这个两类分类问题中样本分布的不均衡。所以，在分类的时候需要考虑许多复杂因素，不能将其视为一个单纯的两类分类问题而简单地套用各种分类算法来判定结构域边界位置。

三、蛋白质结构预测

蛋白质功能的阐明是后基因组时代最主要的研究任务之一。蛋白质是生命活动的最主要的执行者，蛋白质功能的认识可用于了解蛋白质在生物过程中所起到的作用，从而有助于人们理解复杂的生命现象。但是在许多情况下，人们不仅要理解蛋白质发挥何种作用，更加需要回答为什么蛋白质会具有这种功能，也就是要解释蛋白质功能行使的机制。如一些酶被简单的化学修饰之后，其活性为何会发生巨大的改变；跨膜蛋白质如何能控制跨膜区的开合实现细胞内外分子的转运；又比如朊蛋白又是发生怎么样的变化才会导致诸如疯牛病或者人类阿尔茨海默病等。要回答上述的问题，都需要深入地了解蛋白质结构。

认识蛋白质结构不仅有助人们理解功能行使机制，也是进行蛋白质分子改造及合理药物设计的基础，因此具有极重要的理论研究和实际应用价值。然而，用目前的实验方法获得蛋白质结构数据十分困难，已经得到结构的蛋白质占所有已知序列蛋白质的不足1%。这极大地限制了蛋白质结构相关研究的发展。为此，迫切需要通过非实验的手段来得到蛋白质结构信息。伴随生物信息学的飞速发展，利用计算机手段预测蛋白质结构已成为获取蛋白质结构的最有潜力的方法之一。目前蛋白质结构预测已取得一定的进展，但也面临很大的挑战。

蛋白质结构预测是计算方法与生物学问题结合的一个典型范例。实际上，在第一个蛋白质的空间结构通过X射线方法检测出来之后，人们就开始试图通过计算原子间相互作用力和内部约束来预测蛋白质的结构。然而，这种从头进行预测的方法受到计算量巨大及内部相互作用关系不明确的限制，至今都没有取得实质的进展及实际应用。相反，预测蛋白质的局部结构（二级结构预测）及根据已有的结构模板预测未知结构蛋白质的方法却取得了较大的成功。在这里，首先介绍二级结构预测方法的研究现状，而后介绍蛋白质三维结构预测方法特别是折叠识别方法的相关研究进展。

（一）二级结构预测研究

蛋白质二级结构是组成蛋白质空间结构的元件。在蛋白质折叠过程中，人们一般都认为蛋白质会先在局部形成特殊的二级结构，而后再折叠形成最终的空间构象。因此，蛋白质二级结构预测也为人们理解蛋白质折叠或进行三级结构预测奠定了基础。一般而言，蛋白质二级结构分为三种，即α螺旋（helix）、β折叠（sheet）及无规卷曲（coils）。α螺旋与β折叠是蛋白质中比较保守的区域，它们也各具有其特定的结构特点，比如α螺旋中第i个氨基酸羰基氧原子与第$i+4$个亚氨基氮原子会形成氢键，而β折叠由多个相互间形成氢键的股（strand）组成。无规卷曲结构的规律性较弱，也相对不够稳定。二级结构预测就是预测出蛋白质序列上氨基酸分别是属于α螺旋、β折叠及无规卷曲中的哪一种。

早在20世纪70年代，Chou和Fasman就首先开展了二级结构预测的工作。他们首先挑选出已被实验方法获取结构的蛋白质，并分别统计20种氨基酸残基在三种二级结构中出现的频率，而后将出现频率转换为氨基酸在不同二级结构中的偏好分值。在预测未知结构蛋白质的二级结构时，只需要利用蛋白质上的氨基酸组成，通过分析局部区域中氨基酸对不同二级结构类型的偏好分值，预测该区域的二级结构状态。最终根据一些经验规则，将局部预测结果连接起来，预测整个蛋白质的二级结构。这种原始的方法获得了一定程度上的成功，预测精度达到55%左右。

Chou 和 Fasman 的方法仅考虑单个氨基酸对二级结构的偏好性，虽然后来 Lim 等人考虑氨基酸的亲水性、带电性及体积等物理化学性质代替氨基酸类型计算偏好分值，改进了预测方法，但预测精度并没有实质的改进。原因之一是这些方法没有考虑氨基酸间较长程的相互作用。实际上，蛋白质二级结构形成过程中长程相互作用起到了十分关键的作用。基于此 Qian 及 Sejnowski 应用神经网络方法来考虑蛋白质中存在的长程相互作用，对于每个位点的预测，以其邻近（$-n$，n）范围内的氨基酸的类型作为特征向量，用已知数据推测出模型进行预测。采用这种方法，二级结构预测精度得到大幅提高，可达到65%以上。

以上方法都是基于蛋白质序列本身所包含的信息来进行二级结构的预测，但是考虑到如螺旋和折叠这些二级结构在进化中非常保守，这导致同源蛋白质的二级结构会非常类似。同源序列比对得到的序列谱（profile）比氨基酸类型包含更多的信息，因此，利用序列谱编码特征进行预测可望提高预测精度。Rost 等人将进化信息引入到二级结构预测中，并开发出相应的工具 PHD，结果表明，PHD 的预测精度超过了70%。目前的二级结构预测方法工具基本上都是基于 PHD 方法的思路，即考虑蛋白质序列上若干相邻位置上的氨基酸分布信息将 PSSM 分值矩阵作为输入，利用不同的机器学习方法建立预测模型，逐点地判别蛋白质上各位点所处的二级结构类型。

（二）三维结构预测研究

相比蛋白质二级结构预测，蛋白质三维结构预测更加复杂，因为需要预测出蛋白质中所有原子所在的空间位置。一般而言，蛋白质三级结构预测方法可以分为三类，即从头预测、同源建模和折叠识别。

从头预测方法是人们最早提出的三级结构预测方法，其基本思想是蛋白质天然结构是处于最低自由能状态，而自由能又可以通过蛋白质内部原子间及与溶剂分子间的相互作用力计算。因此，理论上只需要能够正确描述蛋白质原子相互作用就可以解决蛋白质结构预测问题。然而，目前还不存在真实反映上述相互作用力的函数，而且蛋白质上原子数目众多，当前的计算能力仍难以完成最低自由能构象的搜索。因而，从头预测方法还远未能满足实用的要求。

目前，较为成功的结构预测方法有同源建模和折叠识别方法。同源建模和折叠识别方法都需要已知结构作为模板，通过在如 PDB 等结构数据库中搜索未知结构蛋白质的同源体，利用这些同源蛋白质的结构来建立目的蛋白质的结构模型，并进行优化得出目的蛋白质的结构。当在 PDB 库中可以找出同目的蛋白质的近距同源体（序列相似度大于30%）时，那么这时的结构预测就相对简单，可以通过同源建模的方法来完成。同源建模方法是目前结构预测精度最高的方法。如果从 PDB 中找出的结构模板与目的蛋白质的序列相似度大于70%，那么通过同源建模方法预测出的结构几乎可以同实验获得的结构完全一致。当目的蛋白质和模板蛋白质的同源关系较疏远（序列相似度大于30%、低于70%），那么通过这些模板结构来预测目的蛋白质的结构时往往会出现错误，这时就需要通过一些人工检验加以修正。而在目的蛋白质和结构数据库中所有蛋白质的同源关系都很遥远时（序列相似度<30%），同源建模方法就无法做出正确的预测。目前常用的同源建模工具有瑞士生物信息中心开发的 Swiss-Model、加利福尼亚大学的 Modeller 和 Accerlys 公司的 InsightⅡ。

由于目前已经通过实验方法获得的蛋白质结构数据非常少，因此在大多数情况下很难找到目的蛋白质的近距同源结构模板。为了解决这一问题，Bowie 和 Jones 先后在 Science 和 Nature 杂志上发表论文，并提出折叠识别的概念。折叠识别方法的核心思想是找出目的蛋白质的远距同源蛋白质，并以此作为模板进行预测。折叠识别方法突破了同源建模方法需要近距同源体结构的限制，极大地增大了结构预测方法的适用范围。人们发展了两种方法，以寻找远距同源蛋白质，一类利用序列谱（profile）比较代替直接序列比较，由于序列谱是通过同源家族中所有成员构建的，包含更多的进化信息，因此可以更好地发现远距同源关系。这类方法的代表工具有 Sternberg 的 Fyher 等。另一种方法是不再通过序列相似性来评价两个蛋白质结构的相似度，而是直接判断待测序列和已知结构模板间的相关程度，这种方法也叫做逆向折叠识别或者 Threading 方法，其代表工具有 Jones 等人的 Genthreader 等。折叠识别方法虽然可以处理远距同源关系的蛋白质，但是它们的预测精度不如同源建模的方法。如何更有效地发现蛋白质间的远距同源关系和提高折叠识别预测的精度是该方法需要解决的两个主要问题。

四、蛋白质结构功能研究

蛋白质在生命活动中的重要功能有赖于它的化学组成、结构和性质。各种蛋白质都具有其特异的生物学功能，而所有这些功能又都与蛋白质分子的特异结构密切相关。总的来说，蛋白质分子的一级结构是形成空间结构的物质基础，而蛋白质的生物功能是蛋白质分子特定的天然构象所表现出的性质或具有的属性。近年来，蛋白质工程的发展就是以蛋白质的结构和功能关系为基础，通过分子设计，有控制地进行基团修饰与合成或对表达产物蛋白质的化学修饰，从而实现对天然蛋白质的定向改造，创造出自然界不存在但功能更优的蛋白质，为人类的需求服务。

（一）蛋白质的结构基础研究

目前对蛋白质的结构解析分为一级结构、二级结构、三级结构、四级结构水平等层次的解析。蛋白质一级结构是研究蛋白质的基础，每一种蛋白质都具有惟一的氨基酸序列。蛋白质的一级结构有助于阐明蛋白质一级结构与空间结构的关系。二级结构、三级结构、四级结构又称空间结构、立体结构、高级结构和三维构象等。蛋白质分子的构象是以一级结构为基础的，是表现蛋白质生物学功能或活性所必需的。随着蛋白质分子结构研究的深入，又发现超二级结构（super secondary structure）或模序（motif）、结构域（domain）、亚结构域（sub-domain）等一些表现一定生物功能等空间构象。蛋白质的空间结构是蛋白质特有性质和功能的结构基础。

蛋白质空间结构测定主要是用 X 射线衍射的方法，此方法的最大局限性是要将蛋白质制成极难获得的结晶。近年来，二维磁共振的应用取得一定进展，磁共振测定蛋白质空间结构不需要蛋白质晶体，但每次可测定的蛋白质限于 50 个左右的氨基酸残基，在此大小范围内的蛋白质很少。受测定技术的限制，蛋白质空间结构（protein stereo-structure）的测定费时、费力。空间结构测定的速度远远落后于一级结构测定的速度。当测定的蛋白质空间结构数据达到一定程度时，人们自然想到从已知的空间结构中寻找规律，减少耗资巨大、速度极慢的实际测定。在蛋白质从头设计工作中，必须要掌握蛋白质结构与功能的关系原理，掌握蛋白质空间折叠的原理，根据这些原理进行设计。蛋白质空间结构预测研究是世界难题，历经 30 余年不懈努力取得了如下成果。

1. Anfinsen 一级结构决定空间结构理论 即只要合成了某种蛋白质的一级结构，空间结构自动形成。但目前仍有争议，因为蛋白质从一级结构到空间结构的折叠密码至今尚未破译。

2. 同源蛋白质、蛋白质家族 即使当相应核苷酸序列已知时，氨基酸序列仍然具有价值，因为蛋白质序列可提供蛋白质结构信息，而核酸序列则不能。利用适当的软件，研究者可通过数据库搜寻发现来自不同生物体而序列相似的蛋白质。即使是很小的片段，也足以找到它的“母”蛋白质，或是另一物种中对应的同源蛋白质。蛋白质有结构上的分子进化同源性，同源蛋白质概念由此而来。由此也产生了相关蛋白质空间结构预测的方法，在预测一种新的蛋白质空间结构时，首先在已知的蛋白质空间结构数据库中查找是否有和此种蛋白质同源的蛋白质，当找到与此同源的蛋白质时，新的蛋白质空间结构就有可能和找到的同源蛋白质空间结构相似，预测时在采用的方法上进行选择，避免较多的盲目性。目前已经建立了同源蛋白质数据库，可通过计算机随时查询。

3. 蛋白质空间结构模块 蛋白质的空间结构可以划分为一定的单元。不同蛋白质可以有相同的空间结构单元。人们已经建立了多套蛋白质空间结构单元数据库。当这些模式蛋白质数据库完全建立之后，以后的预测工作仅仅是在计算机上寻找与其相同的空间结构模式的蛋白质。

4. 蛋白质中氨基酸残基之间的长短程相互作用 蛋白质中的氨基酸残基不是彼此孤立的，整个空间结构是所有氨基酸残基相互作用的结果。了解这一机制将是对蛋白质折叠机制最根本的认识，氨基酸序列的组合排列就是氨基酸残基的相互作用规律。

5. 蛋白质折叠密码 蛋白质折叠密码被认为是继发现遗传密码子之后的第二个生物密码，这一密码蕴含在什么物质（如蛋白质或其他）上目前尚未有定论。

6. 分子伴侣 已发现蛋白质二硫键的形成和少数蛋白质的折叠有赖于叫做分子伴侣（molecular chaperon）的酶或蛋白质的协助。

（二）蛋白质空间结构的研究

蛋白质的氨基酸序列与其空间结构的关系多年以来一直是科学研究的重点，随着人类基因组计划完成所提供的新序列以及相关的一系列生物化学研究进展，预测一个蛋白质构象已经变得更加准确。但是，在 100 000 个其主要结构（氨基酸序列）已经确定的蛋白质基因中，我们只知道其中不到 3% 基因的精细结构。这些非特征性基因中许多和已知蛋白质具有足够的相似性，从而允许通过同类推断来预测一个相对准确的蛋白质结构。其他序列和任何已知的蛋白质都没有 25% 以上的同源性，这些序列可能适用新的折叠。这些折叠包括已知二级结构的多种结构域（这些二级结构和那些已知的蛋白质相似）。一个蛋白质的二级结构的实验测定可以提供解析其功能的重要线索。可以通过对蛋白质二级结构基元的组成的测定而预测的一个折叠基序。肽键片段的 α 螺旋、β 折叠、非周期性构象多数可以从其高光学灵敏性测定，如使用 CD、IR 和 Raman 光谱法来测定。另外，二级结构的光谱法是评价蛋白质集合和稳定性的一个有价值工具。二级结构测定的许多方法提供了深入了解蛋白质折叠、蛋白质-蛋白质相互作用、蛋白质-核酸相互作用等对生物学功能关键的结构特征。

确定蛋白质二级结构的光谱方法主要包括圆二色谱法（CD）、红外光谱法（IR）、Raman 光谱法、核磁共振波谱（NMR）和荧光光谱法等。从这些“低分辨率”方法并不能提供通过 X 射线结晶衍射或高分辨率质谱得到的精细结构，但是它们可提供目的蛋白质的可能氨基酸序列及其功能。另外，这些方法中许多都在结构解析中非常迅速且只需要很少的原料，在初期结构鉴定和筛选目标中具有重要作用。

1. 圆二色谱　当分子在吸收左旋极性光和右旋极性光的程度不同时就形成了圆二色谱。在蛋白质中，肽键的酰胺色谱的 CD 谱带主要位于低于 250nm 处。一个 α 螺旋蛋白质在 222nm 处观察到一个负带，这是因为这个构象有很强的氢键环境。此跃迁在螺旋的长度中相对独立。另一个跃迁在 190nm，为正带。短螺旋中两谱带在强度上都会减弱。β 折叠的 CD 谱显示一个在约 216nm 的负带，一个在 195～200nm 的正带和一个在约 175nm 处的负带。但是，这些谱带的位置和宽度是多变的，致使通过 CD 对 β 折叠结构的预测不如对 α 螺旋来得准确。

2. 傅立叶变换红外光谱和拉曼光谱　通过红外吸收光谱和拉曼散射光谱都能获得振动谱。两种方法可以提供互补信息。红外光谱的结果是由于化学键的振动产生的能量的吸收而得到（主要是伸展运动和弯曲运动）。拉曼散射光谱的结果是由于同类型的不同传输途径而产生，但是挑选的规则有些不同，以致 IR 谱中的一些弱键在拉曼光谱中表现强烈。据报道，拉曼光谱是因入射光和散射频率的不同而得到。这些频率主要依赖于键的类型和振动的模型。特征原子团键与它们所在的分子无关，具有相同的振动频率。在此范围内的这些键的精确波数依赖于分子内的效应，包括肽键的键角和氢键的类型。所以，振动谱能通过对于频率的勘查（在这些频率下酰胺键能吸收紫外辐射）来估计蛋白质的二级结构。红外光谱和拉曼光谱在测定蛋白质二级结构的应用中已经因为傅立叶转换光谱和计算机技术的提高而提高。

蛋白质的肽键（酰胺键）通常有九个吸收带模式。以吸收频率递减排列分别是 A，B，Ⅰ～Ⅶ。其中酰胺键带Ⅰ（80% C＝O 伸展，在 1650cm^{-1}），酰胺键带Ⅱ（60% N—H 弯曲和 40% C—N 伸展，在 1550cm^{-1}附近）和酰胺键带Ⅲ（40% C—N 伸展，30% N—H 弯曲，在 1300cm^{-1}附近）通常用来研究蛋白质结构。其中带Ⅰ和带Ⅲ在可见光的激发下有相当的拉曼强度。实际上，FT-IR 中的酰胺键带Ⅰ和拉曼光谱中的酰胺带Ⅰ和Ⅲ是主要用来确定蛋白质的二级结构的。在单一结构类型多肽链的谱图和有 α 螺旋结构及 β 折叠结构或者有已知三维结构的蛋白质的参比下，二级结构的一些特殊频率可以得到确定。

3. 核磁共振波谱　NMR 是可以在原子分辨率条件下提供关于大分子细致结构信息的仅有的两种技术之一。这种分子结构的细致观察是通过对大量的敏感参数的精心检测和通过距离几何的应用来提供分子量为 30 000 左右的多肽和蛋白质的高分辨结构而得到的。理论上的困难还很多，主要的困难是化学位移和结构参数间的关联还不太清楚。现在已有关于多肽和小分子蛋白质的质谱化学位移的庞大数据，由此可以用来寻找和建立化学位移和结构参数间的关联。在确定蛋白质结构的时候，NMR 和光谱学途径相反，NMR 提供蛋白质序列内部的二级结构元素位置的信息。有人甚至认为单独从化学位移就能得到足够准确的数据来预测蛋白质的三维结构。为了引入化学位移信息来预测二级结构，化学位移必须指配为蛋白质中的特定残基。这需要对 2D 和 3D 图谱进行分析和测定。

4. 用氨基酸残基构象分类法改进蛋白质二级结构预测　二级结构预测（SSP）是一个生物信息学上的经典问题，由此出现了许多不同的测定方法。大体上说来，二级结构预测（SSP）问题可以描述成这样：给定一个含有氨基酸 S1，S2，……，Sn 的蛋白质，预测是否每个氨基酸残基的二级结构都是 α 螺旋（H），β 折叠（E）或者无规卷曲（C）。这是了解蛋白质功能与其初级结构关系的关键步骤。因此，在过去的 30 年内，许多基于已知蛋白质结构和序列数据库的预测方法迅速发展起来。第一代预测方法是 Chou-Fasman 法，预测的准确度达到了 50% ~60% 。这个方法的依据是氨基酸残基出现在 α 螺旋、β 折叠及无规卷曲的频率。由此可用明确的规则修饰残基并输出合适的指定结构。第二代方法 GOR 法是一种物理化学的方法，即用一个滑动窗口把蛋白质序列与二级结构类型联系起来，由此来测定每个氨基酸残基的二级结构。该法的准确性更好一些，可达到 64% 左右。第三代方法使用了最邻近方法、神经网络技术以及多序列比对（MSA）信息来预测蛋白质二级结构，这些方法得到了很好的预测精确度，可达到 72% ~76% 。随着越来越多的蛋白质序列和相应结构的确定，可以更进一步地应用在蛋白质二级结构预测上。神经网络技术是现代蛋白质结构预测最常用的方法之一，许多可靠的现代蛋白质二级结构预测方法都基于这个专门的技术之上。有学者将 20 种不同氨基酸按亲水性、疏水性和两性氨基酸分类进行研究，用构象分类信息和径向基函数神经网络的方法进行蛋白质二级结构的预测取得了更好的准确度。

蛋白质结构数据库是世界范围内独一无二的加工和分配三维生物大分子结构数据的宝库。PDB 具有以下独有的特征：①所有的结构都是用 X 射线衍射技术测定的；②所有的序列都是在 2003 年 6 月 28 日以前储存的，并且按照递减的存储日期顺序来排序的；③去掉了 90% 或更高同一性的蛋白质；④所有的条目都仅仅是蛋白质序列，并不包括酶、糖蛋白、糖类等。相对大量的可溶性蛋白质的三维结构已经解决，揭示了大量的结构和小量的结构模序/基序。直接用分离的蛋白质或从编码 cDNA 的序列可以确定更多的氨基酸序列。蛋白质的基本结构域是由氨基酸序列决定蛋白质结构。通常认为蛋白质折叠获得最低能量结构可能获得一个特定的序列。所以蛋白质工程药物设计的一个主要目标是从蛋白质的序列预测其结构。这方面已经取得了不同程度的成功，加速了通过分子生物技术来发现的节奏（该方法比蛋白质结晶结构的全范围测定速度快很多）。但是在应用计算机技术的时候必须谨慎，当缺乏实验确定数据时勿过于急躁地去确定蛋白质的结构。识别折叠是确定目的蛋白质模型的首要步骤，知道蛋白质的哪个部分采用特定二级结构对于所有的蛋白质-模型途径几乎都是关键的。高纯度的蛋白质或者适合衍生实验的晶体在做细致的生物学研究时常常还是不够的。光谱和理论技术都能够用它们的接受器来提供关于蛋白质药物的键的相互作用的模式和类型的信息，可用来设计有潜在的治疗作用的新化合物。

五、蛋白质工程药物分子设计常用技术

目前蛋白质工程作为第三代基因工程，开创了按人类意愿设计创造蛋白质的新时期，蛋白质工程技术作为先进的研发手段，它的不断发展大大加快了研究开发蛋白质药物的步伐，使蛋白质工程药物更加显示出其诱人的前景，带来更大的经济效益和社会效益。下面主要介绍几种重要的蛋白质工程技术。

1. 体外定向进化技术　体外定向进化（directed evolution *in vitro*）是蛋白质工程的新策略，它不需要事先了解蛋白质的三维结构信息和作用机制，而是在体外模拟自然进化的过程（随机突变、重组和选择），使基因发生大量变异，并定向选择出所需性质或功能，从而在几天或几周内实现自然界需数百万年才能完成的事情。

体外定向进化属于非合理设计，定向进化 = 随机突变 + 高通量筛选，它适宜于任何蛋白质分子，大大地拓宽了蛋白质工程学的研究和应用范围，特别是它能够解决合理设计所不能解决的问题。目前发展起来的定向进化策略如下。

（1）易错 PCR 技术　易错 PCR（error-prone PCR，EP-PCR）是利用低保真度 *Taq* DNA

聚合酶，或者改变 PCR 反应体系的条件，在新链 DNA 聚合过程中随机引入错配碱基，经多轮 PCR 扩增，构建序列多种多样的突变库。由于不改变基因长度，突变频率控制在适度范围，能有效地获得有益突变体。利用错误倾向 PCR 改造从厌氧菌 *Neocallimastix patriciarum* 中提取出来的木聚糖酶的催化功能结构域，使酶具有更强的耐碱性。在所挑选出来的 6 个突变木聚糖酶中，出现了 8 个氨基酸的改变。野生型酶在 pH 8.5 时已没有活性，而此时突变型酶的相对活性和特异活性都较 pH 6.0 时高。再利用定点突变技术构建一个组合突变体（xyn-CDBFV），酶的耐碱性和耐热性有更大的改善。它在 60℃ 的耐热性和 pH 10.0 时的耐碱性都比野生型的木聚糖酶高。

（2）DNA 混编技术　DNA 混编（DNA shuffling）是体外同源重组的一种再组装 PCR 技术。它是将一群密切相关的序列，在 DNase Ⅰ 作用下，随机酶切成许多片段，这些小片段之间有部分重叠碱基序列，通过自身引导 PCR（self-priming PCR），使这些小片段重新组装成全长基因，建立突变文库，对突变文库进行筛选，选择改良的突变体组成下一轮 DNA 混编的模板，重复多次重排与筛选，直到获得性状较为满意的突变体。DNA 混编已成功地对 IFN-α 家族成员（85%～97% 同源性）进行了改进，它能有选择性地改进自然状态下的 IFN，大大增强了 IFN 的活性，更为重要的是减少了毒副作用。对人干扰素-α2（IFN-α2）基因家族的改进，产生了 1026 个不同的突变体，并用噬菌体表面展示技术筛选和分析重组的 IFN，获得了比 IFN-α2 活性约高 40 倍的突变体。DNA 混编可用来优化药用蛋白质，其在提高药用蛋白质临床应用价值方面的优势是有目共睹的。Chang 等人将 20 多个人类 IFN-α2（氨基酸同源性在85%～98%）基因作为初级文库进行 DNA 混编，筛选到 3 个突变体，其活性均显著高于天然 IFN。Sabine 等利用 DNA 混编技术，获得的朊病毒蛋白（4d5Flu）突变体的热动力学常数比原 scFv 提高了 4 kcal/mol，在 *E. coli* 中的产量提高了 2 倍，与抗原的结合常数则提高了 20 倍。DNA 混编技术与易错 PCR 常常联合使用，以获得更具优良性质的蛋白质。在提高大肠杆菌碱性磷脂酶（EAP）的催化活性实验中，进化过程通过两轮易错 PCR 和一轮 DNA 改组及快速灵敏的筛选程序最终挑选出有益突变体。突变体 S2163 的活性为 1500U/mg 蛋白质，比野生型 EAP 高 40 倍。亲本 D101S 突变体的 K_m 值为 2384μmol/L，而 S2163 突变体的 K_m 值降低到 1491μmol/L，kcal/K_m 比值也相应增加了 5.8 倍。结果表明，突变 EAP 的催化活性和动力学性质都得到很大的改善。

（3）杂合蛋白质技术　通过把来自不同药物蛋白质的结构单元组合，产生具有新活性蛋白质的技术称为杂合蛋白质技术。该策略对细胞因子可能特别有效（因为它们是靠二聚体或多个受体发挥作用）。通过改组头孢菌素酶基因家族，快速进化了拉氧头孢活性，从嵌合体药物蛋白质库中，可以发现许多新的药物活性。Pilar 等人将鼠源的 scFv 片添加到大肠杆菌 *β*-半乳糖苷酶的 N 端获得了功能性的杂合酶。这种融合蛋白非常稳定，仍然保持着原来酶的特异活性，而且还能与口蹄疫病毒特定性地结合。此外，因为这种抗原靶向的酶与抗原结合时具有酶活性，因此能作为单步免疫分析中的反应物。以上实验结果说明了鉴于大肠杆菌 *β*-半乳糖苷酶结构的柔韧性，可以利用其作为载体，携带具有特异性结合性质的功能结构域大片段，这将大大促进涉及到抗原靶向性的生物技术的利用。

（4）随机引物体外重组法（random priming *in vitro* recombination，RPR）是用一套随机序列引物产生互补于模板不同位置的短 DNA 片段库，然后进行类似于 DNA 改组的全长基因装配反应，获得多样性文库。与 DNA 改组相比，RPR 具有以下优点：可用单链 DNA 或 RNA 为模板，且对模板量要求少，大大降低了亲本组分，便利筛选；克服了 DNA 改组中

DNase 具有的序列偏爱性，保证了子代全长基因中突变和交叉的随机性。Suenaga 等利用随机引物体外重组法对假单胞菌 KF707 中联苯双加氧酶的 *bphA*1 基因进行了改造，优化后的酶不仅保留了原来的 2，3-双加氧活性，还获得了 3，4-双加氧活性。

（5）交错延伸（stragger extension process）PCR 法　是在 PCR 反应中把常规的退火和延伸合并为一步，并大大缩短其反应时间（55℃，5s），从而只能合成出非常短的新生链，经变性的新生链再作为引物与体系内同时存在的不同模板退火而继续延伸，此过程反复进行，直到产生完整的基因长度，结果产生间隔的含不同模板序列的新生 DNA 分子。

交错延伸 PCR 和易错 PCR 已联合应用，提高了 KCTC 1767 的稳定性和对底物浓度的耐受性。KCTC 1767 是一种具有光学选择性的酯酶，它作为生物催化剂应用于酮洛芬的生产，但是它的结构稳定性和热稳定性都比较差，因此需要进一步的改造。Kim Ji-Heui 等利用定向进化技术提高了 KCTC 1767 的稳定性。经过两轮连续的易错 PCR 和交错延伸 PCR，获得了最佳突变体 6-52。6-52 的催化效率比野生型的提高了 1.2 倍，而且此突变体更具有抵抗高浓度底物对酶的抑制作用。

2. 蛋白质分子的展示及筛选技术　利用各种重组方法得到的是包含有益突变体的群体，如何快捷有效地从中筛选得到目的蛋白质还需行之有效的筛选系统。因此在蛋白质工程技术中最引人注目的是筛选技术，它已受到人们的广泛关注。目前建立的筛选系统中，常见的有噬菌体表面展示技术、酵母展示技术、大肠杆菌展示技术、细胞表面展示技术、核糖体表面展示技术。

（1）噬菌体表面展示技术　噬菌体表面展示的基本原理为利用丝状噬菌体 M13 的表面衣壳蛋白质 pⅢ或 pVⅢ为支架，在不影响噬菌体正常生命周期的条件下将外源蛋白质与衣壳蛋白质融合表达，使之以一定的立体结构展现在噬菌体的表面，通过与靶蛋白的亲和力对其进行筛选，得到所需的肽段。这种技术的一个显著优点是表型和基因型之间有直接的对应关系，可以简便地通过表型的筛选得到目的蛋白质的基因，此外，通过噬菌体对大肠杆菌的感染可以扩增足够容量的库，使人们从一个很大的群体中筛选出目的蛋白质。经过十几年的发展，噬菌体展示技术已经有了很大的改进。体外筛选试验成功的一个重要因素是所构建的待筛选文库的质量，如今的噬菌体展示文库其库容量已经达到 10^{12}，是过去的 100 倍。外源蛋白质展示的部位也更加多样化，分子质量范围也更加广泛。在噬菌体显示技术中，DNA 聚合酶通过一种活性选择系统转化为 RNA 聚合酶，而聚合酶及其底物都附着于邻近的噬菌体表层蛋白质上。在该系统中，基因型-表型的联系是通过目的底物与基因文库的共价连接来维持的。这些基因被转录及翻译，然后根据连接反应产物的基因特性来进行选择。

现在噬菌体表面展示外源蛋白质的技术已被广泛地应用于研究蛋白质的相互作用、药物筛选、抗体的优化筛选等多方面，特别是通过筛选随机肽库获得的具有生物活性的模拟肽或药物设计的先导分子，应用十分广泛。近年来噬菌体表面展示技术的应用范围，从最初主要应用于抗体的筛选发展到已经广泛地应用于研究蛋白质相互作用表位分析的筛选、蛋白质功能表位分析的筛选、寻找靶蛋白的特异结合肽，可以应用于各种靶蛋白突变体库、抗体表位库、cDNA 文库等的筛选，而最受青睐的是随机肽库的筛选。根据靶蛋白的不同可以得到酶的抑制剂、底物，受体的配体，天然配体的拮抗肽，药物设计的先导分子结构。在蛋白质工程药物设计和寻找过程中，噬菌体肽库筛选是非常有应用前景的技术，它不仅提供了新的药理学导向来源，而且大大提高了筛选的工作效率。一般的随机肽库含 10^7 以上不同的多肽，大大超过传统医药工业筛选新药所用的数量，而且噬菌体肽库高效、方便的筛选技术使它在这一领域备受青睐，目前已经得到了许多具有天然配体活性的多肽。

（2）细菌表面展示技术　此技术通过把外源蛋白质与细菌外膜蛋白质分子融合而在细菌的外膜上展示外源蛋白质分子或多肽片段，这种展示技术虽然也可以代替噬菌体用于多肽文库的展示，但是由于噬菌体展示技术有操作简便的优势和广泛的适用性，因此细菌表面展示技术很少应用于文库的展示与筛选。这种技术的应用主要有：展示外源抗原表位，构建以活菌为载体的工程疫苗；在菌体表面展示外源抗体作为诊断试剂；将蛋白酶展示于菌体表面成为全细胞生物酶制剂。可以用于细菌表面展示的有多种革兰阴性和阳性菌。

（3）酵母表面展示技术　无论是噬菌体展示技术还是细菌展示技术，外源蛋白质的表达都由细菌完成，这时所展示的文库会存在偏性，由于细菌缺乏真核内质网上辅助折叠的酶和分子伴侣，那些含有复杂二硫键的真核蛋白质很难在细菌中正确折叠，导致所展示的文库出现偏性。而真核生物——酵母表达的蛋白质在正确折叠、翻译后的加工机制等方面更接近于哺乳动物细胞，有利于来源于哺乳动物蛋白质的正确折叠、加工和活性的维持，更适用于对来源于哺乳动物细胞的蛋白质进行有效的展现。而且这种单细胞真核生物易于培养，其相关的遗传背景详细，分子生物学操作技术也较成熟，相比起直接在哺乳动物细胞表面的展示技术更有可操作性，适于大规模文库的筛选工作。酵母表面的黏附受体被用来作为展示的支架，并且每个细胞表面可以展现多个拷贝的融合蛋白，可以方便地用流式细胞仪进行精确的定量筛选。

（4）体外展示技术　对于蛋白质-蛋白质相互作用的研究，追求的是对更大规模的文库进行高通量、高效的筛选。上述方法所建库和筛选过程都是基于对宿主细胞进行培养，因而库容量和筛选效果受到活细胞数量、转化效率的限制。而进行体外筛选可以避免这样的限制，由此得到的文库可包括高达 10^{14} 个个体。因此，体外筛选系统很适合于需要反复进行多轮突变筛选的体外分子进化的过程，可以避免每一轮筛选之间的转化，简化了操作步骤，减少了活细胞操作中的失误性克隆丢失，以及转化率对筛选效率的影响。常用的体外展示技术之一是通过 mRNA 与新生肽链之间的物理联系，建立基因型和表型的对应关系。目前最流行的体外展示技术包括核糖体展示（ribosome display）和 mRNA 展示（mRNA display）。这项技术的基础是 mRNA、核糖体、新生肽链可以形成稳定的非共价四级结构，人们感兴趣的片段被融合于系蛋白质的 C 端区域，当系蛋白质停留在核糖体上时，此 C 端的展示版可以折叠，并且这样一个融合蛋白缺乏终止密码子，导致 mRNA 和新生肽链不能从核糖体上释放，另一项相似的技术是 mRNA 展示，目前 mRNA 展示的技术方法已经有了很大的改进。从最初只能展示小肽，到现在展示完整的蛋白质分子，有功能的 mRNA-蛋白质复合体的筛出是过去的 40 倍，这样一系列的改进使得人们可以利用 mRNA 展示的方法完成对于复杂的蛋白质分子文库的筛选操作。这两种蛋白质分子的体外展示技术出现的时间长长，就已经在蛋白质工程的改造中得到了广泛的使用。不仅用于筛选多肽配体，还被用于进行蛋白质结构的稳定性的改造、亲和性的增加、酶活性的筛选、单链抗体的筛选、cDNA 产物的筛选等，最有价值的就是结合 DNA 改组、易错 PCR 等突变技术进行的蛋白质体外分子研究。相信蛋白质体外展示技术将对蛋白质工程，特别是蛋白质工程对重组药物的改造产生深远影响。

扫码“学一学”

第三节　蛋白质药物的结构改造

改变一种典型内源性蛋白质成为一种成功的治疗药物常常必须优化一系列参数，例如稳定性、溶解度、PK、免疫性，以保护或甚至提高功效，可以采用已经出现的许多策略和方法去改变这些参数。优化的机制包括：一级结构的优化处理，化学和蛋白质翻译后的修饰以及融合蛋白的应用等。经过改造后的第三代蛋白质工程药物在保留很高活力的同时，理化性质（如溶解性、稳定性）、药代动力学性质、生物学性质（亲和力、底物特异性、免疫原性）方面都有显著的改善。随着蛋白质设计技术的发展和应用，必将明显地改善已有蛋白质治疗剂的有效性和安全性，以及产生完全崭新的蛋白质类别和作用模式。

用于蛋白质药物结构改造的主要技术包括：定点突变技术、蛋白质融合技术、非天然氨基酸替代技术和蛋白质修饰技术。

一、蛋白质定点突变技术

（一）蛋白质定点突变技术的概念

定点突变（site-directed mutagenesis）技术是指在已知生物药物的结构和功能的基础上，有目的地改变其某一活性基团，或在已知 DNA 序列中取代、插入或删除特定长度的核苷酸片段，通过基因突变而改变生物大分子结构中的个别氨基酸残基，得到具有新性能的生物药物的方法，故又称理性分子设计。

（二）蛋白质定点突变技术的分类

定点突变技术分三类：第一类是通过寡核苷酸介导的基因突变；第二类是盒式突变或片段取代突变；第三类是 PCR 介导的定点突变。

1. 寡核苷酸介导的定点突变　以化学合成的含有突变核苷酸的寡核苷酸短片段为引物，对单链 DNA 分子进行复制，随后这段寡核苷酸引物便成了新合成的 DNA 子链的一个组成部分，产生的新链便具有已发生突变的核苷酸序列。具体方法如下：①将待突变基因克隆到突变载体上；②制备含突变基因的寡核苷酸引物；③引物与模板退火与待突变的核苷酸形成一小段碱基错配的异源双链的 DNA；④合成突变链，在 DNA 聚合酶的催化下，引物以单链 DNA 为模板合成全长的互补链，而后由 DNA 连接酶封闭缺口，产生闭环的异源双链的 DNA 分子；⑤转化和初步筛选异源双链 DNA 分子转化大肠杆菌后，产生野生型、突变型的同源双链 DNA 分子；⑥对突变体基因进行序列分析。

2. 盒式突变或片段取代突变　利用目标基因序列中适当限制酶切位点，人工合成的含基因突变序列的寡核苷酸片段，取代野生型基因中的相应序列。具体方法如下：①人工合成带黏性末端突变寡核苷酸片段；②酶切野生型质粒 DNA 并分离回收产物；③将人工合成突变寡核苷酸片段与酶切产物混合在 DNA 连接酶作用下构成重组质粒；④转化和筛选突变型的双链 DNA 分子；⑤对突变体基因进行序列分析。

3. PCR 介导的定点突变　任何基因，只要两端及需要变异部位的序列已知，就可用 PCR 诱变去改造该基因的序列。具体方法如下：①设计 PCR 反应所需引物 a、b、c、d（b、c 为两个互补的并在相同部位具有相同碱基突变的内侧引物）；②分别利用引物 a、b 和 c、d 以目的基因为模板扩增得到片段 1、2；③混合片段 1、2“不加引物”进行 PCR，变性和退火可以形成具有 3′凹末端的异源双链分子，在 *Taq*DNA 聚合酶的作用下，产生含重叠序列的双链 DNA 分子；④在上述体系中加入引物 a、d 进行 PCR，胶回收 DNA 产物；⑤转化和筛选突变型菌株；⑥对突变体基因进行序列分析。

目前，蛋白质工程发展至今，利用“定点突变”专一改变基因中某个或某些特定核苷酸的技术可以产生具有工业上和医药上所需性状的蛋白质。其主要是增强蛋白质的稳定性、催化能力，亲和力和特异性，延长半衰期，降低免疫原性等。

二、蛋白质融合技术

（一）蛋白质融合技术的概念

融合蛋白是在基因工程迅速发展的基础上，有目的地把两段或多段编码功能蛋白质的基因连接在一起，进而表达所需蛋白质，这种通过在人工条件下融合不同的基因编码区获得的蛋白质称为融合蛋白。蛋白质融合技术是为获得大量标准融合蛋白而进行的有目的性的基因融合和蛋白质表达的方法，利用蛋白质融合技术，可构建和表达具有多种功能的新型目的蛋白质。

（二）蛋白质融合的构建原则

（1）各融合分子的目的 DNA 片段置于同一套调控序列（包括启动子、增强子、核糖体结合序列、终止子等）的控制之下。

（2）融合分子间需以富含疏水性氨基酸的接头连接，同时也要考虑接头的长度和核苷酸、氨基酸的组成、排列顺序等因素（如融合蛋白内部接头的不同，可导致融合蛋白各部分化学结构的改变，而影响到各融合分子的空间构象，导致其生物学活性差异）。

（3）为了保证融合蛋白的生物学活性，还需考虑构成融合蛋白各成分本身的特性及其相互作用机制［如肿瘤坏死因子（TNF）和干扰素-α（IFN-α）在抑制肿瘤细胞、增强抗病毒活性等方面有协同作用，但其构成的融合蛋白抗肿瘤、抗病毒都一定程度降低，主要源于这两种细胞因子的理化性质差异较大，IFN-α 活性稳定，而 TNF 活性极易丧失）。其中蛋白质融合接头设计是基因融合技术能否成功的关键技术之一，对接头研究主要有两种，即螺旋形式的接头肽如［A（EAAAK)*nk*］和低疏水性、低电荷效应的氨基酸组成的接头，以后者应用较广泛。

（三）融合伴侣

利用一些半衰期较长的天然蛋白质，将这些蛋白质作为融合伴侣与蛋白质药物融合可以延长其在体内的半衰期。主要的融合伴侣有三种，即 IgG Fc 片段、人血清白蛋白、转铁蛋白。

1. IgG Fc 片段的融合蛋白　IgG 体内半衰期长达 2～4 周，主要是归因于“Fc 受体（FcRn）介导的再循环机制”，而这种机制是通过 IgG 的 Fc 片段与 FcRn 的结合来实现。因此将 IgG 中的 Fc 片段作为融合伴侣，通过 DNA 重组技术将其直接连接到另一个活性分子上研制药物，从而可延长其体内半衰期。目前已有 7 种 Fc 融合蛋白类药物上市，如 1998 年安进公司研发的 Etanercept（Enbrel）融合 TNF-α2 受体，用于治疗类风湿关节炎。2010 年全球销售额高达 73 亿美元，超过了利妥昔单抗、英夫利昔单抗等单抗类药物。2011 年 Regeneron 公司研发的 Aflibercept（Eylea）融合 VEGF 受体，用于治疗湿型年龄相关性黄斑变性、视网膜中央静脉阻塞后黄斑水肿等。

2. 白蛋白融合蛋白　人血清白蛋白（human serum albumin，HSA）是一种能够在血浆中长时间滞留的血浆蛋白质，其体内半衰期长达19d。其长效机制同样是由FcRn介导的再循环所致。HSA分子量约为66 000，由3个同源结构域组成，是人体血浆的主要成分之一。由于其水溶性良好，无免疫原性，且本身在体内即作为多种生物分子的载体，因此是理想的长效蛋白质药物载体。目前一些药物已进入临床研究阶段，葛兰素史克公司开发的抗糖尿病新药Albiglutide即是将一种GLP-1突变体与HSA融合研制而成，与体内半衰期不足2min的GLP-1相比，Albiglutide的半衰期显著延长(6～8d)，每周仅需注射给药1次。美国FDA 2014年批准上市。

3. 转铁蛋白融合蛋白 转铁蛋白（transferrin）分子量约为80 000，有较强的热稳定性和抗蛋白质水解作用，对胰凝乳蛋白酶和胰蛋白酶均耐受，以及由转铁蛋白-转铁蛋白受体介导的再循环机制可能也是转铁蛋白半衰期较长的原因之一。作为天然的运输蛋白质，转铁蛋白已被用作小分子药物、多肽、蛋白质以及基因等的载体，将药物分子转运到大量表达转铁蛋白受体的组织中。目前，G-CSF、GH和胰岛素原（ProINS）等已被尝试作为研究对象与转铁蛋白融合，结果显示其在动物体内半衰期均得到有效的延长。

三、非天然氨基酸替代技术

生物体内所有蛋白质都是由三联密码子编码的20种天然氨基酸所组成的，这些天然的氨基酸只含有一些有限的功能基团如羟基、羧基、氨基、烷基和芳香基团等。因此无法满足化学、生物科学研究和应用中对蛋白质结构和功能的需求，虽然通过化学修饰、基因定点突变和计算机辅助蛋白质设计，对蛋白质的结构改造赋予了天然蛋白质新的功能，但这些方法都依赖于20种天然氨基酸本身功能化方式十分有限。必须寻求一种系统扩展遗传密码子的方法使蛋白质乃至整个生物体得以进化，从而赋予蛋白质新的物理、化学或生物学特性，便于人们更好地操控蛋白质的结构与功能，由此提出了“非天然氨基酸（UAA）”替代技术。

这些非天然氨基酸（UAA）含有酮基、醛基、叠氮基、炔基、烯基、酰氨基、硝基、磷酸根、磺酸根等多样性功能基团，可进行多种修饰反应，如点击化学、光化学、糖基化、荧光显色等反应。通过UAA对蛋白质进行修饰，给其结构和功能的理论研究与应用带来了新的契机。

（一）非天然氨基酸替代技术的发展过程

1. 化学合成法 固相肽合成方法和半合成方法相结合能合成出含UAA的大片段蛋白质，其主要思想是将目的蛋白质划分为两部分，利用分步固相肽合成方法（SPPS）手段合成出含有非天然氨基酸的部分，而目的蛋白质的另外一部分则是通过重组方法得到，然后利用化学交联的手段将两部分连接起来，从而获得一条带有非天然氨基酸的全长半合成蛋白质。如Schnolzer和Kent首先利用这种方法合成出了带有修饰骨架的HIV-1蛋白酶类似物。然而，这项技术的应用受所需要保护基团的化学性质、连接位点、蛋白质折叠等限制并费用高。

2. 体外生物合成法 基于mRNA同tRNA之间密码子和反密码子的特异性识别，采用一种截短的tRNA（3′端一个或者两个核苷酸被剪掉），将其连接到用化学方法氨基酰化的单或者双核苷酸上，从而实现了非天然氨基酸与tRNA的偶联。如Hecht等用N保护的氨基酸氨基酰化二核苷酸pCpA，然后用RNA连接酶将氨基酰化的二核苷酸pCpA与3′端缺失pCpA的tRNA连接起来，从而在二肽的第一个位置上引入了非天然氨基酸。然而，氨基酰化反应产物收率很低，氨基酸的N端保护基团也很难被除掉，而且会进一步限制下一个氨基酸的引入以及被内源氨酰tRNA合成酶识别，那么非天然氨基酸氨酰tRNA就有可能被校正，即非天然氨基酸脱落而连接上天然氨基酸。

3. 显微注射法　通过显微注射技术对蛋白质进行位点特异性修饰来自于体外生物合成方法的拓展。如在非洲爪蟾蛛卵母细胞中显微注射两种RNA：一种是编码蛋白质的mRNA，其目标位点含有UAG终止密码子；另一种是合成的氨酰化校正tRNA（suppressor tRNA），它能装载相应的UAA在体内通过UAG终止密码子对蛋白质进行位点特异性修饰，其中UAA有酪氨酸同系物、α-羟基氨基酸等，但它继承了体外生物合成方法的缺点，即校正tRNA必须在体外化学氨酰化带上UAA，氨酰化的tRNA不能被重复利用，以及被内源氨酰tRNA合成酶识别、校正，而连接上天然氨基酸，只能应用于能进行显微注射的细胞。

4. 营养缺陷型法　运用基因突变获得营养缺陷性菌株，这种菌株有一个特点就是自身缺乏合成某种天然氨基酸的能力。在诱导某种蛋白质表达过程中，如果培养基中缺少细菌自身不能合成的氨基酸，而添加这种氨基酸的类似物，那么就会在目的蛋白质中插入这种氨基酸的类似物。如利用苯丙氨酸的缺陷型菌株，在蛋白质中引入了苯丙氨酸（Phe）的类似物氟苯丙氨酸（p-F-Phe），而且发现部分酪氨酸位置上也被氟 苯丙氨酸替换。利用这种方法已有超过60种天然氨基酸的类似物被引入到蛋白质中，比如用刀豆氨酸替代精氨酸，已氨酸替代甲硫氨酸，三氟醚亮氨酸替代亮氨酸。但运用营养缺陷性菌株来进行UAA对蛋白质的修饰，没有位点特异性，细胞不能持续生长，并且UAA仅是天然氨基酸的同系物，也有可能被内源氨酰tRNA合成酶识别、校正。

（二）遗传密码扩充技术修饰蛋白质

为了弥补上述各方法的缺点找到一种方法得到纯净的突变蛋白质，成为生物化学家们研究的热点。2000年美国斯克利普斯研究所从事化学生物学的Schultz教授等率先在前人研究的基础上提出“遗传密码扩充技术”，开发出了一种新的非天然氨基酸修饰蛋白质方法。

1. 具体过程　即将古生菌属詹氏甲烷球菌（*Methanococcus jannaschii*，*M. jannaschii*）tRNATyr/ty-rosyl-tRNA synthetase（MjtRNA^{Tyr}/TyrRS）基因的载体与带有TAG突变的外源蛋白质表达载体共转入宿主细胞中，在培养基中加入需引入的UAA，由宿主细胞本身的转运作用摄入UAA，新合成的MjtRNA^{Tyr}/TyrRS，MjTyrRS氨酰化特异性非天然氨基酸装载到校正MjtRNA^{Tyr}CUA上，氨酰化的校正的MjtRNA^{Tyr}CUA与目的mRNA突变位点密码子结合，翻译出含特异性非天然氨基酸的蛋白质。

2. 技术核心　①新tRNA只能被新合成酶识别，而不会被内源性合成酶所识别；②新合成酶可以特异性地将UAA酰化到新tRNA上，而不会催化天然氨基酸或内源胜tRNA的氨酰化反应；③新tRNA所识别的密码子是宿主细胞中不使用或极少使用的（通常为终止密码子或四联密码子）。以确保这一分子对在宿主细胞中将UAA引入特定的位点而不影响其正常生命活动。

3. 合成酶对发展　在过去的十多年的发展中，正交tRNA/aaRS对已在大肠杆菌、酿酒酵母和哺乳动物中发现被相继报道，其种类已超过20种。其中在大肠杆菌和酵母中通过定向进化的方法改进外源aaRS对于非天然氨基酸的识别特性，已经得到了约70种具有不同生理功能的非天然氨基酸。但需要注意的是，许多以前在大肠杆菌中开发的aaRS对哺乳动物细胞不兼容，或者能够适用于哺乳动物细胞的非天然氨基酸表达体系又无法与大肠杆菌兼容，从而无法在细菌中进行进化。总之，建立一个可以在大肠杆菌和哺乳动物细胞间自由穿梭的体系是十分必要的。从2008年起，一种基于吡咯赖氨酸的穿梭系统逐步发展、成熟起来，这一体系能够使大肠杆菌中开发的aaRS-tRNA对可以直接导入哺乳动物细胞，并能够在原核、真核中同时编码非天然氨基酸。

4. 突变密码子发展

（1）三联体密码子　在蛋白质翻译中，UAG终止密码子指导蛋白质合成的终止，但大肠杆菌和酿酒酵母很少用其作终止密码子。基于这一现象，将校正tRNA的反义密码子突变为CUA，再利用校正tRNA/aaRS对通读UAG密码子，完成UAA对蛋白质的修饰。

（2）四联体密码子　和通过UAG密码子修饰蛋白质一样，Anderson等从古细菌*Pyrococcus horikoshii*中得到一正交PhttRNALys/LysRS对，它能够识别四联体密码子AGGA，优化校正$PhttRNA^{Lys}_{CCU}$/LysRS对，同时向培养基中添加L-高谷氨酸（L-homoglutamine），当核糖体读到含有AGGA的mRNA时，带有氨酰化L-高谷氨酸$PhttRNA^{Lys}_{U}$CCU与之结合，翻译出含L-高谷氨酸的肌红蛋白。

（3）五联体密码子　通过拓展遗传密码子来进行UAA对蛋白质的修饰是一个重要方法。研究表明，一个链霉亲和素mRNA在Tyr54处含有一个CGGUA密码子，一个被化学氨酰化上对硝基苯丙氨酸（*p*-Nitrophenylalanine）的$tRNA^{Lys}_{UACCG}$被添加到体外大肠杆菌翻译系统中，蛋白质免疫印迹显示CGGUA密码子被含有UACCG反义密码子的氨酰tRNA解码，同时HPLC分析转录产物的胰蛋白酶片段显示，对硝基苯丙氨酸在相应$tRNA^{Lys}_{UACCG}$下完成了对链霉亲和素的修饰。

（三）非天然氨基酸替代技术在蛋白质中应用

1. 提高酶催化活性　在生物技术领域，酶经过化学修饰后能够在有机溶剂中高效地发挥催化作用，并表现出新的催化性能。现在研究者也引入许多催化基团到蛋白质中，细菌磷酸三酯酶（phosphotr-iesterase，PTE）以非常快的转化效率催化农药对氧磷水解，其活性已接近进化限制。Ugwumba等利用$tRNA^{Tyr}_{CUA}$/TyrRS对，用L-(7-羟基香豆素-4-基)-乙基甘氨酸或L-(7-甲基香豆素-4-基)-乙基甘氨酸对PTE进行修饰，其PTE的催化效率提高了8～11倍，这为酶的分子改造提高其活性提供了一条新的思路。

2. 蛋白质结构和功能探针　一些具有光化学活性的UAA可被用作探针在体外和体内的蛋白质功能研究中发挥作用，将蛋白质“光笼”化可以实现用光来调节蛋白质的活性。这种“光笼”化的蛋白质是一种被“光笼”基团修饰的蛋白质，引入了“光笼”基团后蛋白质的活性通常会减弱甚至丧失，而脱“光笼”化后能够恢复蛋白质的活性。“光笼”基团易于除去，在365 nm波长光照下即可脱“光笼”化，这样通过光解反应可调节蛋白质在活性和非活性形式之间转变。最常用的“光笼”基团包括偶氮苯基和硝基苄基。它们可以和羟基、羧基、巯基反应，因此半胱氨酸、丝氨酸、赖氨酸、色氨酸都可以通过化学合成带上“光笼”基团。如利用特殊基团光致异构化的性质可以实现体内和体外监测一系列的生物学过程，偶氮苯具有可转化的顺式和反式两种光学异构体，这两种异构体可经光致异构化，由于这两种异构体的空间构象和偶极性不同，导致了含有不同异构体的蛋白质活性有差别。在大肠杆菌中将偶氮苯苯丙氨酸引入到分解代谢物基因激活蛋白质CAP中，偶氮苯化的CAP由于其顺式和反式活性的差别，造成了与DNA亲和能力的差别，从而调节了转录过程。

3. 蛋白质交联反应　蛋白质交联在疫苗开发、药物传递、功能型水合胶方而发挥着重要作用。这些交联虽然发生在自然界中，但实验室很难应用这个方法。Ayyadurai等通过3，

4-二羟-L-苯丙氨酸，对GFP蛋白质进行修饰，从而实现了蛋白质与多聚糖的生物交联，这给蛋白质交联和合成生物学的发展带来了新的希望。Bundy等用对炔丙基氧苯丙氨酸（pPa）完成了二氢叶酸还原酶和超折叠绿色荧光蛋白质的修饰，由于pPa含有酮基它能在一价铜离子介导下使炔基与叠氮基发生交联反应，同时pPa对UV不敏感，这使异源蛋白质间的交联也成为了可能。

4. 药物蛋白质　科学家们也已经开始尝试将遗传密码扩充技术应用于治疗性蛋白质的研究中。目前这类研究有三个热点方向：其一是利用具有免疫原性的氨基酸来阻断免疫耐受，并生成可用于治疗癌症和炎症的疫苗，将对硝基苯丙氨酸引至目的蛋白质的抗原表位可以延长其寿命，并产生可以与天然蛋白质有交联作用的抗体。比如将小鼠TNF-α的第11或86位氨基酸替换成对硝基苯丙氨酸所形成的新抗体可以与小鼠体内天然的TNF-α产生交联作用，从而防止脂多糖介导的死亡的发生。其次是生成抗凝血蛋白质磺基水蛭素，水蛭素是临床应用最有效的天然抗凝血剂，然而由于机体内缺乏必需的硫基转移酶，在大肠杆菌和酵母体内重组表达的水蛭素都是非磺化。研究表明，将第63位酪氨酸磺化后的水蛭素与人凝血酶的亲和力比非磺化水蛭素增加了10倍，磺化水蛭素比其非磺化形式显示出更好的临床应用前景。第三个方向是得到一系列蛋白质耦合物，使它们的特定位点含有如毒素、放射性核素、聚乙二醇，甚至另一种蛋白质（以实现双治疗功能）。要实现这一目的就要定点引入一个包含UAA的生物正交反应功能基团，这个基团随后在体外被其他小分子或大分子官能化，这一方法可以有效克服常规亲电子试剂的非特异性标记和半胱氨酸残基标记的非特异性或残基参与蛋白质折叠的困难。例如含有对乙酰基苯丙氨酸的人生长激素（hGH）在定点PEG修饰后，在保持生物活性的前提下，其血浆半衰期大大延长。

四、蛋白质修饰技术

生物体内经基因转录、翻译成的蛋白质有50%～90%的蛋白质发生了翻译后修饰，有的是肽链骨架的剪接，有的是在特定氨基酸侧链上添加新的基团，还有的是对已有基团进行化学修饰。目前已经确定的生物体内翻译后修饰方式超过400种，常见的蛋白质翻译后修饰过程有泛素化、磷酸化、糖基化、脂基化、甲基化和乙酰化等。泛素化对于细胞分化与凋亡、DNA修复、免疫应答和应激反应等生理过程起着重要作用；磷酸化涉及细胞信号转导、神经活动、肌肉收缩以及细胞的增殖、发育和分化等生理病理过程；糖基化在许多生物过程中如免疫保护、病毒的复制、细胞生长、炎症的产生等起着重要的作用；脂基化对于生物体内的信号转导过程起着非常关键的作用；组蛋白上的甲基化和乙酰化与转录调节有关；在体内各种翻译后修饰过程不是孤立存在的。

同样，在生物体外，科研工作者利用蛋白质修饰技术对一些多肽、蛋白质类药物进行化学修饰，最终改变天然多肽、蛋白质不足特点。如天然多肽、蛋白质的抗原性和异体性注入体内引起抗体产生，通过抗原-抗体反应被清除，从而不能发挥其功能，甚至有的会发生过敏反应。有的有治疗前景的多肽、蛋白质，由于在机体内循环半衰期太短而达不到治疗作用。

（一）蛋白质化学修饰技术

利用线性亲水惰性高分子与蛋白质的非必需基团共价结合，形成一种屏蔽，使它作为异源物质不被识别，不产生相应抗体，从而抑制相应的免疫反应；也由于大分子在蛋白质表面的遮蔽作用，使得蛋白质不易被蛋白酶降解；还由于蛋白质被修饰以后，其分子量大大提高，不易被肾小球过滤。其主要是运用聚乙二醇（PEG）、多糖类（如葡聚糖、右旋糖酐、聚蔗糖、淀粉）修饰剂对蛋白质分子上氨基、巯基、羧基和羟基进行修饰，它们在蛋白质分子中亲核性修饰基团的活性顺序是巯基 >α-氨基>ε-氨基>羧基>羟基。

（二）PEG 修饰技术

修饰蛋白质、多肽类药物的 PEG 最初一直采用分子量较小（<12000）的线状分子，称为第 1 代蛋白质 PEG 化技术。由于大量二醇（羟基）的存在，引起了如交联、聚合、多位点 PEG 化、产物不均一等问题，影响了 PEG 化药物的应用和发展。近几年发展起来的应用高分子量分支状 PEG 分子修饰的技术称为第 2 代蛋白质 PEG 化技术，其具有 PEG 分子量大、产物均一、稳定及易纯化等特点，有效解决了第 1 代 PEG 化技术存在的问题。分支状 PEG 蛋白质结合物与线性蛋白质结合物相比较，具有更高的 pH 稳定性和热稳定性。第 1、2 代 PEG 化技术均为聚乙二醇与蛋白质共价结合，而 PEG 化共价结合存在化学反应剧烈和 PEG 化药物在体外的生物活性易丧失的问题。为解决上述问题，研究者研发出一种新的 PEG 化方式，即 PEG 与蛋白质非共价结合的方式，该方式基于新合成的 PEG 衍生物的疏水基团与蛋白质疏水性表面之间的疏水作用。

（三）PEG 修饰对蛋白质药物的作用

PEG 化蛋白质药物的临床前研究结果表明，与天然蛋白质相比，PEG 多聚物能增强蛋白质的药理学活性，最显著的是 PEG 多聚物增加了结合蛋白的分子大小，降低了肾脏的滤除率，从而延长了药物的半衰期，并改善了药物的动力学性质（半衰期延长，清除率下降，血药峰浓度下降）；血浆药物浓度波动减小；增强了药物在体内的活性；降低了药物的毒性及免疫原性；增强了药物的理化稳定性，避免了蛋白质药物的水解；增加了蛋白质药物的可溶性等。

1. 根据 PEG 修饰蛋白质中不同的基团分类

（1）N 端氨基修饰

1）定点突变　由于赖氨酸在蛋白质中含量较多，很难做到定点修饰。Narimatsu 等利用定点突变技术将淋巴毒素-α 中的赖氨酸突变为其他不含氨基侧链的氨基酸，然后用分子量为 5000 的单甲氧基聚乙二醇琥珀酰亚胺丙酸酯对其 N 端氨基进行定点修饰，获得的单位点修饰产物的活性是原型的 50%，是随机修饰产物的 5 倍。

2）PEG-醛的还原烷化反应　蛋白质 N 端 α-氨基的 pK_a 为 7.6~8.0，而分子内赖氨酸 ε-氨基的 pK_a 为 10.0~10.2，在弱酸性条件下，赖氨酸将被质子化而不能与 PEG 试剂反应，而 α-氨基在达到质子化平衡后仍有大量自由氨基可与 PEG 试剂进行配对反应。2002 年经美国 FDA 批准上市的 Neulasta 就采用了此方法，该药用于治疗化疗引起的粒细胞减少症，是第一个采用 PEG 定点修饰技术上市的药物。

（2）巯基特异性修饰

1）游离巯基的定点修饰　有些蛋白质多肽仅含有一个游离巯基，这时可以采用对巯基呈一定反应活性的 PEG 修饰剂直接对其进行定点修饰，2008 年经 FDA 批准 UCB 公司的 Cimzia 上市，该药利用该项技术对人源化 TNF-α 单克隆抗体的 Fab 进行了定点修饰，该药物目前用于克罗恩病的治疗。

2）引入巯基后进行修饰　Maleki 等在重组人促红细胞生成素（rhEPO）的合适位置引入半胱氨酸，然后用马来酰亚胺活化的 PEG 偶联剂进行修饰，也达到了不错的效果。常用的引入位置有：糖蛋白的糖基化位点、蛋白质的抗原决定簇、蛋白质末端等。对于分子中有多个半胱氨酸残基的蛋白质，也可采用定点突变，如将某些半胱氨酸替换为其他氨基酸，只保留一个半胱氨酸，以达到定点修饰蛋白质的目的。

3）二硫键的定点修饰　Brocchini 等开发了一种特异性修饰蛋白质中二硫键的方法，首先将二硫键还原为两个游离的半胱氨酸巯基，然后利用双烷基化 PEG 试剂将两个巯基分别烷基化形成三碳桥，PEG 可通过三碳桥与蛋白质共价偶联。此法的优势在于不会造成蛋白质的不可逆变性，三碳桥能够保持蛋白质的空间结构。

（3）羧基的修饰

1）羧氨缩合　Lu 等以 mPEG—NH_2 为原料修饰门冬氨酸侧链羧基获得芴甲氧羰基（Fmoc）-Asp（mPEG—NH）—OH，将其用到固相多肽的合成中，结果实现了 PEG 对肽链中门冬氨酸侧链羧基的修饰。

2）C 端定点修饰　Thom 等研发出一种新的 PEG 定点修饰重组蛋白质 C 端的方法。其利用重组蛋白质与肼结合后产生融合前体的化学裂解，直接生产重组蛋白质-肼复合物，该蛋白质-肼复合物更易与腙发生连接反应，获得 C 端定点 PEG 化修饰。用该方法获得的 PEG 化 IFNα2b 和 IFNβ1b 保留了良好的抗病毒活性。由于该方法操作简便，与二硫键相兼容，而且专一选择蛋白质 C 端，因此具有巨大的应用潜力。

（4）糖类残基的修饰　在 *E. coli* 中表达具有天然糖基化位点的蛋白质或者多肽，然后对其糖基化位点进行 PEG 定点修饰，具体可以通过两步酶促反应完成：第一步在乙酰半乳糖胺（GalNAc）转移酶的催化下将乙酰半乳糖胺连接至丝氨酸或苏氨酸上，获得 *O*-GalNAc 残基；第二步胞嘧啶单磷酸唾液酰 PEG 与 *O*-GalNAc 残基在唾液酸转移酶（ST6GalNAc-Ⅰ）的催化下进行反应，使唾液酰 PEG 与 *O*-GalNAc 残基相连，获得定点修饰的糖基化 PEG 修饰产物。

（5）其他修饰　非天然氨基酸修饰，许多文献阐述了多种将非天然氨基酸如带有卤素、酮基、烯基、叠氮基等基团的氨基酸引入蛋白质或者多肽中进行定点修饰的策略，以非天然氨基酸为靶点蛋白质定点修饰。如 Cazalis 等通过定点突变技术在血栓调节素 C 端引入叠氮甲硫氨酸残基，再与三苯基膦衍生化 PEG 反应，从而实现该蛋白质的 C 端定点修饰。

2. 糖基化修饰蛋白质

（1）蛋白质糖基化工程　就是通过对蛋白质表面的糖链进行改造从而改良蛋白质性质的一种新技术，对糖链进行改造的主要方法有：①通过定点突变技术增加或减少蛋白质的糖基化位点，从而增加或减少蛋白质表面的糖链。②在体外通过化学或酶法对糖链进行修饰。③细胞内由一系列糖苷酶和糖基转移酶组装成糖基化途径（glycosylation path-way）来催化蛋白质的糖基化。通过基因工程手段改变宿主细胞内糖基化途径中糖苷酶和糖基转移酶的表达，即可改变在该系统中表达的糖蛋白的糖基化形式。目前已通过该方式对酿酒酵母、巴斯德毕赤酵母、昆虫细胞、CHO 细胞及转基因植物等多个表达系统进行了糖基化工程的改造。④糖基化还受到细胞培养条件的影响，因此，可通过改变细胞培养过程中培养基的糖分、激素及氨离子浓度等条件来改变蛋白质的糖基化。

（2）蛋白质糖基化方式　主要分为 *N*-糖基化和 *O*-糖基化。①*N*-糖基化是通过糖链的还原端的 *N*-乙酰氨基葡萄糖（Glc-NAc）和肽链中某些 Asn 侧链酰氨基上的氮原子相连。能接有糖链的 Asn 必须处于 Asn-X-Ser/Thr（X≠Pro）三残基构成的基序（motif）中，其中 X 可为除 Pro 的任意的氨基酸残基。②*O*-糖基化的结构比 *N*-糖基化简单，一般糖链较短，

但是种类比 *N*-糖基化多得多。肽链中可以糖基化的主要是 Ser 和 Thr，此外还有酪氨酸、羟赖氨酸和羟脯氨酸，连接的位点是这些残基侧链上的羟基氧原子。

（3）糖基化工程对蛋白质药物的修饰作用　可以改变药物的稳定性、溶解性、药效学与药物动力学、蛋白质生物活性及靶向性等。

1）稳定性与溶解性　糖基化可增加蛋白质对于各种变性条件（如变性剂、热等）的稳定性，防止蛋白质的相互聚集。同时，蛋白质表面的糖链还可覆盖蛋白质分子中的某些蛋白酶降解位点，从而增加蛋白质对于蛋白酶的抗性。如糖基化的 INF-β 与 IL-5 与未糖基化形式相比，对热变性作用的抗性显著增强。研究结果表明，蛋白质表面的糖链可增加蛋白质分子的溶解性。当天然的瘦素蛋白通过糖基化工程连接上 5 个 *N*-连接糖链时，其溶解度增加了 15 倍。

2）药效学与药代动力学　蛋白质的糖基化作用可增加蛋白质药物的分子质量，减少肾小球滤过率，从而降低药物的清除率，延长其半衰期，最终提高蛋白质在体内的活性。如重组人促红细胞生成素的高度糖基化类似物，具有与重组人促红细胞生成素类似的结构和稳定性，但是由于其 33 位和 88 位各增加了一个 *N*-糖基化位点，所以该药物在鼠和犬体内的半衰期延长了 3 倍。目前，该产品已经研制成功并上市。

3）蛋白质生物活性　糖蛋白的生物学功能是通过糖链对蛋白质的修饰、糖缀合物糖链与蛋白质的识别来实现的，对于某些蛋白质分子（如人绒毛膜促性腺激素），糖基化是其发挥生物学活性所必需的。瘦素蛋白是一种非糖基化蛋白质，与体重控制有关，利用糖基化工程制备瘦素蛋白 5 个糖链的类似物（GE-LeptinL 4-58），与非糖基化重组来普汀（rHuLeptin）相比，一方面 GE-LeptinL 4-58 可使肥胖小鼠减掉的体重显著高于 rHuLeptin，并且维持更长时间；另一方面，UE-LeptinL 4-58 使正常小鼠体重减轻的效果提高了 10 倍。

4）靶向性　如在治疗戈谢（Gaucher′s）病的研究中，1965 年，Braddy 提出戈谢病的“酶替代疗法”——向患者体内补充葡糖脑苷脂酶，降解戈谢细胞内堆积的葡糖脑苷脂，就有可能使以上症状得到控制或消除。但初步的临床试验结果表明，葡糖脑苷脂酶缺乏良好的针对巨噬细胞的靶向性，静脉注射葡糖脑苷脂酶后，90% 的酶都被肝细胞摄取，从而疗效有限。1980 年 Stahl 发现巨噬细胞表面有一种被称为甘露糖受体的膜蛋白，为了使葡糖脑苷脂酶能够有效地被巨噬细胞通过其表面的甘露糖受体摄取，Genzyme 公司依次用唾液酸苷酶、β-半乳糖苷酶、β-*N*-乙酰氨基己糖苷酶来处理人葡糖脑苷脂酶，使其暴露出甘露糖残基，从而增加了人葡糖脑苷脂酶针对巨噬细胞的靶向性，使得戈谢病的酶替代疗法取得了良好的疗效。

5）蛋白质免疫原性及机体免疫反应　蛋白质的糖基化修饰与机体免疫密切相关，糖基化的研究在疾病诊断治疗和药物研制等方面具有重要意义。①蛋白质表面的糖链可诱发特定的免疫反应。如 IgA 通过其 *N*-聚糖结合病原体并介导清除，IgD 的 *N*-聚糖是合成、分泌 IgD 所必需的，IgD 和 IgA 的 *O*-聚糖则能保护扩展铰链区不被蛋白酶水解并能结合病原体，IgG 的 *N*-聚糖不仅辅助 IgG 维持四级结构和 Fc 的稳定性，也是 Fc 与 Fc 受体实现最佳结合所必需的。②糖链也可通过遮盖蛋白质表面的某些表位从而降低其免疫原性。如应用致死性细菌恶性疟原虫感染接种了 MSP-1 疫苗的猴子时，未糖基化 MSP-1 比糖基化 MSP-1 诱导了更为有效的免疫应答，其中部分原因可能是未糖基化的蛋白质形成聚集物和沉淀，从而提高了免疫系统的应答反应，或者糖链掩盖了蛋白质抗原位点而不被免疫系统发现所致。

第四节　蛋白质工程药物应用实例

一、第一代基因工程药物——胰岛素

扫码“学一学”

胰岛素（insulin）是一种多肽激素，在维持血糖恒定，增加糖原、脂肪、某些氨基酸和蛋白质的合成，细胞内多种代谢途径的调节与控制等方面都有重要作用。胰岛素是治疗糖尿病的首选药物。胰岛素是于1921年发现的一种具有激素作用的蛋白质，也是最先结晶、确定氨基酸残基序列、人工化学合成以及采用基因工程技术批量生产并投放市场供应临床应用的蛋白质。胰岛素的分离、提纯、结构和功能分析以及临床应用等方面所取得的成就，不但在蛋白质的研究史上树立了多个里程碑，挽救了数以百万计糖尿病等患者的生命，并且为当今通过基因工程技术改进蛋白质分子构型，以便生产生物活性更强、可非创伤性给药以及药效动力学模拟生理过程等研究奠定了基础。

胰岛素是胰岛β细胞合成和分泌、由A和B两条多肽链借助两个二硫键连接而成、含有51个氨基酸残基的蛋白质激素。A链和B链的氨基酸残基数分别为21和30，A链中的A6和B11的Cys残基形成链内二硫键。具有生物活性的人胰岛素单体的分子式和分子量分别为$C_{257}H_{383}N_{65}O_{77}S_6$和5807.58，等电点为5.30～5.35（图3－3）。

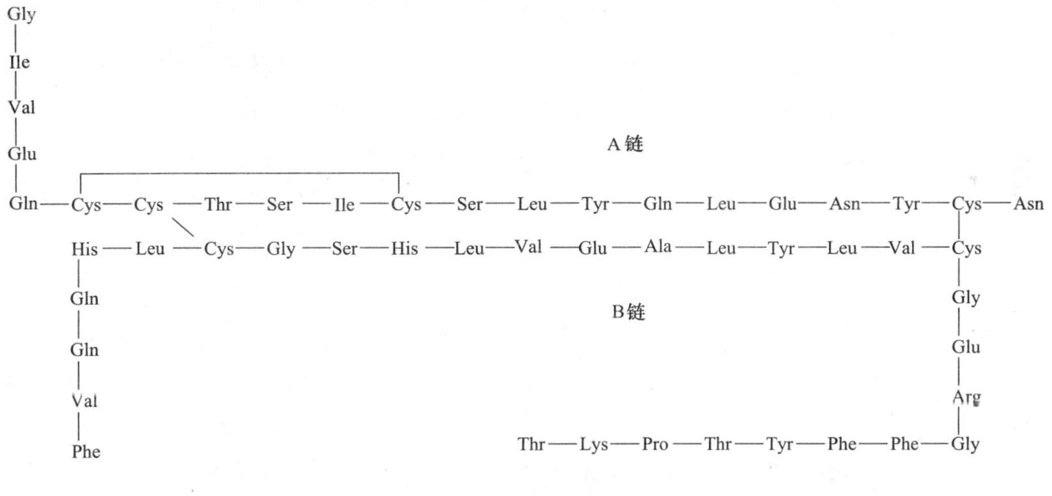

图3－3　人胰岛素的共价结构

人胰岛素基因为单拷贝，位于第11号染色体的短臂上，由三个外显子和两个内含子组成，全长1430bp。转录、加工后产生成熟的mRNA，再经翻译得到前胰岛素原。前胰岛素原切去N端的23个氨基酸残基的信号肽，产生胰岛素原（proinsulin）。胰岛素原是胰岛素的前体，约有10%的胰岛素生物活性。胰岛素原包括三部分：N端为B链，C端为A链，中间是连接B链和A链的C肽。C肽有助于形成分子的合适构型和正确的二硫键。胰岛素原在折叠过程中形成3个二硫键，稳定分子结构。胰岛素原的C肽与B链连接的肽键和C肽与A链连接的肽键被切开，形成包括A链（21个氨基酸残基）、B链（30个氨基酸残基）和C肽（35个氨基酸残基）的胰岛素分子。由于胰岛素分子中没有糖链，易于由细菌宿主表达。重组人胰岛素的三维结构与内源胰岛素完全一样。X射线衍射分析的结果表明，不同种属胰岛素虽然一级结构有所差异，但由两条肽链折叠而成的三维空间构象基本相同：

两条肽链的氨基酸残基之间形成的众多共价键以及分子内A16、B11和B15的Leu、B18的Val、A2的Ile和A6及A11的Cys等疏水残基是保持胰岛素三级结构稳定的重要因素。位于分子表面的B23（Gly）、B24和B25的Phe等氨基酸残基可能是胰岛素与其受体结合的关键部位；由A1（Gly）、A5（Gln）、A19（Tyr）和A21（Asn）等极性残基所形成的分子表面则可能是信息传递的关键部位（图3－4）。

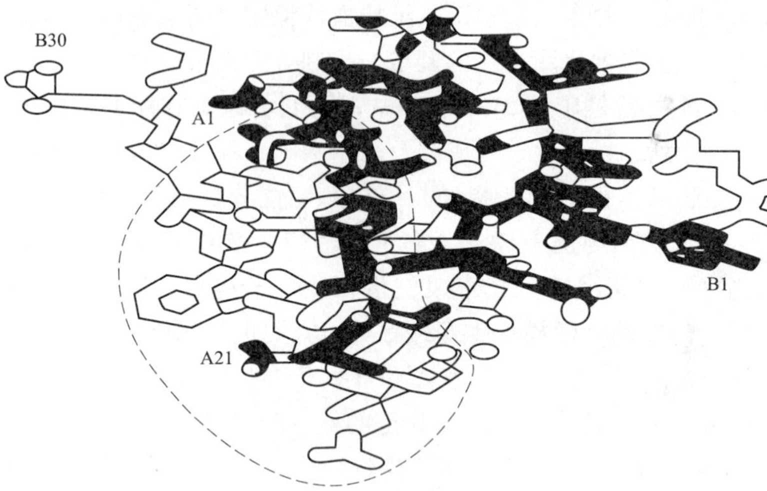

图3－4　胰岛素的空间结构

黑色代表A链，白色代表B链，虚线代表胰岛素表面与受体结合区域

在体外，因pH、Zn^{2+}和胰岛素浓度的不同，胰岛素可以二聚体或六聚体的状态存在。胰岛素在浓度低达0.6μl/ml（0.1μmol/L）时，才以单体的形式存在，大于此浓度，如1.6mg/ml（0.24mmol/L，40U/ml）的药用处方，则形成二聚体。二聚体的保持有赖于两个胰岛素分子之间的非极性力及4个氢键的作用。在水溶液中，当pH为2～4时二聚体是稳定的；当pH大于10时，二聚体可完全解聚成单体。当pH为4～8、存在Zn^{2+}和胰岛素的浓度>0.01mmol/L时，3个胰岛素二聚体即同2个Zn^{2+}进一步形成对酶有较大稳定性的含锌胰岛素六聚体，主要靠A链极性力形成的六聚体，结构近似球形，其直径约为5nm。在体内，只有胰岛素单体才具有生物活性。因此，不论是胰岛β细胞中的内源性六聚体或皮下和肌内注射的外源性的二聚体或六聚体，都必须解聚成单体才能发挥其生物学功能。

Genentech公司的科学家首先采用的方法是把编码胰岛素A链和B链的核苷酸序列分别克隆到两个不同的大肠杆菌细胞中，然后这些细胞在大规模发酵罐中分别培养，纯化后的A链和B链在适宜的氧化条件下共同保温，以促进链间二硫键的形成，最终生成人源化胰岛素。应用DNA重组技术制备的另一种方法是把编码人胰岛素原的核苷酸序列克隆到大肠杆菌中，随后纯化处理表达出的胰岛素原，并用蛋白质水解酶切除胰岛素原的C肽。因为仅需一次发酵和随后的纯化，使得该方法更为流行。目前根据生产途径不同而有两种生物合成人源化胰岛素：一种为美国生产的，以大肠杆菌为受体菌；另一种为丹麦生产的，以酵母菌为受体菌。

DNA重组技术不仅促进了人源化胰岛素在微生物体系中的生产，而且促进了胰岛素的结构改造。通过改造生物合成人胰岛素一级结构中的氨基酸序列，获得胰岛素类似物（insulin analogues），从而改变胰岛素的药物代谢动力学。这些胰岛素类似物与胰岛素受体具有更高的亲和力，从而减少了单位治疗剂量中胰岛素的用量，而且作用更快速。胰岛素与胰岛素受体相互作用的氨基酸残基已经确定，如A1，A5，A19，A21，B10，B16，B23～25，而且许多在这些位点上被不同的氨基酸残基所替代的胰岛素类似物已经被制备成功。例如，将B10位上的组氨酸转变为谷氨酸，在体外其生物活性高出胰岛素5倍，其他替代氨基酸所对应的胰岛素类似物具有更高的活性。B10His是胰岛素暴露最充分的一个残基。此外，它在与胰岛素受体的结合中也发挥作用。B10His如果被Asp取代，将会获得超强的活性。A1～A8序列具有低的固有螺旋倾向，但在此区进行优化机会也较少。任何A1～A3残基的取代都将削弱其功能，推测是由于改变了胰岛素及其受体之间的空间互补作用。随后的A4～A8残基不是具有高螺旋倾向（A4Glu和A5Gln，非受体结合区域），就是具有重要的二硫键稳定结构（A6Cys和A7Cys），故残基的修饰主要集中在A8Thr。A链α螺旋C端的A8Thr被His或Arg取代后，都被观察到同时提高了活性和稳定性。A8位Thr被His取代后，该胰岛素类似物使A链N端α螺旋紧固，A2位Ile和A3位Val疏水侧链的暴露更为充分，使胰岛素结构倾向于与受体结合的状态。B24Phe替换为Gly也有类似作用。

近年研究发现的胰岛素类似物结构与功能的关系见表3-1。

表3－1　近年研究发现的胰岛素类似物结构与功能的关系

修饰位点	效　应
B25Phe缺失	不会形成天然胰岛素两单体间的反平行β片层
A8His或Arg代替Thr	活性提高3倍，暴露出A2Ile和A3Val疏水侧链，与受体结合倾向增加
B24Gly代替Phe	活性提高
A8Lys代替Thr	活性提高，Lys具有正电荷，A8位区附近的负电位轻微地喜好正电性的侧链
B10Asp代替His	三聚体稳定性降低，活性明显增高
B12Ala代替Val	具有突出的呈现单体的特性
B16Glu代替Tyr	削弱二聚化和受体结合作用
B28Asp，Lys或Ala代替Pro	胰岛素聚合能力降低
B28－B30去三肽胰岛素	聚合能力降低
Glargine：A21Gly代替Asp同时B31，B32加上Arg	改变胰岛素的结合特性，六聚体更稳定；等电点变为7.0
Lispro：B28Lys代替Pro，B29Pro代替Lys	阻止二聚体和六聚体的形成
Aspart：B28Asp代替Pro	六聚体解聚成单体的速度明显加快

但是，研究表明，高剂量的B10Asp胰岛素改变了胰岛素-受体结合行为，使有丝分裂信号通过胰岛素受体，导致试验动物增加患乳腺瘤的危险性。而Kurtzhals等报道Glargine胰岛素在人类骨肉瘤细胞中比天然胰岛素具有更高的有丝分裂潜力，尽管比B10Asp胰岛素的有丝分裂潜力低。在胰岛素类似物的研究中也应注意上述问题。

二、速效胰岛素的分子设计

重组天然人胰岛素是多肽类激素药物的代表，是目前治疗1型糖尿病的特效药，有重要的临床应用价值。天然形式的胰岛素在临床使用中存在的缺点包括：作用时效短，进入血流慢，长期使用时产生抗性，稳定性差，无法长期保存，生产规模不能满足需求等。目前胰岛素的蛋白质工程改造开展十分广泛，目的就是要寻求性质得到改善的新型胰岛素。蛋白质工程的发展使通过修饰天然胰岛素来制造作用时间更长，或是迅速起效的胰岛素类似物成为可能。胰岛素结构-功能作用点主要在B链C端的β-STRAND、B链中部螺旋的一些残基和A链N端的α螺旋。所以，利用蛋白质工程改造胰岛素，以获得高活性、快速起效或是长效的胰岛素类似物，主要是从这些方面进行研究。

通过对胰岛素分子结构的详细研究以及对家族性糖尿病胰岛素编码序列的SNP分析，研究人员对胰岛素分子进行了多种突变研究，获得了长效、速效、中效等多种活性的胰岛素类似物。1996年第一个速效胰岛素类似物Lispro在欧洲和美国批准上市，它与天然胰岛素不同之处是B链28位的Pro和29位的Lys调换了位置，结果其自身聚集的倾向大大降低，静脉滴注后15min起效，1h达顶峰，原型人胰岛素要45min起效，且Lispro的血浆清除时间迅速（2 ~ 4h），引起低血糖的危险降低了许多。另一个速效突变体是Aspert胰岛素，通过将B链28位的Pro突变为Asp来减少自身聚集的倾向，其吸收时间是天然人胰岛素的2倍，有效活性也是天然胰岛素的2倍。而持续时间大大缩短，使产生低血糖的危险较天然胰岛素降低50%。根据糖尿病的不同情况，临床上常采用的胰岛素制剂有速效、中效和长效之分。应用较多的是短期作用的胰岛素。目前使用的可溶性胰岛素制剂中胰岛素分子是以含锌六聚体分子形式存在的，而在体内发挥生物效应的胰岛素必须是单体。较有希望的速效胰岛素类似物有：①（B9-Asp，B27-Glu）-胰岛素，此种类似物在溶液中以单体存在；②（B28-Asp）-胰岛素，在溶液中为单体和二聚体混合物；③（B10-Asp）-胰岛素，这种类似物在溶液中以二聚体形式存在；④（B28-Lys，B29-Pro）-胰岛素，在溶液中以单体存在；⑤（B26-B30缺失）-胰岛素，在溶液中以单体存在。这几种胰岛素类似物都比人胰岛素吸收快2 ~ 3倍。其中，B28-Lys，B29-Pro胰岛素已用于临床，治疗效果显著。根据病程需要，还有长效胰岛素类，半衰期最长可达35.3h。

胰岛素是以六聚体的形式合成和储存的，但要表现生理活性则是以单体形式。糖尿病患者要在餐前30min注射胰岛素以达到最大血药浓度，此法并不是很理想。虽然皮下注射胰岛素后吸收进血液循环是一个复杂的过程，但简单说来，这种吸收的速度是与胰岛素六聚体解聚成单体的速度相关联的。所以，研究可以加速解聚的胰岛素类似物就可以获得快速起效的胰岛素。

B25位Phe氨基酸残基是胰岛素和其受体作用的重要位点。B25Phe缺失的胰岛素失去了单体自身连接能力是因为B链C端区构象的变化，导致B28Pro和B链α螺旋的B11Leu-B15Leu疏水区域间的分子内疏水相互作用妨碍了天然胰岛素二聚体所需的形成分子间疏水相互作用形成。

B12Val和B16Tyr组成一个胰岛素的非极性的表面，与受体的非极性区域相结合，直接与胰岛素受体相接触。B12Ala胰岛素具有突出的呈现单体的特性。B16Glu胰岛素同时削弱二聚化和受体结合作用，而且B24Phe也极可能与这些位点中的一个相接触。

二聚体中两单体的相互作用是胰岛素解聚的主要因素。研究发现，B链C端残基，尤其是B28Pro对胰岛素聚合至关重要，如果被极性的Asp、Lys或中性的Ala替代，其聚合作用都会降低。删除了B28 ~ B30的去三肽胰岛素的聚合能力明显降低，但仍能保持相当高的生理活性。位于二聚体中单体-单体相互作用面的B链C端残基不但对于二聚体的形成很重要，同时影响二聚体聚合成六聚体。

成功的糖尿病治疗在于能够很好地控制血糖水平，但人们遇到了很大的挑战，因为皮下注射胰岛素制剂的作用与生理情况中胰腺分泌胰岛素不符。特别是需要提高胰岛素从注射部位到进入血液中的速度，延长其在作用部位的时间。但在实际观察中皮下注射胰岛素后，它的吸收有一段滞后期，而且高浓度的胰岛素制剂可以自身聚合形成二聚体和六聚体。降低胰岛素自身聚集可能加快其吸收。因为胰岛素是以单聚体的形式和其受体结合的，所以自身聚集形式对其是不必要的。胰岛素六聚体的形式已经从其晶体结构中确证。蛋白质工程已通过许多方式破坏了六聚体的形式，如将B链的Pro28替换成Asp，使它并列的负电荷产生排斥作用，还有是将ProB28和Lys29对调后，通过阻止B链C端的形式来破坏分子间β片层的相互作用。这些速效的单聚体胰岛素能够保持很高的生物活性，目前已用于治疗糖尿病。近年研究较为成熟的快速起效胰岛素类似物如下。

（1）Aspart胰岛素　即B28Asp胰岛素。研究表明，皮下注射后52分钟达到血药浓度高峰，作用持续时间2.7小时。

（2）Lispro胰岛素　即B28Lys、B29Pro胰岛素。这种转换阻止了二聚体和六聚体的形成。研究显示，皮下注射后5分钟就可吸收。

为了使快速作用胰岛素的血药浓度达峰时间更短，需解决在治疗剂量浓度下不形成二聚物或多聚物这一核心问题。胰岛素二聚体/寡聚体中单个胰岛素分子间的连接点有B8、B9、B12、B13、B16和B23～B28位的氨基酸，因此又得到了在这些位点被不同氨基酸所替代的胰岛素类似物，为了增大胰岛素单体间的电子斥力和空间位阻，主要采用加入带电氨基酸或大分子氨基酸的方法。许多这些研究已经在随后的临床试验中经过评估，并取得了满意的结果。一些类似物比天然可溶（快速作用）胰岛素由注射处渗透至血液的速度快很多。因此，这些修饰后的胰岛素可以在吃饭时注射，而不必饭前1小时给药。

三、长效胰岛素的分子设计

改变天然胰岛素的氨基酸序列可以促进胰岛素六聚体的分子间相互结合而使其更稳定。这样可以获得几乎稳定的吸收、稳定无峰值的作用、更慢的吸收率和更长的活性持续时间。

延长胰岛素类似物的作用持续时间的一种常用的方法是通过替换B链C端的氨基酸改变人胰岛素的等电点到更中性。加入正电荷氨基酸使胰岛素类似物离子化，使其在注射介质的酸性pH中保持可溶但在生理组织的pH下可溶性降低。因此，当胰岛素类似物进入局部组织空间，其吸收减慢，作用持续时间延长。加入少量Zn^{2+}作为六聚体稳定剂更加延长了作用持续时间。

一种称为Glargine的胰岛素类似物与天然人胰岛素结构上有3个氨基酸不同。它的A21Asn被Gly替代，在B链C端加上了B31和B32Arg。这种类似物使分子的等电点从pH5.4改变为更为中性的7.0，使分子在酸性媒介中更可溶而在注射位点的中性pH下不可溶。因此，其从注射部位吸收进入循环的速度减慢。商用Glargine加入少量锌（30pg/ml），可以进一步增强其稳定性，延长吸收时间。此外，A21Asn替换成Gly后改变了胰岛素的结合特性，使六聚体结构更稳定。它显示出更慢的吸收，更长的持续时间和没有峰值的活性。据报道，在2型糖尿病患者体内试验，放射性标记Glargine胰岛素和鱼精蛋白胰岛素在24小时后残余放射活性分别为54.4%和27.9%。注射后24小时内平均血糖水平轻微高于鱼精蛋白胰岛素（分别为144.4mmol/L和129.2mmol/L）。有意义的是可轻微的减少血糖过低尤其是夜间血糖过低，使一天注射一次Glargine胰岛素可以取得满意的疗效。Glargine的特点：日夜一致性，无明显峰值，作用时间长，降低了低血糖发生频率（为胰岛素治疗的主要障碍)，且控制傍晚血糖的能力比鱼精蛋白好。

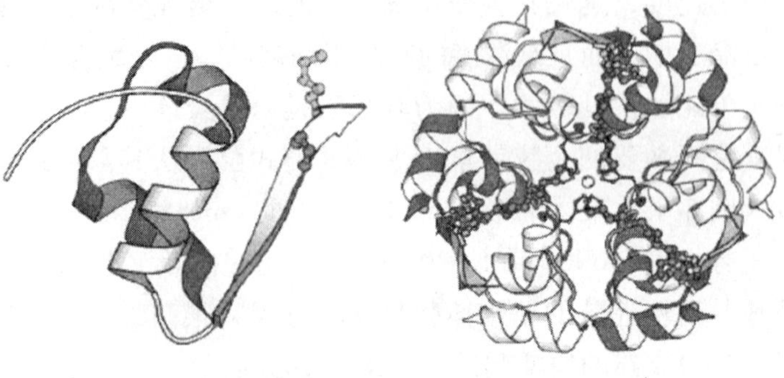

(a) (b)

图 3－5 胰岛素丝带状简图

(a) 胰岛素的单体 (b) Lys**B29**—十四烷酰 des-(**B10**) 胰岛素六聚体的立体图示

根据胰岛素六聚体的立体结构已经被设计出长效胰岛素，它的 B 链 29 位赖氨酸ε-氨基已经被长链饱和脂肪酸酰化。在图 3-5 中，B 链 28 位脯氨酸侧链和 28 位赖氨酸被标明了出来。脂酰基部分用蓝色标明出来，锌离子和 B 链 10 位组氨酸配体也在六聚体中心被标明了出来。为了符合胰岛素在循环中的基本水平，将 LysB29 的 γ-氨基酸与长链饱和脂肪酸进行酰化反应，这样的设计能够使胰岛素成为长效制剂。这些修饰使胰岛素能与脂肪酸结合蛋白质连接起来，后者出现于皮下组织液中，这样能降低胰岛素被血液的吸收速度从而延长其在血浆中的作用。长效作用的胰岛素在临床实验中已逐步完善。

目前长效胰岛素类似物的改造策略是通过改变氨基酸组成使其等电点从 pH 5.4 增高到中性，使其在注射部位形成沉淀，缓慢释放。Hoechst 公司开发的 HOE901 是一个长效胰岛素突变体，它在胰岛素 B 链 C 端引入两个 Gly，A 链的 21 位 Asp 也突变为 G1y，结果显示 HOE901 单次注射后可维持 24h 的降低血糖的效果，与一天注射 4 次人胰岛素制剂相当，显示出更好的使用前景。

重点小结

蛋白质工程制药

- 概述
  - 蛋白质工程概念
  - 蛋白质工程技术基本原理
  - 蛋白质工程技术发展简史
- 蛋白质工程研究内容
  - 蛋白质工程技术路线
  - 蛋白质结构分析
  - 蛋白质结构预测
  - 蛋白质结构功能研究
  - 蛋白质分子设计
- 蛋白质药物结构改造
  - 蛋白质定点突变技术
  - 蛋白质融合技术
  - 非天然氨基酸替代技术
  - 蛋白质修饰技术
- 蛋白质工程药物应用实例

思考题

1. 蛋白质工程技术的基本原理是什么？
2. 蛋白质结构功能研究的主要方法有哪些？
3. 蛋白质分子设计的主要方法有哪些？
4. 蛋白质药物结构改造的主要技术有哪几种？

（张　纯　田　滨）

扫码"练一练"

第四章　动物细胞工程制药

学习目标

1. **掌握**　主要动物细胞工程技术包括细胞培养、细胞融合、遗传物质转移以及流式细胞术的基本技术原理和方法。

2. **熟悉**　干细胞的基本特征和种类以及在医药领域的应用和进展。

3. **了解**　动物细胞大规模培养的方法及其在制药工业中的应用；免疫细胞治疗技术原理及其在医药领域的应用和进展。

扫码“学一学”

第一节　概　述

细胞工程是指以细胞为研究对象，运用细胞生物学、分子生物学等学科的原理与方法，按照人们的意志设计改造细胞的某些遗传性状，从而培育出新的生物改良品种或通过细胞培养获得自然界中难以获得的珍贵产品的新兴生物技术。细胞工程按照细胞来源不同分为动物细胞工程与植物细胞工程。本章主要介绍动物细胞工程技术及其在制药工业中的应用。

动物细胞工程的发展最初是从动物细胞的体外培养发展起来的。1951 年 Earle 等开发了能促进动物细胞体外培养的培养液。1957 年 Dulbecco 实验室采用蛋白酶消化处理组织块使其分散成单个细胞，并进行悬浮培养，从而开创了动物细胞培养技术。1967 年 Van Wezel 又开发了适合贴壁细胞生长的微载体，使得动物细胞在微载体上贴壁后可在搅拌式反应釜中进行大规模培养。19 世纪 70 年代以后又由于基因重组和杂交瘤单克隆抗体技术的诞生，人们利用动物细胞大规模培养技术，生产了一大批人体内含量极低、结构复杂的药物蛋白（如 α－干扰素、白细胞介素－2、促红细胞生成素）以及减毒或灭活的病毒疫苗、单克隆抗体等，从而形成了具有相当规模的细胞工程产业。据统计，目前国际上超过 80% 的生物技术药物是采用动物细胞工程技术生产的。

此外，最近发展起来的动物细胞大规模培养技术、干细胞技术、免疫细胞治疗技术将对当代生物医药的发展起到巨大的推动作用。

由此可见，动物细胞工程技术在生物技术药物的生产和应用方面起着非常关键的作用。

扫码“学一学”

第二节　动物细胞操作技术

一、动物细胞培养技术

动物细胞的培养是指首先在无菌条件下用消化酶将组织分散成单个细胞，再用培养基制成细胞悬液，使其在体外合适的条件下生长繁殖的技术。动物细胞培养技术已成为当今生命科学各研究领域中必不可少的研究手段，同时也是动物细胞工程技术中的一项基本技术。细胞培养与组织培养、器官培养不同，细胞培养的对象是单个的细胞，组织培养的对象是组织块（0.5～1mm），而器官培养的对象则是器官的一部分或整个器官。

这里主要介绍动物细胞培养技术，其目的可以是收获培养细胞本身，也可以是为了收集细胞产物，而植物细胞及微生物细胞培养则分别在植物细胞工程制药与微生物发酵工程制药章节中加以介绍。

（一）动物细胞培养常用设备及器具

1. 培养板（皿）/培养瓶　目前实验室使用较多的细胞培养容器是已消毒灭菌密封包装的聚苯乙烯塑料（polystyrene）制成的多孔培养板、培养皿和培养瓶（T－flask）。其中，多孔培养板有4孔、6孔、24孔、96孔等规格可供选择。这类培养器皿内表面适合细胞附着和生长，且由于是一次性使用，减少了微生物和有毒物质的污染。各种常用的培养板（皿）/培养瓶见图4－1，其中A为细胞培养用培养皿，B为多孔培养板，C为培养瓶，D为细胞冻存管。

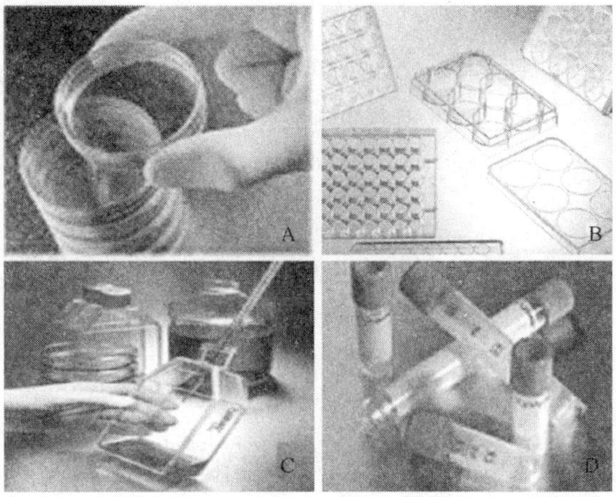

图4－1　动物细胞培养用培养板（皿）/培养瓶

A. 培养皿；B. 多孔培养板；C. 培养瓶；D. 细胞冻存管

2. 显微镜　最常使用的是普通显微镜和倒置显微镜（图4－2A），前者可用于细胞计数和一般观察，后者用于观察细胞的生长状态和有无污染。此外，还有荧光显微镜、激光共聚焦显微镜。

3. 超净工作台（净化工作台）　超净工作台（图4－2B）可以为细胞培养操作提供一个洁净无菌的工作环境，其工作原理是利用鼓风机驱动空气通过高效滤器而得以净化，净化后的空气吹过台面空间，使操作区形成无菌环境。

4. CO_2培养箱　CO_2培养箱（图4－2C）广泛应用于动物细胞培养，其工作条件通常为37℃，5% CO_2，由于能提供较为稳定的CO_2气体环境，可使培养液的pH保持稳定，适用于开放式或半开放式培养。此外，为了避免污染，要定期对培养箱进行紫外灯消毒，或乙醇擦试消毒。为保持箱内湿度恒定，避免培养液蒸发，可在箱内水槽中加1/3～1/2体积的灭菌蒸馏水，并在其中加入0.5%（V/V）的新洁尔灭。

5. 液氮罐　液氮罐（图4－2D）主要用于长期冻存细胞、组织块等活性材料，其中的液氮温度低达－196℃。

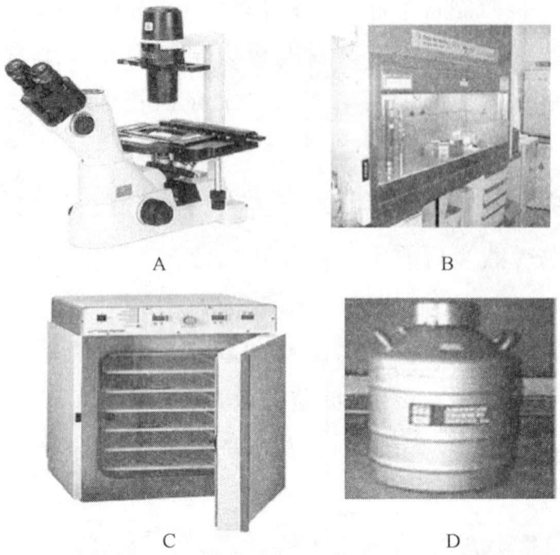

图 4-2　动物细胞培养常用仪器设备

A. 倒置显微镜；B. 超净台；C. CO_2 培养箱；D. 液氮罐

（二）动物细胞培养方法

1. 原代培养　原代细胞是指直接取自动物组织器官，经过消化粉碎而获得的细胞悬液。从动物胚胎或出生后几天幼龄动物的脏器获取组织，剪成长宽为 1 mm，厚约 0.5mm 的小块，胰胰蛋白酶消化分散后，用培养液稀释成 $2\times10^5\sim7\times10^5$/ml 的细胞悬液，然后分装到培养瓶或培养板内置于 37℃ CO_2 培养箱内进行体外培养，这被称为原代培养或初次培养（primary culture）。原代培养的细胞离体时间短，一般具有二倍体遗传性状，能够较好地反映在体内的生长状况，因此适合用作药物测试和细胞分化的研究工具。

2. 传代培养　随着原代培养细胞的生长增殖，需要将培养瓶中的细胞用胰酶消化下来，制成细胞悬液，再转接分装到两个或两个以上的瓶中培养，这称为传代培养或继代培养（subculture）。正常细胞的分裂次数是有限的，一般人的正常细胞传代 50~60 次就会衰老死亡，这称为有限细胞系（finite cell line），但在传代过程中有时会得到可以无限制生长繁殖的细胞系，称为连续细胞系（continuous cell line）或已确立的细胞系。肿瘤细胞是自发形成的连续细胞系，它们不受到最高分裂次数的限制，可以无休止地繁殖传代下去，因此肿瘤细胞又称为“永生细胞”，这种细胞不具有接触抑制性和组织分化能力。

（三）动物细胞培养特征

根据不同的体外培养生长方式动物细胞又分为贴壁依赖性细胞和非贴壁依赖性细胞以及兼性贴壁细胞。贴壁依赖性细胞生长时需要附着于某些带正电的的固体或半固体表面，大多动物细胞均以这种培养方式生长；非贴壁依赖性细胞的体外生长无须贴壁附着，可以在培养液中悬浮培养，血液、淋巴细胞、肿瘤细胞、杂交瘤细胞、转化细胞系等均属此类细胞；而兼性贴壁细胞，则既可附壁生长，也可悬浮生长。

（四）动物细胞培养的营养条件

细胞生长所需的培养条件主要包括两个方面：一方面必须供给足够的营养，主要包括糖、氨基酸、维生素、无机盐等；另一方面还必须保证一定的生长环境，如合适的温度、pH 值以及无菌条件。

动物细胞培养的基本原理虽然与微生物细胞相同，但动物细胞对营养条件要求更加苛刻，对培养环境的适应性更差，培养时间要求更长，这就给动物细胞培养带来了一定的难度。

动物细胞的培养基分为天然培养基和合成培养基两大类。天然培养基是使用最早且最有效的培养基，但其成分复杂、来源有限，常用的主要有血清、水解乳蛋白、胶原、胚胎浸液等。动物血清中主要含有蛋白质、氨基酸、葡萄糖、激素以及其他现在尚不清楚的对维持细胞生长繁殖和保持细胞生物学活性不可缺少的未知因子。此外，血清还具有促进细胞贴壁以及中和有毒物质保护细胞的功能。绝大多数细胞在含有胎牛或新生牛血清的培养基中生长最好，但缺点是血清来源比较困难，且成分不确定，使得细胞生长过程不易检测控制。任何血清使用前必须经过鉴定，只有无菌、无内毒素、无溶血或低溶血、蛋白质以及营养素达到一定标准以上的血清才能使用。除血清外，水解乳蛋白是乳白蛋白的水解产物，胶原是从动物真皮（豚鼠、牛）或大鼠尾腱来源的组织提取物，而常用的胚胎浸液主要鸡胚和牛胚浸液。

合成培养基是根据天然培养基的成分，人工设计模拟合成的、具有一定化学组成的培养基，合成培养基的主要组分是氨基酸、维生素、糖、无机盐以及其他一些辅助因子。根据不同的实验目，人们已设计出多种合成培养基，如 RPMI－1640、DMEM、TC199、Eagle′s MEM 等，这些培养基大多数市场上都有配好的现成商品出售。合成培养基往往只能维持细胞的生存，因此又称为基础培养基，为了使细胞良好地生长和繁殖，还必须在这些培养基中补充部分天然培养基，如血清，其用量一般为 10%～20%。

血清在培养液中的主要作用有：① 提供维持细胞生长所需的激素和生长因子，如胰岛素、生长激素、表皮生长因子、成纤维细胞生长因子等；② 提供细胞贴壁和在培养基质表面铺展所需的细胞因子，如纤维粘连素、铺展因子、胎球蛋白等；③ 提供可识别维生素、脂类、激素和金属的结合蛋白，调节被结合物的活力，如白蛋白可以与维生素、脂类、激素结合，将它们载入细胞，转铁蛋白可以结合并传递铁离子，此外，若结合蛋白与有毒金属或热原结合则可以解除它们的毒性；④ 提供细胞生长所需的脂肪酸与微量元素，脂肪酸主要有磷脂质、胆固醇、前列腺素等，而微量元素主要有铜、锌等；⑤ 提供蛋白酶抑制剂，使细胞传代时使用的胰蛋白酶失活，保护细胞不受伤害；⑥ 起缓冲作用，有助于保证培养液 pH 的稳定。

由于血清的成分复杂，其中含有多种对细胞生长起不同作用的已知或未知成分，这在利用细胞培养作为工具研究激素、细胞因子及药物的作用时，会对研究结果的分析产生干扰；如果培养细胞是为了获得某一种产品，这还会增加细胞培养后产物提取的难度，甚至还会影响产品的质量；大规模培养时还会造成成本过高。为此，从上个世纪 50 年代开始，人们便开始研究和开发无血清培养基，并取得了较好的进展。有人应用无血清培养基成功地培养了几十种细胞系，这些细胞主要有人成纤维细胞、表皮细胞、CHO 细胞、杂交瘤细胞以及淋巴细胞等。

无血清细胞培养技术是细胞培养研究过程中的里程碑，与含有血清培养基相比，无血清培养基的优点是：① 消除了由于不同批次血清之间的差异而造成的实验误差，保证了实验结果的准确性与稳定性；② 减少了血清中有可能存在的支原体、病毒所造成的污染；③ 使细胞工程产品的分离纯化更加容易，进一步简化鉴定细胞工程产品的程序；④ 无血清培养基来源稳定，供应充足。

无血清培养基设是在已知细胞所需要的营养物质和贴壁因子基础上，在基础培养基中补充可替代血清作用的补充成分制备而成的。然而不同的细胞系或细胞株其补充成分的种类和数量也不相同，其补充成分大致可以分为以下几类。

1. 激素和生长因子 激素主要有胰岛素、胰高血糖素、生长激素等多肽激素以及孕酮、轻化可的松、雌二醇等甾体类激素。几乎所有细胞的无血清培养都要添加胰岛素，其作用是调节和控制细胞内多种代谢途径，加强糖原、蛋白质、甘油三酯以及 DNA 的合成。生长因子主要有表皮生长因子、神经生长因子、成纤维生长因子、血小板生长因子等。

2. 结合蛋白 主要有转铁蛋白和白蛋白，前者可增强细胞摄取和利用培养液中铁的能力，还可结合有毒金属离子解除其毒性；后者与脂类、金属离子、激素等结合后可以增强其作用，刺激细胞增殖。

3. 贴壁和铺展因子 大多数细胞属于贴壁依赖性细胞，必须贴附于培养器皿表面才能进行正常的分裂与增殖，因此在培养这类细胞时必须添加贴壁因子和铺展因子。常用的贴壁因子有纤维连结素、多聚赖氨酸、胶原，而血清铺展因子则是一种糖蛋白。

4. 低分子量营养因子和元素 主要有维生素 A、抗坏血酸、α－生育酚、硒等。

（五）动物细胞培养的环境条件

动物细胞培养除了需要合适的培养基外对生长环境的要求也很高，首先必须保证培养环境无任何污染，做到无毒无菌；其次还要保证合适的温度、湿度、气体环境和 pH 值。

1. 培养环境无毒无菌 动物细胞在体内具有强大的免疫系统对侵入体内的病原体进行清除和抵抗，免除细胞不受侵害，但当对细胞进行体外培养时，细胞便失去了抵御微生物和有毒物质侵染的能力，因此，保证环境的无毒无菌是动物细胞培养的首要条件。此外，细胞培养液中通常还需要加入适量的抗菌素，一般是加入青霉素、链霉素双抗液以抑制可能存在的细菌和霉菌的生长。

2. 温度 哺乳动物细胞的适宜生长温度为 35℃～37℃，偏离这一温度就会影响细胞正常的生长与代谢，甚至造成细胞的死亡。动物细胞耐受低温的能力要比耐受高温的能力强，当温度达到 41℃以上时细胞将严重受损，而当温度为 25℃～35℃时细胞的生长速度虽然明显缓慢但仍能生长，即使在 4℃条件下细胞也能存活数日。如果在细胞培养物中加入保护剂二甲亚砜（DMSO）或甘油，密封保存于－80℃或液氮罐（温度可降至－196℃）中，则可以长期保存。

3. 渗透压 多数动物细胞能耐受一定的渗透压，在培养哺乳动物细胞时培养液的渗透压一般控制在 260～320mosm/Kg 之间，有时考虑到细胞培养过程中水分蒸发会造成渗透压升高，也可以采用渗透压略低的培养液。

4. 气体环境与 pH 气体是动物细胞生存所必须的，动物细胞的体外培养适宜气体环境一般为 95% 的空气和 5% CO_2，其中 O_2 参与三羧酸循环，产生能量供给细胞生长，CO_2 则既是细胞生长所必须的成分，又是细胞的代谢产物，同时它还有一个重要的作用即维持培养液的 pH。大多数细胞生长的适宜 pH 是 7.2～7.4，偏离此范围对细胞生长不利。此外，细胞培养过程中会不断释放出 CO_2，使培养液变酸，因此，为了维持培养液 pH 值相对稳定，常需在培养液中添加一定量的 $NaHCO_3$，以形成一个碳酸盐缓冲系统。

（六）动物细胞种质保存与运输

动物细胞在 20℃～30℃常温或 4℃低温条件下只能进行短期保存，通常只有一个月左右，因此需要不断地传代，这样既浪费人力又容易造成细胞变异。然而采用超低温冰冻方法则可以对动物细胞进行长期保存，这种方法已成为细胞种质保存最重要和最有效的方法。当进行超低温冰冻保存时需要在细胞冻存液中加入保护剂二甲亚砜（DMSO）或甘油，然后将细胞密封保存于 -80℃或 -196℃的液氮罐中。影响细胞冻存质量的因素主要有以下几个方面。

1. 保护剂　超低温冰冻时需要添加保护剂甘油或二甲亚砜 DMSO，其作用是迅速渗透到细胞内结合水分子，降低冰点，延缓冻结过程，同时增加细胞膜对水的通透性，使水分子在冻结前缓慢透出胞外，减少细胞内冰晶，降低由于冰晶形成而造成的对细胞的损伤。甘油的使用浓度一般为 5% ~20%，而二甲亚砜 DMSO 的使用浓度则为 5% ~10%。与甘油相比二甲亚砜作用更快，膜通透性更强，抗冻伤能力也更强，细胞在二甲亚砜中 30 秒即可达到细胞内外平衡，而在甘油中需 2 小时才能达到平衡，因此，二甲亚砜已成为目前实验室中普遍采用的保护剂。

2. 细胞悬液的冻存速度　降低细胞悬液的冻存速度可以使冰晶尽量在胞外形成，减少胞内冰晶的形成，从而降低对细胞的伤害。因此，一般冻存时需要先使细胞悬液缓慢降低至一定温度，如 -30℃，使胞外冻结，胞内脱水，然后再迅速降温。

3. 液氮保存　冻存后的细胞一般需用液氮超低温保存，此时温度可达 -150℃ ~ -196℃，该条件下细胞的所有理化活动均已降至最低限度，甚至可以忽略不计，这有利于细胞的长期储存。

4. 细胞复苏时的融化速度　将细胞冻存管从液氮中取出迅速升温可以保证细胞外结晶在很短的时间内融化，从而避免由于缓慢融化而使水分渗入细胞内再次形成冰晶对细胞造成的伤害。具体做法是将细胞冻存管取出后立即投入到 37 ~38℃的水浴中。

细胞运输一般采用悬浮细胞培养物或细胞单层培养物的形式进行。长距离运输时可以选择长势良好的单层细胞，去掉原培养液，加入新鲜培养液至瓶颈部，保留微量空气，拧紧瓶盖，这样可以防止由于液体晃动而对细胞造成伤害，瓶口用胶带密封后便可以放入内衣口袋携带，到达目的地后吸取多余培养液，培养数小时或过夜即可。短距离运输可以将培养瓶中大部分培养液去除，仅留少许液体覆盖单细胞层。动物细胞也可以细胞悬液的方式进行运输，首先用生长液稀释胰酶消化细胞，控制其浓度不超过 6×10^6/ml，0 ~4℃放置 24 小时，混匀后 200r/min 离心 30 分钟，弃去含酶上清，加入 4℃新鲜培养液，使细胞浓度达 2.4×10^6/ml，4℃冰盒航运。

二、动物细胞融合技术

细胞融合又称为体细胞杂交，由法国的 Barski 等于 1960 年首先创立。它是指在离体的条件下用人工的方法将两个或多个不同种的细胞通过无性方式融合成一个杂合细胞的过程，融合后的细胞含有两个或多个不同的细胞核，称为异核体，而在随后的细胞有丝分裂中，有些异核体的来自不同细胞核的染色体有可能合并到一个核中，成为单核的杂种细胞，而那些不能形成单核的融合细胞则在培养过程中逐步死亡。细胞融合后可以使来自两个亲本细胞的基因有可能都得到表达，这就打破了远缘生物不能杂交的屏障。如果我们将杂种细胞在适宜的条件下进行培养，我们就有可能得到具有新的遗传性状的细胞，这个细胞如果长成了一个完整的个体，这就是新物种或新品系。

细胞融合时最初发生的现象是细胞在促融因子的作用下发生凝集现象，细胞之间的质膜发生粘连，细胞开始融合，然后在培养的过程中发生核融合，形成杂种细胞。目前，已成功地在生物体种间、属间、科间乃至动植物两界之间实现了体细胞融合。

（一）基本过程

动物细胞融合主要分以下几个步骤：①细胞的准备，对于贴壁培养的细胞可以直接将两亲本细胞混合培养，而悬浮细胞则需制成一定浓度的悬液；②诱导融合，虽然体细胞在体外培养过程中会自发融合，但频率极低，因此需要添加促融剂诱导融合；③杂种细胞的选择，主要是利用选择性培养基，使亲本细胞死亡而让杂种细胞存活；④杂种细胞克隆，对选择出来的杂种细胞进行选择与纯化，再经过培养获得所需要的无性繁殖系。

（二）促融剂

使细胞膜蛋白重新分布以及膜中脂质分子重排是诱导细胞融合的关键，具此诱导功能的外界因素主要有：病毒、聚乙二醇（PEG）、电场脉冲。

1. 病毒诱导 病毒是最早被采用的促融剂，其中仙台病毒使用最多，一般使用其灭活病毒，这样既能保持其介导细胞融合的能力，又可免遭其感染。当两种不同动物细胞混合物中存在大剂量病毒时，细胞周围即布满病毒，病毒或其组分在细胞间起粘连作用使细胞聚集成团，致使不同细胞的膜蛋白及膜脂质分子重新排布而结合成一个整体，从而完成细胞融合过程。但病毒诱导的融合作用随机性较强，无法人为控制，且融合率低，目前已很少使用。

2. PEG 诱导 当不同种属动物细胞混合液中存在 PEG 时即产生细胞凝集作用，在稀释和除去 PEG 的过程中即产生融合现象。PEG 诱导融合的原理可能与其脱水作用而导致细胞凝集，并使膜结构发生变化有关，也可能是由于它能改变膜表面电荷或膜电位，而使膜蛋白颗粒聚集以及脂层分子重排所致。PEG 诱导融合具有使用简便、结果稳定以及诱导融合率较高等优点，该方法出现后很块就取代了仙台病毒而成为诱导动物细胞融合的主要手段。值得注意的是，PEG 的融合效果与其分子量大小及浓度高低有关，PEG 的分子量和浓度愈大，融合效率也愈高，但其粘度以及对细胞的毒性也愈大，所以一般选用分子量为 1000 ~ 4000，浓度为 30% ~ 50% 的 PEG 进行融合。此外，还必须严格掌握 PEG 的作用温度及处理时间，以免对细胞造成伤害。

3. 电场脉冲 其过程是将两种细胞混合液经 10 ~ 100V/cm 低强度非均匀交变电场作用，极化成偶极子并通过偶极子作用相互吸引紧密接触排列成串，此时对该状态的细胞施加瞬时高强度电脉冲，一般击穿电压为 0.5 ~ 10kV/cm，作用时间为 30 ~ 50μs，细胞之间形成稳定的膜连接（可逆性电击穿），不同细胞间膜脂质分子重排而合并成一个双核或多核细胞，完成融合过程。电诱导融合率高，且可控性好，因此已得到广泛应用。目前已有商品电融合仪出售。

（三）杂种细胞的筛选

促融剂诱导后，并非所有的细胞都能融合。例如 PEG 诱导融合时，大约只有十万分之一的细胞最终能够形成会增殖的杂种细胞。此外，细胞融合本身又带有一定的随机性，除不同亲本细胞间的融合外，还伴有各亲本细胞的自身融合。因此，在细胞融合之后还必须通过一定的实验方法把含有两亲本细胞染色体的杂种细胞分离或筛选出来。

（四）杂种细胞的表型

与亲本细胞相比，细胞融合后所形成的杂种细胞在遗传表型上会发生一定的变化，这些变化可表现为：互补作用、激活作用、消失作用、激活和消失作用。

互补作用是指两种亲本细胞的某些生物学特性在杂种细胞中共同表达的现象，如免疫淋巴细胞可分泌抗体，但体外培养不能生长；而小鼠骨髓瘤细胞可在体外进行生长，但不产生抗体，将这两者作为亲本进行细胞融合，融合后的杂种细胞则既可在体外进行生长又能分泌特定的抗体。这种优势互补作用往往是人们进行细胞融合所追求的实验目的。

激活作用是指某一亲本细胞的不活动基因在杂种细胞中被激活的现象。如用 $HPRT^{-}$ 及 $HPRT^{+}$ 人的细胞分别与 $HPRT^{-}$ 的小鼠细胞杂交，得到的两种杂种细胞均显示出正常小鼠的 HPRT 酶活性，由此可见，人的细胞具有激活小鼠细胞 HPRT 基因的作用。

消失作用是指亲本的某一或某些性状在杂种细胞中消失的现象。如金黄色仓鼠黑色素瘤细胞具有很高的多巴氧化酶活性，可催化酪氨酸形成黑色素，但黑色素瘤细胞与不产生黑色素的小鼠成纤维细胞融合的杂种细胞则不产生黑色素，表明多巴氧化酶基因在杂种细胞中被抑制而呈隐性。另外分泌单竞隆抗体的淋巴细胞杂交瘤细胞在传代培养过程中有可能失去分泌抗体能力，这是由于淋巴细胞染色体丢失的结果，这也是消失现象的一种形式。

激活与消失作用是指细胞融合后杂种细胞中出现的同一亲本细胞的某一些非活动基因被激活，而另一些遗传性状同时消失的现象。如小鼠胚胎发育早期的胸腺细胞能表达 t^{12} 抗原，但成年后不表达 t^{12} 抗原而表达 H－2 抗原，这说明小鼠胸腺细胞中带有 t^{12} 和 H－2 两种抗原的基因，但在不同的发育阶段不同的基因之间表达存在差异。然而，当成年小鼠的胸腺细胞与小鼠胚胎性癌细胞融合所形成的杂种细胞中，H－2 抗原基因呈隐性，而 t^{12} 抗原基因却为显性。这表明杂种细胞中原胚胎性癌细胞的核内外遗传因子对胸腺细胞基因组产生调节作用，抑制了正常活动的 H－2 基因的表达，却激活了非活动的 t^{12} 抗原基因的表达。

三、遗传物质转移技术

遗传物质转移主要指基因在细胞水平上的转移与导入。目前向动植物细胞中导入基因的方法，主要可分为物理方法、化学方法和生物学方法三大类，见表 4－1 所示。

表 4－1　真核细胞基因导入方法

方法	优点	缺点
物理方法		
显微注射基因枪	很有效很有效	技术困难，需专门仪器
电穿孔	适用于悬浮细胞	需专门仪器
化学方法		
磷酸钙共沉淀法	简单	不适合悬浮细胞
脂质体法	简单，很有效	不适合悬浮细胞
二乙胺乙基葡聚糖	简单	仅用于瞬时表达
生物学方法		
反转录病毒法	很有效	宿主范围限制
原生质体融合法	适用于悬浮细胞	结果不稳定

（一）显微注射

显微注射技术是利用显微操作仪（micromanipulator）通过显微操作将外源基因直接注入细胞核内的一项技术，它常用于制备转基因动物。注射时首先用口径约 100μm 的细玻璃管吸住受精卵细胞，然后再用口径为 1～2μm 的细玻璃针刺入细胞核将 DNA 注入。

（二）基因枪

基因枪（gene gun）技术是将外表附着有 DNA 的、高速运动的微小金属颗粒射向靶细胞，金属颗粒穿过细胞壁和细胞膜，同时将 DNA 分子引入受体细胞，这种颗粒直径为 0.2 ~ 0.4μm，由钨或金制成。基因枪技术可应用于动物细胞、真菌，尤其是植物细胞的转化。它可以转化植物细胞的悬浮细胞、愈伤组织、未成熟胚、甚至是未成熟的花序。

（三）电穿孔

电穿孔（electroporation）是指在高压电脉冲的作用下使细胞膜上出现微小的孔洞，外界环境中的 DNA 穿孔而入进入细胞最终进入细胞核内部的方法。该方法既适合于贴壁生长的细胞也适用于悬浮生长的细胞，既可用于瞬时表达也可用于稳定转染。对于不同的细胞需要采用不同的电击电压和电击时间。

（四）磷酸钙共沉淀法

磷酸钙共沉淀法（calcium phosphate co－precipitation）是通过使 DNA 形成 DNA－磷酸钙沉淀复合物，然后黏附到培养的哺乳动物细胞表面，从而迅速被细胞所捕获的方法。它是目前使用最为普遍的方法，基本过程是将溶解的 DNA 加在 Na_2HPO_4 溶液内，再逐渐加入 $CaCl_2$ 溶液，当 Na_2HPO_4 与 $CaCl_2$ 形成磷酸钙沉淀时，DNA 被包裹在沉淀之中，形成 DNA－磷酸钙共沉淀物，当该沉淀物与细胞表面接触时，细胞则通过吞噬作用将 DNA 摄入其中。该法的优点是方法简单，且可以进行共转化，即将不含选择标记的 DNA 和含选择标记的 DNA 放在一起形成混合的共沉淀物，一起导入细胞；其不足在于不太适用于悬浮细胞的转染。

（五）脂质体法

通过脂质体（liposome）包裹 DNA 并将其载入细胞的方法，具有方法简单、实验结果可靠、可重复性强的优点。目前市场上已有多种脂质体转染试剂出售。这些试剂都是基于合成的阳离子脂质形成一薄层脂质体，它与 DNA 形成复合物，这些复合物迅速被细胞吸收。应用这种方法，已成功地将外源 DNA 在多种不同的细胞中进行了有效表达。

（六）二乙胺乙基葡聚糖转染技术

二乙胺乙基葡聚糖（DEAE－Dextran）是一种高分子量的多聚阴离子试剂，它能促进哺乳动物细胞捕获外源 DNA，但其机理还不清楚，可能是由于葡聚糖与 DNA 形成复合物而抑制了核酸酶对 DNA 的作用，也可能是葡聚糖与细胞结合而引发了细胞的内吞作用。它与磷酸钙共沉淀法比较有三点不同：①一般用于克隆基因的瞬时表达，不易形成稳定转化细胞系；②由于它对细胞有毒性作用，造成有些细胞系转染效率很高，而其他细胞转染效率则不理想；③DEAE－Dextran 可用于转染小量 DNA。

（七）反转录病毒感染

通过反转录病毒（retrovirus）感染可以将基因转移并整合到受体细胞核基因组中，它是各种基因转移方法中最有效的方法之一，具有转移率高、感染率高和高度整合的特点，尤其适用于处于多细胞发育阶段的胚胎。但反转录病毒载体容量有限，只能转移小片段 DNA（≤10kb），因此，转入的基因很容易缺少其相邻的调控序列。

（八）原生质体融合法

植物细胞和微生物细胞具有坚韧的细胞壁，首先需要用酶将其去除后制得原生质体，然后再将外源基因与原生质体混合，在 PEG 作用下经短暂的共培养，即可将外源基因导入细胞内。1982 年，Kren 首次应用该法将一段 T－DNA 转入烟草原生质体中，并获得转化植株。至此，在 PEG 作用下已实现多种植物细胞原生质体的转化。

除上述基因转移方法外，还有借助激光进行 DNA 转移的光穿孔法、冲击波法等，这里不再一一赘述。

四、流式细胞仪技术

流式细胞仪技术（flow cytometry）是 20 世纪 70 年代发展起来的一种利用流式细胞仪（flow cytometer，FCM）对细胞的生物学特性（细胞大小、DNA/RNA 含量、细胞表面抗原表达等）进行快速定量分析、检测以及对细胞进行快速分选的新技术。流式细胞术集成了单克隆抗、荧光染料技术、激光和计算机科学等高新技术，为生物医学研究及新药研发提供了一种强有力的技术手段。

流式细胞仪主要分两类：一类是台式机，机型较小、光路调节系统固定、自动化程度高，操作方便，常用于临床检验；另一类是大型机，可进行快速分选，把单细胞分选到指定的培养板上，也可选配多波长激光管可同时测量多个参数，以满足科研需要。

流式细胞术主要有以下几方面应用。

（一）细胞周期分析

细胞周期可以划分为 G1→S→G2→M→G1，通过细胞 DNA 含量检测可以正确分辨二倍体、四倍体、近二倍体及非整倍体细胞，准确分析细胞群体中细胞周期分布情况，了解细胞的增殖状态。细胞周期分析可以准确反映细胞的异常增殖即癌化的潜在状态，一般来说，高 S 相比率（S－phase fracrion，SPF）和高增殖指数的细胞都可以理解为潜在癌细胞或癌细胞。细胞周期分析主要应用于癌细胞的早期诊断、鉴别治疗、判断预后及疗效评价等，也可用于研究药物对细胞周期的影响。

（二）细胞凋亡分析

细胞凋亡是生物体生长发育过程中出现的正常现象，在生物体形态构成、正常细胞更替以及维持细胞内的细胞自主性的有序的死亡过程。流式细胞仪检测凋亡细胞的方法包括以下三个方面。①形态学的检测，细胞凋亡一般会出现形态学特征变化，这些会影响细胞的散射光特性。在流式细胞仪上，前向散射光与细胞大小有关，而侧向散射光与细胞的透光性性有关。细胞凋亡时细胞膜皱缩、核解聚、凋亡小体形成、胞浆浓缩、体积减小等，从而导致前向角散射光下降和侧向角散射光增强。② DNA 含量分析，细胞凋亡时，由于细胞核解聚和凋亡小体形成，核内总 DNA 含量下降，应用荧光染料对 DNA 进行标记，可检测细胞凋亡。③DNA 片段检测，细胞凋亡的最后阶段是形成 DNA 片段，通过对 DNA 断裂点的检测对细胞凋亡进行定量检测。

（三）免疫细胞分析

流式细胞仪可区分不同的淋巴细胞亚群，并计算出它们的数量及相互之间的比例，由此反映出机体的免疫状态或感染疾病状态。如自身免疫功能亢奋时，可引起自身免疫病，如类风湿关节炎（RA）、系统性红斑狼疮（SLE）等。再比如，HIV 感染者的 $CD4^+$ 细胞会被病毒大量的破坏，所以，$CD4^+/CD8^+$ 的比值会小于 1，因此，检测 $CD4^+$ T 细胞的绝对值和 $CD4^+/CD8^+$ 的比值可反映机体感染 HIV 的情况。

（四）肿瘤细胞多药耐药性检测

肿瘤细胞对化疗药物的耐受性是肿瘤治疗的主要障碍。肿瘤细胞的耐药性可分为原发耐药和继发耐药，前者在化疗前就存在于肿瘤细胞中，与用药无关，后者则由化疗药物诱导产生，即用药前对药物敏感，而用药后则产生耐药。继发耐药根据耐药谱的不同又可分为原药耐药（PDR）和多药耐药（MDR）。MDR 相关蛋白包括 P 糖蛋白、多药耐药相关蛋白等，它们均属于 ATP 酶活性转运蛋白，通过药物外排泵的作用而降低细胞中的药物浓度，导致耐药。因此，应用 FCM 检测肿瘤细胞的多药耐药相关蛋白的表达水平，对监测临床肿瘤化疗效果及药物选择有一定意义。

（五）细胞特异性标记物分析

结合单克隆抗体技术和免疫荧光技术，可以对细胞表面受体，如低密度脂蛋白受体、凝集素受体、胰岛素受体、淋巴因子受体、白介素受体和干扰素受体等及细胞内受体，如雌激素受体、糖皮质激素受体等进行定性和定量分析。此外，也可在单细胞水平上对细胞因子进行检测分析。

（六）细胞分选

流式细胞术不仅可对细胞、微生物等进行分析检测，还可以根据细胞的特性进行分选，如应用于分选肿瘤干细胞、外周血细胞、造血干细胞、神经细胞、稳定转染的细胞株等。

扫码“学一学”

第三节　动物细胞的大规模培养

所谓大规模培养是指在人工条件下高密度大量培养特定的动物细胞从而生产珍贵医药产品的技术，它是工业化规模生产许多医药生物技术产品的重要途径，也是基因工程细胞、融合的杂交瘤细胞以及转化所形成的新型细胞实现大规模生产的关键技术。利用大规模动物细胞培养技术（图 4－3）可以生产结构比较复杂的蛋白类药物，如疫苗、激素、细胞因子、单克隆抗体等，其广泛应用为人类预防和战胜疾病作出了巨大贡献。

图 4－3　大规模动物细胞培养生产重组蛋白

一、培养基

工业用动物细胞培养基与实验室培养基基本一致，但后者一般添加 5% ~10% 的血清，这对于大规模培养显然是不经济的，且血清产地、批号及动物个体不同，血清质量难以保证，除此之外还会给产品的分离纯化带来困难，因此，动物细胞大规模培养有必要采用无血清培养基。对于那些在无血清培养基中难以生长的细胞，一般可采用渐适法驯化细胞，使本来需要血清的细胞适应于在无血清培养基中生长。此外，培养液的选择一般还要根据所要培养的细胞株（系）来确定，并在原来的基础上加以改良，从而达到大规模培养细胞的要求。然而，值得注意的是在无血清培养液中容易出现细胞毒（这与水中的微量元素或有机物污染有关）。因此，在培养液制备时必须采用高纯度的水，并经 0.22μm 的微孔滤膜滤过除菌。

二、动物细胞大规模培养系统

不同的动物细胞具有不同的培养特征，有的细胞属于贴壁依赖性细胞，它们必须贴附在某种固体基质表面才能生长，有的细胞则属于非贴壁依赖性细胞，它们可以在悬浮状态下生长，还有的细胞属于兼性贴壁细胞，它们在两种条件下都能生长。因此，为了获得最佳的经济效益，必须针对细胞各自不同的特征选择合适的培养方法，这些方法大致可以分为以下几种：悬浮培养、贴壁培养和贴壁－悬浮培养。

（一）悬浮培养

图 4－4　动物细胞悬浮培养装置

所谓悬浮培养是指将细胞悬浮于培养液中自由生长繁殖的方法，这种培养方式主要适用于非贴壁依赖性细胞和兼性贴壁细胞的培养。动物细胞细胞膜薄，娇嫩易碎，抗剪切能力弱，不采用常规的用于培养微生物的搅拌式发酵罐进行培养，为了降低搅拌剪切力对细胞造成的损伤，采用气升式生物反应器或专门设计的通气搅拌式反应器进行培养。气升式反应器的工作原理是，将含 5% 的混合气体从反应器底部管道输入，气体沿培养器中央的内管上升，其中一部分气体从反应器顶部逸出，另一部分则被引导沿反应器的内缘下降，直达反应器底部和新吹入的气体混合而再度上升。这样，通过气体的上下循环起到供氧以及搅拌的效果。英国 Celltech 公司研制的气升式细胞培养装置在世界上处于领先地位，其培养规模从 5L、30L、100L 到 1000L 不等，应用这类培养系统培养杂交瘤细胞生产单克隆抗体，培养周期一般需要两周，1000 升的培养规模，可以年产 5Kg 单克隆抗体。而英国 Wellcome 公司则设计了 8000L 规模的搅拌式反应器用于大量生产 α 干扰素、病毒疫苗和其他生物制品。

（二）贴壁培养

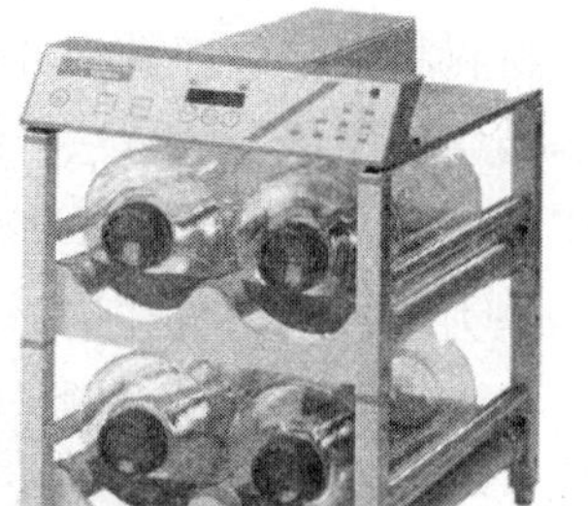

图 4－5　动物细胞滚瓶培养

贴壁培养又称为单层细胞培养，主要适用于贴壁依赖性细胞和兼性贴壁细胞，而实现动物细胞大规模培养常采用的方法是转瓶（滚瓶）培养，它是通过将培养瓶旋转使吸附在瓶壁上的细胞交替与培养液及空气接触，从而达到增加细胞吸附面积的一种方法。早期通过该方法培养鸡胚和肾细胞大规模生产疫苗，现在也采用滚瓶培养技术培养基因工程细胞生产 EPO 等基因工程产品，其培养规模可以达到数十升。转瓶培养的优点是普遍适用于大多数细胞的培养，规模放大较为容易，且容易实现罐流培养，即及时放出含高浓度废代谢物的陈旧培养液，同时补加新鲜培养液，使细胞处于良好的生长状态，实现较高密度的细胞培养。这种方法的缺点是操作较为烦琐，传代或放大时需要用蛋白酶将其从瓶壁上消化下来。

（三）微载体培养

1967 年 VanWezel 首先创立了动物细胞微载体大规模培养方法，其基本原理是将细胞附着在微载体的表面（图 4－6），然后将载体置于培养液中悬浮培养，使细胞在载体表面单层生长繁殖。这种方法扩大了细胞的附着面，充分利用了生长空间和营养液，因此大大提高了细胞的生长效率和产量，尤其是上个世纪 80 年代以后，多孔微载体的出现更是大大提高了微载体的比表面积。

优良的微载体必须满足以下条件：①微载体不得含有毒害细胞的成分；②微载体须与细胞具有较好的相融性，易于细胞贴壁生长；③微载体比重须略大于培养液，一般要求在 1.031～1.05 之间，最大不超过 1.1，轻度搅拌时，能悬浮于培养液中，停止搅拌后，能较快地沉降下来；④微载体珠径应在 40～120μm 范围内，经生理盐水溶胀后，珠径增大到 60～280μm，且粒度分布要均匀，径差不大于 ±（20～25）μm；⑤微载体必须有良好的光学性质和透明的外表，便于用显微镜观察细胞生长情况；⑥ 能在磷酸盐缓冲液中耐受 120℃～125℃的高温，以便进行高压灭菌；⑦基质须是非刚性材质，以免在培养过程中由于载体间的相互碰撞而损伤细胞；⑧不吸附培养基中的营养成分；⑨载体材料不易变性老化，可反复多次使用。

目前已有 DEAE－交联葡聚糖（如 Cytodexl，Superbeads）、二甲氨丙基聚丙烯酰胺（Biocarrier）及聚苯乙烯（Biosilon）等商品微粒市售。如 Cytodexl 干颗粒直径为 60～87μm，在培养液中可膨胀成 160～230μm，每克微粒表面积约为 0.6m^2，相当于 7 个标准转瓶（φ285×110mm）的表面积。

微载体培养细胞的方法其优点具体表现在：①细胞附着表面积增大；②细胞生长环境均一，条件易于控制；③取样及细胞计数简单；④细胞与培养液易于分离；⑤大规模培养只需对微生物发酵罐或气升式深层培养系统稍加改进即可；⑥适合于培养原代细胞、二倍体细胞株以及基因重组细胞。

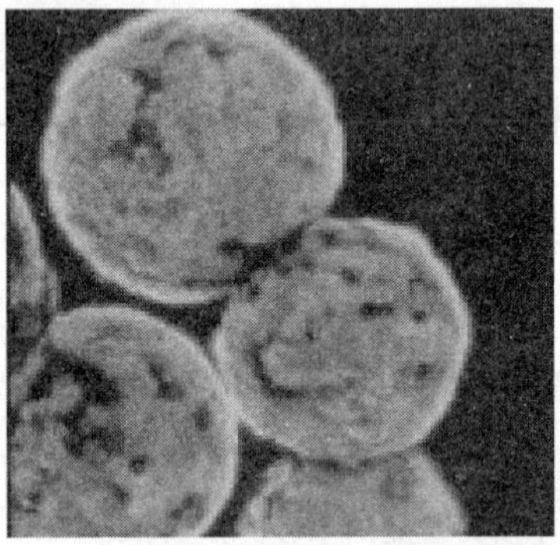

图 4－6　动物细胞贴附在微载体上生长

（四）固定化包埋培养与微囊培养

固定化包埋培养又称为大载体培养，它是采用高分子材料将细胞包埋其中并制成固定化颗粒，进而在培养液中进行培养的方法。该方法的优点是：①对贴壁依耐性细胞和非贴壁依耐性细胞都适用，前者一般用胶原包埋，后者一般用海藻酸钙包埋；②细胞生长密度高，抗剪切力和抗污染力强；③细胞与培养液易于分离，产品分离纯化简单。

以海藻酸钙包埋为例，它是利用海藻酸钠分子中含有重复排列的葡糖醛酸和甘露糖酸与钙离子作用后形成网络状凝胶珠，从而将细胞包埋其中的方法。具体做法是将细胞溶液与海藻酸钠溶液混合后，通过喷珠装置将其喷入氯化钙溶液中，使其形成直径约为 2.6mm 的固定化颗粒，待固化后去除氯化钙溶液，再通入培养液对细胞进行通气培养。国内有人利用美国 Bellco 生物工程公司的大载体培养系统（图 4－7）已对 10 多种细胞株进行了培养，获得了满意的效果，其连续使用周期可以达到三个月以上。

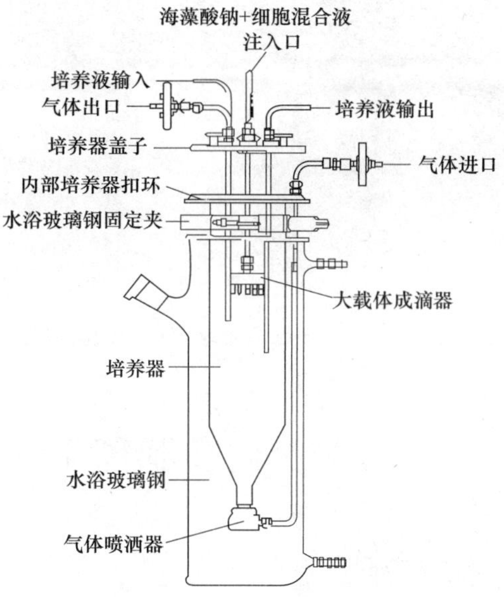

图 4 - 7　Bellco 公司的大载体培养系统

所谓微囊培养，是将细胞包被在薄的半透性膜中的一项技术。首先采用海藻酸钠包埋细胞制成固定化凝胶颗粒，再用长链氨基酸聚合物、多聚赖氨酸包被形成坚韧、多孔可通透的外膜。膜孔的大小可根据需要而改变。然后液化胶化小珠，使其成胶的物质从多孔膜流出，活细胞或生物活性物质留在多孔外膜内，置入气升式培养系统中进行增殖。微囊内的活细胞由于有半透性微囊外膜，可以防止污染和物理损伤。营养物质和氧可通过膜孔进入囊内，囊内细胞代谢的小分子产物可排出囊外，而分泌的大分子产物如 IgG，则不能透过膜孔，积聚在囊内。囊内细胞密度可达 1.4×10^8/ml。细胞密度大，分泌产物量高。微囊技术有着与包埋技术相似的技术优点，并已成功应用于培养杂交瘤细胞生产单克隆抗体，以及 DNA 重组技术产品的生产。

（五）中空纤维培养

中空纤维管径为 200μm，由聚砜或丙烯聚合物制成。管壁是极薄的半透膜，电子显微镜下呈海绵状，富含毛细管，厚约 50 ~ 75μm。数千根中空纤维封存于特制的圆筒里，就组成了一个中空纤维培养系统。这种纤维内部是空的，纤维之间有空隙，所以在圆筒内就形成了两个空间：每根纤维的管内为“内室”，可灌流无血清培养液供细胞生长；管与管之间的间隙为“外室”，接种的细胞就贴附于“外室”的管壁上，并吸取从“内室”渗透出来的养分，迅速生长繁殖。培养液中的血清输入到“外室”，由于血清和细胞分泌产物（如单克隆抗体）的分子量大而无法穿透到“内室”去，只能留在“外室”，并且不断被浓缩。当需要收集这些产物时，只要把管与管之间的“外室”总出口打开，产物就能流出来。至于细胞生长繁殖过程中的代谢废物，由于都是小分子物质，可以从管壁渗进“内室”，最后从“内室”总出口流出，不会对“外室”细胞产生毒害作用。该方法的优点是：①培养器体积小，细胞密度高；②产物浓度高、纯度高；③自动化程度高，细胞生长周期长。缺点是中空纤维价格较贵。中空纤维系统培养动物细胞的原理见图 4 - 8 所示。

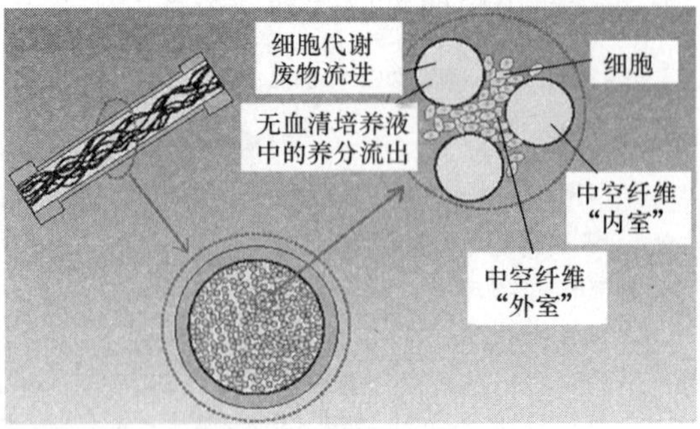

图4－8　中空纤维系统培养动物细胞原理

第四节　动物细胞工程在制药工业中的应用

一、在药物筛选方面的应用

药物高通量筛选主要分为基于单纯靶标（靶蛋白）的筛选和基于细胞模型的筛选。基于单纯靶标（细胞外）的筛选需要将靶标分子进行分离纯化，然后在体外测试药物候选分子对靶标分子的作用效果，它所反映的是药物对单一靶分子的作用。而利用细胞模型进行药物筛选，则是在活细胞自然条件下研究药物对完整细胞的影响，它更接近于药物对生命有机体的作用，更适用于靶分子难以分离的复杂靶标（这些靶标可能涉及受体或细胞因子间的复杂的相互作用）、多靶标或靶标不明的药物筛选。此外，根据细胞的初步反应还可以获得部分药物毒副反应信息。因此，基于细胞模型的高通量筛选是今后高通量筛选的主要方式。

二、生产治疗和诊断用的蛋白药物

据统计，在已经批准上市以及正在进行临床试验的蛋白质药物中，70%是采用哺乳动物细胞表达系统进行生产的。而之所以采用培养技术更复杂、培养成本更高的哺乳动物细胞表达系统来生产这些蛋白，是因为这些蛋白需要经过正确的翻译后修饰（如糖基化），才能成为具有正确药理活性的蛋白药物，而最常使用的大肠杆菌、酵母等表达系统由于无法实现正确的翻译后修饰却无法满足这类蛋白药物表达的需要。比如红细胞生成素（EPO）、单克隆抗体、人绒毛膜促性腺激素（hCG）等药物都是糖蛋白，糖基化有无以及糖基化类型，往往会影响其生物学活性、药代动力学行为、体内稳定性、免疫原性等。

蛋白质的糖基化主要有两种方式：N－糖基化和O－糖基化。N－糖基化是指寡糖链通过肽链N－糖基化位点（其一致性序列是Asn－X－Ser/Thr）中的天门冬酰胺（Asn）链接到肽链上，而O－糖基化是指寡糖链通过肽链O－糖基化位点中的丝氨酸/苏氨酸残基（Ser/Thr）链接到肽链上。一般O－糖基化对蛋白质的体内生物活性的影响不大，而N－糖基化往往会对产品的性质产生较大影响。

药物蛋白生产中最常使用的哺乳动物宿主细胞主要包括：中国仓鼠卵巢（Chinese hamster ovary）细胞CHO、胎鼠肾（baby bamster kidney）细胞BHK等。

CHO细胞目前最普遍使用的是一株缺乏二氢叶酸还原酶（$dhfr^-$）的营养缺陷突变株，它可在甲氨蝶呤（methotrexate，MTX）压力下使外源基因的拷贝数扩增，以使外源蛋白获得高水平表达。如 1987 年由美国 Genentech 公司投放市场的用 CHO 细胞生产的组织纤溶酶原激活剂 tPA，是第一个被美国 FDA 批准的用动物细胞大规模生产的基因工程药物，主要用于脑梗死、心梗死和肺栓塞等血栓栓塞性疾病的溶栓治疗。人绒毛膜促性腺激素（hCG）是一种高度糖基化的糖蛋白激素，糖含量占其分子量的 30%，该药物最初主要由孕妇尿液中分离得到，而由 Serono. S. A 公司开发的用 CHO 细胞表达生产的基因重组人绒毛膜促性腺激素（商品名 Ovitrelle）2000 年被 FDA 批准上市用于不孕症的治疗。其他用 CHO 细胞生产的重要药物还有促红细胞生成素 rhEPO［1989 年 FDA 批准上市，用于治疗肾功能衰竭导致的贫血、肿瘤与肿瘤化疗所致的贫血、艾滋病人使用叠氮胸苷（AZT）所致的贫血等］等。

BHK 细胞已被广泛应用于增殖病毒和表达重组蛋白，用它生产的药物有 Bayer 公司的凝血因子Ⅷ及 Novo Nordisk 公司的有凝血因子Ⅶa，用于血友病的治疗。

因此，动物细胞大规模培养技术在结构复杂的基因重组药物的生产方面具有其他系统不可替代的地位，其中关键性技术主要包括高效率的表达载体技术、哺乳动物细胞高密度培养技术、无血清培养技术、细胞固定化技术、细胞截留技术、新型动物细胞反应器及其控制技术等。

大规模细胞培养生产重组人尿激酶原的应用实例如下。

1. 概述　人尿激酶原（prourokinase，Pro－UK）是尿激酶的前体，又称为单链尿激酶型纤溶酶原激活剂（scu－PA），它是一种糖蛋白，由 411 个氨基酸残基组成，分子量为 50～54kD。

尿激酶原是一种重要的溶栓药物，在治疗急性心肌梗死（AMI）方面具有很高的应用价值。由于它具有纤维蛋白选择性、出血副作用小，同时又具有溶栓作用强、再梗率低、疗效显著等优点，近年来受到广泛关注。然而，与一般生物药物相比，pro－UK 给药剂量较大（约每人 20～80mg），因此，必须采用大规模细胞培养技术来进行生产。这里介绍在采用多孔微载体技术大规模培养 CHO 细胞分泌生产 Pro－UK。

2. 工艺过程

（1）重组人 u－PA 工程细胞的大规模培养　从液氮中取出 CL－11G 工程细胞复苏，在小方瓶中培养，至细胞贴壁长满后，转入转瓶中培养，细胞贴壁长满后，转入搅拌瓶中用 Cytopore 多孔微载体（Pharmacia）培养至上清中 u－PA 活性达 3000～4000IU/ml 时，转入 5L 生物反应器中加入多孔微载体培养；当反应器中细胞培养上清中 u－PA 活性达到 6000～8000IU/ml 时，每天更换培养基 1～1.5 个工作体积。转入 30L 的 Biostat UC 生物反应器（B. Braun）中，采用多孔微载体无血清培养细胞，当上清中 u－PA 活性达到 3000IU/ml 以上时，每天可收集 1～1.2 个工作体积（20～24L）的培养上清，连续换液培养超过 60 天，共收集上清 1200 余升。

（2）重组人 u－PA 的分离纯化　将连续换液培养收获的无血清细胞培养上清，经沉降虹吸，离心去掉少量细胞及细胞碎片后，用稀盐酸调 pH 值至 5.8，过 StreamLine™－SP^+扩张床，用洗脱缓冲液洗脱后收集洗脱峰；用微孔滤膜过滤后，过 Sephacryl S－2200 凝胶色谱，收集活性蛋白峰；收集峰用 Benzamidin Sepharose™4 Fast flow 亲和层析除去部分双链 UK，收集穿透液，穿透液调 pH 后过 StreamLine™－DEAE，除去 DNA、热源等杂质，收集穿透液，得到纯品 u－PA。从 1200 余升细胞培养液上清中纯化得到 40 余克 u－PA 精品

（3）冷冻干燥　将纯化后符合质控标准的 u－PA 加入赋形剂和保护剂后，配制成含 u－PA 2.5mg/ml 的溶液，过滤除菌后，分装为每瓶 5mg，冷冻干燥。热源质测定按照《中

华人民共和国药典》(2020 年版)(三部)进行。

扫码“学一学”

第五节 干细胞技术

干细胞技术是近 20 年来发展起来的高新技术,由于干细胞的高度可塑性和在组织器官移植、细胞治疗、组织工程、新药筛选以及生殖遗传工程方面的潜在应用价值,近年来已成为生命科学研究领域中最热点的课题之一,并逐渐成为基础医学和临床研究的新兴领域。

一、干细胞及其分类

干细胞(stem cell, SC)是指一类具有高度自我复制能力和高度分化潜能的细胞。干细胞是原始的未分化的细胞,在一定条件下它可以分化成各种细胞或组织,如心肌细胞、神经细胞、血细胞等,因此,在医学上被称作“全能或万能(用)细胞”(图 4-9)。

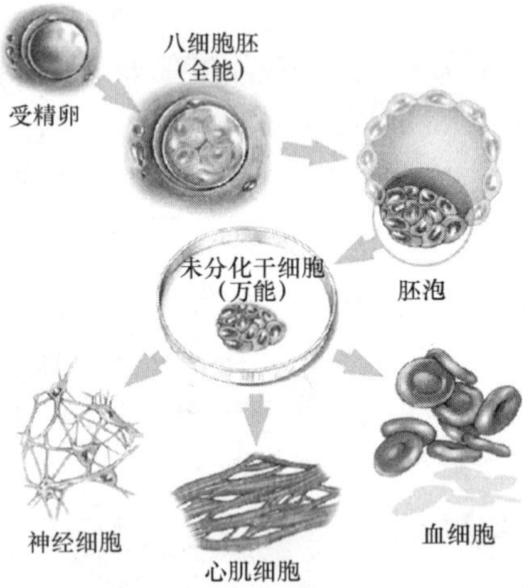

图 4-9 胚胎干细胞形成与分化

早期干细胞研究可以追述到 1981 年,英国剑桥大学的 Evans 等首次从小鼠胚泡内层细胞团中分离出胚胎干细胞(embryonic stem cell s, ESCs)。随后,1998 年美国威斯康星大学的 Thomson 等首次从体外受精形成的人胚泡内层细胞团中成功分离得到人胚胎干细胞(hESC);同年,美国约翰霍普金斯大学的 Gearhart 等从一周龄流产胎儿的生殖崎中也分离得到了人胚胎干细胞。这些发现极大地鼓舞了人类对干细胞的研究和探索。

干细胞研究所取得的突破性研究进展主要集中表现在以下两个方面:一是成功建立了能分化为人类三胚层任何组织成熟细胞的胚胎干细胞;二是发现越来越多的人类组织器官中存在未分化成熟的干细胞(somatic stem cell),即成体干细胞(adult stem cell, ASC)。后者的发现为人类研究人体在生理条件下更新衰老细胞的机制及病理条件下人类如何修复损伤的组织器官奠定了基础。

(一)根据干细胞分化阶段进行分类

根据干细胞分化阶段的不同,大致分为胚胎干细胞、成体干细胞和肿瘤干细胞(cancer stem cell/tumor-initiating cell, CSC/TIC)。

1. 胚胎干细胞 主要包括受精卵分裂发育成囊胚(受精后 5~7 天)时内层细胞团,以及从早期胎儿生殖嵴分离得到的胚胎生殖嵴细胞，这两种细胞均具有全能性，可分化为各种类型的体细胞，甚至发育成完整的个体。胚胎干细胞具有体外培养无限增殖、自我更新和多向分化的特性，在再生医学、药物研究、疾病模型等领域有很大应用前景，但是材料来源、免疫排斥、伦理等方面问题一直限制着其研究发展。

2. 成体干细胞 存在于成人的各种组织中，参与组织更新、创伤修复等过程。当组织发生外伤、老化、疾病等病理损伤时，这些细胞就增殖分化，产生新的组织来代替它们，维持机体的稳态平衡。最新研究发现，成体干细胞可以进行“横向分化”（或称其为“可塑性”），即由一种组织的成体干细胞分化成其他组织细胞，这种跨系或跨胚层分化现象称为“横向分化”。目前发现的成体干细胞主要包括：神经干细胞（NSC）、造血干细胞（HSC）、间充质干细胞（MSC）、表皮干细胞、肝干细胞、胰腺干细胞、心肌干细胞、视网膜干细胞、角膜干细胞等。

3. 诱导多潜能干细胞 诱导多潜能干细胞（induced pluripotent stem cells，iPSC）最初于2006年由日本东京大学的Takahashi和Yamanaka首次运用逆转录病毒感染技术，从24种与维持多能性相关的转录因子中筛选出4种关键转录因子（Oct4，Sox2，Klf4和C－Myc），并导入到成年小鼠成纤维细胞，使其重编程为具有类似ESC特征的iPSC。由此证明，成熟体细胞能被重编程为诱导多潜能干细胞，这种干细胞与胚胎干细胞高度相似，具有分化全能性、体外易扩增、易于基因干扰或过表达等特性，且不受细胞来源、免疫排斥、伦理、宗教和法律等多方面因素限制，使其在细胞替代治疗、组织器官再生和移植、基因治疗、发育生物学、药理及毒理等方面具有广阔的应用前景。经典的iPSC技术路线主要包括以下步骤：①选择宿主细胞；②选择外源重组因子；③重组因子导入宿主细胞；④重编程产生iPSC；⑤iPSC的鉴定及分化。

4. 肿瘤干细胞 肿瘤干细胞学说认为肿瘤组织中的细胞是不均一的，其中一小部分具有无限增殖能力和肿瘤形成能力，并表现出部分干细胞特性，这一细胞亚群便属于肿瘤干细胞。该学说认为，肿瘤产生是正常干细胞遗传突变积累的结果，肿瘤干细胞在肿瘤发生、发展中起着决定性作用，并与肿瘤转移和复发关系密切。

（二）根据干细胞的分化潜能进行分类

根据干细胞的分化潜能将干细胞分为以下四类。

1. 全能干细胞（totipotent） 具有分化发育成完整个体潜能的细胞称为全能干细胞。受精卵和胚胎形成过程中八细胞期前胚胎的每一个细胞均属于全能干细胞。

2. 万能干细胞（pluripotent） 是全能干细胞的后裔，无法发育成一个个体，但具有可以发育成多种组织的能力的细胞，如从囊胚内层细胞团获得的胚胎干细胞。

3. 多能干细胞（multipotent） 只能分化成某一组织类型的不同细胞（例如骨髓造血干细胞可分化产生包括红血细胞、白血细胞和血小板等12种类型的血细胞，已在临床上用于血液病的治疗）。

4. 专一性干细胞（unipotent） 只能向单一方向分化，产生一种类型的细胞，但它具有自我更新属性，这区别于非干细胞。如表皮干细胞只能分化产生角化表皮细胞，精原细胞只能分化成产生精子。

二、干细胞的基本特性

干细胞主要具有以下生物学特性：①具有自我更新和多向分化潜能及很强的增殖能

力；②干细胞体积较小，核/质比相对较大，细胞质中各种细胞器（如内质网、高尔基体、线粒体等）不够发达；③干细胞本身不处于分化途径的终端，它可连续分裂几代，也可在较长时间保持静止状态；④干细胞通过两种方式生长，一种是分裂形成两个相同的干细胞；另一种是非对称分裂，一个子细胞最终分化为功能细胞，另一个分裂成为干细胞保留下来；⑤干细胞表现出很强的分化可塑性，即干细胞在适当条件下可以发生转分化（transdifferentiation）和去分化（dedifferentiation）现象，前者指一种组织类型的成体干细胞可以转化为其他组织细胞，又称为“横向分化”；后者指一种干细胞向其前体细胞逆向转化的过程。

此外，成体干细胞与胚胎干细胞在很多方面又存在着差异，这主要表现以下6个方面：①胚胎干细胞和成体干细胞来源不同。胚胎干细胞取自极早期的胚胎，如桑椹胚，而成体干细胞则来自于成体的各种组织。②胚胎干细胞分离、纯化容易，而成体干细胞分离、纯化则比较困难。原因是，胚胎干细胞来源相对清楚，而正常组织细胞中成体干细胞所占比例很低（如每1万~1.5万个骨髓细胞中仅有1个造血干细胞），且缺少特异性细胞表面选择标志。③胚胎干细胞可无限制增殖，而成体干细胞增殖能力则比较有限。④胚胎干细胞的分化潜能大于成体干细胞。胚胎干细胞分化后可形成体内200多种细胞，而成体干细胞尽管具有可塑性，却通常只能分化形成某一特定组织类型的细胞。⑤成体干细胞自体移植时可以避免疫排斥反应的发生。原因是，胚胎干细胞可自动发生分化，而成体干细胞一般不会自动发生分化，需要外界物质诱导分化。⑥胚胎干细胞研究具有来自社会伦理方面的压力，而成体干细胞研究则不存在这方面的压力。

由此可见，胚胎干细胞和成体干细胞各有其特点和利弊。胚胎干细胞的特性使得它成为发育生物学中研究细胞分化、组织形成过程的基本体系，而成体干细胞则更适用于进行移植治疗，同时又不致引起伦理上的争议。

三、干细胞技术的应用

干细胞技术一经问世便在全世界范围类引起各国生物医学领域科学家的高度重视，这是因为该技术在多个学术领域存在着巨大的应用潜能，如发育生物学、细胞治疗、新药筛选、组织工程等。

（一）发育机制研究

发育生物学家至今都未能阐明人是如何从一个受精卵发育成一个复杂的生命个体的。过去，发育学家无法直接利用人的胚胎来研究人的发育进程，然而，人胚胎细胞系的建立及人胚胎干细胞的研究，为发育生物学家在细胞和分子水平上研究人类发育过程中的种种复杂事件以及与细胞分化过程有关的因素提供了重要的研究工具。

（二）干细胞治疗

干细胞治疗是指将正常的干细胞或由其分化产生的功能细胞植入病变部位，代偿病变细胞丧失的功能。许多疾病都是细胞功能缺陷或身体器官损伤造成的，理论上，任何涉及丧失正常细胞功能的疾病，都可以通过移植由胚胎干细胞分化而来的特异性组织细胞来治疗。如用造血干细胞移植来治疗血液系统恶性疾病、先天性遗传病以及多发性和转移性恶性肿瘤，用神经细胞治疗神经退行性疾病（帕金森病、亨廷顿舞蹈症、阿尔茨海默病等），用胰岛细胞治疗糖尿病，用心肌细胞修复坏死的心肌等。例如，目前以色列科学家已成功地将人类胚胎干细胞转化成能制造胰岛素的细胞，在研究开发对幼年型糖尿病的治疗方法上取得了突破。

虽然这项研究前景诱人，但要获得有效的可供有效移植用的细胞，克服免疫排斥是关键性问题，即用于细胞治疗的细胞不能被接收者的免疫系统识别为“外来异物”而加以排斥。为了实现这一目的，可以采用遗传工程手段改变人的胚胎干细胞，其中一种策略是对胚胎干细胞的基因做某些修改（如破坏细胞中表达组织相容性复合物的基因，从而躲避受者免疫系统的监视），从而创造出一种“万能供者细胞”。另一种策略则是利用体细胞核转移技术来克服患者的组织不相容问题，即以患者的体细胞为供核，移植到去核的卵母细胞内，将重构胚培育至囊胚，从内细胞团中分离出胚胎干细胞从而创造与患者组织遗传构成完全相同的治疗性细胞（克隆），用于治疗患者的疾病如老年痴呆症、帕金森综合征、1 型糖尿病等迄今无法治愈的顽疾。

此外，胚胎干细胞还是基因治疗最理想的靶细胞。这里的基因治疗是指用遗传改造过的人体细胞直接移植或输入病人体内，达到控制和治愈疾病的目的。

（三）组织工程

干细胞组织工程是指通过研究干细胞的定向分化，在体外培育出人造组织和器官，用于替换人体衰老和病变的组织器官，这些组织器官主要包括“结构性组织器官”和“代谢性组织器官”两类。结构性组织器官有软骨、骨、肌腱、皮肤等；代谢性组织器官有肝脏、肾脏、胰腺、心脏等。可以说，干细胞组织工程的发展一方面将使器官培养工业化，解决供体器官来源不足的问题；另一方面又可使器官供应专一化，以提供病人特异性器官。这样，人体中的任何器官和组织一旦出现问题，则可以在医院里像更换损坏的零件一样随意更换和修理。然而，尽管干细胞作为种子细胞在组织工程中的应用其前景十分诱人，但器官形成是一个非常复杂的三维过程，尤其是要在体外培育出像心、肝、肾、肺等大型精细复杂的器官还需要技术上的突破。目前，组织工程皮肤在烫伤、烧伤等创面修复中已经得到了一定应用。此外，英国已报道采用 3D 打印技术为癌症患者重塑面部，Faulkner - Jones 等将 3D 打印拓展到人 ESC 范围，当 3D 打印技术能够兼容 iPSC 时，组织工程学将迈上一个新台阶。

（四）干细胞药物筛选模型

目前用于药物筛选的细胞都来源于动物或肿瘤细胞这样非正常的人体细胞，而人胚胎干细胞则可以诱导分化成正常人组织的多种细胞类型，并无限量地用于药物筛选和药效评价及毒性试验，从而使药物研发更为可靠有效。此外，由于胚胎干细胞类似于早期胚胎的细胞，它们可以用来揭示哪些药物会干扰胎儿发育和引起出生缺陷。国际上许多制药公司、学者都瞄准了这一重要的研究领域，有望在短期内应用于药物筛选。

（五）肿瘤干细胞的靶向治疗

肿瘤干细胞是肿瘤组织中具有很强增殖能力并表现部分干细胞特性的细胞亚群。与一般肿瘤细胞相比，肿瘤干细胞在放化疗中表现出更强的抗性，容易在放化疗过程中得以存活并导致肿瘤复发，其原因是肿瘤干细胞能更有效地启动 DNA 应急反应和高表达耐药相关蛋白。因此，通过对肿瘤干细胞表面特异性标志进行分析鉴定，并对分离富集得到的肿瘤干细胞进行耐药、耐放射性机制研究，从而实现对肿瘤干细胞进行靶向性治疗，这对有效清除肿瘤干细胞，提高抗癌疗效具有十分重要意义。

虽然干细胞治疗具有广阔的临床应用前景，但其临床应用也面临一些挑战：一是如何保证稳定的细胞来源和足够的移植细胞量；二是如何获得维持细胞活性的细胞保存技术；

三是如何保证干细胞移植治疗的安全性；四是如何有效提高干细胞治疗效果。目前，干细胞治疗尚未得到普遍应用，但多项研究结果显示，干细胞在细胞移植、组织工程和再生医学等领域具有极高的应用价值。

四、干细胞研究进展

1998 年 11 月，美国威斯康星大学的 Thomson 和约翰霍普金斯大学的 Gearhart 研究小组分别采用不同的方法获得了具有无限增殖和全能分化能力的人胚胎干细胞。

1999 年 12 月，美国 Science 杂志将干细胞的研究成果列为当年十大科学进展榜首。之后，以色列、澳大利亚、中国、日本、新加坡等国家也先后从体外受精卵分离得到了人胚胎干细胞系，并成功诱导分化成神经细胞、造血细胞、肌肉细胞、胰岛细胞等，并在世界范围里形成了干细胞研究的热潮。

2001 年 11 月 25 日，美国马萨诸塞州先进细胞技术公司利用克隆技术培育出人类早期胚胎，该公司宣称是为了利用干细胞治疗疾病。这是治疗性克隆研究中的重大突破，将有望帮助研究人员找到治疗帕金森病、糖尿病和阿尔茨海默病（Alzheimer disease）（老年性痴呆）等疾病的方法。

2002 年 3 月，美国怀特黑德生物医学研究所借助克隆技术成功对实验鼠进行了胚胎干细胞治疗，首次在动物身上证实“治疗性克隆”技术是可行的。

2002 年 10 月，中国中山大学第二附属医院用人工受精卵发育成的囊胚内细胞团建立了首个中国人胚胎干细胞系，使中国在该领域跻身世界前列。

2003 年 4 月，日本物理化学研究所宣布，在世界上首次用猴胚胎干细胞生成两种末梢神经，这一成果拓宽了再生医疗的前景。

2004 年 5 月，世界上首个国家胚胎干细胞库在英国伦敦建立，它可为糖尿病、癌症、帕金森病和阿尔茨海默病等疾病的研究和治疗储存、提供干细胞。

2004 年 9 月，美国马萨诸塞州高级细胞技术公司宣布，首次用人类胚胎干细胞成功培育出了视网膜细胞，该技术有望用于治疗视网膜退化造成的失明。

2005 年 1 月，日本京都大学专家首次报告说，他们将猴胚胎干细胞分化成神经干细胞，再植入 6 只患有帕金森病的猴子的脑部，结果它们病情明显好转。

2006 年 8 月，日本京都大学宣布，该大学研究人员利用实验鼠皮肤细胞制成可分化为各种组织和器官的“多能细胞”，这一成果为利用人类皮肤细胞“仿制”胚胎干细胞打下了技术基础。

2007 年 11 月，美国俄勒冈州健康和科学大学报告说，他们用取自不同猕猴的皮肤细胞和卵子培育出胚胎。这是科学家首次成功克隆灵长类动物胚胎。

2007 年 11 月 20 日，美国威斯康星大学和日本京都大学专家在同一天报告说，他们将人体皮肤细胞改造成了几乎能和胚胎干细胞相媲美的干细胞，这一成果有望使胚胎干细胞研究避开一直以来面临的伦理争议，从而大大推动干细胞技术在疾病模型、药物研发及移植医学方面的应用研究。

2008 年 8 月，美国哈佛大学科学家报告将老年侧索硬化病人的皮肤细胞通过重新编程（Reprogramming）成功地转化为多能干细胞，再通过诱导转化为运动神经元。这一技术和发现，不仅可以使我们了解细胞生长、衰退、转化、死亡和肌萎缩侧索硬化的发展过程，而且为防治这种顽症提供一种有效新方法。

2009 年 1 月 23 日，美国 FDA 首次批准美国杰龙生物医药公司（Geron Corp.）利用人胚胎干细胞治疗脊髓损伤患者的试验，这是美国药管局首次批准将胚胎干细胞用于人体疾病治疗试验。

20010 年 10 月 11 日，美国杰龙生物医药公司（Geron Corp.）宣布，该公司干细胞疗法药物 GRNOPC1 的首期人体临床试验启动，这是美国政府批准的首例胚胎干细胞人体临床试验。

2012 年 5 月，美国 Osiris 公司治疗血液病的干细胞药物 Prochymal™ 在加拿大获批上市，用于治疗对激素类药物无反应的移植物抗宿主疾病（graft – versus – host disease，GvHD）患儿，它是一种以从健康青年志愿者捐赠骨髓中提取的间充质干细胞为有效成分的静脉注射液，已成为西方国家第一个上市的干细胞新药。

2015 年 7 月 20 日，国家卫生计生委、国家食品药品监督管理总局共同制定了《干细胞临床研究管理办法（试行）》。

2015 年 7 月 31 日，国家卫计委、国家食品药品监督管理总局发布《干细胞制剂质量控制及临床前研究指导原则（试行）》。

2017 年 12 月 22 日，国家食品药品监督管理总局又颁布了《细胞治疗产品研究与评价技术指导原则（试行）》，为我国细胞治疗产品作为药品属性的规范化产业化生产拉开序幕。

第六节　免疫细胞治疗技术

扫码“学一学”

近年来以 CAR – T 细胞（chimeric antigen receptor T – cell immunotherapy）为主的免疫细胞治疗发展迅猛，并在肿瘤临床治疗中取得了重要突破，已成为当今肿瘤生物治疗领域新的研究热点和发展方向，同时也成为国际国内生物制药公司竞相追逐的热点。

免疫细胞治疗是肿瘤生物治疗中最重要的治疗手段之一。它是利用现代生物技术方法，从患者体内分离出免疫细胞，在体外进行培养、活化或改造以及扩增后，再回输至患者体内，发挥其高效靶向杀伤肿瘤细胞的能力，从而达到有效治疗肿瘤的目的。

肿瘤免疫细胞治疗一般分为非特异性和特异性免疫治疗两类。

一、非特异性免疫细胞治疗

非特异性免疫细胞治疗主要包括淋巴因子激活的杀伤细胞（lymphokine activated killer cells，LAK）、细胞因子诱导的杀伤细胞（cytokine induced killer cells，CIK）、自然杀伤细胞（natural killer cells，NK）和 γδT 细胞（γδT Cells）等。

（一）LAK 细胞治疗技术

该方法最早由 Rosenberg，S. A. 于 1982 年报道，它是收集患者体内外周血单核淋巴细胞（PBMC）后，体外通过淋巴因子 IL – 2 等激活诱导成淋巴因子激活的杀伤细胞（lymphokine activated killer cells，LAK），扩增后再回输患者体内，从而可以杀伤多种对细胞毒性 T 淋巴细胞（CTL）、NK 不敏感的肿瘤细胞，达到广谱杀死肿瘤细胞的治疗效果。

（二）CIK 细胞治疗技术

该技术由 Schmidt – Wolf IG 等于 1991 年首次报道，它是将患者体内外周血单核淋巴细胞（PBMC）在体外与多种细胞因子如 γ 干扰素、抗 CD3 抗体、IL2 共培养 3 ~4 周后将其诱导增殖为肿瘤杀伤细胞。CTL 细胞是一异质性细胞群体，多数细胞带有 T 细胞表面标志，

主要发挥作用的是 $CD3^+CD56^+$T 细胞，$CD3^+CD56^-$T 细胞杀瘤活性与普通 T 细胞无显著差异。CIK 细胞具有增殖速度快、杀瘤活性高、抗凋亡特性及杀瘤效应不受肿瘤细胞多重耐药的影响等独特优势。因此，CIK 细胞治疗技术成为早期免疫细胞治疗肿瘤的主要技术，且研究发现 CIK 联合 DC 或化疗药物可取得更好的肿瘤治疗效果。

（三）NK 细胞治疗技术

将患者体内 NK 细胞分离出来，体外增殖后再回输至患者体内，从而激活免疫反应达到杀伤肿瘤细胞的效果。已有报道显示，NK 细胞免疫疗法在治疗急性髓系白血病、乳腺癌、卵巢癌、结直肠癌、肾细胞癌、非小细胞肺癌等方面均取得了良好治疗效果。

（四）γδT 细胞治疗技术

γδT 细胞是介于特异性免疫与非特异性免疫之间的一种特殊类型的免疫细胞，其大多数为 CD4 和 CD8 双阴性细胞，少数可表达 CD8 分子，兼具 NK、CTL、Th 和 DC 细胞的功能。该技术通过分离患者体内 γδT 细胞，在体外培养扩增后再回输至患者体内，从而增强其杀伤肿瘤细胞的作用。γδT 细胞是一类特殊类型的免疫细胞，能够对 DC 细胞无法识别的肿瘤细胞进行选择性杀伤。临床试验显示，γδT 细胞疗法对肾细胞瘤和前列腺癌的治疗效果优于二线化疗药物。

二、特异性免疫细胞治疗

特异性免疫细胞治疗主要包括肿瘤浸润性淋巴细胞（TIL）、树突状细胞（DC）、双特异性抗体 T 细胞技术（Bi – specific T cell engager，BiTE）、肿瘤特异性嵌合抗原受体 T 细胞（CAR – T）、肿瘤特异性嵌合抗原受体 NK 细胞等。

（一）DC 细胞治疗

树突状细胞（dendritic cells，DC）是已知的机体内最强的抗原递呈细胞，具有诱导特异性细胞毒性 T 淋巴细胞生成的特殊功能，因此，以 DC 为基础的肿瘤免疫治疗以具有重要的临床应用价值。

DC 细胞免疫疗法主要通过肿瘤特异性抗原或肿瘤相关抗原致敏 DC，特定的抗原表位与 DC 特定的 MHC 分子结合，从而激发机体抗肿瘤细胞免疫反应。临床研究显示，DC 在识别肿瘤细胞、刺激机体的免疫应答和杀伤肿瘤细胞上具有高效性和安全性，甚至对化疗失败的恶性肿瘤也具有一定疗效。2010 年 4 月 FDA 批准了第一个由美国 Dendreon 公司生产的免疫细胞治疗药物 Sipuleucel – T（又称为 APC8015 或 Probenge），用于治疗无症状或轻微症状的转移性去势抵抗性前列腺癌（CRPC）。Sipuleucel – T 通过将自身单核细胞与包含前列腺癌抗原（前列腺酸性磷酸酶）和佐剂蛋白 GM – CSF 的融合蛋白一起孵育而制成，回输至患者体内后激活的抗原递呈细胞就可针对肿瘤细胞表面的抗原诱导产生免疫应答，从而起到杀伤肿瘤细胞的治疗效果。

DC 细胞免疫疗法也可采用肿瘤细胞提取物、肿瘤细胞 RNA 致敏 DC，或直接将 DC 与肿瘤细胞进行融合进行致敏，这样做的最大优点是融合细胞能递呈肿瘤细胞所有的抗原，包括已知的和未知的抗原。由于目前大多数人类肿瘤细胞抗原类型仍未得到明确鉴定，用肿瘤细胞与 DC 进行细胞融合仍不失为一种简单、有效的肿瘤 DC 疫苗的制作方法。

（二）DC – CIK 细胞治疗

该治疗方法是将患者体内分离出来的 DC 和 CIK 细胞在体外共培养，激活后再回输到患者体内，诱导机体产生免疫应答，从而达到增强肿瘤杀伤效果的目的。已有临床结果显示，在乳腺癌、非小细胞肺癌、胃癌和结肠癌中，DC - CIK 细胞疗法与传统治疗方法联合应用，可显著提高患者总生存率和无进展生存率。

（三）TIL 细胞治疗

TIL（tumor - infiltrating lymphocytes）细胞治疗将患者肿瘤周边浸润组织中 TIL 细胞分离出来，在体外加入 IL - 2 等细胞因子培养增殖后回输到患者体内，从而激活体内免疫应答系统，达到治疗肿瘤的目的。相对于 LAK、NK 等非特异性免疫细胞治疗方法，TIL 能更高效识别和杀伤肿瘤。目前，TILs 细胞治疗主要集中于黑素瘤，少有涉及宫颈癌和胆管癌。Rosenberg 实验室使用 TIL 疗法对化疗无效的晚期恶性黑色素瘤患者行治疗，疗效较为明显。对于转移性黑素瘤，结合化疗或者放疗，TILs 疗法的客观反应率可以达到 50% ~ 70%。但多方面因素阻止了 TIL 疗法的广泛应用：①早期分离步骤需要新鲜肿瘤组织；②TILs 扩增有难度；③扩增后的 TIL 细胞功能受损；④来源于肿瘤微环境的负向调节（如 PDL 的表达及 Treg 的活化等）。

（四）CAR - T 细胞治疗

CAR - T 细胞即嵌合抗原受体 T 细胞（chimeric antigen receptor T cell）治疗，是指通过基因修饰技术，将带有特异性抗原识别结构域及 T 细胞激活信号的遗传物质转入 T 细胞，使 T 细胞通过直接与肿瘤细胞表面的特异性抗原相结合而激活，通过释放穿孔素、颗粒酶素 B 等直接杀伤肿瘤细胞，同时还通过释放细胞因子募集人体内源性免疫细胞杀伤肿瘤细胞，从而达到治疗肿瘤的目的，而且还可形成免疫记忆 T 细胞从而获得特异性的抗肿瘤长效机制。

CAR - T 疗法的特点在于将抗体的靶向特异性与 T 细胞的归巢、组织穿透和靶向摧毁能力结合起来用于肿瘤治疗，其核心在于 CAR 的结构。CAR 结构根据所处 T 细胞位置的不同，大致分为 3 部分：胞外区、跨膜区和胞内区。而根据各部分结构功能不同，经典 CAR 可分为 5 部分：单链抗体可变区（single - chain variable fragment，scFv）、铰链区、跨膜区、共刺激区和 T 细胞活化区（图 4 - 10）。其中，单链抗体可变区识别肿瘤表面抗原；铰链区可以促进与肿瘤细胞表面膜近侧抗原结合；跨膜区具有固定 CAR 的作用；共刺激区可以增强 T 细胞活化；T 细胞活化区最常用的为 CD3ζ 链。

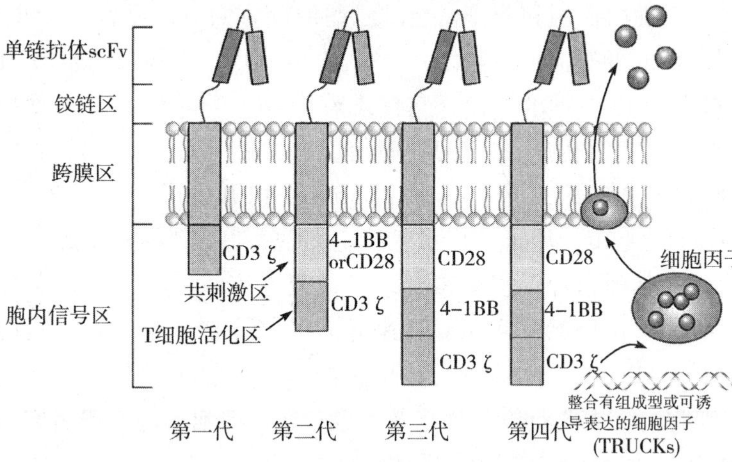

图 4 - 10　嵌合抗原受体 T 细胞（CAR）结构示意图

CAR 胞外区包括靶向肿瘤相关抗原（TAA）的单链抗体 scFv；铰链区和跨膜区链接胞外识别区和胞内信号分子。

CAR 结构的发展大致分为以下几个阶段。

第一代：免疫单链抗体 scFv 和 FcεRI 受体（γ 链）或 CD3 复合物（ζ 链）胞内结构域融合形成嵌合受体。

第二代：在第一代基础上添加一个胞内信号区，该信号区提供共刺激信号（如 CD28、CD137），以增强 T 细胞效应功能、CAR－T 细胞在体内的存活时间、CAR－T 细胞自身扩增。

第三代：在第一代基础上再加共刺激分子，形成两个串联的共刺激信号区号，以实现刺激信号放大。

第四代：又称 TRUCKs，除嵌合抗原受体基因外，增加一个或多个可以编码 CAR 及其启动子的载体，该载体可通过某些细胞因子如 IL－12 成功激活 CAR 的信号通路（其中携带 CAR 的载体主要为逆转录病毒和慢病毒衍生物）。

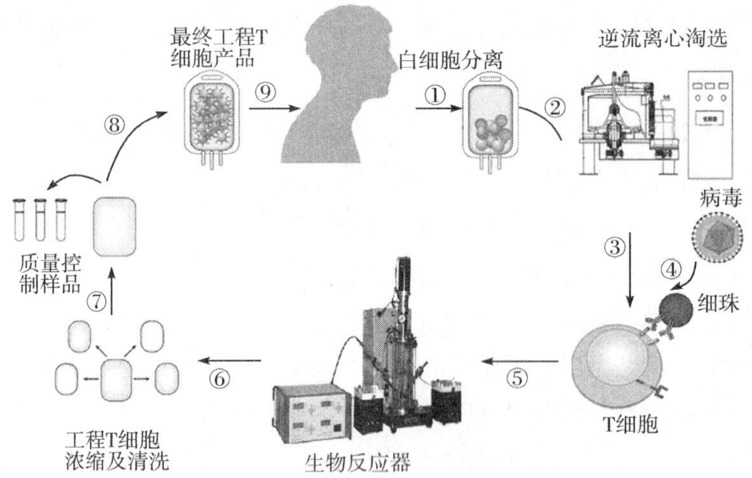

图 4－11　CAR－T 细胞生产图示

①从患者体内分离采集白细胞；②逆流离心淘选富集特定白细胞亚型；③培养；④并采用病毒和基于磁珠人工抗原递呈细胞进行刺激；⑤生物反应器扩大培养数日；⑥洗涤并浓缩；⑦采集样品并进行质量控制；⑧成品配制和冻存；⑨成品冻融并回输患者体内。从细胞采集到回输至患者体内，需要 2～4 周时间

由于 CAR－T 在急性白血病和非霍奇金淋巴瘤治疗方面效果显著，CAR－T 已被认为是目前最有临床应用前景的肿瘤治疗方法之一。2017 年 8 月，诺华公司靶向 CD19 的 CAR－T 细胞药物 Kymrial 被美国 FDA 批准上市，它标志着 CAR－T 肿瘤免疫细胞疗法真正进入临床应用阶段，也让 CAR－T 细胞疗法成为肿瘤治疗领域最引人注目的技术之一。2017 年 10 月，美国 FDA 又批准了全球第二个由 Kite Pharma 公司开发的 CAR－T 细胞药物 Yescata（axicabtagene ciloleucel）上市，用于治疗罹患特定类型大 B 细胞淋巴瘤成人患者，这些患者之前曾接受了两次以上其他治疗，但未得到缓解，或是疾病复发。上述免疫细胞治疗产品的成功上市使得 CAR－T 细胞治疗吸引着越来越多的药企涌入该领域，目前仅在中国就有百余家企业正在进行 CAR－T 产品的研究与开发。

CAR－T 免疫细胞治疗主要有以下优点及问题：①T 细胞来源于患者自身细胞，降低了排异反应风险；②很多肿瘤细胞表达相同肿瘤抗原，因此针对某一种肿瘤抗原的 CAR 一旦构建完成，便可广泛应用；③CAR 既可利用肿瘤蛋白抗原，也可利用糖脂类非蛋白质抗原，扩大了肿瘤抗原靶点范围；④CAR－T 细胞以非 HLA 限制性方式识别肿瘤细胞表面抗原，因此其作用不受 HLA 的限制，有利于克服肿瘤细胞通过下调 HLA 而免疫逃逸；⑤CAR－T 细胞具有免疫记忆功能，可在体内长期存活。然而，尽管 CAR－T 免疫细胞治疗在血液系统肿瘤中取得了较好疗效，但在实际临床应用中仍存在诸多问题，如细胞因子释放综合征（cytokine release syndrome，CRS）、脱靶效应（ontarget/off－tumor）、神经毒性、实体瘤疗效较差以及肿瘤复发率高等。其中，CRS 是指在肿瘤患者完成 CAR－T 细胞输注后，大量免疫细胞被激活并快速增殖，引起 IL－6、IL－1、IL－12、TNF－α、IFN－α、GM－CSF 等细胞因子过度级联释放，形成“细胞因子风暴（cytokine storm）”，引起过度免疫反应，导致患者发热、肌痛、低血压、呼吸困难、凝血障碍、终末器官功能障碍等临床表现发生，这也是目前 CAR－T 细胞临床应用中最常见的毒副作用。

重点小结

动物细胞工程
- 动物细胞培养特征：贴壁依赖性、非贴壁依赖性、兼性贴壁
- 细胞融合
  - 细胞准备
  - 诱导融合（病毒、PEG/电场脉冲）
  - 杂种细胞筛选（HAT、抗药性、营养缺陷型）
- 基因导入细胞脂质体、DEAE-Dextran、反转录病毒、显微注射、基因枪、电穿孔、磷酸钙共沉淀、原生质体融合
- 大规模培养：悬浮培养、贴壁培养、微载体培养、固定化与微囊培养、中空纤维培养
- 干细胞技术
  - 干细胞分类、特征
  - 干细胞应用：细胞治疗、组织工程、药物筛选、肿瘤干细胞靶向治疗
- 免疫细胞治疗
  - 免疫细胞治疗概念、种类
  - CAR-T细胞治疗主要优点及问题

（谭树华）

第五章　植物细胞工程制药

学习目标

1. **掌握**　植物细胞工程制药的概念，植物细胞工程的原理，植物细胞和原生质体培养技术，植物细胞大规模培养方法。

2. **熟悉**　植物细胞培养的特性，植物细胞融合技术和植物转基因技术。

3. **了解**　植物次生代谢产物，植物细胞的生理特性，植物细胞培养生物反应器类型，1～2 例植物细胞工程制药实例，植物细胞工程的发展简史。

扫码“学一学”

第一节　概　述

一、植物细胞工程的概念

植物细胞工程是应用细胞生物学、分子生物学和工程学的原理与技术，按照人们的设计或需要，在离体条件下对植物细胞进行培养、繁殖，或在细胞水平上进行遗传操作，从而定向改变细胞的生物学特性，获得具有特定生物学特性的细胞和生物个体，并通过工程化生产产品和提供服务的技术。植物细胞工程是细胞工程的一个重要分支，目前已经在医药、食品、轻工、化工、农业等许多行业发挥了越来越大的作用。

植物细胞工程制药就是利用植物细胞工程生产药物，其内容包括两大方面：一是在无菌和人工控制的条件下，采用植物细胞和组织培养技术培养植物的细胞、组织、器官，以获得某些有药用价值的次生代谢产物；二是采用植物的遗传操作技术改变植物或植物细胞的原有性状和功能，获得具有优良性状的植株或植物细胞，并利用植物或细胞，培养生产具有药用价值的植物次生代谢产物。

二、植物细胞工程的发展历程

1838—1839 年德国植物学家 Schleiden 和德国动物学家 Schwann 建立了细胞学说，认为生物都是由细胞构成的，而且细胞在结构上是类似的。1858 年德国医生和病理学家 Virchow 对细胞学说作了补充，认为所有的细胞都来自于已有细胞的分裂。

1902 年，德国植物学家 Haberlandt 根据细胞学说首次提出了植物细胞全能性理论，认为植物体的每个细胞携带着一套完整的基因组，在适当的条件下，离体细胞具有不断分裂和繁殖、发育成完整植株的能力。为了证实这一理论，Haberlandt 首次进行了小野芝麻等植物细胞离体培养的尝试，他培养的细胞可以存活几个星期，但是没有观察到细胞分裂。Haberlandt 因为提出植物细胞全能性理论并尝试用实验证实，因而被称为组织培养之父。细胞学说和细胞全能性理论，奠定了植物细胞工程的理论基础。

1904 年，Hanning 首次在含无机盐及有机成分的培养基上成功地把萝卜和辣根菜接近成熟的胚培养成幼苗；1934 年，美国植物生理学家 White 在培养基中加入酵母浸出液和蔗糖，成功地建立了番茄根的无性繁殖系；之后，他发现B族维生素对离体根生长有促进作用，于是用B族维生素代替了酵母浸出液，于1937年建立了适合根培养的White培养基。White于1943年出版了第一部植物组织培养专著《A Handbook of Plant Tissue Culture》，该书的出版标志着植物组织培养成为一门新兴学科。

细胞生长素吲哚乙酸（indoleacetic acid，IAA）于1934年被分离和确认后，应用到植物组织培养中。1934年，法国科学家Gautheret发现B族维生素和IAA能显著促进培养的山毛柳形成层细胞生长。1948年，美国植物生理学家Skoog和我国学者崔澂在培养烟草茎髓愈伤组织（callus）时发现，腺嘌呤和生长素的比例是控制芽和根形成的主要条件之一。1955年，Miller等人发现激动素（kinetin，KT）的活力比腺嘌呤高3万倍。于是Skoog和Miller于1957年提出了植物激素控制器官形成的概念，认为在烟草髓组织培养中，根和芽的分化取决于激动素和生长素的比率：该比率高时形成芽，比率低时则形成根。这一观点，极大地推动了植物组织和细胞培养的发展。1962年，Skoog和Murashinge研制出至今仍被广泛使用的完全培养基（MS培养基），为植物细胞培养及其次生代谢产物的生产奠定了坚实的基础。

1958年，美国科学家Steward将胡萝卜髓细胞培养成一个完整植株，通过实验证实了植物细胞具有全能性的理论，这一突破对植物组织和细胞培养产生了深远的影响。

1960年，英国学者Cocking利用纤维素酶、果胶酶降解细胞壁，成功获得大量番茄根和烟草叶细胞的原生质体，为原生质体培养和细胞融合提供了原料保障。1971年，Takebe等首次从烟草叶肉原生质体再生出完整植株，证实原生质体也具有全能性。1972年，Carlson等将两个种的烟草原生质体融合培养，获得成功。随着分子生物学和细胞生物学在20世纪五六十年代的诞生，以分子生物学和细胞生物学为理论基础的植物细胞工程也于70年代前后诞生。

我国是研究植物细胞工程比较早的国家。1931年，我国植物生理学奠基人之一李继侗就开始了培养银杏胚的研究，他将银杏胚乳的提取物加入到培养基中，成功地培养了银杏胚。另一位我国植物生理学奠基人罗宗洛在20世纪30年代中期至40年代初，进行了玉米根尖的离体培养。1945年，罗士韦率先进行了植物的茎尖培养，在对菟丝子茎尖培养过程中观察到了花的形成，其研究为后人利用组织培养方法诱导花芽形成起到了积极作用。1975年，朱至清研发了适合水稻和其他禾本科植物花药培养的N6培养基，目前在世界各国得到应用，促进了花药培养的研究。我国在花药和胚珠培养研究领域中处于世界领先地位。

三、植物次生代谢产物及其生物合成

在植物王国中估计有十万种不同种类的化合物。这些物质大多数不直接参与植物的生长发育，传统上称为次生代谢产物（Secondary metabolites）。次生代谢产物又称为天然产物。3大类天然产物中，萜类化合物已知有25 000种以上；生物碱已知有12 000种左右；酚类化合物已知有8000种左右。许多天然产物有生理活性，可以作为药物。到目前为止，有过千种药用植物组织（或细胞）被用来生产次生代谢产物，如黄花蒿（*Artemisia annua*）细胞培养生产青蒿素；红豆杉（*Taxus chinensis*）细胞培养生产紫杉醇；颠茄（*Attopa belladona*）细胞培养生产颠茄碱；长春花（*Catharanthus acuminata*）细胞培养生产长春新碱；水母雪莲（*Saussurea medusa*）细胞培养生产黄酮；玫瑰茄（*Hibiscus sabdariffa*）细胞培养生产花青素等。

（一）植物次生代谢产物的分类

植物的次生代谢产物可分为3类：萜类、酚类和含氮次生化合物。

1. 萜类 萜类（terpene）或类萜（terpenoid）是植物界中广泛存在的一类次生代谢产物，一般不溶于水。萜类是由异戊二烯组成的。萜类化合物的结构有链状的，也有环状的。萜类的种类是根据异戊二烯数目而定，分为单萜（monoterpene）、倍半萜（sesquiterpene）、双萜（diterpene）、三萜（triterpene）、四萜（tetraterpene）和多萜（polyterpene）。挥发油（volatile oil）多是单萜和倍半萜，它广泛分布于植物界，存在于腺细胞和表皮中。挥发油是芳香化湿类中药的主要活性成分。如广藿香油含有较多的单萜和倍半萜烯或萜醇类化合物；阳春砂挥发油的主要成分为单萜类化合物。

2. 酚类 酚类（phenol）是芳香族环上的氢原子被羟基或功能衍生物取代后生成的化合物。根据芳香环上带有的碳原子数目的不同，酚类可以分为简单苯丙酸类、苯丙酸内酯、苯甲酸衍生物类、木质素、类黄酮类和鞣质等六类。许多中药的活性成分都包含类黄酮类，如水母雪莲的活性成分中含有黄酮。

3. 含氮次生化合物 生物碱（alkaloid）是一类重要的含氮次生化合物。生物碱通常有一个含N杂环，是一类含氮杂环化合物，其碱性即来自含N的环。许多生物碱可用作药物，如抗疟疾的奎宁、抗肿瘤的长春花碱、高效麻醉药东莨菪碱、强麻醉镇痛剂吗啡等等。

植物器官中的生物碱含量很低，一般在万分之几到百分之一二。生物碱在植物体内的分布不一致，如古柯碱集中在叶内，奎尼碱集中在树皮。植物在不同生长时期所含生物碱的成分及含量常有不同。

（二）植物次生代谢产物的生物合成

萜类的生物合成有两条途径：甲羟戊酸途径（mevalonic acid pathway）和甲基赤藓醇磷酸途径（methylerythritol phosphate pathway），两者都形成异戊烯二磷酸，然后进一步合成萜类。

酚类化合物是通过多条途径合成的，其中以莽草酸（shikimic acid pathway）和丙二酸途径（malonic acid pathway）为主，在高等植物中，大多数通过前一种途径合成酚类。

生物碱是植物体氮素代谢的中间产物，是由不同氨基酸衍生来的，尤其是赖氨酸、酪氨酸、色氨酸，如烟碱的生物合成是由门冬氨酸和甘油醛-3-磷酸合成烟酸，进一步与鸟氨酸合成为烟碱。

扫码“学一学”

第二节 植物细胞工程原理

植物细胞工程主要包括上游工程和下游工程两部分，上游工程是指细胞培养、细胞遗传转化和细胞保藏，下游工程是指将已转化的细胞应用到生产实践中用以生产生物产品的过程。植物细胞工程是建立在多学科理论基础上的一种应用技术，实施的主要对象是细胞。

一、植物细胞的生理特性

（一）植物细胞的发育

细胞的发育通常分为3个时期：细胞分裂期、细胞伸长期、细胞分化期。

1. 细胞分裂期　胚芽和胚根的生长点和单子叶植物的节间分生组织等，都是由正在分裂的细胞组成，这些正处在分裂时期的细胞，被称为分生细胞。分生细胞体积较小，近于圆形，细胞壁薄，原生质丰富，细胞核大，没有液泡；合成蛋白质的能力很强。分生细胞从一次分裂结束到下一次分裂结束所经历的过程，称为细胞周期（cell cycle）（图5－1）。细胞周期包括分裂间期（interphase）和分裂期（mitotic stage）。分裂期（M期）是指细胞的有丝分裂过程，又可分为前期、中期、后期、末期。分裂间期是分裂期后的静止时期，DNA是在这个时期中一定时间内合成的。分裂间期可分为DNA合成前期（G_1期）、DNA合成期（S期）和DNA合成后期（G_2期）。

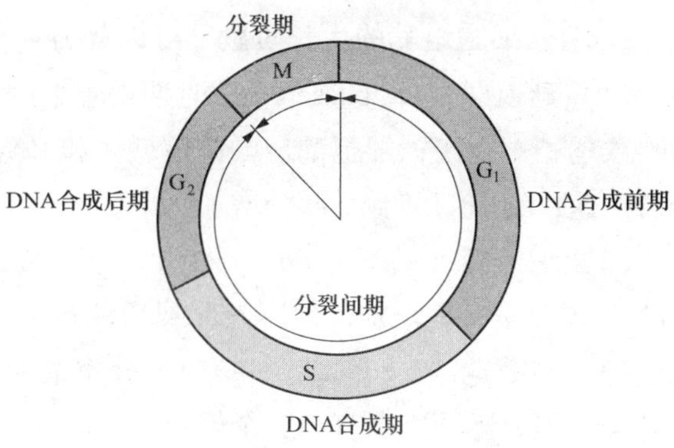

图5－1　植物细胞周期图解

2. 细胞伸长期　由生长点等分生组织分裂出来的细胞，除一部分继续进行分裂活动外，大部分停止分裂，细胞体积不断扩大。伸长期细胞的呼吸作用较强，甚至高于分生期2～6倍；物质代谢旺盛，原生质内的蛋白质、核酸等有机物的绝对量均有增加。

3. 细胞分化期　分化期的细胞在形态、结构与生理功能等方面发生明显变化，因而形成了执行不同功能的各种组织。如机械组织的细胞壁加厚、厚壁组织的韧皮纤维和输导组织的管胞等细胞壁木质化，而薄壁组织的细胞变化却较小。细胞的分化与极性（polarity）有关。极性是指植物器官、组织、细胞在形态学、生化组成及生理特性上的差异。由于极性的存在，使细胞发生不均等分裂现象，细胞不均等分裂是植物组织极性结构分化产生的基础。

（二）植物细胞的全能性

植物细胞的全能性（totipotency）是指植物的每个具有核的活细胞都具有该植物的全部基因，在一定的条件下都能够发育成一个完整植物体。因为每一个细胞都是来自受精卵，所以带有与受精卵相同的遗传信息。在一个完整植物体上某一部分的体细胞之所以只表现一定的形态、结构，这是因为它受到周围器官和组织的约束，其遗传信息不能完全表达；但整个植株中的细胞保持着潜在的全能性，细胞一旦脱离母体，脱离原来的环境后，全能性就可以表现出来，生长发育成一个完整的植株。所以细胞全能性是细胞分化的理论基础，而细胞分化是细胞全能性的具体表现。

（三）植物细胞的脱分化和再分化

已分化的细胞，失去原有的形态和功能，又恢复到分生状态，产生无组织结构的细胞团或愈伤组织状态，这个过程称为脱分化（dedifferentiation）。细胞脱分化是植物细胞培养和细胞工程的关键之一。愈伤组织经过继代培养后，又可产生分化现象。这种由脱分化状态的细胞再度分化形成另一种或几种类型细胞、组织器官，并最终再生成完整植株的过程，称为再分化（redifferentiation）。

二、植物细胞培养的特性

植物细胞可以在人工控制的条件下生长和繁殖，即可进行体外培养。与植物体内的细胞相比，培养细胞有其自身的特点。

（一）植物细胞培养的生长特点及其形态和生理特性

1. 植物细胞培养的生长阶段 可以分为4个时期。

（1）延迟期（lag phase） 该时期处于细胞分裂的初始期和最大生长期之间，其特征是细胞数量相对稳定；细胞壁最厚；核糖体和RNA含量高，具有强合成蛋白质的能力；有丝分裂加速；细胞的细胞质部分增加。

（2）加速期（acceleration phase） 该时期的细胞生长速度和细胞浓度最大；细胞数、DNA和蛋白质含量增加；但有丝分裂活性、RNA含量及蛋白质合成能力减弱。

（3）对数期（log phase） 该时期介于最大生长速率和蛋白质合成完全停止期之间，蛋白质合成能力逐渐衰退直至完全停止。

（4）稳定期（stationary phase） 该时期细胞高度分化，细胞数目稳定，有机化合物浓度高。

培养细胞能够合成次生代谢产物。不同外植体的悬浮细胞培养物，其次生代谢产物的最大累积时间不同；同一化合物可以在不同外植体的不同生长阶段中积累。

2. 植物细胞培养的形态和生理特性 植物细胞在分批培养过程中，其形态和生理与在植物体内有以下差异。

（1）细胞形态 植物细胞的形态会随培养时间的不同而发生改变，分批培养初期体积较大；旺盛生长期体积变小；生长平衡期细胞伸长，体积再次变大。

（2）生长代谢 植物细胞在培养过程中生长速度缓慢，代谢率较低，生长倍增时间较长。在加速期和对数期，细胞容易凝聚成为直径达350～400μm的团块。

（3）贴壁性 植物细胞培养具有贴壁性和接触抑制性。单细胞难以生长、繁殖，培养细胞需要达到一定的密度，才有利于生长。

（4）光的影响 光质、光强、光照时间对大多数植物细胞培养的生长，以及次生代谢产物的合成有影响，这是植物细胞和动物细胞及微生物细胞培养的主要区别之一。

（二）影响培养细胞次生代谢产物合成的因素

1. 培养基成分 培养基一般由碳源、氮源、无机盐、生长因子及诱导子等几大组分构成，这些组分对次生代谢产物的合成有重要的影响。具体内容在下文的“植物细胞培养基成分及其对细胞次生代谢产物合成的影响”中有阐述。

2. 培养条件

（1）温度 植物细胞的生长、繁殖和次生代谢产物的合成需要一定的温度条件。在一定的温度范围内，细胞才能正常生长。一般来说，大多数植物细胞的最适生长温度为25℃～30℃。有些细胞合成次生代谢产物的最适温度与细胞生长最适温度有所不同，而且往往低于生长最适温度。如果温度太低，则由于代谢速度缓慢，会降低次生代谢产物的产量、延长培养周期，如在天山雪莲的细胞培养过程中发现，在26℃时，细胞生长较快，而在24℃时，更有利于次生代谢产物的积累。

（2）溶解氧 细胞的生长繁殖和次生代谢产物的生物合成过程需要大量的能量，为了获得足够的能量，细胞必须获得充足的氧气，以便将从培养基中获得的能源物质经过有氧降解而生成大量的ATP。

（3）光照 光照对植物细胞培养有重要影响。大多数植物细胞次生代谢产物的合成要求一定波长的光照射，并对光照强度和光照时间有一定的要求。例如，欧芹细胞在黑暗的条件下可以生长，但只有在光照的条件下，尤其是在紫外线的照射下，才能形成类黄酮化合物。在许多植物细胞中，光照可以刺激类胡萝卜素、多酚类化合物等的形成。但有些植物次生代谢产物的生物合成却会受到光的抑制，如在紫草细胞培养中，蓝光或白光能完全抑制右旋紫草宁的合成。萘醌的生物合成也会受到光的抑制。

3. 细胞来源　不同种类的植物及同一植物的不同器官、组织对于培养条件的反应是不同的。一般来说，慢速生长、分化或部分分化的组织或细胞才能积累较多的次生代谢产物。花、果实、成熟叶、成熟根都是次生代谢产物积累的重要场所。由于次生代谢产物合成和积累的遗传学基础不清楚，从具有高含量次生代谢产物的植物组织、器官建立的细胞培养物能否获得较高的产量仍存在争议。但是至少有一点是明确的，即选择目的次生代谢产物含量高的植物组织作材料往往能取得好的培养效果。

三、植物细胞工程技术

（一）植物细胞培养技术

植物细胞培养（plant cell culture）是在植物组织培养（plant tissue culture）的基础上发展起来的，是指从植物体中获得植物细胞，然后在一定的条件下培养，获得细胞和各种代谢产物的技术。植物组织培养是指在无菌培养条件下，将离体的植物组织、器官或细胞进行培养，最后形成完整植株的技术。植物组织培养和植物细胞培养的基础理论、培养基和培养的基本技术是大致相同的，其区别在于培养对象和培养目的不同。植物组织培养的对象包括植物的各种组织、器官，如根、茎、叶、花、果实、种子和愈伤组织等；而植物细胞培养对象只是各种形式的植物细胞，如愈伤组织、单细胞、单倍体细胞、原生质体、小细胞团等。植物组织培养主要用于形成组织和再生植株，或者获得愈伤组织，为下一步研究提供试材；而植物细胞培养主要用于生产次生代谢产物和基因转化、生物转化等，培养的细胞不再形成组织。然而，两者的区别也不是绝对的，如植物组织培养也可以用于生产次生代谢产物。

1. 植物细胞培养材料

（1）愈伤组织　愈伤组织是在一定条件下，从外植体的切口部位长出的脱分化的薄壁细胞团。外植体（explant）是指被培养的离体组织或器官，如根、茎、叶、花、果、胚珠、胚乳、花药、花粉等。

产生愈伤组织的方法，是把无菌的外植体置于愈伤组织诱导培养基上，在一定的条件下培养，使细胞分裂和生长，即可产生愈伤组织。愈伤组织诱导的成功与否，和培养基、培养条件及外植体来源密切相关。虽然理论上几乎植物的任何部分都能被诱导而产生愈伤组织，但不同植物或同一植物的不同器官、组织被诱导的难易程度有很大的差别。

外植体必须是无菌的，在培养前需要进行严格的灭菌。用于表面灭菌的消毒剂种类很多，如次氯酸钠、过氧化氢、升汞、硝酸银、抗生素等，在使用时应选择灭菌后易于去除或者容易分离的试剂。使用浓度和处理时间应根据外植体的情况和对灭菌剂的敏感性而定：对灭菌剂敏感的外植体，灭菌时间不宜过长；对不敏感的则可适当延长时间。

愈伤组织诱导培养基一般是在基本培养基中加入外源激素而成。培养基种类的不同对同一外植体诱导愈伤组织的效果是有差异的，培养基中激素的种类、浓度及组合对愈伤组织的诱导形成起着重要的作用。

愈伤组织细胞的特点是无固定形状、颜色浅而透明、高度液泡化、没有次生细胞壁。为了能从愈伤组织中获得单细胞进行细胞培养，需要选择疏松易碎、颗粒细小、外观湿润鲜艳的白色或淡黄色的愈伤组织。在大多数情况下，疏松易碎的愈伤组织不容易直接由外植体诱导获得，而需要进行继代培养才能得到。

（2）小细胞团　细胞团是指多个细胞聚合在一起而形成的小块。通过愈伤组织分割法、单细胞增殖法、细胞团分散法可以获得小细胞团。

愈伤组织分割法是在无菌的条件下，用镊子或小刀将愈伤组织块分割成小细胞团的过程。得到的小细胞团可以接种到新鲜的固体培养基中进行继代培养，继代培养获得的细胞团还可以继续分割成新的小细胞团。

单细胞增殖法是根据植物细胞的群体生长特性，培养单细胞而获得细胞团的方法。细胞外围有一层果胶等胶体物质，容易将细胞黏结在一起而形成细胞团甚至愈伤组织小块。

细胞团分散法是在剪切力的作用下，使大细胞团分散成为小细胞团或者单细胞的过程。方法是机械搅拌或者通入无菌空气分散细胞。

（3）单细胞　可以通过机械法或原生质体再生法获得单细胞。机械法是用切割、捣碎、研磨或振荡等方法将外植体或愈伤组织离散，过200目以上的筛网后获得游离的单细胞。通过这种简单、传统的方法获得的完整细胞数量少，但分散性较好。

原生质体（protoplast）是没有细胞壁、由质膜包裹的小球体。原生质体再生法是用生物酶将愈伤组织或细胞团解离，得到游离的去壁细胞（即原生质体），将原生质体在一定条件下进行培养，使之再生出细胞壁，从而获得游离的单细胞。

（4）原生质体　通过机械法或酶解法可以获得原生质体。机械法是先使细胞质壁分离，再用刀把细胞壁切破，使原生质体流出或释放出来的方法。该方法在切割细胞壁时的手工操作难度大，能得到的原生质体很少，不利于原生质体大量制备。

酶解法是利用生物酶分解细胞壁而获得原生质体的方法，该法能获得大量原生质体，具有条件温和、原生质体完整性好、活力高、得率高等优点。常用的酶有纤维素酶、果胶酶、蜗牛酶、琼脂酶等。

2. 植物细胞培养基成分对细胞次生代谢产物合成的影响　培养基是培养植物细胞的基本介质，是细胞生长的环境，其成分及含量对细胞的生长有很大的影响。培养基的种类很多，但常用的只有几种，如MS、B5、Whithe、N6、Blagdes等培养基，其中以MS、B5培养基为最常用。其他种类繁多的特殊培养基是在常用培养基的基础上减少或补充某些成分而来的。

培养基一般包含无机营养成分、有机营养成分、植物生长物质和凝固剂等几大组分，有的还含有诱导子。无机营养成分中的磷是DNA、RNA、ATP等许多重要的生物活性物质的组成元素，也影响次生代谢产物的合成。增加培养基中磷的浓度，可以使长春花培养细胞中吲哚化合物的含量增加。有机营养成分中碳源的含量对植物细胞生长和次生代谢产物的形成有显著影响，一般使用的浓度是2%～5%。氮元素是各种细胞中蛋白质、核酸等组分的重要组成元素之一，也是生物碱等次生代谢产物的组成元素。因此，氮源是植物细胞生长、繁殖和次生代谢产物合成及积累所不可缺少的营养物质。几乎所有的植物都需要维生素 B_1，维生素 B_1 不足时培养物的根就不能生长或生长十分缓慢；肌醇能使培养物快速生长，对胚状体和芽的形成有良好的影响。为了防止培养物褐变，维生素C和半胱氨酸盐酸盐也通常作为抗氧化剂加入到培养基。

植物生长物质对离体培养中的细胞分裂和分化、愈伤组织的诱导和器官分化，及对次生代谢产物的合成等具有重要作用。一般来说，缺少植物生长物质，培养物就不能分化。生长素和细胞分裂素的比例决定培养物的生长过程。高浓度生长素和低浓度细胞分裂素刺激细胞分裂，而低浓度生长素和高浓度细胞分裂素则刺激细胞生长。培养基中生长素和细胞分裂素的种类、含量及其比例也对次生代谢产物合成有显著影响。例如，烟草细胞中尼古丁的合成受到2，4-二氯苯氧乙酸（2，4-dichlorophenoxy acetic acid，2，4-D）的强烈抑制作用，而激动素对其合成却有促进作用。在大多数情况下，培养物本身的内源赤霉素已能满足其生长发育的需要，不需要在培养基中添加赤霉素。脱落酸在多数情况下对离体培养有负面影响，但有时可以促进愈伤组织生长及体细胞胚发生。通常器官培养与愈伤组织培养会产生乙烯，如在密闭的培养容器中乙烯会积累，伤害培养物。乙烯对愈伤组织的诱导和增殖有一定影响。

诱导子在与植物的相互作用中，能快速、高度专一和选择性地诱导植物特定基因的表达，进而激活特定次生代谢途径，积累特定的次生代谢产物。因此，可以利用诱导子的这种特性来提高培养物次生代谢产物的产量。

3. 植物细胞培养方法　植物细胞培养的方法有多种。按照培养方式的不同可以分为固体培养、液体静止培养和液体悬浮培养。按照培养对象的不同，可以分为单细胞培养、愈伤组织培养、单倍体细胞培养、原生质体培养、小细胞团培养等。

（1）单细胞培养　单细胞培养是从外植体、愈伤组织、群体细胞或者细胞团中，分离得到单细胞，然后在一定条件下进行培养的过程。通过单细胞培养，可以得到具有相同基因和生物学特征的细胞团或细胞系，用这种细胞系进行大规模细胞培养，易于对其生长代谢进行调节控制，并得到较为均一的次生代谢产物。常用的单细胞培养方法有：平板培养法、微室培养法、悬浮培养法、看护培养法和条件培养法。

1）平板培养法（plate cultivation method）　将单细胞接种于固体培养基上培养，使细胞生长繁殖，从而获得所需细胞系的培养方法。该法是1960年由Bergmann创立的，由于其具有操作简便、容易观察和挑选、易于获得单细胞系，因而被广泛应用，是主要的植物单细胞培养技术之一。

平板培养的方法是将单细胞悬浮液的细胞密度调整到临界密度，接种到加热熔化后冷却至35℃左右的固体培养基中充分混合均匀，分装至培养器皿中，置于培养箱中培养，使细胞生长形成细胞团。研究表明，单细胞的平板培养中，植板细胞过多则形成的细胞团混杂在一起，难于获得单细胞系；过低则不利于细胞的生长繁殖。所以接种细胞必须有一个合适的细胞密度，即临界密度。

平板培养的效率可以用植板率来表示。植板率是指通过平板培养后形成细胞团的单细胞数与接种细胞总数的比值，即

$$植板率=\frac{每平板上生长的细胞团数}{每平板上接种的细胞数}\times 100\%$$

式中，接种的细胞总数可以通过接种细胞浓度乘以接种体积求出；平板上生长的细胞团数可以在低倍显微镜下观察计数求得。

如果植板率低，表明有较多的细胞不能够生长繁殖形成细胞团。提高植板率的方法是选择合适的培养基、培养条件，调整细胞的分散程度、接种细胞密度等。

2）微室培养法（microchamber cultivation method）　将接种由单细胞的一小滴液体培养基或固体培养基滴在培养器皿上，制成悬滴，然后密封培养，使细胞生长繁殖的方法。该

法是1960年由Jones等建立的。

微室培养具体的操作方法如图5－2所示。取大小不一的两片盖玻片（a、b）和一带凹槽的载玻片（d），先在小盖玻片上滴一滴琼脂培养基，于其四周接种单细胞，并在液滴中间置一块与单细胞来源相同的愈伤组织块。将小盖玻片再贴于大盖玻片上，然后两盖玻片一起反扣于载玻片凹槽中，使液滴正悬于凹槽中央，用石蜡或凡士林将盖玻片密封、固定，在二氧化碳培养箱中于26℃～28℃下进行培养，细胞即可生长。

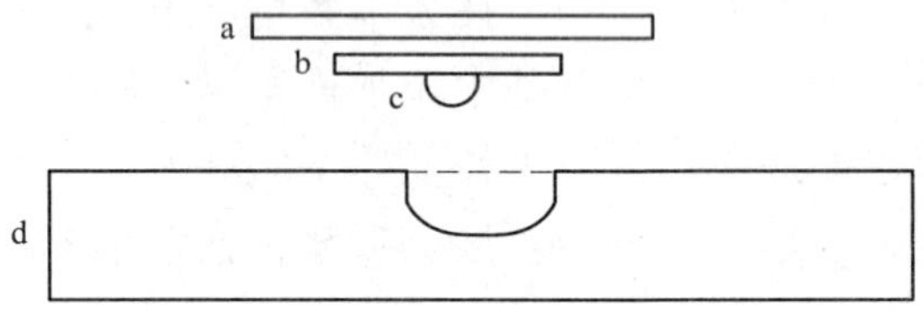

图5－2　植物细胞微室培养

a. 大玻片　b. 小玻片　c. 悬滴　d. 凹玻片

3）悬浮培养法（suspension cultivation method）　将单细胞接种到液体培养基中进行振荡培养的方法。接种细胞需要达到一定的浓度才能生长，这个浓度通常为每毫升细胞液含有25 000个～50 000个细胞。如果接种细胞浓度太低，细胞就不能够生长。光照可以促进培养细胞生长。

悬浮培养具有以下优点：可以增加培养细胞与培养液的接触面，促进营养的吸收；可以带走培养物产生的有害代谢产物，避免有害物质浓度过高而造成对细胞的伤害；能够保证良好的混合状态，有利于获得良好的气体传递效果；培养规模容易放大。因此，目前植物细胞的大规模培养多采用悬浮培养法。

4）看护培养法（nurse cultivation method）　采用一块生长活跃的愈伤组织块来看护单细胞，使单细胞持续分裂和增殖，从而获得由单细胞形成的细胞系的培养方法。该法由Muri等人于1953年创立。愈伤组织能够看护单细胞，是因为愈伤组织可以分泌激素、可能传递某些生物信息，从而使单细胞持续分裂和增殖。看护培养的特点是培养效果比较好，缺点是不能在显微镜下直接观察细胞的生长过程。

5）条件培养法（condition cultivation method）　将单个细胞接种于条件培养基中进行培养，使单细胞生长繁殖，进而获得单细胞形成的细胞系的方法。所谓条件培养基是指含有植物细胞培养上清液或静止细胞（即没有生长繁殖能力的细胞）的培养基。在条件培养基上进行单细胞培养，可获得生长良好、由单细胞形成的细胞系。条件培养法是在看护培养和平板培养的基础上发展起来的，兼有看护培养和平板培养的优点，因而在植物细胞培养中经常使用。

（2）愈伤组织的培养　愈伤组织培养就是将诱导获得的愈伤组织接种到新鲜的培养基上进行培养，从而获得更多植物细胞的过程。培养的方法有多种，常用的有固体培养、液体培养、悬浮培养等。愈伤组织固体培养的基本过程是：培养基配制接种（结构疏松的新鲜愈伤组织）培养（20℃～35℃），愈伤组织培养到一定时间后需要转移到新的培养基，即继代培养。继代培养的时间间隔是由细胞的生长速度决定的，生长快的间隔时间短，生长慢的间隔时间长，某些愈伤组织的固体培养细胞每隔1～2个月才需要继代一次。

（3）小细胞团的培养　小细胞团培养是将2～8个细胞组成的细胞小团块接种于培养基中，在一定条件下进行培养的过程。小细胞团在培养前需要进行同步化处理，以使各细胞团生长繁殖、新陈代谢状态尽量一致。同步化处理主要包括体积选择和生长状态选择两个步骤。

经过同步化处理的小细胞团可以在固体培养基或液体培养基中培养。固体培养是将小细胞团接种到固体培养基中，在一定条件下进行培养。液体培养是将小细胞团悬浮于液体培养基中培养。液体悬浮培养可以获得质量好、数量多的植物细胞。

扫码“看一看”

（二）植物原生质体培养技术

原生质体与完整的植物细胞一样，仍然具有“全能性”，经细胞壁再生，形成单细胞，分裂形成细胞团，乃至再生成植株。原生质体的培养方法有固体培养法、液体培养法、固液双层培养法、看护培养法等。通过机械法或酶法获得的原生质体在培养前需要进行纯化，以除去杂质。

1. 原生质体的纯化方法

（1）过滤-离心法　网筛过滤除去后，离心，收集沉淀的原生质体。

（2）漂浮法　将原生质体在具有一定渗透压的溶液中漂浮，然后用吸管收集。

（3）混合法　即将沉降法和漂浮法结合的方法。先用沉降法收集原生质体，再用漂浮法悬浮洗涤，再用沉降法收集原生质体。

2. 原生质体的培养方法　用于原生质体培养的培养基与一般的细胞培养和组织培养用的培养基相似，但需要做适当的调整。培养方式对于原生质体的生长和分裂很重要。对于容易分裂的植物的原生质体，可以采用简单的固体培养或液体浅层培养；对于较难分裂的原生质体则需要采用固体、液体结合培养，乃至看护培养。

（1）固体培养法　也称为固体平板培养法，是将纯化后的原生质体悬浮液与等体积的琼脂培养基均匀混合后进行培养。固体培养的优点是可以定点观察一个原生质体的再生、生长和分裂，但分裂速度较慢，操作过程也较繁琐。

（2）液体培养法　将原生质体接种于液体培养基中，在一定条件下进行培养。液体培养又可分为浅层液体培养和悬滴培养。

1）浅层液体培养法　让原生质体悬浮液在培养器皿中形成一薄层而进行培养的方法。该法操作简单，对原生质体的损伤较小，且易于添加新鲜培养基和转移培养物。缺点是原生质体分布不均匀，原生质体之间容易发生粘连而影响其进一步的生长发育；并且研究者难于定点追踪单个原生质体的生长发育状况。

2）液滴培养法　让原生质体悬浮液在培养器皿中形成液滴而进行培养的方法。使用液滴培养法可以一次性进行多个组合试验，并易于观察培养的原生质体；缺点是液滴溶液易挥发。解决液滴挥发问题最简单的办法就是在液滴上覆盖矿物油。

（3）固液双层培养法　将原生质体悬浮液置于固体培养基上进行液体浅层培养的方法。位于下层的固体培养基可以向上层的液体培养液慢慢地释放营养成分，同时能吸收培养物产生的一些有害物质，有利于培养物的生长。

（4）看护培养法　在培养器皿底部预先铺一薄层经射线处理而失去分裂能力但仍具代谢活性的原生质体与琼脂的混合物，在其上面进行低密度原生质体培养的方法。看护培养法是一种培养原生质体的较好方法。

（三）植物细胞融合技术

细胞融合（cell fusion）又称为细胞杂交（cell hybridization）、原生质体融合（protoplast fusion）或体细胞杂交（somatic hybridization），是指将不同种、属，甚至科间的原生质体通过人工方法诱导融合，然后进行离体培养，使其再生杂种植株的技术。原生质体融合可以突破种间杂交的障碍，实现远源杂交，克服了有性杂交配子的不亲和性。

1. 植物细胞融合的一般过程

（1）植物细胞融合过程　植物细胞融合的过程如图 5－3 示所示。

（2）植物细胞融合方式　原生质体发生融合时首先是膜融合，其次是胞质融合，最后才是核融合。按照亲本原生质体的来源不同，植物细胞融合方式可分为自体融合和异体融合两类。

1）自体融合　指发生在同一个亲本原生质体之间的融合。这种融合得到的是同核体，每个同核体中包含 2 个或多个来自同一亲本的细胞核。由同核体再生得到的植株，其性状与亲本相同。

2）异体融合　由不同种的双亲本原生质体之间发生的融合，融合后得到异核体。根据异体融合形成异体核的方式，异体融合可以分为以下四种。

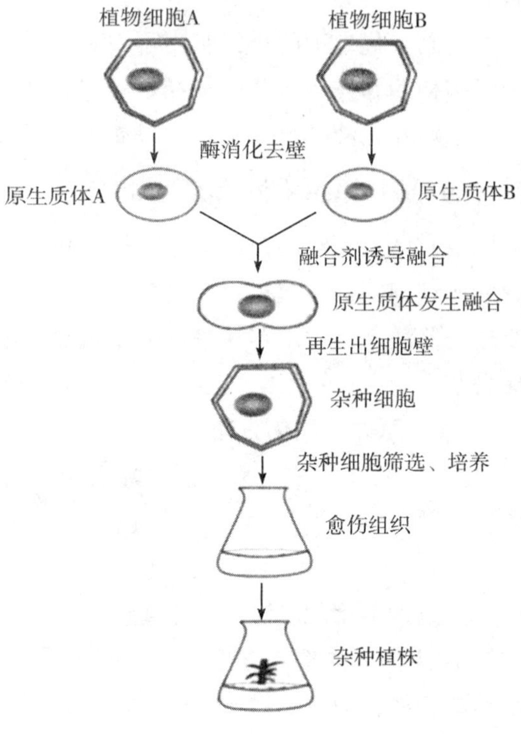

图 5－3　植物细胞融合过程

①谐和的细胞杂种　即膜、质、核都发生融合，得到的异核体具有双亲全套遗传信息，然后同步分裂，形成异源双倍体。

②部分谐和的细胞杂种　在原生质体融合时，双亲的染色体经不完全性的排斥而发生少量染色体组的重组，然后进行同步分裂，最后形成带有部分重组染色体的植株。

③异胞质体细胞杂种　在原生质体融合过程中形成一种叫做异胞质体的异核体，这种异核体含有异种细胞质（亲本双方），却只含有亲本之一的细胞核。

④嵌合细胞杂种　在原生质体融合过程中，不同种的双亲本原生质体发生了膜和质的融合，却没有发生核融合，双亲的细胞核各自发生核分裂，再生出细胞壁，最终形成嵌合体植物。

2. 原生质体的融合方法　原生质体的融合，有自发融合和诱导融合两类。自发融合是指原生质体在制备或培养过程中，不需要任何处理，相邻的原生质体能够产生融合的现象。自发融合的发生率较低，在不同来源的原生质体间自发融合的发生率更低，甚至不能发生，这时需要用一种适当的融合剂来诱导原生质体融合，即诱导融合。诱导原生质体融合的方法主要有物理的和化学的两大类。化学方法中常用的融合剂有 $NaNO_3$、高 pH-高浓度钙离子及聚乙二醇（PEG）。

（1）硝酸钠融合法　$NaNO_3$ 是最早使用的融合诱导剂。1970 年 Power 等用 $NaNO_3$ 成功诱导了玉米和燕麦原生质体融合。$NaNO_3$ 诱导的原理是 Na^+ 中和了原生质体表面的负电荷，从而促进原生质体融合。由于该法诱导的原生质体融合率极低，目前已很少使用。

（2）高 pH 高浓度钙离子法　1973 年 Keller 等人用含高浓度钙离子溶液，在 pH10.5

下，成功诱导烟草种内和种间原生质体融合。该法可以得到25%甚至更高的融合率。

（3）聚乙二醇法 PEG法由Kao等人在1974年建立的。该法是原生质体悬浮液经PEG处理后再进行培养的方法。PEG法的融合效率高，形成异核体的频率很高，可重复性很强，而且PEG对大多数细胞类型来说毒性很低，是原生质体融合普遍使用的化学方法。

（4）电融合法 该法是先用交流电场使相邻原生质体紧密地接触，再采用直流电短时间冲击，以破坏紧密接触的原生质体的质膜，达到原生质体融合的目的。这种方法得到的融合产物大多是由两个或者三个原生质体融合而成。电融合法的优点是融合的效率高，缺点是需要昂贵的设备。

3. 杂种细胞的筛选 经过融合处理的原生质体有多种类型，既有未融合的亲本原生质体，也有同核体（homokaryon）、异核体（heterokaryon）和各种其他的核-质组合。如果是细胞质发生融合，但细胞核没有融合，两个核处在共同的细胞质中，这样形成的融合体是异核体。如果双核异核体的细胞核也发生融合，就得到真正的杂种细胞。杂种细胞筛选的目的是要得到真正的杂种细胞，能否得到杂种细胞是体细胞杂交成功与否的关键。

（1）利用物理特性进行筛选 利用亲本原生质体的大小、颜色、漂浮程度以及电泳迁移率的差异进行杂种细胞的筛选，将融合细胞从混合群体中挑选出来进行单独培养。具体方法可以利用天然颜色标记分离杂种细胞、利用荧光素标记分离杂种细胞、利用荧光激活细胞分选仪自动分离杂种细胞。

（2）利用生长特性进行筛选 利用亲本双方原生质体对培养基成分要求和反应的差异，来区分杂种细胞和亲本细胞。例如，1972年Carlson等人利用粉蓝烟草和朗氏烟草细胞原生质体对外源激素要求不同进行的成功筛选。粉蓝烟草和朗氏烟草原生质体的生长都需要外源激素，但这两种原生质体融合后的杂种细胞可以产生内源激素。因此，在融合处理后的混合原生质体培养中，在培养基中不加激素，杂种细胞可以生长，而两亲本细胞则死亡，这样就筛选出了杂种细胞。

（3）利用突变细胞系的互补进行筛选 有些亲本细胞由于某些生理或遗传上的缺陷，不能在特定的培养基上正常生长，只有发生互补作用的杂种细胞才能生长，因而可以筛选杂种细胞。常用的方法有：遗传互补筛选法、抗性互补筛选法、叶绿体缺失互补筛选法、代谢互补筛选法等。

4. 影响细胞融合的因素 原生质体融合过程中受很多因素影响，在实际操作中必须加以注意。现以普遍使用的PEG融合法为例，介绍影响原生质体融合的因素。

（1）原生质体的密度 4%～5%的原生质体悬浮液一般能得到最高的异核体频率。

（2）PEG的含量和种类 在PEG的含量及其分子量低的情况下，融合率低；而在PEG的含量及其分子量过高时，融合率也低；最适的PEG含量及其分子量因物种的不同差异很大。

（3）Ca^{2+}浓度 PEG法中需要使用高浓度Ca^{2+}，Ca^{2+}的作用是促进原生质体之间的黏合，从而提高原生质体的融合率。

（4）pH PEG法诱导原生质体融合时的pH值高低对融合率影响很大。pH低时原生质体的聚集程度很低，当pH上升到7.8以上时，原生质体的聚集程度大大提高，而在pH7.8～9.5之间没有明显差异，达到10.5时最佳。

（5）作用时间　作用时间过长会使原生质体严重损坏，融合率低；作用时间过短，则原生质体不发生融合。

（四）植物转基因技术

植物细胞具有全能性，如果能够将外源基因整合到植物细胞中，再通过细胞和组织培养，就能获得再生的转基因植株。通过植物转基因技术，可以定向改造植物的遗传性状，提高育种的目的性和精确性，大大缩短育种周期；可以有目的地生产某一种或某一类次生代谢产物，提高药用成分的含量。

1. 获得转基因植物的一般过程　获得转基因植物的一般过程，包括目的基因的获得、目的基因的重组、目的基因的克隆与提取纯化、表达载体的构建和基因转化以及转基因植株的获得等五个方面，使用的技术与基因工程制药的有相似之处，相似的技术在此不再重述。

2. 目的基因的获得　植物目的基因的获得与微生物和动物的基因分离和克隆的方法是相同的，只是不同的基因类型需要不同的策略。一般来说，分离 mRNA 丰度高的或蛋白质表达量高的植物基因时，可以从 cDNA 文库或基因组文库中筛选或用简并 RT-PCR/RACE-PCR 等技术获得；如果目的基因的表达量不高，可以预先通过生理技术提高其表达再进行分离。

3. 目的基因的转化　获得目的基因后，要选取合适的遗传转化方法将外源基因导入到受体植物中去。遗传转化方法大致可以分为三大类：直接转化法、载体系统转化法和种质系统转化法。载体转化法是目前最常用的将外源基因导入受体植物的方法。

（1）直接转化法　通过物理和化学方法直接将外源基因导入受体细胞。具体的方法有：微针注射法、脂质体法、基因枪法、PEG 法和电击法等。

（2）载体系统转化法　载体系统转化法是植物基因转化技术中使用最多、机制最清楚、技术最成熟的方法。目前使用最多的是农杆菌介导转化法，该法具有简单、快速、高效的特点。

农杆菌是存在于土壤中的一种植物病原菌，它能感染大多数双子叶植物的受伤部位，并诱导产生冠瘿瘤或发状根。根癌农杆菌（*Agrobacterium tumefaciens*）和发根农杆菌（*Agrobacterium rhizogenes*）细胞中分别含有 Ti 质粒（图 5－4）和 Ri 质粒，其上有一段称为转移 DNA（transferred DNA，T-DNA）的片段，它能转移并整合进植物基因组中，其中的毒性基因（*vir*）的产物对于 T-DNA 的转移及整合是必不可少的。如果将外源 DNA 片段插入到 T-DNA 中，T-DNA 和外源 DNA 可以一起转移并整合。所以，将外源的目的基因插入到 T-DNA 区域，通过农杆菌感染植物细胞，就可以将外源基因转移并整合到植物基因组中。利用细胞和组织培养技术，把转移了外源基因的细胞再生，就可以得到转基因植株。因此，农杆菌是一种天然的植物遗传转化体系。

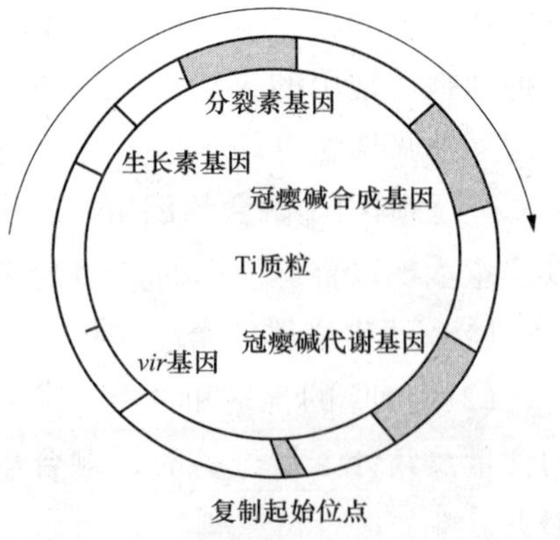

图 5－4　Ti 质粒结构示意图

自然界农杆菌的 Ti 质粒必须经过改造才能用于遗传转化，改造的目的是使 Ti 质粒小一些，更利用遗传操作，并使 Ti 质粒可以在大肠杆菌中复制。改造的内容包括删除不必要的基因并插入必要的序列。删除的基因有：参与合成生长素和细胞分裂素的基因、参与冠瘿碱合成的基因、其他不必要的大片段 DNA；插入的序列有：大肠杆菌质粒的复制起始位点、单克隆位点、选择标记基因及其转录调控信号序列等。改造后的质粒一般包括以下部分：选择标记基因、DNA 复制起始位点、T-DNA 右边缘序列和单克隆位点。改造后的 Ti 质粒没有包括 *vir* 基因，因此无法使 T-DNA 整合到受体细胞中去。利用双元载体系统可以解决这一问题。双元载体系统需要两个彼此分离的质粒，一个是多功能克隆载体质粒（图 5－5），可以在大肠杆菌和农杆菌中复制；另一个是 Ti 衍生质粒，该质粒包含一整套 *vir* 基因，但 T-DNA 序列因为缺失或部分缺失而无法转移，它提供合成 *vir* 基因产物，促使双元克隆载体中的 T-DNA 整合到植物染色体中。

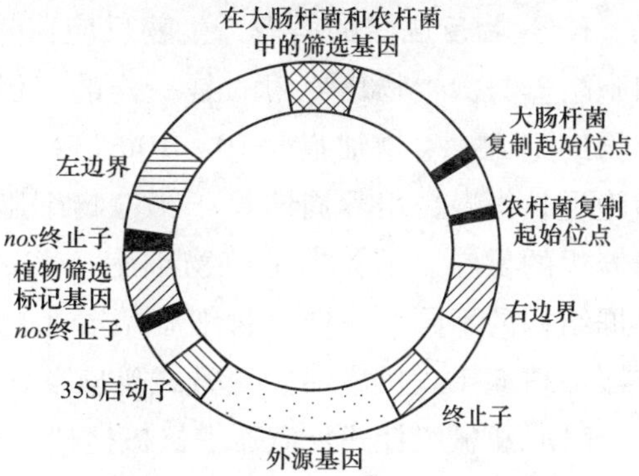

图 5－5 双元载体结构示意图

Ri 质粒与 Ti 质粒有相似的功能，但所含基因不一样，在此不做详述。

农杆菌转化植物体的方法主要有以下三种，其中叶盘法是最常用的方法。①叶盘法：将叶圆片放入农杆菌菌液中一段时间，然后转移到选择培养基上，使转化细胞再生植株。②整株感染法：用农杆菌感染植株创伤部位，然后无菌培养癌瘤组织，最后从愈伤组织分化出转基因植株。③共培养法：将原生质体与农杆菌一起培养，离心去菌后，在选择培养基上得到转化的细胞系，最后再生获得转基因植株。

（3）种质系统转化法 种质系统转化法（germ line transformation）是借助生物自身的种质细胞为媒体，特别是植物的生殖系统细胞（如花粉、卵细胞、子房、幼胚等）以及细胞的结构来实现转化目的。具体方法包括花粉管通道转化法、胚囊及子房注射法、生殖细胞浸泡法等。这里只介绍花粉管通道转化法。

花粉管通道转化法（pollen transformation）是中国科学院生物化学研究所周光宇教授首创的。具体的做法主要有两种：一是先用外源 DNA 转化花粉，然后通过受精获得转化植株；二是在受体植物自花授粉后一定时间内剪下柱头，将外源 DNA 滴在剪开的柱头上，使其能够沿着尚存的花粉管通道进入胚囊，转化受精前后的卵细胞。

花粉管通道转化法具有以下优点：①转化受体直接得到种子，跨越了体细胞和原生质体再生的难关；②由于不通过组织培养，避免了各种附加激素的不良影响；③转化操作简便，成本低，更适合于在育种中使用。但是该法也有其缺点，主要是花粉萌发时柱头释放的核酸酶会破坏外源 DNA，同时由于花粉管进入胚囊还需要通过重重屏障，因而花粉管通道转化法的转化频率较低。

4. 目的基因的检测 通过遗传转化获得的植株，是否是真正的转基因植株，还需要进行严格的检验与鉴定，只有获得充分的证据后才可认定被检测的材料是转基因植物。大多数植株转基因研究都采用愈伤组织或再生芽的抗性鉴定、报道基因检测、简易 PCR 检测、目的基因整合的 Southern 杂交检测、目的基因转录水平的 Northern 检测以及翻译水平的蛋白质 Western 的鉴定，最后还有进行目的性状的田间鉴定。

四、植物细胞大规模培养

植物细胞大规模培养是指在人工条件下对植物细胞进行高密度大量培养，以获得目的细胞或产物。植物细胞大规模培养的方法可分为悬浮培养法和固定化培养法（immobilization culture），悬浮培养法又可分为分批培养法（batch culture）、半连续培养法（semi-continuous culture）和连续培养法（continuous culture）。大规模培养需要在生物反应器中进行。

（一）植物细胞培养生物反应器

1. 生物反应器的类型 生物反应器是植物细胞规模化培养必需的设备。最初的植物细胞培养与微生物培养用的是一样的。但是，植物细胞与微生物相比有显著的差异：①植物细胞比微生物细胞大10～100倍；②植物细胞因具纤维素壁而抗剪切力差；③植物细胞生长缓慢，培养周期长；④植物细胞的呼吸速率低，对氧的要求低。因此，微生物培养用的反应器不能满足植物细胞培养的要求，需要设计适于植物细胞培养的反应器。根据结构的不同，目前植物细胞培养生物反应器的类型有机械搅拌式反应器、鼓泡式反应器、填充床式反应器、气升式反应器、流化床反应器、膜反应器等（图5-6）。

（1）机械搅拌式反应器　机械搅拌式反应器（图5-6A）采用机械搅拌来混匀培养液。该反应器的最大优点是可以获得较高的溶解氧系数，缺点是搅拌产生的剪切力大而伤害细胞。植物细胞对剪切力敏感、需氧量较低，因此该反应器不太适合植物细胞培养。

（2）鼓泡式反应器　鼓泡式反应器（图5-6B）没有搅拌装置，气体从反应器底部进入并产生气泡，气泡在上升过程中实现气体传递和物质交换。该反应器的优点是因为没有机械搅拌装置，使得反应器结构简单，整个系统密闭，易于无菌操作；产生的剪切力小，适于培养对剪切力敏感的细胞。缺点是对反应液的混合不均匀。

（3）填充床式反应器　填充床式反应器（图5-6C）是将细胞团或固定化的细胞填充在反应器内，通过培养液的流动而实现物质交换。该反应器用于培养固定化细胞，细胞的固定化培养有利于次生代谢产物的积累。该反应器的缺点是固定化细胞与培养液和氧气交换不够充分，而影响细胞生长。

（4）气升式反应器　气升式反应器（图5-6D_1，图5-6D_2）是将气体从反应器底部注入，利用气体上升带动培养液进行循环，到达供氧和混合的目的。根据结构的不同，气升式反应器可以分为内循环式（图4-6D_1）和外循环式（图5-6D_2）两种。该反应器的优点是由于反应器没有搅拌装置，剪切力小；培养液能不断循环，有良好的氧传递和混合效果；反应器结构简单，不存在染菌的死角，有良好的抗污染能力。缺点是高密度培养时混合还是不够均匀。

气升式反应器是培养植物细胞最合适的反应器之一。虽然气升式反应器与鼓泡式反应器有很多相似之处，但其传质性能及混合性能有大的差别：气升式反应器因流体不断循环而有好的混合效果；鼓泡式反应器的氧传递能力较高。

（5）流化床反应器　流化床反应器（图5-6E）是通过培养液和气体的流动，使植物细胞团或固定化细胞处于悬浮状态的一种反应器。该反应器的优点是混合均匀、氧传递效果好。缺点是流体流动产生的剪切力以及细胞团或固定化细胞的碰撞会使颗粒受到破坏。

（6）膜反应器　膜反应器是将植物细胞固定在具有一定孔径大小的多孔薄膜上，将培养液与细胞在物理上隔离培养的一种反应器。用于植物细胞培养的膜反应器如中空纤维反应器（图4-6F）。中空纤维反应器的原理是将细胞固定在中空纤维管外壁，培养液和空气在中空纤维管内流动，营养物质和氧气通过管壁微孔供应给细胞，而细胞产生的次生代谢产物也通过管壁微孔进入管内流出。膜反应器的优点是细胞培养和产物分离能同时进行，利于连续化生产；缺点是清洗反应器比较困难，并只适合植物细胞胞外代谢产物的生产。

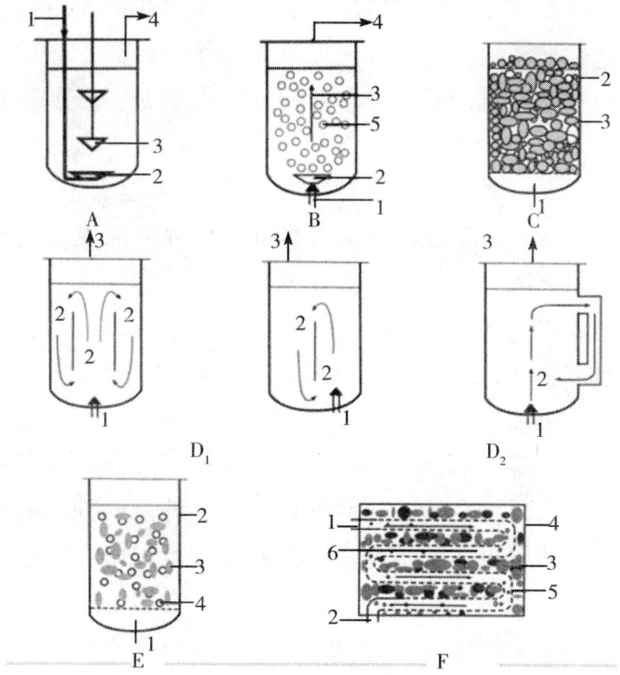

图5-6　植物细胞培养生物反应器

A—机械搅拌式反应器（1—无菌空气入口；2—空气分布装置；3—搅拌器；4—空气出口）

B—鼓泡式反应器（1—无菌空气入口；2—空气分布装置；3—流体循环方向；4 —空气出口）

C—填充床式反应器（1—进液口；2—排液口；3—固定化细胞）

D_1/D_2：内/外循环气升式反应器（1—无菌空气入口；2—流体循环方向；3—空气出口）

E—流化床反应器（1—进液口；2—排液口；3—细胞团；4—气泡）

F—中空纤维反应器（1—进液口；2—排液口；3—细胞团；4—反应器外壳；5—中空纤维；6—液体流动方向）

（7）其他反应器　植物细胞培养生物反应器还有光照培养反应器、转鼓式反应器等，在此不详细介绍。

2. 生物反应器的选择　氧气含量、剪切力大小、细胞团体积、培养液的流体性能等因素都影响细胞的生长代谢，对于特定细胞的大规模培养，需要考虑上述因素来选择反应器的类型。此外，还要考虑反应器内环境的控制、规模放大以及操作的难易程度。总之，具体操作时需要根据特定细胞的生长特性，结合各种反应器的性能来综合考虑确定反应器类型。

（二）植物细胞大规模培养方法

1. 悬浮培养法

（1）分批培养法　将培养基一次性地加入到反应器中，接种并培养细胞一段时间后，一次性收获细胞的培养方式。分批培养的整个过程中，中途不再添加培养基，也不再更换培养基。最适宜植物细胞培养的反应器是气升式反应器，该反应器用通气代替搅拌，避免了使用机械搅拌造成的细胞破碎、通气受限制、培养物易被污染等缺点，细胞产量较高。

研究发现，在植物细胞培养过程中，次生代谢产物的大量积累多发生于细胞生长的稳定期。根据这个原理，人们改良了分批培养法：即在培养过程中使用两个反应器，第一个反应器采用适于细胞生长的培养基，以促进细胞生长繁殖，获得大量的植物细胞，第二个反应器采用适于产生次生代谢产物的培养基，以促进目的产物的合成。

分批培养的优点是培养装置和操作简单，缺点是因为在培养过程中细胞生长、产物积累以及培养基的物理状态常常随时间的变化而变化，培养检测十分困难。而且，分批培养的周期短，获得的目的产物有限，开始一个新的培养周期时，必须重新接种种子细胞，因此也增加了培养成本。

（2）半连续培养法　是一种介于分批培养和连续培养之间的培养方式，即在反应器中投料和接种培养一段时间后，用新鲜培养液置换部分培养液而继续进行培养。半连续培养是定期收获培养物，而留下部分细胞悬浮液作为新鲜培养液的种子细胞，这种培养方式可以节省种子细胞培养的成本，同时保留的培养液也有利于细胞分裂的启动。但在大多数情况下，由于保留细胞悬浮液中细胞状态有较大差异，特别是有些衰老细胞不能及时淘汰，从而在后续培养中，会影响细胞生长的一致性。

（3）连续培养法　在培养过程中，不断向反应器中以一定的流量添加新鲜培养液，同时以相同的流量从系统中取出培养液，从而维持培养系统内的细胞密度、产物浓度及物理状态上的相对平衡。为了获得更多的培养物，人们设计了二阶段连续培养法：使用两个反应器，在第一个反应器中加入适于细胞增长的培养基，在第二个反应器中加入适于生产次生代谢产物的培养基；两反应器之间以管道连通；连续向第一个反应器添加培养液，培养液从第一个反应器流入第二个反应器，培养物从第二个反应器中放出。

连续培养的最大优点是可以延长细胞培养周期，从而延长目的产物的积累时间，增加目的产物产量。同时，由于系统进入稳定状态后，细胞密度、基质及产物浓度等趋于恒定，因而便于对系统的检测。连续培养的缺点是，要维持系统长时间无菌状态，对反应器的设计要求较高。

2. 固定化培养法　固定化培养是将细胞固定在培养液中培养的方法，其采用的固定化反应器有网状多孔板、尼龙网套和中孔纤维膜等多种类型。将细胞固定于尼龙网套内、中孔纤维反应器的膜表面，或网状多孔板上，放入培养液中进行培养，或连续流入新鲜培养液，进行连续培养及连续收集培养产物。

固定化培养根据的原理是，在植物细胞生长的稳定期，细胞成块趋于分化时，细胞块中各个细胞处于一定的理化梯度下，细胞的功能产生明显的变化，有利于次生代谢产物的积累。固定化培养法的优点是因为细胞的位置固定，比较容易获得高密度细胞群体以及维持细胞间物理化学梯度，有利于细胞的组织分化，从而能够比较容易地控制培养条件和获得次生代谢产物。

扫码“学一学”

第三节　植物细胞工程在制药工业中的应用

植物中的次生代谢产物可以作为药物，其含量通常较低，变化幅度也很大。例如，紫杉醇在紫杉树皮中的含量每千克只有40～100mg；长春碱和长春新碱在长春花中的含量只有百万分之几至十万分之几。因为次生代谢产物在原植物中的含量极低，造成目标产物直接从植物中提取时，需要复杂的提纯工艺和昂贵的生产成本。尽管植物是可以再生的资源，但生态环境的破坏和栽培技术的难题仍使得某些植物资源大幅减少。植物资源的日益枯竭和活性成分的低含量，使人们迫切需要寻找天然提取以外的途径来获得目标化合物。利用植物细胞工程技术可以使人们获得更多的次生代谢产物，或生产药用植物细胞以代替原植物。本节将介绍几种植物细胞工程在制药工业中的应用实例。

一、天然药物的生产

（一）三七细胞培养

三七（*Panax notoginseng*），又名田七，为五加科人参属多年生草本植物。三七的干燥根是名贵中药材，主产于云南省文山州。三七味甘、微苦，性温，归肝、胃、大肠经。具有散瘀止血、消肿止痛之功效。三七是许多著名中成药如云南白药、复方丹参滴丸、调经养颜胶囊的原料。根腐病是造成三七连作障碍的主要原因，利用开垦新地和与非寄主作物轮作或休闲 8 ~10 年以上是传统解决这一问题最有效的方法。但随着三七规模化种植面积的不断扩大，此法已不能满足需要。运用植物细胞培养工程技术培养三七细胞，为解决人们对三七日益增长的需求开辟了新途径。

1. 材料和培养基

（1）材料　3 ~4 年生文山三七植株粗根。

（2）愈伤组织诱导培养基　MS +2,4-D 2mg/L + KT 0. 5mg/L +10% 椰乳。

（3）悬浮及大规模培养基　MS +2,4-D 1mg/L + KT 0. 05mg/L +10% 椰乳，pH5. 8。

2. 细胞培养过程　三七细胞培养过程如图 5 –7 所示。

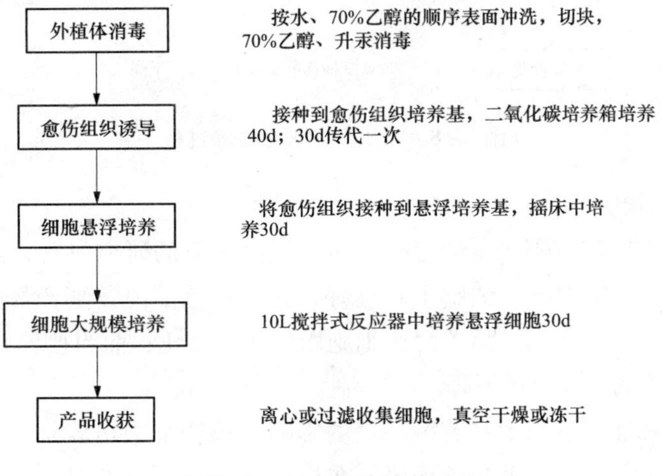

图 5 –7　三七细胞培养过程

3. 影响产量的因素　适量的 2，4-D 和 KT 对愈伤组织的生长均有促进作用。在一定浓度范围内，愈伤组织的干重增加、生长速率均随 2，4-D 浓度的增加而增加。当激动素浓度在 1. 5mg/kg 以下时，愈伤组织的干重增加和生长速率都随 KT 浓度的增加而增加。

温度对三七愈伤组织生长有明显的影响。当愈伤组织在 22℃ ~26℃ 的温度范围内培养时，均生长较快；但当温度升至 30℃ 时，愈伤组织的生长被严重抑制。一般认为 25℃ ±1℃ 是最适生长温度。

在 pH4. 8 ~5. 8 范围内，三七愈伤组织的生长随 pH 值的增高而增高，但当 pH 值达 6. 3 时生长又明显减慢，所以一般培养基的适宜 pH 值是 5. 8。

（二）水母雪莲细胞培养

水母雪莲（*Saussurea medusa Maxim*），又名白雪莲，系菊科风毛菊属植物。分布于我国青海、甘肃、西藏等地。雪莲是我国高山地区常用的一种名贵药材，含黄酮、生物碱、挥发油、多糖等多种有效成分，具有散寒除湿、活血通络、抗癌、抗炎、抗疲劳等功效，可治疗风湿性关节炎、妇女月经不调、痈疮肿毒、阳痿、高山不适应等症。雪莲仅生长于海拔3 500 m以上的高山流石滩上，天然生长缓慢。由于雪莲特殊的生活习性，致使人工栽培困难，加上人们长期的掠夺性采挖，使得雪莲已成为濒危物种。应用植物细胞培养工程技术进行雪莲的细胞培养，可以满足临床上对雪莲药物的需求，还可以保护自然资源，维护生态环境。

1. 材料和培养基

（1）材料　水母雪莲愈伤组织红色系细胞系。

（2）培养基　MS + 6 - BA 0.5mg/L + NAA 2mg/L + 蔗糖 30mg/L + 葡萄糖 10mg/L，pH5.8。

2. 细胞培养过程　水母雪莲细胞培养过程如图5-8。

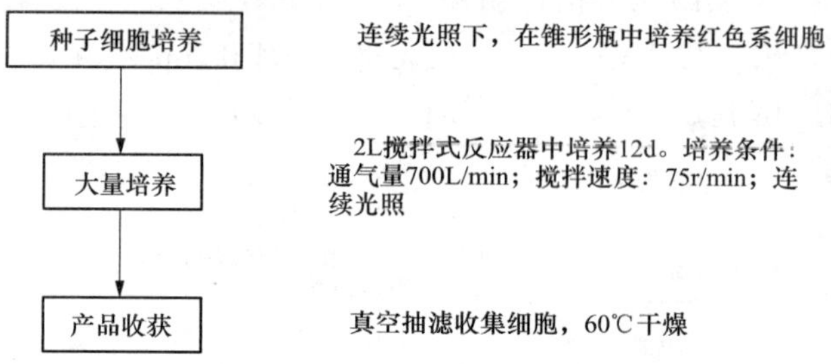

图5-8　水母雪莲细胞培养过程

3. 影响产量的因素

（1）接种量对细胞和黄酮产量的影响　对不同接种量的研究发现，细胞接种量（以干细胞计）在4~5g/L的范围内，细胞生长良好，在这一范围内黄酮产量随接种密度增大明显增加。在低密度（<1.5g/L）培养时，细胞增长几乎停止；而当接种量大于6g/L时，细胞出现褐化死亡，黄酮产量出现下降。

（2）搅拌速度和通气量细胞对黄酮产量的影响　植物细胞培养是一个需氧的过程，充足的氧对植物细胞的生长和代谢非常重要。在接种量（以干细胞计）为2~3g/L、通气量为700L/min时，搅拌速度在75r/min时细胞的干重及黄酮产量最高，过高或过低的搅拌速度都不利于细胞的生长和黄酮的合成。

如果固定搅拌速度为75r/min，通气量在700~1000L/min时细胞生长良好。低于300L/min或高于1000L/min时，细胞褐变，生长受到很大影响。

二、转基因植物药物的生产

植物次生代谢产物是药物的重要来源，利用植物转基因技术可以改变次生代谢产物的生物合成途径或合成方向，使人们获得含量更多的目标化合物。下面是利用植物转基因技术生产东莨菪碱的例子。

来源于天仙子（*Hyoscyamus niger*）的东莨菪碱是高效麻醉药，属于托品烷生物碱（图

5－9）。

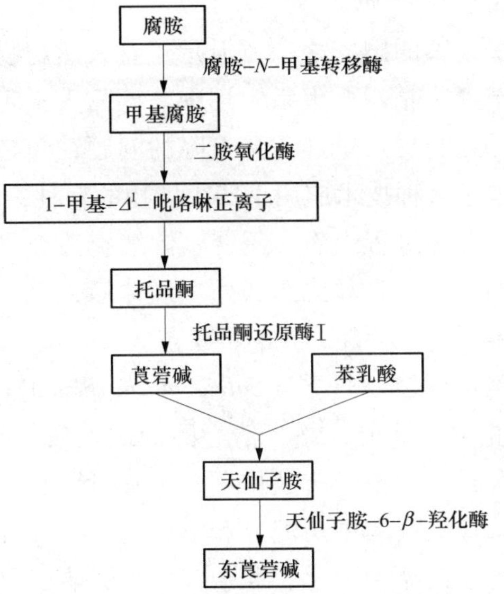

图 5－9　东莨菪碱的生物合成途径

东莨菪碱比莨菪碱和天仙子胺的混合体更具药用价值，前者的商业需求是后者的 10 倍。通过植物转基因技术可以使植物合成更多的东莨菪碱，以满足商业需求。通过生产转基因颠茄可以达到这一目的（图 5－10）。测定转基因颠茄生物碱的含量结果表明，初代以及它的自交后代的叶和茎中，所含有的生物碱几乎都是东莨菪碱，而在野生型植株中的东莨菪碱的含量只有总生物碱的 20% 以下。

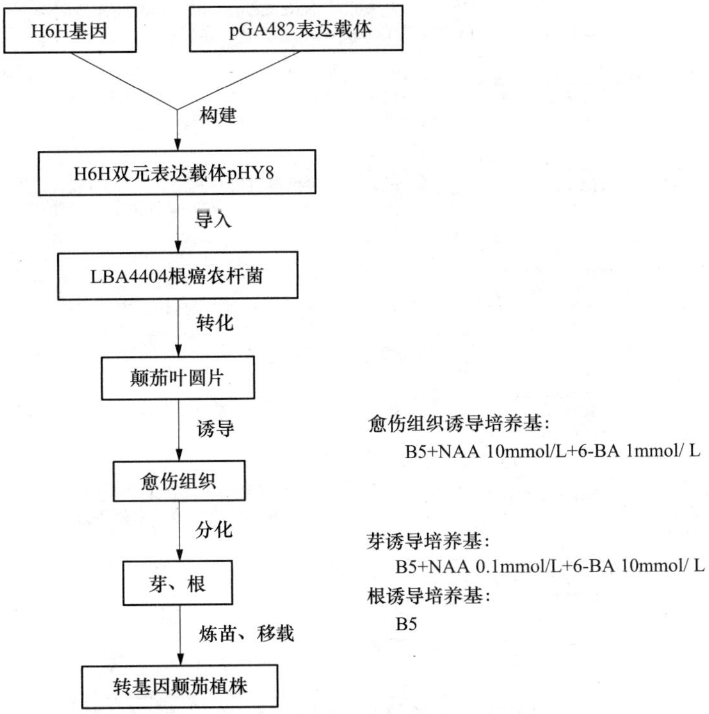

图 5－10　东莨菪碱转基因植物生产过程

三、药用植物良种选育

我国是药用植物资源最丰富的国家之一，但是随着天然药物需求量的日益增长，野生药用资源现已急剧减少甚至濒临枯竭，大宗常用中药已靠人工种植维持市场需求。栽培的药用植物面临品种退化，导致药材产量和质量下降的问题，有必要开展优良品种选育和提纯复壮工作。现在已经发展了多种技术应用于药用植物的育种，包括系统选育、杂交育种、诱变育种、分子育种等。从育种过程上看，诱变、体细胞杂交以及分子育种大多经细胞生物技术处理获得变异的愈伤组织、悬浮细胞或原生质体后，诱导芽及根的分化，再筛选目的植株，最后经扩大繁殖得到遗传特性一致的再生苗。

中药丹参为唇形科鼠尾草属植物丹参（*Salvia miltiorrhiza* Bunge）的干燥根及根茎，在我国分布很广，具有祛瘀止痛，活血通络，清心除烦之功效。临床应用广泛，疗效确切，其中丹参的菲醌类化合物有较好的消炎抗菌作用，尤其对冠心病、心绞痛等心血管疾病有良好的疗效。许多治疗心血管疾病的中药配方和中成药，丹参都是主要药材之一，临床需求量大，但是长期人工栽培导致品种退化、混杂，严重影响药材产量和质量。利用秋水仙碱诱导筛选丹参同源四倍体，可获得高品质的丹参品系，其育种过程如图 5－11。

培养单参四倍体选用的植物材料和培养基如下。

（1）植物材料　丹参植物。

（2）无菌苗繁殖培养基　MS ＋0. 4mg/L 6-BA（6-苄基腺嘌呤）＋0. 1mg/L IAA（吲哚乙酸）＋40g/L 蔗糖，pH 值 5. 8～6. 0

（3）多倍体诱导培养基　MS＋秋水仙碱。

（4）生根培养基　MS＋0. 1mg/L ABT ＋0. 4mg/L IAA。

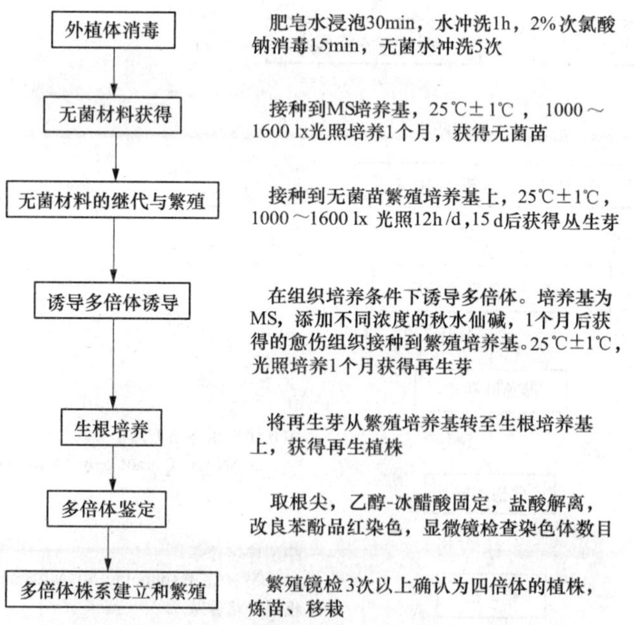

图 5－11　丹参四倍体培育过程

选育出的四倍体品系表现出典型的多倍体性状，根部药材质量均有大幅度提高，有效成分丹参酮含量高于对照品种。

重点小结

- 植物细胞工程制药
  - 植物细胞工程制药概念 —— 植物细胞工程发展简史
  - 植物细胞工程原理
    - 植物细胞的生理特性
    - 植物培养细胞的特性
    - 植物细胞工程技术
      - 植物细胞培养技术
      - 植物原生质体培养技术
      - 植物细胞融合技术
      - 植物转基因技术
    - 植物细胞大规模培养方法
      - 悬浮培养法
      - 固定化培养法
  - 植物细胞工程制药实例
    - 天然药物的生产
    - 转基因植物药物的生产
    - 药用植物良种选育

本章的重点是植物细胞和原生质体培养技术，难点是植物细胞融合技术。

思考题

1. 植物细胞工程、植物细胞工程制药的概念。
2. 植物细胞工程的理论基础是什么？
3. 简述植物细胞的形态结构。
4. 植物次生代谢产物的分类及其生物合成途径。
5. 简述在培养植物细胞时，影响次生代谢产物合成的因素。
6. 简述植物细胞培养的形态生理特性。
7. 简述植物细胞的培养方法。
8. 简述植物愈伤组织的培养方法。
9. 简述原生质体的培养方法。
10. 简述细胞融合的过程。
11. 简述细胞融合的方法。
12. 植物细胞融合有什么意义？
13. 什么是植物转基因技术？
14. 简述植物目的基因的转化方法。
15. 什么是植物细胞大规模培养？植物细胞大规模培养有哪些方法？
16. 详细写出 1 ~2 种植物细胞工程制药的过程（实例）。

扫码“练一练”

（何国振　尹登科）

第六章　发酵工程制药

学习目标

1. **掌握**　菌种选育的方法和原理、发酵基本过程、发酵过程及工艺控制。
2. **熟悉**　不同发酵方式和发酵设备。
3. **了解**　发酵工程在制药工业中的应用。

扫码“学一学”

第一节　概　述

一、发酵工程的概念

发酵工程（fermentation engineering）又称为微生物工程，是利用微生物制造工业原料与工业产品并提供服务的技术。发酵工程是生物技术的基础用于产品制造的基因工程、细胞工程和酶工程等的实施，几乎都与发酵工程紧密相连。

现代发酵工业已经形成完整的工业体系，主要产物包括抗生素、氨基酸、维生素、有机酸、有机溶剂、多糖、酶制剂、单细胞蛋白质、基因工程药物、核酸类物质及其他生物活性物质等。

扫码“看一看”

二、发酵工程的发展历程

尽管人类利用微生物发酵制造所需产物有几千年的历史，但对其过程的原理、反应步骤、物质变化、调控机制等的认识和理解主要是在20世纪完成的。发酵工程的发展大体上可分为下述四个阶段。

1. 20世纪以前时期　人类很早就利用传统的微生物发酵来生产葡萄酒、酒、醋、酱、奶酪等食品。我们的祖先甚至可以凭借经验将这些过程控制和完善到惊人的程度，但还谈不上是生物学原理和工程学原理的自觉应用，也无法知道这些传统过程的本质。1675年荷兰人列文虎克（Antony Van Leeuwenhoek）发明了显微镜，首次观察到了微生物体，他的发现为生物界增添了一个新领域。今天我们所知道的原生动物、藻类、细菌、酵母菌等都是在300多年前由列文虎克最先描述的。到了19世纪中叶，法国葡萄酒的酿造者们在做酒过程中遇到了麻烦，他们发现葡萄酒得了一种“疾病”，于是，纷纷去找巴斯德帮助，祈求巴斯德来医治这种“疾病”。正在对发酵作用机制进行研究的巴斯德当然关心他的科学研究的实际应用了，所以对这种求援十分重视。他充分利用其化学家的特长，经分析发现，这种“疾病”的病根在于原来所进行的乙醇发酵部分地为另一种发酵过程所代替，那就是糖被部分地转变成乳酸了。同时，他用显微镜在得“病”的葡萄酒桶中找到了和酵母形态不一样的呈杆状和球状的生物体，巴斯德当时把它称作活跃因子或新的“酵母”。当然，我们今天已知它是乳酸杆菌了。巴斯德不但找出了“病根”，而且提出了“治疗”的办法，那就是对酒或糖液进行灭菌，这种灭菌方法就是现在的所谓“巴斯德灭菌法”。

巴斯德关于发酵作用的研究，从1857年到1876年前后持续了20年。受过化学训练的巴斯德以自己研究实践的科学结论说服了当时盛行的所谓“自然发生学说”，他认为：“一切发酵过程都是微生物作用的结果。发酵是没有空气的生命过程。微生物是引起化学变化的作用者”。他利用这种“发酵是生命过程”的理论，找到了葡萄酒和啤酒酸败的本质，又在解决问题的过程中创建了至今适用的巴斯德灭菌法。他对于上述产品致病原因的描述以及其防止办法的建议至今仍然是正确无疑的。巴斯德的发现不仅对以前的发酵食品加工过程给予科学的解释，也为以后新的发酵过程的发现提供了理论基础，促使生物学原理和工程学原理相结合，因此，有人将巴斯德称为生物工程之父。

2. 1900—1940年期间　随着微生物培养技术的不断进步，新的发酵产品不断问世。新产品主要有酵母、甘油、乳酸、枸橼酸（柠檬酸）、丁醇和丙酮等。到了20世纪初，人们发现某些梭菌能引起丙酮、丁醇的发酵，丙酮是制造炸药的原料，随着第一次世界大战的爆发，一些服务于战争的弹药制造商们振兴了丙酮、丁醇制造工业。后来，战争虽然结束了，但丁醇作为汽车工业中硝基纤维素涂料的快干剂而大量使用，使这一工业经久不衰。时至今日，具有更强竞争力的新方法已逐步取代了昔日的发酵法。但它在生物工程发展中所做过的重要贡献使我们还有必要回顾它。它是第一个进行大规模工业生产的发酵过程，也是工业生产中首次采用大量纯培养技术的。这一工艺获得成功的重要因素是排除了培养体系中其他有害的微生物。尽管这种“排除”和现在所说的无菌操作还有一定的距离，这里所说的大量纯培养技术和以后所说的大量纯培养技术也不能相提并论，但在20世纪初，这是相当进步的生物技术。

3. 发酵工业大发展时期　青霉素工业化成功推动了发酵工业的发展。主要标志有：深层培养、生产大规模化；多种抗生素、氨基酸、核酸发酵成功；甾体的微生物转化。采用纯种发酵，进行无菌操作，对操作条件有严格的控制，相应地采用较复杂的工艺和装备。

以青霉素工业生产为标志的深层通气培养法的建立实现了发酵工程发展的一次新飞跃，这一飞跃发生在1942年。早在1929年，英国科学家Fleming在污染了霉菌的细菌培养平板上观察到了霉菌菌落的周围有一个细菌抑制圈，由于这种霉菌是青霉菌，所以Fleming就把这个抑制细菌生长的霉菌分泌物叫青霉素。可是，它的提取精制在当时几乎无法做到，Fleming只好忍痛割爱，放弃研究。10年以后，第二次世界大战的战火燃遍欧亚大陆，大量的伤病员和战争受害者急需抢救，英国的一些科学家恢复了Fleming的工作，取得了戏剧性的成功。这时，英国已战火弥漫，无法试制，身处大战后方的美国承担了青霉素的试制任务。要生产这种被视为灵丹妙药的青霉素谈何容易，它必须要有一种严格地将不需要的微生物排除在生产体系之外的无菌操作技术，必须要从外界通入大量空气而又不污染杂菌的培养技术，还要想方设法从大量培养液中获得这种在当时还产量极低的较纯的青霉素。美国的研究者、生产者们齐心协力，攻克许多难关，用了3年的时间，到1942年就正式实现了青霉素的工业化生产。这一惊人成就给当时千百万在战争和疾病死亡线上的挣扎者带来了生存的希望，也激起了科学家、企业家探索新抗生素的欲望，两年以后，世界上第二个抗生素链霉素就诞生了。

青霉素的工业化生产给千百万患者和伤者带来福音，更重要的是，作为当时生物工程核心的发酵工程已从昔日以厌氧发酵为主的工艺跃入深层通气发酵为主的工艺。这种工艺不只是通通气，而与此相适应的有一整套工程技术，例如，大量灭菌空气的制备技术、中间无菌取样技术、大罐无菌操作和管理技术、产品分离提纯技术、设备的设计技术等，因此，这是发酵工程第一次划时代的飞跃。后来又开发了许多产品，如数以千计的抗生素、各类氨基酸、不同用途的酶制剂等。

4. 基因工程等高新技术应用阶段 基因工程的发展为发酵工程带来新的活力。主要是以基因工程为龙头，对传统发酵工业进行改造，提高发酵单位，建立新型的发酵产业。新型发酵设备的研制为发酵工程提供了先进工具，代谢调控技术、连续发酵技术、高密度发酵技术、发酵与分离偶联技术、在线检测技术、自控和计算机控制技术的发展以及工艺、设备和工程等研究的进步，使发酵工程达到了一个新的高度，大型化、连续化、自动化控制技术的应用为发酵工程的发展拓展了新空间，大大提高了发酵的效率和质量，降低了能耗和成本，开拓了发酵原料的来源和用途，提高了设备的利用率。

三、发酵工程的研究内容

发酵工程的研究内容涉及：菌种的培养和选育、菌的代谢与调节、培养基配制与灭菌、通气搅拌、溶解氧、发酵条件的优化、发酵过程各种参数与动力学、发酵反应器的设计和自动控制、产品的分离纯化和精制等。发酵和提取工业的生产水平取决于三个要素：生产菌种、发酵和提取工艺和发酵设备。

扫码“学一学”

第二节　优良菌种的选育

发酵工程产品开发的关键是筛选新的有用物质的产生菌。从自然界分离得到的野生型菌种不论产量上还是质量上均不适合工业生产要求，因此必须通过人工选育得到优良的菌种。优良菌种的选育不仅为发酵工业提供了高产菌株，还可以提供各种类型的突变菌株。

菌种选育包括自然选育、诱变育种、杂交育种等经典育种方法，还包括控制杂交育种、原生质体融合、基因工程等定向育种方法。

一、菌种选育的物质基础

微生物的一切性状包括形态和生理都取决于菌体内的千百种酶。是什么物质支配着这许许多多酶有条不紊地行使着它的功能，又是什么性质使同一种微生物的上下代酶的种类、功能都一样？无数事实证明，这都是由遗传物质决定，主要是脱氧核糖核酸（DNA）所决定的。DNA 是微生物遗传的物质基础，基因是遗传物质的基本单位，基因也就是带有决定一个蛋白质全部组成所需信息的 DNA 的最短片段，是一个能自我复制、重组、突变和遗传的基本单位。每个基因包含几百对以上的核苷酸，只要其中一对发生交换或突变就会导致遗传性状的改变。决定遗传性状的 DNA 主要集中在染色体上，只有少许游离在外。DNA 分子结构的改变是诱变育种的工作根据，染色体搭配的变化交换是杂交育种的根据。对 DNA 分子结构和它复制过程的了解将更有利于充实诱变育种的理论根据。另外，质粒也是遗传物质，它是染色体外的遗传结构。质粒为环状双链 DNA 分子，能在细胞中进行自主复制，并能离开染色体单独存在。大多数质粒能经“消失”处理而消除，且对细胞无致命影响。许多质粒携带一些能影响宿主细胞类型的基因，例如用来控制抗生素的形成。

二、自然选育

不经人工处理，利用微生物的自然突变进行菌种选育的过程称为自然选育。自发突变的变异率很低。由于微生物可以发生自发突变，所以菌种在群体培养过程中会产生变异个体。这些变异个体中，生长良好、生产水平高、对生产有利的一类菌株称为正变菌株；生产能力下降、形态出现异型、生产水平低、导致菌种退化一类，菌株称为负变菌株。自然选育就是将正变菌株挑选出来，进行扩大培养。

自然选育可以达到纯化菌种、防止菌种衰退、稳定生产水平、提高产物产量的目的，但是自然选育存在效率低和进展慢的缺点，将自然选育和诱变育种交替使用，才容易收到良好的效果。

三、诱变育种

用人工来诱发突变是加速基因突变的重要手段，它的突变率比自然突变提高成百上千倍。突变发生部位一般是在遗传物质 DNA 上，因此突变后性状能稳定地遗传。

（一）诱变育种的方法和原理

微生物在生理上和形态上的变化只要是可遗传的都称作变异。变异和由环境变化而出现的变化有本质上的区别。如假丝酵母在土豆培养基上加盖玻片形成假菌丝，而在麦芽汁培养基上成分散椭圆细胞，这种可逆的现象绝不是变异。变异是由酶来调节控制的，而酶的合成完全由基因控制。微生物诱变育种的目的是要使它向符合人们需要的方向变异。通常用物理、化学、生物等因素进行对微生物诱变，导致遗传物质 DNA 结构上发生变化。

1. 诱变机制 由诱变而导致微生物 DNA 的微细结构发生的变化，主要分为微小损伤突变、染色体畸变即大损伤突变、染色体组突变三种类型。

（1）微小损伤突变 有以下两种。

1）碱基的置换 这是一种真正的点突变。根据置换方式不同可分为转换和颠换两种。转换是 DNA 链上一个嘌呤被另一个嘌呤或一个嘧啶被另一个嘧啶置换，这是常见的基因突变。颠换是指 DNA 链上一个嘌呤被一个嘧啶或一个嘧啶被一个嘌呤所置换。如果遗传密码 ACC 经碱基转换为 GCC，则 RNA 中有关遗传密码即由 UGG 改变为 CGG，UGG 是色氨酸密码，CGG 是精氨酸密码，经翻译后所合成的蛋白质分子就发生了改变。

2）码组移位突变 在 DNA 分子的某一位置上缺失或插入一对或几对核苷酸碱基而使遗传密码移位，叫做码组移位突变。由于遗传密码是以三个核苷酸碱基为一组编码氨基酸，它们在染色体上又是以连续状态存在的，所以在缺失或插入核苷酸碱基以后的密码子都成为错误密码子，以这些错误密码子去合成蛋白质很有可能是非正常的蛋白质。

（2）染色体畸变 是由遗传物质的缺失重复或重排而造成的染色体异常突变。染色体畸变主要包括一条染色体内部所发生的畸变和非同源染色体之间所发生的畸变，它有下列几种情况。

1）易位 两条非同源染色体之间部分相连接的现象叫做易位。它包括一个染色体的一部分连接到某一非同源染色体上的单独易位和两个非同源染色体的互相交换连接。

2）倒位 一个染色体的某一部分以颠倒的顺序出现在原来位置上。易位和倒位都是基因排列顺序改变，而基因数目不变。

3）缺失 在一条染色体上失去一个或多个基因遗传物质的节段。一般对染色体畸变的缺失是指足够长的 DNA 片段的缺失，而不是单个核苷酸的缺失，后者属移码突变。

4）重复 在一条染色体上增加了一段染色体片段，使同一染色体上某些基因超过一个，而重复出现。

（3）染色体组突变　这类突变主要是指细胞核内染色体数目改变。一个体细胞的细胞核内含有一套完整的染色体组的为单倍体，含有二套染色体组的为双倍体，三套以上的称为多倍体。生物体内染色体总数是一整套染色体组的整倍数者称为整倍体。在细胞核中某一个或某几个染色体多于或少于正常的二倍染色体数者称为非整倍体。染色体组突变是指由有丝分裂或减数分裂异常而产生的染色体数目或组数的变化。

2. 诱变剂及其作用方式　能诱发基因突变并使突变率提高到超过自发突变水平的因子都称之为诱变剂。诱变剂种类很多，有物理、化学、生物三大类，但常用的诱变剂如表6－1。

表6－1　常用诱变剂及其类别

物理诱变剂	化学诱变剂			生物诱变剂
	与碱基反应的物质	碱基类似物	在DNA中插入或缺失碱基	
紫外线	硫酸二乙酯（DES）	2-氨基嘌呤	吖啶类物质	噬菌体
快中子	甲基磺酸乙酯（EMS）	5-溴尿嘧啶	吖啶类氮芥衍生物	
X射线	亚硝基胍（NTG）	8-氮鸟嘌呤		
γ射线	亚硝酸（NA）			
激光	氮芥（NM）			
	羟胺			

（1）物理诱变剂　有紫外线、X射线、γ射线、快中子、α射线、β射线和超声波等。其中以紫外线应用最广。

1）紫外线　紫外线是波长短于紫色可见光而又接近紫色的射线，波长为40～390nm之间。它是一种非电离辐射能，使被照射物质的分子或原子中的内层电子提高能级，而并不获得或失去电子，所以不产生电离。DNA分子的紫外光吸收值为260nm，因此波长在200～300nm的紫外线才有诱变作用。实验室用15W低功率紫外灯，放出253nm光谱，是比较有效的诱变作用光谱。紫外线的剂量通常以每秒时间内每平方厘米多少焦耳来计算。由于紫外线能量测定比较困难，一般用照射时间作为相对的剂量单位。微生物所受射线的剂量决定于灯的功率，灯和微生物之间的距离、照射时间，如距离和功率固定，剂量和照射时间就成正比。除用时间表示相对剂量外，还可以用杀菌率表示相对剂量。各类微生物对紫外线敏感程度差异也很大，可以相差几千倍甚至上万倍。诱变剂量的选择一般采用致死90%～99%的剂量。生产上为了得到正突变菌株，往往采用低剂量，一般致死率在30%～70%为好。已经证明DNA强烈吸收紫外线，尤其是其键内的碱基对，已知嘧啶比嘌呤更敏感。几乎要敏感100倍。紫外线引起DNA变化的形式很多，如DNA链的断裂、DNA分子内和分子间的交联、核酸与蛋白质交联，但主要是胸腺嘧啶二聚体的形成。二聚体对热和酸都是稳定的。当双链DNA受紫外线照射时，由于链与链之间二聚体作用的结果而连接得更加紧密了，即双螺旋相对应的两链上胸腺嘧啶单位之间形成了二聚体。经紫外线照射后用可见光处理可以提高菌的存活率，降低突变效率，这就是光复活效应。已证明光复活作用是由于光激活了酶，使嘧啶二聚体分开，DNA受损伤的部分被修复，而使微生物复活。各种微生物被紫外线照射后能否光复活，要通过实验才知道。导致光复活的光谱范围也不一致。一般紫外线照射后的操作应在黄光或红光下进行，以免产生光复活效应。在诱变育种中也可采取致死剂量的紫外线和有复活作用的白炽光（300～500W）反复交替处理，以增加菌种的变异频率。紫外线诱变的操作方法：在暗室内安装15W紫外灯管，装上稳压装置，以求剂量准确。将5ml菌体悬浮液放在9cm培养皿内，在离灯管30cm处照射，并安装好摇动或电磁搅拌设备，以求照射均匀。照射前先开灯预热20min。一般微生物营养细胞在上述条件下照射几十秒到数分钟即可死亡。在正式进行处理前，先对要处理的微生物作出照射时间和死亡率的曲线，便于选择适当剂量。照射后应在红光下操作，将照射后菌悬液进行增殖培养期间，可用黑纸包住锥形瓶，防止光复活。

2）X射线和γ射线　X射线和γ射线都是高能电磁波，当这种射线作用于某物质时，能将该物质的分子或原子上的电子击出而生成正离子，这种辐射作用称作电离辐射。能量越大，产生的正离子越多。生物学上用的X射线是由X射线机产生，γ射线来自放射性元素钴、镭等。电离辐射的诱变机制，X射线和γ射线是由一个一个光子组成的光子流。光子是不带电的，这类射线和物质作用时不能直接引起物质电离，只有与原子或分子直接碰撞时，把全部或部分能量传递给原子而产生次级电子，这种次级电子一般具有很高的能量，能产生电离作用而引起微生物变异。它对基因和染色体都产生一定效应，因此除了引起点突变外，也会产生染色体断裂而引起染色体倒位、易位、缺损、重组和其他形式的畸形变化。但发生了染色体断裂的细胞常常不稳定，因为复制时会引起分离，这是此类诱变剂的缺点。X射线和γ射线的剂量可用剂量仪直接测定每毫升空气中产生的电离数目或能量，以尔格/克（erg/g）表示，也可用化学方法测定——硫酸亚铁法。Fe^{2+}受X射线或γ射线照射后，产生一定量Fe^{3+}，Fe^{3+}的量可在304nm光波段由消光系数测出，再用公式换算成X射线剂量。各种微生物对X射线和γ射线敏感程度差异很大。引起最高诱变率的剂量也随各类微生物而不同。照射一般用菌悬液，也可用长在平皿上的菌落，如在有氧下照射可提高照射效应。

3）快中子　快中子是原子核的组成部分，是不带电的粒子，可从加速器和原子反应堆中产生出来。中子不直接产生电离，但能从吸收中子的物质的原子核中撞出质子来。在受照射的物质中，质子被不定向地打出来，电离是在受照射物体内沿质子的轨迹集中分布的。它的生物学效应和X射线相同，但由于快中子有更大的电离密度，因而更能够引起基因突变和染色体畸变，特别是正突变效率高。它的剂量单位是伦琴（R）和拉德（rad）。1伦琴 $1R = 2.58 \times 10^{-4}C/kg$ 所产生的离子数相当于1伦琴X射线产生的离子数，中子流的强度以中子数/（厘米^2·秒）为单位。快中子照射时可将菌悬液放在安瓿管中或长在平皿上的菌落放在距射线源一定距离处进行快中子照射，所用剂量为100～1500戈瑞（Gy），即10～150krad。

（2）化学诱变剂　在筛选工作中，人们发现从最简单的无机物到最复杂的有机物中都可找到能引起诱变的物质，包括金属离子、一般化学试剂、生物碱、抗代谢物、生长刺激素、抗生素及高分子化合物、杀菌剂、染料等。

根据化学诱变因素对DNA的作用形式可分为三类：第一类是与一个或多个核酸碱基发生化学变化，引起DNA复制时碱基配对的转换而引起变异。如亚硝酸、硫酸二乙酯、甲基磺酸乙酯、*N*-甲基-*N'*-硝基-*N*-亚硝基胍、亚硝基甲基脲等。第二类是与天然碱基十分接近的类似物掺入到DNA分子中而引起变异，如5-溴尿嘧啶、5-氨基尿嘧啶、8-氮鸟嘌呤和2-氨基嘌呤等。第三类是DNA分子上减少或增加一、二个碱基引起碱基突变点以下全部遗传密码转录和翻译的错误，这类由于遗传密码的移动而引起的突变体称为码组移动突变体，如吖啶类物质。

N-甲基-*N'*-硝基-*N*-亚硝基胍（*N*-methyl-*N'*-nitro-*N*-nitrosoguanidine，NTG）是有效的诱

变剂之一，在不同的 pH 下 NTG 分解作用不同，在 pH8～9 时，很快分解形成重氮甲烷，由于重氮甲烷对 DNA 的烷化作用，使诱变作用也随着加强。在 pH5.0～5.5 时形成 HNO_2，而 HNO_2 本身就是诱变剂。在 pH6.0 条件下两者都不产生，此时诱变效应可能是由于 NTG 本身引起核蛋白变化所致。

5-溴尿嘧啶处理时，首先将生长期细菌在生理盐水中培养过夜，即在饥饿条件下使之耗去体内贮存物质，以有利于 5-溴尿嘧啶掺入，其次是将 5-溴尿嘧啶加到培养基中，浓度为 10～20μg/ml。将菌涂于平皿上，在生长过程中进行处理，然后挑出单菌落试验。如果处理孢子悬浮液，则 5-溴尿嘧啶浓度为 100～1000μg/ml，与孢子混合后振荡培养。

（二）诱变和筛选

诱变育种主要是诱变和筛选两步。在具体进行某一项工作时首先要制定明确的筛选目标，如提高产量或菌体量，其次是制定合理步骤，再次是建立正确快速测定方法和摸索培养最适条件。

1. 流程 微生物诱变育种一般流程如图 6－1 所示。

2. 突变菌株的筛选 一个菌种的细胞群体经过诱变处理后，突变发生的频率很低，而且是随机的，所需要的突变株出现的频率就更低。因此合理的筛选方法与程序是菌种选育的另一个重要问题。在此过程中，初步筛选又是关键性的一步。在抗生素产生菌的育种中一直采用随机筛选的初筛方法：即将诱变处理后形成的各单细胞菌株，不加选择地随机进行发酵并测定其单位产量，从中选出产量最高者进一步复筛。这种初筛方法较为可靠，但随机性大，需要进行大量筛选。

为了提高筛选效果，陆续建立了一些“理性化筛选”方法，即根据与抗生素生物合成直接或间接有关的某些性状进行初步筛选，然后在合适的条件下发酵并测定其生产抗生素的能力。实用意义比较大的初筛方法有以下几种。

（1）自身耐药突变株 细胞对自身产生抗生素的耐药性是细胞本身的一种防护机制。自身耐药的机制与一般微生物的耐药性一样，不同的抗生素可能有所不同。大环内酯类抗生素产生菌的自身耐药是由于 23S rRNA 的腺嘌呤甲基化引起的。在野生型菌株中，发酵早期的细胞并不产生此甲基化酶，直到抗生素开始合成后才产生，故为诱导型耐药。其组成型耐药突变株，不仅开始合成抗生素的时间提早，产量也有所提高。自身耐药突变株提高了产生抗生素的能力。在有的菌种中，由于对自身产生的抗生素敏感，故不能合成更多的抗生素。在此情况下，如自身耐药性有所提高，则有可能因去掉了这一限制因素而提高产量。

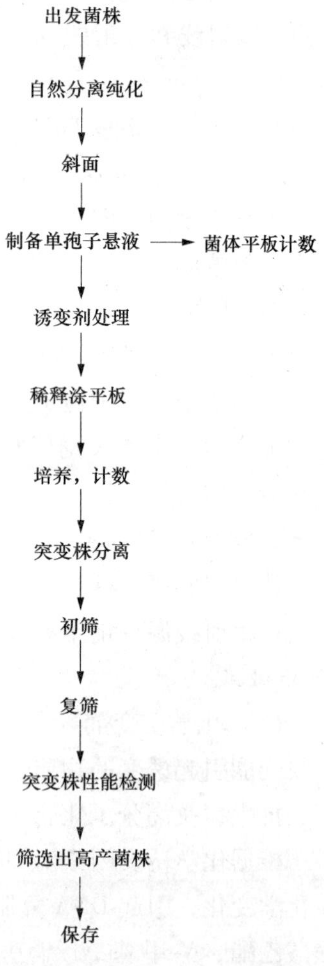

图 6－1 诱变育种示意图

（2）结构类似物或前体类似物的耐受变株 在氨基酸产生菌中，氨基酸结构类似物的耐受变株所产生氨基酸的反馈调节往往被解除或缓解，因而能积累过量的产物。例如赖氨酸产生菌的 *S*-（2-氨乙基）-L-半胱氨酸耐受变株明显地提高了产酸能力。结构类似物耐受变株在氨基酸产生菌的育种中有重要意义，因为处于生物合成途径的中间位置的氨基酸，以及在分支途径中合成的氨基酸，通过营养缺陷型突变解除反馈调节机制，通常就能大量积累作为中间产物或终产物的氨基酸。然而有些处在直链生物合成途径末端的氨基酸，或虽在支路代谢途径中合成的氨基酸，但其本身有明显的反馈调节作用。对于这类氨基酸，只用营养缺陷型突变提高其单位产量，则往往不能奏效。因为在前一种情况下，合成途径中某种氨基酸的缺陷型突变使人们所需要的目的氨基酸的合成也被阻断；在后一种情况下，氨基酸营养缺陷型突变常不能解除此氨基酸的反馈调节。结构类似物耐受突变与营养缺陷型突变配合使用对提高氨基酸的单位产量有其普遍意义。

（3）营养缺陷型及其回复突变株　用营养缺陷型突变提高氨基酸的单位产量，效果显著，已广为应用。氨基酸的生物合成途径及调节机制都比较清楚。如为分支合成途径上的氨基酸，用营养缺陷型突变阻断其另一分支途径，则往往使目的氨基酸的合成明显提高。处于直链合成途径中间部位的氨基酸，因其末端氨基酸常常有反馈调节作用，如将其合成阻断，也可能使目的氨基酸大量积累。

四、原生质体融合

原生质体融合就是把两个亲株分别通过酶解去除细胞壁，使菌体细胞在高渗环境中释放出由原生质膜包被着的球状体，在高渗条件下混合两个亲株的原生质体，由聚乙二醇（polyethylene glycol，PEG）作为助融剂使它们相互凝集发生细胞融合，接着二亲株细胞基因组由接触到交换，从而实现遗传重组，在再生细胞中就有可能挑选到较理想的重组子。

原生质体融合育种去除了细胞壁屏障，亲株基因组直接融合、交换、实现重组，在融合后二亲株的基因组之间有机会发生多次交换，产生各种各样的基因重组，而得到多种类型的重组子，并可进行多级融合，即有 2 个以上亲株在一起融合。融合重组频率比较高。可用温度、药物或紫外线照射处理，以纯化亲株一方或双方，然后再融合、再生、筛选重组子。

（一）原生质体融合的一般程序

首先是溶壁作用。不同菌株要求不同的酶，如细菌、放线菌可用溶菌酶，酵母菌用蜗牛酶，霉菌用纤维素酶和蜗牛酶脱壁后原生质球在高渗溶液中用 PEG 作助融剂，将两种亲株原生质体进行融合，然后在再生培养基上培养，挑出融合重组子。

（二）影响融合的因素

1. 菌龄　菌龄对原生质体的形成有很大影响，一般采用对数前期的菌体进行酶解，原生质体形成率高。

2. 培养基成分　培养基成分也对原生质体形成发生很大影响，在限制性培养基上比在完全培养基上原生质体形成效果好，这可能是因为完全培养基中的有机成分或某些金属离子会引起细胞壁成分的改变，而导致对溶解酶敏感性的改变。

3. PEG　在融合过程中 PEG 是必要的，PEG 引起凝集，有利于原生质体之间的亲和。PEG 分子量和浓度对融合效果有较大影响。

4. 外界因素　细胞壁再生和回复是有生理活性的原生质体所共有的特性，但外界因素对再生也会产生较大影响，除高渗溶液配制外，在再生培养基中加酵母膏可促进再生速度。原生质体密度要适当，不宜过多，以免互相影响或抑制。

（三）原生质体融合育种

通过细胞融合可将不同菌种的优良性状集中到一个菌种中，原生质体融合技术操作简便，重组频率高，是一种很有效的遗传育种手段。现在已经利用它来改良菌株，提高代谢产物的产量，而且能打破种属界限，产生重组子，并有可能产生新的化合物。

通过原生质体融合提高微生物代谢产物的单位产量已经成为育种的常规方法之一。为了提高某一抗生素的单位产量，可将其产生菌与另一生物合成途径相似的抗生素产生菌的高产菌株进行原生质体融合。正定霉素产生菌与四环素产生菌原生质体融合，由于这两个抗生素的生物合成都是来自聚酮体途径，使正定霉素的单位产量得到明显提高。将巴龙霉素产生菌与新霉素产生菌的高产突变株进行种间原生质体融合，获得了巴龙霉素单位产量可提高 5 ~6 倍的重组体，这两个抗生素在化学结构上只有一个羟基和氨基的差别，合成途径也十分相似。

五、分子育种

随着基因工程技术的发展，对微生物代谢产物的基因表达调控研究及生物合成的分子机制研究不断深入，已经可以从分子水平选育优良菌种。

（一）提高产量

1. 增加参与生物合成限速阶段基因的拷贝数 增加生物合成中限速阶段酶系基因剂量有可能提高抗生素的产量。抗生素生物合成途径中的某个阶段可能是整个合成中的限速阶段，如果能够确定生物合成途径中的“限速瓶颈”(rate-limiting bottleneck)，并设法提高这个阶段酶系的基因拷贝数，在增加的中间产物对合成途径中某步骤不产生反馈抑制的情况下，就有可能增加最终抗生素的产量。

由于抗生素的产量与许多基因有关，甚至与有些不一定属于生物合成的基因有关。因此，单靠增加某一二个基因的拷贝数，来改善“限速瓶颈”效应是不容易的，然而确有成功的例子。如十一烷基灵红菌素生物合成的最后阶段由 *O*-甲基转移酶催化，如将此酶的基因转入阻断变株，酶活性比原株提高了 5 倍，抗生素单位产量也相应提高。泰乐菌素（tylosin，泰乐星）生物合成的最后一步是大菌素（macrocin）在 *O*-甲基转移酶催化下转化为泰乐菌素，Seno E. T. 等发现高产的弗氏链霉菌（*S. fradiae*）中 *O*-甲基转移酶比活性高，但与泰乐菌素产量不成比例，并积累有较多的大菌素，故推测大菌素甲基化这一步反应可能是限速阶段；Cox K. L. 等通过克隆 *O*-甲基转移酶基因，提高了泰禾菌素的产量。

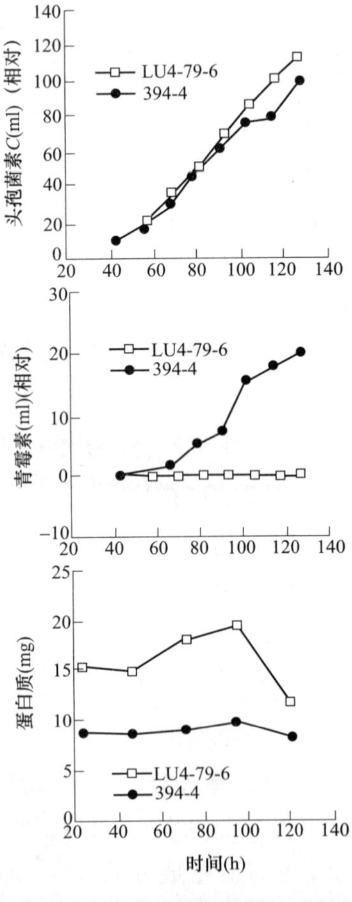

图 6－2 产生头孢菌素的重组菌株 LU4-79-6 与受体菌株 394-4 在中试罐中的发酵过程

分析高产头孢菌素 C 工业菌株发酵液，发现还有青霉素 N 积累，表明合成途径中的下一步反应限制了这一中间体的转化。利用基因工程手段将一个带有 *cefEF* 基因的整合型重组质粒转入头孢菌素高产菌株顶头孢霉（*Cephalosporium acremonium*）394-4 中，所得的转化子有 25% 产量提高；在实验室小罐中产量提高最大达到 50%，而青霉素 N 的产量却降低了。这说明了 DACS/DAOCS 活性的增加使其底物的消耗也相应增加，由此认为从 IPN 到 DAOCS 可能是生物合成中的限速阶段。对一株含有重组质粒的转化子 LU4-79-6 的详细分析表明，它有一个已整合到染色体Ⅲ上的附加 *cefEF* 基因拷贝，而内源 *cefEF* 基因拷贝则位于染色体Ⅱ上。由于 *cefEF* 基因拷贝数的增加，该菌株的细胞抽提液中 DACS/DAOCS 的活力提高了 1 倍，在中试罐发酵，无青霉素 N 中间体积累，头孢菌素 C 的产量提高了 15% 左右（图 6－2）。这些结果说明，在重组子顶头孢霉菌 LU4-79-6 中已有效地解除了头孢菌素 C 生物合成中的限速步骤。虽然在工业发酵中产量仅仅提高了 15% 左右，但对于头孢菌素 C 产生已高度开发的菌株来说，这仍然是重大的改进。这株工程菌现已应用于工业生产。

2. 通过调节基因的作用　调节基因的作用可增加或降低抗生素的产量，在许多链霉菌中关键的调节基因嵌在控制抗生素产生的基因簇中，它常常是抗生素生物合成和自身抗性基因簇的组成部分。正调节基因可能通过一些正调控机制对结构基因进行正向调节，加速抗生素的产生。负调节基因可能通过一些负调控机制对结构基因进行负向调节，降低抗生素的产量。因此，增加正调节基因或降低负调节基因的作用，也是一种增加抗生素产量的可行方法。

将额外的正调节基因引入野生型菌株中，为获得高产量产物提供了最简单的方法。在放线紫红素（actinorhodin）产生菌天蓝色链霉菌（*S. coelicolor*）中 *act Ⅱ* 调节 *act Ⅰ*、*act Ⅲ* 和其他 *act* 基因的表达，将 *act Ⅱ* 转入 *S. coelicolor* 中，尽管 *act Ⅱ* 的拷贝数仅增加了 1 倍，但放线紫红素产量提高了 20～40 倍。

3. 增加抗性基因　抗生素的产量与产生和该抗生素的抗性基因密切相关，因此可以通过增加抗性基因的拷贝数来提高菌种的抗性水平，达到提高产量的目的。

抗性基因不但通过它的产物灭活胞内或胞外的抗生素，保护自身免受所产生的抗生素的杀灭作用，有些抗性基因的产物还直接参与抗生素的合成。抗性基因经常和生物合成基因连锁，而且它们的转录有可能也是紧密相连的，是激活生物合成基因进行转录的必需成分。因此，抗性基因必须首先进行转录，建立抗性后，生物合成基因的转录才能进行。抗生素的生产水平由抗生素生物合成酶和对自身抗性的酶所共同决定，这为通过提高菌种自身抗性水平来改良菌种、提高抗生素产量提供了依据。

从卡那霉素产生菌中克隆了 6′-*N*-氨基糖苷乙酰转移酶 AAC6 的基因（*aacA*），该基因在乙酰辅酶 A 存在下，可将氨基糖苷类抗生素分子中 2-脱氧链霉胺的氨基乙酰化。将 *aacA* 基因转入新霉素和卡那霉素产生菌中，结果转化子对多种氨基糖苷类抗生素的抗性有所提高，新霉素和卡那霉素的发酵效价也有明显提高。

（二）改善抗生素组分

链霉菌产生的次生代谢产物常常是一组结构相似的混合物，每个化合物称为它的一个组分。多组分产生的分子基础是次生代谢产物的合成酶对底物的选择性不强以及合成途径中分支途径的存在。由于这些组分的化学结构和性质非常相似，而其生物活性有时却相差很大，这给有效组分的发酵、提取和精制带来很大不便。随着对各种抗生素生物合成途径的深入了解以及基因重组技术的不断发展，应用基因工程方法可以定向地改造抗生素产生菌，获得只产生有效组分的菌种。

庆大霉素是一种氨基糖苷类抗生素，主要用于治疗细菌感染，尤其是革兰阴性菌引起的感染。庆大霉素由棘孢小单孢菌发酵生产，临床应用的庆大霉素含有庆大霉素 C1a、C2、C2a 和 C1 四种活性组分。依替米星是我国自主研发的新半合成氨基糖苷类抗生素，由庆大霉素 C1a 经化学修饰生产制备。而由于庆大霉素四个主要组分化学性质相似，从庆大霉素发酵液分离制备庆大霉素 C1a 工艺复杂、产率低。庆大霉素的生物合成途径如图 6-3 所示，通过基因工程方法阻断庆大霉素生物合成中 C-6′甲基转移酶基因 *gacD*，使菌株不再产生庆大霉素庆大霉素 C2、C2a 和 C1，获得了主组分为庆大霉素 C1a、产量达 1000μg/ml 的高产菌株。

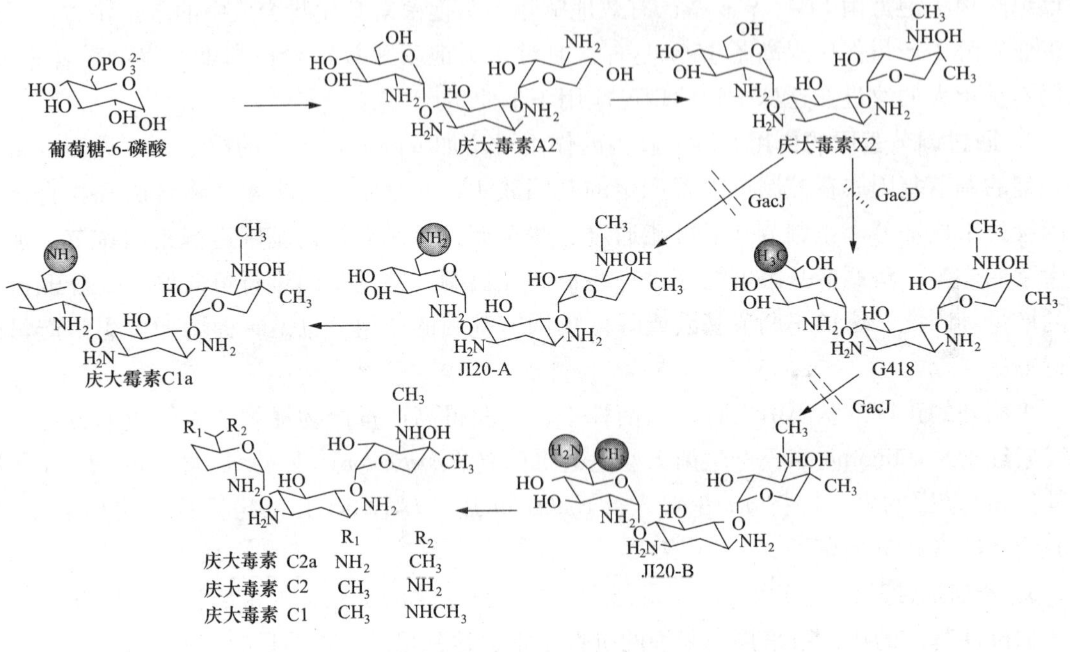

图 6-3 庆大霉素生物合成途径简图

（三）改进抗生素生产工艺

抗生素的生物合成一般对氧的供应较为敏感，不能大量供氧往往是高产发酵的限制因素。为了使细胞处于有氧呼吸状态，传统方法往往只能改变最适操作条件、降低细胞生长速率或培养密度。提高供氧水平通常只从设备和操作角度考虑，着眼于提高溶解氧水平或气液传质系数，提高发酵罐中无菌空气的通入量，并采用各种各样的搅拌装置，使空气分散，以满足菌体的需氧要求。空气的压缩、冷却、过滤和搅拌都消耗大量的能源，而结果只有一小部分的氧得到利用，造成能源浪费。

进入液相的氧分子，需穿过几层界膜，进入菌体后，再经物理扩散，才能到达消耗氧并产生能量的呼吸细胞器。如在菌体内导入与氧有亲和力的血红蛋白，呼吸细胞器就能容易地获得足够的氧，降低细胞对氧的敏感程度，可以利用它来改善发酵过程中溶解氧的控制强度。因此，利用重组 DNA 技术克隆血红蛋白基因到抗生素产生菌中，在细胞中表达血红蛋白，可从提高细胞自身代谢功能入手解决溶解氧供求矛盾，提高氧的利用率，具有良好的应用前景。

将一种丝状细菌——透明颤菌（Vitreoscilla）的血红蛋白基因克隆到放线菌中，可促进有氧代谢、菌体生长和抗生素的合成。透明颤菌为专性好氧细菌，生存于有机物腐烂的死水池塘，在氧的限量下，透明颤菌中的血红蛋白（Vitreoscilla hemoglobin，VHb）受到诱导，合成量可增加几倍。这一血红蛋白已经被纯化，证明含有两个亚基和 146 个氨基酸残基，分子量为 1.56×10^5。这个透明颤菌血红蛋白基因（vitreoscilla globin gene）已在大肠杆菌中克隆得到，经细胞内定位研究，证明大量的 VHb 存在于细胞间区，其功能是为细胞提供更多的氧给呼吸细胞器。VHb 最大诱导表达是在微氧条件下（溶解氧水平低于空气饱和时的20%），调节发生在转录水平，转录在完全厌氧条件下降低很多，而在低氧又不完全厌氧的情况下，诱导作用可达到最大，在贫氧条件下对细胞生长和蛋白质合成有促进作用。

Magnolo 等人把血红蛋白基因克隆到天蓝色链霉菌（*S. coelicolor*）中，在氧限量的条件下，血红蛋白基因的表达可使放线紫红素的产量提高10倍之多（图6-4）；Demodena 等人将血红蛋白基因引入产黄顶头孢霉菌（*Acremonium chrysogenum*）中，限氧时血红蛋白表达量较高，头孢菌素C的产量比对照菌株提高5倍。

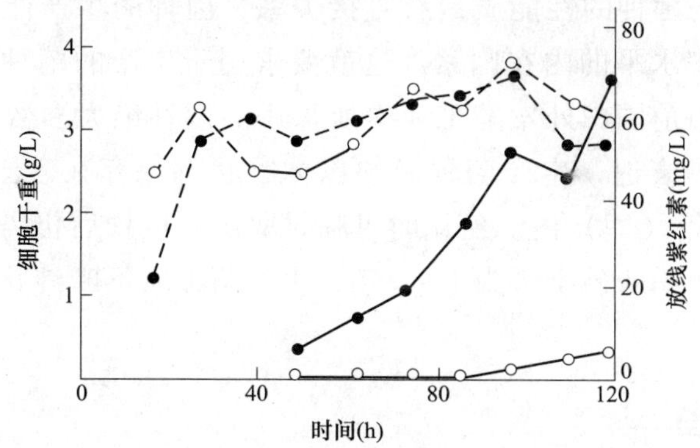

图6-4　天蓝色链霉菌氧限量下发酵曲线

----- 细胞干重；—— 放线紫红素合成量

● 工程菌、表达 VHb；○ 对照、不表达 VHb

（四）产生杂合抗生素

应用基因工程技术改造菌种，产生新的杂合抗生素，这为微生物药物提供了一个新的来源。杂合抗生素（hybrid antibiotic）是通过遗传重组技术产生的新的抗菌活性化合物。

Epp 等克隆了耐温链霉菌的16元大环内酯碳霉素的部分生物合成基因，将编码异戊酰辅酶A转移酶的 *carE* 基因转到产生类似结构的16元大环内酯抗生素螺旋霉素产生菌生二素链霉菌中，其转化子产生了4″-异戊酰螺旋霉素（图6-5）。由于碳霉素异戊酰辅酶A转移酶具有识别螺旋霉素碳酶糖（mycarose）对应位置的能力，从而将异戊酰基转移到螺旋霉素4″—OH上。这是第一个有目的地改造抗生素而获得新杂合抗生素的成功例子。工以光等以 *carE* 基因为探针，从麦迪霉素基因文库中克隆到了同源DNA片段，其中2.65 kb的 *Eco*R I-*Eco*R I-*Pst* I 片段编码一个酰化酶基因。将该基因导入变青链霉菌TK24，并在发酵时添加螺旋霉素，结果产生了丙酰螺旋霉素（图6-5）；将该基因导入螺旋霉素产生菌，结果发酵产物中丙酰螺旋霉素的组分占70%，而原产物螺旋霉素仅占7%~8%。

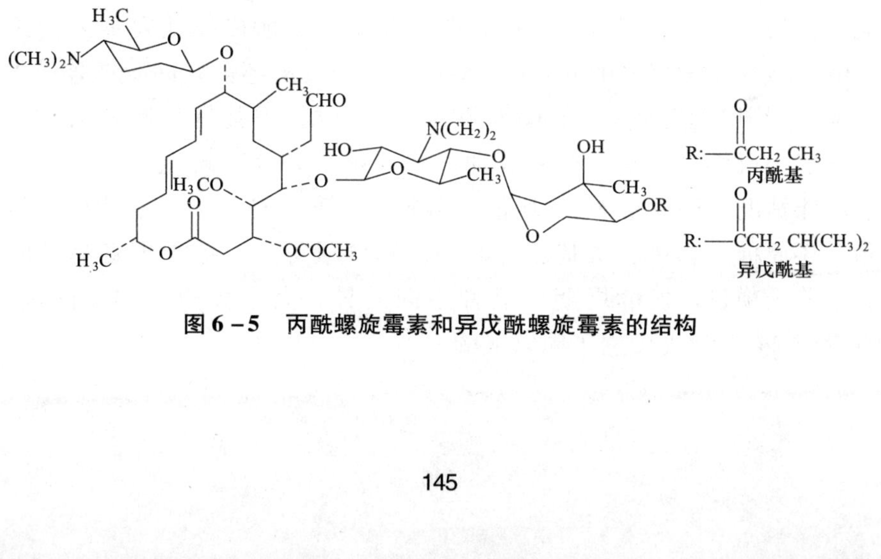

图6-5　丙酰螺旋霉素和异戊酰螺旋霉素的结构

扫码“学一学”

第三节　发酵的基本过程

发酵的基本过程为：菌种→种子制备→发酵→发酵液预处理→提取精制。

一、菌种

发酵水平的高低与菌种的性能质量有直接关系，菌种的生产能力、生长繁殖的情况和代谢特性是决定发酵水平的内在因素。这就要求用于生产的菌种产量高、生长快、性能稳定、容易培养。目前国内外发酵工业中所采用的菌种绝大多数是经过人工选育的优良菌种。为了防止菌种衰退，生产菌种必须以休眠状态保存在砂土管或冷冻干燥管中，并且于0~4℃恒温冰箱（库）内。使用时可临时取出，接种后仍需冷藏。生产菌种一般都严格规定其使用期，一般砂土管为1~2年，生产菌种应不断纯化，淘汰变异菌落，防止衰退。

二、种子的制备

种子是发酵工程开始的重要环节。这一过程是使菌种繁殖以获得足够数量的菌体，以便接种到发酵罐中。种子制备可以在摇瓶中或小罐内进行，大型发酵罐的种子要经过两次扩大培养才能接入发酵罐。摇瓶培养是在锥形瓶内装入一定量的液体培养基，灭菌后接入菌种，然后放在回转式或往复式摇床上恒温培养。种子罐一般用钢或不锈钢制成，结构相当于小型发酵罐，种子罐接种前有关设备及培养基要经过严格的灭菌。种子罐可用微孔压差法或打开接种阀在火焰的保护下接种，接种后在一定的空气流量、罐温、罐压等条件下进行培养，并定时取样做无菌试验，菌丝形态观察和生化分析，以确保种子质量。

三、发酵

这一过程的目的是使微生物产生大量的目的产物，是发酵工序的关键阶段。发酵一般是在钢制或不锈钢的罐内进行，有关设备和培养基应事先经过严格灭菌，然后将长好的种子接入，接种量一般为5%~20%。在整个发酵过程中要不断地通气（通气量一般为0.3~1m^3/m^3），搅拌（单位体积的搅拌功率消耗为1~2kW/m^3），维持一定的罐温（视品种而定，一般为26℃~37℃，但也有高至40℃的），罐压（一般发酵始终维持0.3%~0.5kg/cm^2表压），并定时取样分析和无菌试验，观察代谢和产物含量情况，有无杂菌污染。在发酵过程中会产生大量泡沫，所以往往要加入消沫剂来控制泡沫。加入酸、碱控制发酵液的pH值，多数品种的发酵还需要间歇或连续加入葡萄糖及铵盐化合物（以补充培养基内的碳源及氮源），或补进其他料液和前体，以促进产物的产生。发酵中可供分析的参数有：通气量、搅拌转速、罐温、罐压、培养基总体积、黏度、泡沫情况、菌丝形态、pH值、溶解氧浓度、排气中二氧化碳含量以及培养基中的总糖、还原糖、总氮、氨基氮、磷和产物含量等。一般根据各品种的需要与可能，测定其中若干项目。发酵周期因品种不同而异，大多数微生物发酵周期为2~8日，但也有少于24小时或长达2周以上的。

四、提取精制

发酵完成后得到的发酵液是一种混合物，其中除了含有表达的目的产物外，还有残余的培养基、微生物代谢产生的各种杂质和微生物的菌体等。提取过程包括以下三个方面：①发酵液的预处理和过滤；②提取过程；③精制过程。

第四节　发酵方式与设备

扫码“学一学”

在制备大量微生物菌体或其代谢产物时，可采用不同的发酵方式。微生物的发酵方式可分为分批发酵、补料分批发酵和连续发酵。

一、分批发酵

简单分批发酵是将全部物料一次投入到反应器中，经灭菌、接种及若干时间的发酵后再将发酵液一次放出的操作过程。放料后再重复投料、灭菌、接种、发酵过程。它以微生物生长、各种基质消耗和代谢产物合成都处于瞬变之中为特征，整个发酵过程处于不稳定状态。

分批发酵过程中的pH、温度、溶解氧浓度以及多种营养物质浓度都可作为控制变量加以优化。按发酵动力学原理对发酵过程进行优化控制，涉及许多数据的采集、处理、综合运算和参数估计，并要求实时性，因此必须采用在线检测技术和计算机控制，这方面仍处于不断发展和完善中。

二、补料分批发酵

补料分批发酵是将种子接入发酵反应器中进行培养，经过一段时间后，间歇或连续地补加新鲜培养基，使菌体进一步生长的培养方法。所补材料可为全料（基础培养基）或简单的碳源、氮源及前体等。

三、连续发酵

连续发酵是将种子接入发酵反应器中，搅拌培养至一定菌体浓度后，开动进料和出料的蠕动泵，以控制一定稀释率进行不间断的培养，发酵反应器中的细胞总数和总体积均保持不变，发酵体系处于平衡状态，发酵中的各个变量都能达到恒定值而区别于瞬间状态的分批发酵。

连续发酵包括恒化器发酵和恒浊器发酵。前者以某种基质作为限制因素，通过控制其流加速率造成适应于这种流加条件的生长密度和速率；后者是以恒定的菌体密度控制生长限制基质，这两种方法的基本要求都是保持恒定的发酵液密度。

连续发酵可为微生物提供较恒定的生活环境。连续发酵所用的生物反应器比分批发酵所用的生物反应器要小，发酵时细胞的生理状态更一致，容易实现生产过程的仪表化和自动化。啤酒、乙醇、酵母、有机酸的生产都已采用连续发酵生产方式。目前，已研制出了用于重组微生物发酵生产蛋白质的连续发酵体系。

四、发酵设备

发酵罐应给微生物细胞的生长代谢提供一个最优化的环境，培养过程不得污染，必须保证纯菌培养，培养及消毒过程中不得游离出异物等，从而使其在生长代谢过程中产生出最大量、最优质的所需产物。

发酵罐必须具备如下一些基本要求：制造生物反应器所采用的一切材料稳定性要好，对微生物必须无毒性，一般要用不锈钢制成；密封性能良好，可避免一切外来的不需要的微生物的污染；发酵罐的结构必须使之具有良好的传质、传热和混合的性能；发酵罐内壁及管道焊接部位平整光滑和无裂缝，以减少微生物的沉积，利于清洗，消除灭菌死角；所有的连接接口均要用密封圈封闭，不留“死腔”，任何接口处均不得有泄漏；搅拌器转速和通气应适当；对培养环境中多种物理化学参数能自动检测和调节控制，控制的精确度高。发酵罐主要组成部分有：发酵罐体、保证高传质作用的搅拌器、精细的温度控制和灭菌系统、空气无菌过滤装置、残留气体处理装置、参数测量与控制系统（如 pH、O_2、CO_2 等）以及培养液配制及连续操作装置等。发酵罐结构（图 6－6）包括：搅拌器、挡板、蛇管（夹套）、空气分布器、接种口、取样口、排气口、放料口、入孔、视镜等部件。

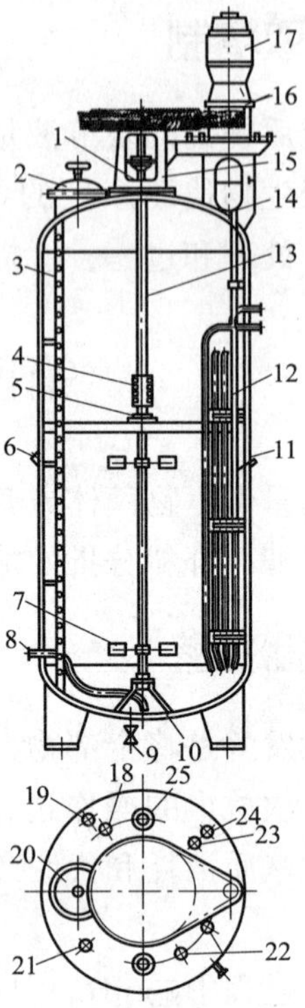

图 6－6　发酵罐的结构

1—轴封　2—入孔　3—梯子　4—连轴节　5—中间轴承　6—热点偶联孔　7—搅拌器　8—通风管　9—放料口　10—底轴承　11—温度计　12—冷却管　13—轴　14—取样　15—轴承柱　16—三角皮带传动　17—电动机　18—压力表　19—取样口　20—入孔　21—进料口　22—补料口　23—排气口　24—回流口　25—视镜

扫码“学一学”

第五节　发酵工艺控制

微生物细胞具有完善的代谢调节机制，使细胞内复杂生化反应高度有序地进行，并对外界环境的改变迅速做出反应，因此必须控制微生物的培养和生长环境条件，影响其代谢过程，以便获得高产量的产物。为了使发酵生产能够得到最佳效果，可采用测定与发酵条件和内在代谢变化有关的各个参数，以了解产生菌对环境条件的要求和代谢变化规律，并根据各个参数的变化情况，结合代谢调控理论，来有效地控制发酵。

一、培养基的影响及其控制

细胞的生长需要一定的营养，用于维持细胞生长的营养基质称为培养基。不同的微生物对营养要求有很大的差异，培养基的成分和配比合适与否，对产生菌的生长发育、发酵单位的增长有相当大的影响，同时还影响到提取工艺及产品质量。

微生物的生长需要较多供给构成有机碳架的碳源，构成含氮物质的氮源，其次还需要一些含磷、镁、钾、钙、钠、硫等的盐类以及微量的铁、铜、锌、锰等元素。配制培养基的成分应包括碳源、氮源、无机盐和水等物质。

（一）碳源

碳源是构成微生物细胞和各种代谢产物碳骨架的营养物质，同时碳源在微生物代谢过程中被氧化降解，释放出能量，并以ATP方式储存于细胞内，供给微生物生命活动所需的能量。

生产中使用的碳源有糖类、脂肪、有机酸、碳氢化合物。常用的糖类有单糖、双糖和多糖。微生物利用不同种类的碳源的速度不同，有迅速利用的碳源（速效碳源）和缓慢利用的碳源（迟效碳源）。速效碳源能较迅速地参与代谢、合成菌体和产生能量，并产生分解产物，因此有利于菌体生长，但有的分解代谢产物对产物的合成可能产生阻遏作用。葡萄糖作为最好的速效碳源经常影响次生代谢产物的形成。迟效碳源多数为聚合物，被菌体缓慢利用，有利于延长代谢产物的合成，特别有利于延长抗生素的分泌期，为许多微生物药物的发酵所采用。多糖（淀粉）、寡聚糖（乳糖）和油脂等迟效碳源经常作为发酵生产次生代谢产物的合适碳源。因此选择最适碳源对提高代谢产物的产量是很重要的。

（二）氮源

氮源是构成菌体细胞物质，也是细胞合成氨基酸、蛋白质、核酸、酶类及含氮代谢产物的成分。选择氮源时需要注意氮源促进菌体生长、繁殖和合成产物间的关系。

氮源分为无机氮源和有机氮源两大类。不同种类和不同浓度的氮源都能影响代谢产物合成的方向和产量。常用的有机氮源有黄豆饼粉、花生饼粉、棉子饼粉、蛋白胨、酵母粉。这些天然的原料成分复杂，含量差别较大，往往因品种、产地、加工方法等不同，而使原材料质量规格有较大的差异。其对发酵的影响错综复杂，常常引起发酵水平的波动。

氮源也分为迅速利用的氮源（速效氮源）和缓慢利用的氮源（迟效氮源）。速效氮源如氨基态氮的氨基酸和玉米浆等，迟效氮源如黄豆饼粉、花生饼粉和棉子饼粉等。速效氮源通常有利于菌体的生长，迟效氮源有利于代谢产物的形成。

（三）无机盐和微量元素

各种无机盐和微量元素的主要功能是：构成菌体原生质的成分（如磷、硫等）；作为酶的组成部分或维持酶的活性（如镁、锌、铁、钙、磷等）；调节细胞的渗透压（如NaCl、KCl等）和pH等；参与产物合成（磷、硫等）。

（四）水

培养基必须以水为介质，它既是构成菌体细胞的主要成分，又是一切营养物质传递的介质，所以水的质量对微生物的生长繁殖和产物合成有很重要的作用。不同来源的水中含有的无机离子和有机物的含量不同，因此应对培养基用水的质量进行控制。

二、温度的影响及其控制

温度的变化对发酵过程可产生两方面的影响：一方面是影响各种酶反应的速率和蛋白质的性质，温度对菌体生长的酶反应和代谢产物合成的酶反应的影响往往是不同的；它还能改变菌体代谢产物的合成方向，对多组分次生代谢产物的组分比例产生影响。另一方面是影响发酵液的物理性质，如发酵液的黏度、基质和氧在发酵液中的溶解度和传递速率、某些基质的分解和吸收速率等，都受温度变化的影响，进而影响发酵的动力学特性和产物的生物合成。因此温度对菌体的生长和合成代谢的影响是极其复杂的，需要考察它对发酵的影响。

（一）影响发酵温度变化的因素

在发酵过程中，既有产生热能的因素，又有散失热能的因素，因而引起发酵温度的变化。产热的因素有生物热和搅拌热，散热的因素有蒸发热、辐射热和显热。产生的热能减去散失的热能，所得的净热量就是发酵热。它就是发酵温度变化的主要因素。现将这些产热和散热的因素分述于下。

1. 生物热 微生物在生长繁殖过程中产生的热能，叫做生物热。营养基质被菌体分解代谢产生大量的热能，部分用于合成高能化合物 ATP，供给合成代谢所需要的能量，多余的热量则以热能的形式释放出来，形成了生物热。

生物热的大小，是随菌种和培养基成分不同而变化。一般地说，对某一菌株而言，在同一条件下，培养基成分愈丰富，营养被利用的速度愈快，产生的生物热就愈大。生物热的大小还随培养时间不同而不同，当菌体处在孢子发芽和滞后期，产生的生物热是有限的；进入对数生长期后，就释放出大量的热能，并与细胞的合成量成正比；对数期后，就开始减少，并随菌体逐步衰老而下降。因此，在对数生长期释放的发酵热为最大，常作为发酵热平衡的主要依据。

生物热的大小与菌体的呼吸强度有对应关系，呼吸强度愈大，所产生的生物热也愈大。

2. 搅拌热 搅拌器转动引起的液体之间和液体与设备之间的摩擦所产生的热量，即搅拌热。

3. 蒸发热 空气进入发酵罐与发酵液广泛接触后，排出引起水分蒸发所需的热能，即为蒸发热。水的蒸发热和废气因温度差异所带的部分显热一起都散失到外界。由于进入的空气温度和湿度是随外界的气候和控制条件而变化，所以蒸发热和显热是变化的。

4. 辐射热 由于罐外壁和大气间的温度差异而使发酵液中的部分热能通过罐体向大气辐射的热量，即为辐射热。辐射热的大小取决于罐内温度与外界气温的差值，差值愈大，散热愈多。

（二）温度的控制

1. 最适温度的选择 在发酵过程中，菌体生长和产物合成均与温度有密切关系，最适发酵温度是既适合菌体的生长又适合代谢产物合成的温度，但最适生长温度与最适生产温度往往是不一致的。在发酵过程中究竟选择哪一温度，需要视在微生物生长和产物合成阶段中哪一矛盾是主要的而定。另外，温度还会影响微生物代谢途径和方向。

最适发酵温度还随菌种、培养基成分、培养条件和菌体生长阶段而改变。例如，在较差的通气条件下，由于氧的溶解度是随温度下降而升高，因此降低发酵温度是对发酵有利的，因为低温可以提高氧的溶解度、降低菌体生长速率，减少氧的消耗量，从而可弥补通气条件差所带来的不足。培养基的成分差异和浓度大小对培养温度的确定也有影响，在使用易利用或较稀薄的培养基时，如果在高温发酵，营养物质往往代谢快，耗竭过早，最终导致菌体自溶，使代谢产物的产量下降。因此发酵温度的确定还与培养基的成分有密切的关系。

在理论上，整个发酵过程中不应只选一个培养温度，而应该根据发酵的不同阶段，选择不同的培养温度。在生长阶段，应选择最适生长温度，在产物分泌阶段，应选择最适生产温度。这样的变温发酵所得产物的产量是比较理想的。例如，青霉素发酵，总体上菌体生长的最适温度为30℃，青霉素合成的最适温度为20℃。根据计算机模拟对发酵最适温度的计算得出结论：青霉素发酵的最适温度是在最初的5小时维持30℃，在较高的温度下加快细胞成长，减小延迟期；随后发酵温度降低到25℃，发酵35小时，控制菌丝生长和代谢水平；再降低发酵温度到20℃，发酵85小时，促进青霉素的生物合成；最后发酵温度回升到25℃，继续发酵40小时，促进发酵产物青霉素从细胞内释放到发酵液中，然后放罐。采用这种变温发酵，使发酵过程的细胞生长和产物合成阶段均处于最适条件下，其青霉素的产量要比25℃恒温发酵的产量高14.7%。

但在工业发酵中，由于发酵液的体积很大，升降温度都比较困难，所以在整个发酵过程中，往往采用一个比较适合的培养温度，使得到的产物产量最高。或者在可能条件下进行适当的调整。

2. 温度的控制　工业生产上，所用的大发酵罐在发酵过程中一般不需要加热，因发酵中释放了大量的发酵热，需要冷却的情况较多。利用自动控制或手动调整的阀门，将冷却水通入发酵罐的夹层或蛇形管中，通过热交换来降温，保持恒温发酵。如果气温较高，冷却水的温度又高，致使冷却效果很差，达不到预定的温度，就可采用冷冻盐水进行循环式降温，以迅速降到恒温。

三、溶解氧的影响及其控制

大部分工业微生物需要在有氧环境中生长，培养这类微生物需要采取通气发酵，适量的溶解氧可维持其呼吸代谢和代谢产物的合成。在通气发酵中，氧的供给是一个核心问题。对大多数发酵来说，供氧不足会造成代谢异常，降低产物产量。因此，保证发酵液中溶解氧和加速气相、液相和微生物之间的物质传递对于提高发酵的效率是至关重要的。在一般原料的发酵中采用通气搅拌就可满足要求。

（一）溶解氧的影响

溶解氧是需氧发酵控制的最重要参数之一。氧在水中的溶解度很小，所以需要不断通气和搅拌，才能满足溶解氧的要求。溶解氧的大小对菌体生长和产物的性质及产量都会产生不同的影响。如谷氨酸发酵，供氧不足时，谷氨酸积累就会明显降低，产生大量乳酸和琥珀酸；又如薛氏丙酸菌发酵生产维生素B_{12}过程中，维生素B_{12}的组成部分咕啉醇酰胺的生物合成前期的两种主要酶就受到氧的阻遏，限制氧的供给，才能积累大量的咕啉醇酰胺。咕啉醇酰胺又在供氧的条件下才转变成维生素B_{12}。因而采用厌氧和供氧相结合的方法，有利于维生素B_{12}的合成。在门冬酰胺酶的发酵中，前期是需氧培养，而后期转为厌氧培养，酶的活力就能大为提高。掌握好转变时机，颇为重要。据研究，当溶解氧浓度下降到45%时，就从需氧培养转为厌氧培养，酶的活力可提高6倍。这就说明控制溶解氧的重要性。对抗生素发酵来说，氧的供给就更为重要。如金霉素发酵，在生长期中短时间停止通气，就可能影响菌体在生产期的糖代谢途径，由HMP途径转向EMP途径，使金霉素合成的产量减少。金霉素C_6上的氧还直接来源于溶解氧。所以，溶解氧对菌体代谢和产物合成都有影响。

从上所知，需氧发酵并不是溶解氧愈高愈好。溶解氧高虽然有利于菌体生长和产物合成，溶解氧太高有时反而抑制产物的形成，因此为避免发酵处于限氧条件下，需要考查每一种发酵产物的临界氧浓度和最适氧浓度，并使发酵过程保持在最适浓度。最适溶解氧浓度的大小与菌体和产物合成代谢的特性有关，这是由实验来确定的。

（二）发酵过程的溶解氧变化

在发酵过程中，在已有设备和正常发酵条件下，每种产物发酵的溶解氧浓度变化有自己的规律。如红霉素发酵的前期中，产生菌大量繁殖，需氧量不断增加，此时的需氧量超过供氧量，使溶解氧浓度明显下降，出现一个低峰；产生菌的摄氧率同时出现一个高峰；发酵液中的菌浓度也不断上升，菌浓度也出现一个高峰；黏度一般在这个时期也会出现一高峰阶段；这都说明产生菌正处在对数生长期。过了生长阶段，需氧量有所减少，溶解氧浓度随之上升，就开始形成产物，溶解氧浓度也不断上升。发酵中后期，对于分批发酵来说，溶解氧浓度变化比较小。因为菌体已繁殖到一定浓度，进入静止期，呼吸强度变化也不大，如不补加基质，发酵液的摄氧率变化也不大，供氧能力仍保持不变，溶解氧浓度变化也不大。但当外界进行补料（包括碳源、前体、消沫油）则溶解氧浓度就会发生改变。变化的大小和持续时间的长短，则随补料时的菌龄、补入物质的种类和剂量不同而不同。如补加糖后，发酵液的摄氧率就会增加，引起溶解氧浓度下降，经过一段时间后又逐步回升；如继续补糖，又会继续下降，甚至降至临界氧浓度以下，而成为生产的限制因素。在生产后期，由于菌体衰老，呼吸强度减弱，溶解氧浓度也会逐步上升，一旦菌体自溶，溶解氧浓度更会明显上升。

在发酵过程中，有时出现溶解氧浓度明显降低或明显升高的异常变化，常见的是溶解氧下降。造成异常变化的原因有两方面：耗氧或供氧出现了异常因素或发生了障碍。

据已有的资料报道，引起溶解氧异常下降，可能有下列几种原因：污染好气性杂菌，大量的溶解氧被消耗掉，可能使溶解氧在较短时间内下降到零附近，如果杂菌本身耗氧能力不强，溶解氧变化就可能不明显；菌体代谢发生异常现象，需氧要求增加，使溶解氧下降；某些设备或工艺控制发生故障或变化，也可能引起溶解氧下降，如搅拌功率消耗变小或搅拌速度变慢，影响供氧能力，使溶解氧降低。又如消沫油因自动加油器失灵或人为加量太多，也会引起溶解氧迅速下降。其他影响供氧的工艺操作，如停搅拌、闷罐（罐排气封闭）等，都会使溶解氧发生异常变化。

引起溶解氧异常升高的原因，在供氧条件没有发生变化的情况下，主要是耗氧出现改变，如菌体代谢出现异常，耗氧能力下降，使溶解氧上升。特别是污染了烈性噬菌体，影响最为明显，产生菌尚未裂解前，呼吸已受到抑制，溶解氧有可能迅速上升，直到菌体破裂后，完全失去呼吸能力，溶解氧直线上升。

由上可知，从发酵液中的溶解氧浓度的变化，就可以了解微生物生长代谢是否正常，工艺控制是否合理，设备供氧能力是否充足等问题，帮助查找发酵不正常的原因和控制好发酵生产。

（三）溶解氧浓度的控制

发酵液的溶解氧浓度，是由供氧和需氧两方面所决定的。也就是说，当发酵的供氧量大于需氧量，溶解氧浓度就上升，直到饱和；反之就下降。因此要控制好发酵液中的溶解氧浓度，需从这两方面着手。

在供氧方面，主要是设法提高氧传递的推动力和液相体积氧传递系数的值。在可能的条件下，采取适当的措施来提高溶解氧浓度，如调节搅拌转速或通气速率来控制供氧。但供氧量的大小还必须与需氧量相协调，也就是说要有适当的工艺条件来控制需氧量，使产生菌的生长和产物形成对氧的需求量不超过设备的供氧能力，使产生菌发挥出最大的生产能力。这对生产实际具有重要的意义。

发酵液的需氧量受菌体浓度、基质的种类和浓度以及培养条件等因素的影响。其中以菌浓度的影响最为明显。发酵液的摄氧率是随菌体浓度增加而按比例增加，但氧的传递速率是随菌浓的对数关系减少。因此可以控制菌的比生长速率比临界值略高一点，达到最适菌体浓度。这是控制最适溶解氧浓度的重要方法。最适菌体浓度既能保证产物的比生产速率维持在最大值，又不会使需氧大于供氧。如何控制最适的菌体浓度？这可以通过控制基质的浓度来实现。

除控制补料速度外，在工业上，还可采用调节温度（降低培养温度可提高溶解氧浓度）、液化培养基、中间补水、添加表面活性剂等工艺措施，来改善溶解氧水平。

四、pH 的影响及其控制

（一）pH 对发酵的影响

发酵培养基的 pH，对微生物生长具有非常明显的影响，也是影响发酵过程中各种酶活的重要因素。由于 pH 不当，可能严重影响菌体的生长和产物的合成，因此对微生物发酵来说有各自的最适生长 pH 和最适生产 pH。大多数微生物生长的 pH 范围是3～6，最大生长速率的 pH 变化范围为0.5～1.0。多数微生物生长都有最适 pH 范围及其变化的上下限，上限都在8.5 左右，超过此上限，微生物将无法忍受而自溶；下限以酵母为最低，是2.5。但菌体内的 pH 值一般认为是中性附近。pH 对产物的合成也有明显的影响，因为菌体生长和产物合成都是酶反应的结果，仅仅是酶的种类不同而已，因此代谢产物的合成也有自己最适的 pH 范围。这两种 pH 范围对发酵控制来说都是很重要的参数。

pH 的变化对代谢活性产生的影响一般认为是：细胞内的 H^+ 或 OH^- 能够影响酶蛋白的解离度和电荷情况，改变酶的结构和功能，引起酶活性的改变。但培养基中的 H^+ 或 OH^- 并不是直接作用在胞内酶蛋白上，而是首先作用在胞外的弱酸（或弱碱）上，使之成为易于透过细胞膜的分子状态的弱酸（或弱碱），它们进入细胞后，再行解离，产生 H^+ 或 OH^-，改变胞内原先存在的中性状态，进而影响酶的结构和活性，所以培养基中 H^+ 或 OH^- 是通过间接作用来产生影响的。pH 还影响菌体对基质的利用速度和细胞的结构，以致影响菌体的生长和产物的合成。pH 还影响菌体细胞膜的电荷状况，引起膜透性发生改变，因而影响菌体对营养物质的吸收和代谢产物的形成等。

如同温度对发酵影响一样，pH 还对发酵液或代谢产物产生物理化学的影响，其中要特别注意的是对产物稳定性的影响。

由于 pH 的高低对菌体生长和产物的合成能产生上述明显的影响，所以在工业发酵中，维持所需最适 pH 已成为生产成败的关键因素之一。

（二）pH 的变化

在发酵过程中，pH 的变化决定于所用的菌种、培养基的成分和培养条件。在产生菌的代谢过程中，菌本身具有一定的调整周围 pH 的能力，建成最适 pH 的环境。

培养基中的营养物质的代谢，也是引起 pH 变化的重要原因，发酵所用的碳源种类不同，pH 变化也不一样。

（三）发酵 pH 的确定和控制

1. 发酵 pH 的确定 微生物发酵的合适 pH 范围一般是在5～8之间，由于发酵是多酶复合反应系统，各酶的最适 pH 也不相同，因此，同一菌种，生长最适 pH 可能与产物合成的最适 pH 是不一样的。最适 pH 是根据实验结果来确定的。将发酵培养基调节成不同的 pH 进行发酵，在发酵过程中，定时测定和调节 pH，以分别维持出发 pH，或者利用缓冲液来配制培养基以维持之。定时观察菌体的生长情况，以菌体生长达到最高值的 pH 为菌体生长的最适 pH。以同样的方法，可测得产物合成的最适 pH。但同一产品的最适 pH，还与所用的菌种、培养基组成和培养条件有关。在确定最适发酵 pH 时，还要考虑培养温度的影响，若温度提高或降低，最适 pH 也可能发生变动。

2. pH 的控制 在了解发酵过程中最适 pH 的要求之后，就要采用各种方法来控制。首先需要考虑和试验发酵培养基的基础配方，使它们有个适当的配比，使发酵过程中的 pH 变化在合适的范围内。因为培养基中含有代谢产酸（如葡萄糖产生酮酸）和产碱（如 $NaNO_3$、尿素）的物质以及缓冲剂（如 $CaCO_3$）等成分，它们在发酵过程中要影响 pH 的变化，特别是 $CaCO_3$，能与酮酸等反应，而起到缓冲作用，所以它的用量比较重要。在分批发酵中，常采用这种方法来控制 pH 的变化。

利用上述方法调节 pH 的能力是有限的，如果达不到要求，就可在发酵过程中直接加酸或碱和补料的方式来控制，特别是补料的方法，效果比较明显。过去是直接加入酸（如 H_2SO_4）或碱（如 NaOH）来控制，但现在常用的是以生理酸性物质 $(NH_4)_2SO_4$ 和碱性物质氨水来控制。它们不仅可以调节 pH，还可以补充氮源。当发酵的 pH 和氨氮含量都低时，补加氨水，就可达到调节 pH 和补充氨氮的目的；反之，pH 较高，氨氮含量又低时，就补加 $(NH_4)_2SO_4$。在加多了消沫油的个别情况下，还可采用提高空气流量加速脂肪酸的代谢，以补偿 pH 的调节。通氨一般是使用压缩氨气或工业用氨水（浓度 20% 左右），采用少量间歇添加或少量自动流加，可避免一次加入过多造成局部偏碱。

目前，已比较成功地采用补料的方法来调节 pH，如氨基酸发酵采用补加尿素的方法，特别是次生代谢产物抗生素发酵，更常用此法。这种方法既可以达到稳定 pH 的目的，又可以不断补充营养物质，特别是能产生阻遏作用的物质，少量多次补加还可解除对产物合成的阻遏作用，提高产物产量。也就是说，采用补料的方法，可以同时实现补充营养、延长发酵周期、调节 pH 和培养液的特性（如菌浓等）等几个目的。

发酵液的 pH 变化乃是菌体产酸和产碱的代谢反应的综合结果，从代谢曲线的 pH 变化就可以推测发酵罐中的各种生化反应的进展和 pH 变化异常的可能原因，提出改进意见。在发酵过程中，要选择好发酵培养基的成分及其配比，并控制好发酵工艺条件，才能保证 pH 不会产生明显的波动，维持在最佳的范围内，得到良好的结果。

扫码"学一学"

第六节 发酵工程在制药工业中的应用

发酵工程在抗生素、氨基酸、核酸、维生素、有机酸、酶抑制剂、激素、免疫调节物以及其他生理活性物质的生产中，已经广泛应用。

一、在抗生素生产中的应用

抗生素作为医用、农用以及饲料添加剂等，已发展到近 200 个品种，其中多数用发酵方法生产。虽然有不少半合成抗生素，但其母体化合物仍为发酵产物。下面以青霉素为例说明抗生素发酵生产流程及工艺要点。

表6-2 青霉素发酵的一般工艺要求

操作变量	要求水平
发酵罐容积	150~200m^3
装料率	约80%
输入机械功率	2~4kW/m^3
空气流量	30~60N·m^3/(m^3·h)
空气压力（表压）	0.2MPa
发酵罐压（表压）	0.035~0.07MPa
液相体积传氧系数（K_{La}）	约200/h
发酵液温度	约25℃
发酵液 pH	约6.5
初始菌丝浓度	1~2kg（干重）/m^3
补料液中葡萄糖浓度	约500kg/m^3
葡萄糖补加率	1.0~2.5kg/(m^3·h)
发酵液中氨氮浓度	0.25~0.34kg/m^3
发酵液中前体（苯乙酸）浓度	约1kg/m^3
发酵液中溶解氧浓度	>30%饱和度
发酵周期	180~220h

（一）种子

丝状菌的生产菌种保藏在砂土管内。由砂土孢子接入拉氏培养基的母瓶斜面上，经25℃培养6~7天，长成绿色孢子，制成孢子悬浮液，接入装有大米的茄子瓶内，经25℃，相对湿度45%~50%，培养6~7天，制成大米孢子，真空干燥，并以这种形式保存备用。

生产时按一定接种量移入种子罐内，25℃培养40~45小时，菌丝浓度达40%（体积/体积）以上，菌丝形态正常，即按10%~15%的接种量移入繁殖罐内。经25℃培养13~15小时，菌丝体积40%（体积/体积）以上，残糖在1.0%左右，无菌检查合格便可作为发酵罐的种子。发酵罐的接种量为30%。

球状菌的生产种子是由冷冻管孢子经混有0.5%~1.0%玉米浆的锥形瓶培养原始亲米孢子，然后再移入罗氏瓶培养生产大米孢子（又称生产米）。亲米和生产米均为25℃静置培养，需经常观察生长发育情况，在培养到3~4天，大米表面长出明显小集落时要振摇均匀，使菌丝在大米表面能均匀生长，待10d左右形成绿色孢子，即可收获。亲米成熟接入生产米后也需经过激烈振荡才可放置恒温培养，生产米的孢子量要求每粒米300万只以上。亲米、生产米孢子都需保存在5℃冰箱内。

工艺要求将新鲜的生产米（指收获后的孢子瓶在10天以内使用）接入含有花生饼粉、玉米胚芽粉、葡萄糖、饴糖为主的种子罐内，28℃培养50~60小时，当pH由6.0~6.5下降至5.5~5.0，菌丝呈菊花团状，平均直径在100~130μm，每毫升的球数为6~8万只，沉降率在85%以上，即可根据发酵罐球数控制在8000~11000只/毫升范围的要求，计算移种体积，然后接入发酵罐，多余的种子液弃去。球状菌以新鲜孢子为佳，其生产水平优干真空干燥的孢子，能使青霉素发酵单位的罐批差异减少。

（二）培养基

1. 碳源 青霉菌能利用多种碳源如乳糖、蔗糖、葡萄糖、淀粉、天然油脂等。乳糖由于它能被产生菌缓慢利用而维持青霉素分泌的有利条件，为青霉素发酵最佳碳源，但因货源少，价格高，普遍使用有困难。天然油脂如玉米油、豆油等也能为青霉菌缓慢利用作为有效的碳源，但作为大规模使用，不论在来源和经济上是不可能的。目前生产上所用的主要碳源是葡萄糖母液和工业用葡萄糖，最为经济合理。

2. 氮源 玉米浆为青霉素发酵的主要氮源。玉米浆是淀粉生产的副产物，含有多种氨基酸，如精氨酸、谷氨酸、组氨酸、苯丙氨酸、丙氨酸以及β-苯乙胺等，后者为苄青霉素生物合成提供侧链的前体。以引进的球状菌为例，氮源中玉米浆占一半以上。但工艺条件不同，使质量不够稳定，因此经调整配方，以花生饼粉代替玉米浆，生产水平也可达到相近的技术指标，但发酵较激烈，装料系数受到影响。目前生产上所采用的氮源是花生饼粉、麸质粉、玉米胚芽粉及尿素等。

3. 前体 国内外青霉素发酵生产作为苄青霉素生物合成的前体有苯乙酸（或其盐类）、苯乙酰胺等。它们一部分直接结合到青霉素分子中，另一部分是作为养料和能源被利用，即被氧化为二氧化碳和水。这些前体物质对青霉菌都有一定的毒性，特别是苯乙酰胺毒性更大。

苯乙酰胺和苯乙酸浓度大于0.1%对青霉素产生菌生长和生物合成均有毒性，用量加到0.3%菌丝根本不长。前体的毒性取决于培养基的pH。苯乙酰胺在碱性pH时毒性较大，在中性pH时苯乙酰胺的毒性大于苯乙酸；而苯乙酸在酸性pH下，毒性较大。为此，在整个发酵过程中前体在任何时候加入的量都不能大于0.1%。加入硫代硫酸钠能减少它们的毒性。

4. 无机盐

（1）硫和磷 青霉菌液泡中含有硫和磷，此外，青霉素的生物合成也需要硫。据国外报道，硫浓度降低时青霉素产量减少3倍，磷浓度降低时青霉素产量减少1倍。

（2）钙、镁和钾离子 青霉素生物合成中合适的阳离子比例以钾离子30%、钙离子20%、镁离子41%为宜。阳离子总浓度以300毫克当量/升培养液时青霉素产量最高。如镁离子少，钾离子多时，菌丝细胞将培养基中氮源转化成各种氨基酸的能力强。钙离子影响细胞的生长和培养基的pH。

（3）铁离子 铁离子易渗入菌丝内，在青霉素分泌期铁离子总量的80%是在胞内，它对青霉素发酵有毒害作用。1975年美国威斯公司有人指出：发酵液中铁离子含量6μg/ml时无影响；60μg/ml时青霉素产量降低30%，300μg/ml时青霉素产量降低90%。

（三）培养条件控制

产黄青霉菌生产过程可分为三个不同的代谢时期。①菌丝生长繁殖期：培养基中糖及含氮物质被迅速利用。以球状菌而言，孢子发芽后菌丝生长逐步发育成球状，菌体浓度迅速增加。对丝状菌而言，孢子发芽长出菌丝，分枝旺盛，菌丝浓度增加很快，此时青霉素的分泌量很少。②青霉素分泌期：菌丝生长趋势减弱，间隙添加葡萄糖作为碳源和间隙加入花生饼粉、尿素作为氮源，并间隙加入前体，此期间球状菌pH要求保持在6.6～6.9，丝状菌pH要求6.2～6.4，青霉素分泌旺盛。对球状菌而言，要求球体不可太松也不可太紧。对丝状菌而言，菌丝体内的空胞为中、小型至中型，要求脂肪粒消失，大型空胞不要出现。③菌丝自溶期：菌体衰老自溶。以球状菌而言，破裂的球体比例迅速增加；以丝状菌而言，大型空胞增加并逐渐扩大自溶。青霉素分泌停滞甚至下跌，pH上升，青霉素发酵过程要求延长分泌期，缩短菌丝生长繁殖期，并通过工艺控制使菌丝自溶期尽可能晚出现，目前青霉素发酵工艺的控制主要在以下几个方面。

1. 加糖控制 丝状菌的加糖依据是残糖量及发酵过程pH。一般残糖降至0.6%左右、pH上升后可开始加糖。加糖控制：0～72小时0.6%～0.8%，72小时放罐0.8%～1.0%。

加糖率每小时为0.07%～0.15%，每2小时加一次。球状菌加糖主要依据是pH，一般在20h左右当pH高于6.5时开始加糖，全程pH要求6.7～7.0。根据pH高低酌情减增，放罐要求pH低于7.0。加糖后pH高于要求时，要增加糖量，pH低于要求时减少糖量。若改变加糖方式，以葡萄糖流加代替每2h的滴加，则可减少总的加糖量，还可提高发酵单位。

2. 补料及添加前体控制　丝状菌发酵于接种后8～12小时，发酵液浓度40%左右，液面较稳定时补入前料。

当发酵单位上升到2500U/ml开始补前体，每4小时补一次，使发酵液中残余苯乙酰胺浓度为0.05%～0.08%。若发酵过程pH>6.5可随时加入硫酸铵，使pH维持在6.2～6.4，发酵液氨氮控制在0.01%～0.05%。

球状菌发酵因基础培养基内没有前体，所以在10h左右就开始加入尿素、氨水和苯乙酸的混合料，每3小时加一次，由单位增长速度决定其加入量。

3. pH控制　青霉素发酵过程主要通过加葡萄糖控制pH，但加油多少对pH也有影响，故在加糖时要参考加油的多少，当油量加入较多要适当减少葡萄糖的加入量。一般要求：丝状菌发酵pH为6.2～6.4；球状菌发酵pH为6.7～7.0。

4. 温度控制　青霉菌生长最适温度高于青霉素分泌的最适温度。根据现有条件，种子罐培养丝状菌要求25℃，球状菌为28℃。发酵罐培养丝状菌要求26℃→24℃→23℃→22℃，生长浓度48%～54%；球状菌为26℃→25℃→24℃，发酵液浓度在50%左右，都是分期变温培养，且前期罐温高于后期。

5. 通气与搅拌　青霉素发酵深层培养需要通入一定量的空气，并且不停地搅拌，以保证溶解氧的浓度。通气比为1:(1～0.8）左右。

发酵过程中根据菌丝浓度进行变速控制有利于不同发酵阶段的青霉素合成，通过初步试验，中、后期减慢转速对球状菌的生理生化代谢有利，它能提高发酵单位，并能节约能源。

丝状菌和球状菌在种子罐培养时要求的转速不同，丝状菌种子罐的搅拌转速快于发酵罐，而球状菌种子罐的转速慢于发酵罐。

6. 泡沫与消沫　青霉素发酵过程不断产生泡沫。过去以天然油脂如豆油、玉米油等为消沫剂。以化学合成消沫剂“泡敌”（聚醚树脂类消沫剂）部分代替天然油脂，一般在菌丝生长繁殖期不宜多用，在发酵过程的中、后期可以将“泡敌”加水稀释后与豆油交替加入。

以豆油等天然油脂作消沫剂时要求少量多次的加入方式。一次多量加入影响产生菌的呼吸代谢。

二、在氨基酸生产中的应用

发酵法是当前氨基酸工业的主要生产方法，发酵制造氨基酸优于蛋白质水解与化学合成，可直接获得生理活性型的L-氨基酸，不需拆分工序。发酵法就是通过培养特殊的微生物，使其在培养液中积累氨基酸，然后从培养液中分离提取氨基酸产品的过程。目前可用发酵法生产20余种氨基酸，其中使用野生型菌株发酵的有L-谷氨酸、L-缬氨酸、DL-丙氨酸和L-丙氨酸4种；采用营养缺陷型变株发酵的有L-赖氨酸、L-高丝氨酸、L-苏氨酸、L-缬氨酸、L-亮氨酸、L-脯氨酸、L-鸟氨酸和L-瓜氨酸8种；采用耐同系物变株发酵的有L-赖氨酸、L-苏氨酸、L-缬氨酸、L-亮氨酸、L-异亮氨酸、L-精氨酸、L-组氨酸、L-苯丙氨酸、L-酪氨酸和L-色氨酸10种；采用加入适当前体发酵的有L-异亮氨酸、L-色氨酸、L-丝氨酸和L-苏氨酸4种；采用酶法生产的有L-门冬氨酸、L-赖氨酸、L-苏氨酸、L-5-羟-色氨酸、L-酪氨酸和L-半胱氨酸6种。下面介绍赖氨酸的生产。

（一）培养基

1. 碳源 赖氨酸产生菌只能利用葡萄糖、果糖、麦芽糖和蔗糖，糖质量对赖氨酸发酵影响较大。糖浓度对赖氨酸发酵液有影响，在一定范围内，赖氨酸生成量随糖浓度增加而增加。但是，糖浓度过大，发酵液的渗透压大，对菌体生长和赖氨酸生成均不利。因此，采取用低浓度糖发酵，不断补加糖工艺为好。

2. 氮源 赖氨酸发酵有机氮源和无机氮源都可使用。由于赖氨酸产生菌几乎都是谷氨酸产生菌的各种突变株，均是生物素缺陷型，需要生物素作为生长因子，所以有机氮源是这些因子的来源。另外，赖氨酸产生菌缺乏蛋白质分解酶，不能直接分解蛋白质，必须将有机氮源水解后才能被利用。常用大豆饼粉、花生饼粉的水解液。无机氮源常用硫酸铵、尿素和氨水。

（二）培养条件控制

赖氨酸发酵过程分为两个阶段，发酵前期为菌体生长繁殖期，很少产酸。当菌体生长一定时间后，转入产酸期。在工艺控制上，应根据两个阶段的不同而异。

1. pH控制 赖氨酸发酵控制pH6.5～7.5，最适pH6.5～7.0。在整个发酵过程中控制pH平稳为好。

2. 温度控制 幼龄菌对温度敏感，在发酵前期，提高温度，生长代谢加快，产酸期提前，但菌体的酶容易失活，菌体衰老，赖氨酸产量低。所以，赖氨酸发酵，前期控制温度为32℃，中后期为34℃。

3. 通气与搅拌 赖氨酸生产中控制氧特别重要。赖氨酸的最大生成量是在供氧充分、细菌呼吸充足的条件下。供氧不足，细菌呼吸受抑制，赖氨酸产量降低。严重供氧不足，赖氨酸产量很低而积累乳酸，并可能导致赖氨酸生产受到不可逆抑制，这是由于供氧减少引起细胞结构发生变化，因而影响赖氨酸排出，使细胞内的赖氨酸和磷脂含量增加，但发酵液中赖氨酸的量很少。

三、在维生素生产中的应用

维生素B_2、维生素B_{12}、β-胡萝卜素与维生素D的前体麦角醇均可由发酵法制取，维生素C可用一步发酵四步化学法或两步发酵一步化学法生产。

维生素B_2即核黄素，许多微生物如酵母、阿氏假囊酵母、假囊酵母、根霉、曲霉、青霉、梭状芽孢杆菌、产气杆菌和大肠杆菌等都可产生维生素B_2，下面介绍阿氏假囊酵母生产维生素B_2。

维生素B_2的发酵生产一般采用二级发酵形式。发酵培养基中常用的碳源是葡萄糖。如果碳源采用少量的葡萄糖和一定数量的油脂作为混合碳源时，维生素B_2的产量可增加4倍。这可能是油脂的缓慢利用解除了葡萄糖或其代谢产物对维生素B_2生物合成的阻遏作用。在研究烷烃类化合物作碳源时，虽然维生素B_2的产量比以糖脂类作碳源时低，但发现此时菌体合成的维生素B_2易分泌到细胞外，可能是烷烃类物质影响细胞膜和细胞壁结构的缘故。培养基中常用的氮源有蛋白胨、鱼粉、骨胶等有机氮源。

在一定浓度的培养基中，通气效率是维生素B_2高产的关键，通气效果好，可促进大量膨大菌体的形成，维生素B_2的产量迅速上升，同时可缩短发酵周期。因此认为大量膨大菌体的出现是产量提高的生理指标。如在发酵后期补加一定量的油脂，能使菌体再生，形成第二代膨大菌体，可进一步提高产品产量。

产孢子菌种斜面于25℃培养9天后，用无菌水制成孢子悬浮液，接种至种子培养基中，于30℃培养30～40小时，并逐级扩大培养。然后扩大至一级种子罐于30℃培养20小时，再接入二级种子罐，接种量为3%，于30℃搅拌通气培养20小时。

向5m^{3}发酵罐中投入3000L培养液，灭菌后，按2%～3%接种量将上述种子培养液接入发酵罐，于30℃搅拌通风培养160h，中间补加一定量米糠油、骨胶及麦芽糖。

向上述发酵液中加入维生素$B_2$1.4倍量（*W/W*）的3-羟基-2-萘甲酸钠溶液，用2mol/L HCl调pH至5.0～5.5，加适量黄血盐及$ZnSO_4$，于70℃～80℃加热10分钟，滤除沉淀，得3-羟基-2-萘甲酸钠维生素B_2滤液。滤液用2mol/L HCl调pH至2.0～2.5，5℃放置8～12小时，倾出上层清液，下层悬浮物压滤，得3-羟基-2-萘甲酸维生素B_2沉淀。将沉淀用等量（W/V）浓盐酸酸化，用3000r/min离心10分钟去除沉淀，上清液为维生素B_2溶液。沉淀为3-羟基-2-萘甲酸，可循环使用。向上层液中加入一定量NH_4NO_3，于60℃～70℃加热氧化20min，得维生素B_2溶液，加入5倍体积蒸馏水及维生素B_2晶种，搅匀，5℃结晶过夜，次日滤出结晶，得维生素B_2粗品结晶。将维生素B_2粗品用适量蒸馏水溶解后，用1mol/L NaOH溶液调pH 5.0～6.0，滤去沉淀，向滤液中加适量维生素B_2晶种煮沸，结晶过夜，次日滤取结晶，水洗2次，抽干，于80℃烘干，过80目筛得维生素B_2成品。

重点小结

- 发酵工程制药
  - 优良菌种选育
    - 自然选育
    - 诱变育种
      - 诱变
        - 诱变机制
          - 微小损伤突变
          - 染色体畸变
          - 染色体组突变
        - 诱变剂
          - 物理诱变剂
          - 化学诱变剂
          - 生物诱变剂
      - 筛选
        - 自身耐药突变株
        - 结构类似物或前体类似物的耐受变株
        - 营养缺陷型及其回复突变株
    - 原生质体融合
    - 分子育种
      - 提高产量
      - 改善抗生素组分
      - 改进抗生素生产工艺
      - 产生杂合抗生素
  - 发酵方式
    - 分批发酵
    - 补料分批发酵
    - 连续发酵
  - 发酵工艺控制
    - 培养基的影响及其控制
    - 温度的影响及其控制
    - 溶解氧的影响及其控制
    - pH的影响及其控制

扫码“练一练”

思考题

1. 诱变育种需经过哪些步骤？
2. 分子育种技术在菌种选育中有哪些方面应用？
3. 按发酵方式的不同，发酵可以分为几种类型？
4. 发酵过程中搅拌的作用有哪些？
5. 温度对发酵有什么影响？如何确定最适发酵温度？
6. 溶解氧对发酵有什么影响？如何控制溶解氧浓度？
7. pH 对发酵有什么影响？如何控制发酵过程的 pH？

（夏焕章）

第七章　酶工程制药

学习目标

1. **掌握**　酶与酶工程的基本概念，固定化酶及固定化细胞的制备方法，酶反应器的原理，酶工程技术生产氨基酸的方法。

2. **熟悉**　酶工程的研究内容，酶反应器的类型，酶工程在药学领域的应用。

3. **了解**　酶工程的发展历程，研究热点，酶制剂的类型及酶传感器的应用。

第一节　概　述

扫码“学一学”

一、酶及酶工程概念

（一）酶

1. 酶的本质与分类　酶（enzyme）是一类广泛存在于生物体内，具有催化功能的生物大分子催化剂。根据其化学本质的不同，酶可以分为蛋白质类酶（P 酶）和核酸类酶（R 酶）两大类别。酶的存在是生命所必需的，生物体内的大量生命活动都是在酶的催化作用下才得以高效、高度专一而又有序地完成。

（1）蛋白质类酶　现有已被发现或通过改造产生的4000余种酶中的绝大多数的化学本质都是蛋白质。除了完全由氨基酸肽链形成的单纯蛋白质酶外，许多酶发挥功能还需要在有非蛋白质部分的参与下，以结合酶的形式发挥作用。结合酶中的蛋白质部分称为酶蛋白，非蛋白质部分称为辅助因子。根据与酶蛋白结合形成全酶的紧密程度，辅助因子又可以分为辅酶和辅基两类。辅酶通常是结构复杂的有机小分子，与酶蛋白的结合疏松，可以通过透析法分离；而辅基通常以共价键的形式与酶蛋白紧密结合，难于分离。辅酶及辅基在酶促反应中起着传递电子或化学基团的作用，常见的辅助因子既包括辅酶 A（CoA），黄素腺嘌呤二核苷酸（FAD）、烟酰胺腺嘌呤二核苷酸（NADH）等有机分子，也包括 Cu^{2+}、Mn^{2+}、Mg^{2+}、Ca^{2+}、Na^{+}和 K^{+}等金属离子。

根据蛋白质酶的分子结构，可以将其分为三类。

1）单体蛋白质酶　单体蛋白质酶是指仅有一条多肽链的酶，很多水解酶归于此类，其分子量较低，在 13kD ~ 35kD 之间，如胰蛋白酶。

2）寡聚蛋白质酶　寡聚蛋白质酶由若干相同或不同的蛋白亚基组成，单独的亚基一般不具有酶活性，必须相互结合后发挥其活性，其分子量较大，如甘油醛脱氢酶。

3）多酶体系　多酶体系由多种不同功能的酶聚合在一起构成复合体，催化系列反应的连续进行。例如丙酮酸脱氢酶复合体，可催化丙酮酸氧化脱羧的系列反应。

（2）核酸类酶　1982 年美国科学家 Cech 和 Altman 分别独立地发现了具有酶催化活性的 RNA 分子，标志着核酸类酶（Ribozyme）的诞生，两位科学家也因此被授予 1989 年度的诺贝尔化学奖。随着研究的深入，研究人员进一步发现核酶是一类具有多种催化功能的RNA分子，可作用的底物除了RNA和DNA外，还包括多糖、氨基酸酯等。此外，核酶还可兼具信使编码功能和催化功能。核酶的发现拓展了人类对酶本质的认识，开拓了酶工程的新领域。

2. 酶催化反应的特点 与化学催化剂所催化的反应相比，酶催化反应具有以下突出优点：①酶催化反应的反应条件温和；②酶催化反应的专一性高；③酶催化反应的催化效率高；④催化反应的反应类型广泛；⑤酶的活性可以调控。

3. 酶依据催化反应类型的分类 对目前已知的超过4000种酶依照国际纯粹和应用化学联盟（IUPAC）下属的国际酶学委员会（international enzyme commission，IEC）所推荐的分类系统，按照酶催化反应类型的不同，可以将其分为六大类型。

（1）氧化还原酶类（oxidoreductases） 包括参与物质氧化还原转化的各种酶，催化氧化还原反应。

$$RH + R'(O_2) \longrightarrow R + R'H(H_2O)$$

氧化还原酶在体内主要参与产能、解毒及部分生理活性物质的合成，如各种脱氢酶、氧化酶、过氧化物酶、氧合酶属于该类。

（2）转移酶类（transferases） 包括各种催化功能基团转移的酶类，催化功能基团的转移。

$$RG + R' \longrightarrow R + R'G$$

转移酶在体内的主要作用为使基团从一个化合物转移到另一个化合物，从而调节三大营养物质及核酸的代谢及合成，如各种酰基转移酶、糖苷转移酶、酮酰基转移酶、磷酸基转移酶、氨基转移酶、巯基转移酶等属于该类。

（3）水解酶类（hydrolases） 包括催化水解反应或水解反应逆反应的酶类，是目前应用最为广泛的一类酶。

$$RR' + H_2O \longrightarrow RH + R'OH$$

水解酶作为单体蛋白质酶，一般分子量较小，在体内起着降解的作用，如糖苷酶、肽酶及脂肪酶等。

（4）裂合酶类（lyases） 包括催化底物通过非水解性、非氧化性分解，达到H_2O、NH_2、CO_2等基团的脱除或加入的酶类。

$$RR' \longrightarrow R + R'$$

裂合酶在体内可脱去底物上的某一基团并形成双键，如醛缩酶、水化酶、脱氨酶等。

（5）异构酶类（isomerases） 包括催化各种同分异构体之间相互转化的酶类。

$$R \longrightarrow R'$$

异构酶在体内主要使活性分子异构化，进而进行外消旋、差向异构、顺反异构、酮醛异构等，如消旋酶、变位酶、顺反异构酶等。

（6）合成酶或连接酶类（ligases） 包括能够利用ATP或其他NTP供能，而使得两个分子连接的酶类。

$$R + R' + ATP \longrightarrow RR' + ADP(AMP) + Pi(PPi)$$

合成酶在体内主要参与物质的合成，如DNA连接酶等。

每一大类酶，又根据具体的酶促反应（或底物）的性质，可进一步划分为若干亚类，每个亚类又包含了若干个具体的酶。

4. 酶的命名 酶的命名原则一般可分为习惯命名法和国际系统命名法。

（1）习惯命名法 ①底物加反应类型，如蛋白水解酶、乳酸脱氢酶等；②利用所催化的底物名称命名，如蔗糖酶、蛋白酶；③在底物名称前冠以酶的来源，如血清谷氨酸-丙酮酸转氨酶、唾液淀粉酶。

（2）国际系统命名法 为了规范酶的分类和命名，国际酶学委员会（IEC）制定了酶的系统命名法，而每一种特定的酶都只对应于一个由四组数字组成的独特编号，每个数字之间由符号“.”分隔，并在编号前冠以EC（enzyme commission，EC），例如催化下列反应的酶所对应的系统名称是：

$$\text{ATP} + \text{葡萄糖} \longrightarrow \text{ADP} + \text{葡萄糖-6-磷酸}$$

EC 2. 7. 1. 1. ATP：葡萄糖磷酸转移酶。其中第一至三位数字分别代表该酶所属的大类（转移酶）、亚类、亚亚类。而第四位数字则代表了该酶在该亚亚类中的顺序号。由于国际系统命名法对应的酶的名称通常较长，而且难以记忆和使用，因此在生产和科研中仍然常用的是酶的习惯命名法。

5. 酶分类的其他系统和信息工具 上述的酶分类和命名系统是IEC主要依据酶在生命体系中不同的生物化学功能所进行的划分，缺乏对酶性质的定量分析能力。随着对酶性质研究的深入，以及在生物信息学领域的广泛进展，已有越来越多的互联网数据库根据酶的结构和功能等性质，将酶进行了新的划分，例如：①以酶的三级结构和功能为基础的划分系统；②以酶的性质为依据的划分系统；③根据酶所能催化的反应进行划分的系统。

以上新型划分系统的划分依据和侧重点各不相同，专业科研人员可以按照具体工作需求选择所需的划分系统。

（二）酶工程

酶工程是酶学与工程学相互渗透结合并共同发展的一门新兴技术科学，是在综合了酶学、微生物学以及化学工程等多种技术和方法的基础上产生的新型交叉应用型学科。根据研究对象和研究技术的不同，酶工程又可以被划分为化学酶工程和生物酶工程。

1. 化学酶工程 又名初级酶工程（primary enzyme engineering）。主要由酶学与化学工程技术相互结合而形成。具体技术方法是利用化学修饰、固定化处理，甚至化学合成法等手段，改善酶的性质，以达到提高酶的催化效率，降低生产成本的目的。化学酶工程的研究内容包括对天然酶、化学修饰酶、固定化酶及化学人工酶的研究和应用，酶反应器的设计和放大，反应条件的控制和优化等方面。

2. 生物酶工程 又名高级酶工程（advanced enzyme engineering）。是在化学酶工程基础上发展起来的产物，是酶学和基因重组技术相结合的体现。

二、酶工程的发展历程

人类对酶的生产利用早在几千年以前就已开始，具体体现在酿酒、酿醋、制饴等实际生产和生活活动中。但人类对酶的生物本质一直缺乏了解，直到1857年，法国微生物学家巴斯德（Pasteur）在研究乙醇发酵时首次提出了“酵素”这一概念，才标志着人类对酶开始有了真正的认识。此后，1876年，William Kunhe首次提出了酶（enzyme）这一起源于希腊语的词汇，而1897年由Eduard Buchner发表的一系列论文中首次提出了酶属于蛋白质的理论。

酶学研究在20世纪取得了突破性的进展，其中具有里程碑式的发现包括：1909年，

Emil Fischer 提出了著名的酶和底物的“锁匙”模型，指出酶的功能是对底物的化学影响；1926 年，James Sumner 通过脲酶结晶的方法，首次证明了酶的蛋白质本质；1946 年，来源于胰脏的胰蛋白酶成为了第一个被提取纯化后用于商业化生产的工业酶；1950 年，青霉素氨基转移酶成为了第一个被鉴定并被应用于水解青霉素的酶；1952 年，首次利用规模化的发酵工业生产商业化酶；1979 年，美国、英国和德国制药公司共同完成了青霉素 G 的固定化酶水解工艺，标志着固定化酶技术在工业上的首次应用；1985 年，开始利用基因工程技术生产工业用酶；此外，1982 年美国科罗拉多大学的 Cech 和耶鲁大学的 Altman 分别发现除了蛋白质外，特定的核酸（RNA）也具有酶的活性，也标志着人类已经将酶学研究的范围由蛋白质扩展到了核酸。

随着新科学技术的发展及市场对酶的需求，酶技术更是得到了极大的发展，不仅在传统的洗涤剂制作、淀粉制作、甜料的生产和光学纯的氨基酸的生产及抗生素生产中蓬勃发展，更促进了抗体酶、药用酶、人工酶等新型技术的开发与应用。随着酶的固定化这一新技术的出现，酶可以获得重复利用并极大降低了酶反应过程的成本。此外，20 世纪 70 年代基因技术的应用不但有力地推进了更完善、更经济的生物催化剂的发展，还拓宽了其应用的规模。近年来，定点突变、基因穿梭和定向进化及酶的化学修饰等技术的发展开启了对酶的选择性和特异性进行修饰的先河。

经过一个多世纪的研究，酶学已经成长为一门独立的学科，取得了巨大的发展，目前已发现的蛋白酶的数量已超过 4000 种，而且酶在包括制药领域的各种工业生产中逐渐扩大了使用范围，目前全球范围内的酶制剂的年销售额高达数十亿美元，酶和酶工程在人类的生产、生活以及健康医药的各个方面都发挥着越来越重要的作用。

三、酶工程的研究内容

作为酶工程生物技术的一项重要应用，酶工程制药是利用酶的催化性质、动力学性质、可固定性等多种性质，生产药物或药物中间体，这充分体现了酶学原理与现代制药技术的有机结合。

利用酶催化制药已经成为了当今生物技术研究的热点问题并取得了众多突破性的进展，例如在药物化学合成领域，酶的应用已经在重要合成反应的立体选择性控制方面起着重要的作用；而且酶工程被认为特别适合于生产不对称合成的手性药物，并利用酶动力学拆分对映体等。

除了在化学药物，尤其是具有手性的化学药物的生产上起着重要作用外，在制药工程领域，酶工程还在氨基酸生产、医用酶生产等多种生产过程中起着重要的作用。

与制药行业中常见的化学催化剂相比，利用细胞和酶进行生物催化的优点在于：①酶具有对映体选择性；②酶反应需要的温度较低，反应的能量消耗低；③反应的副产物少；④通过固定化的酶或细胞可以反复使用；⑤使用后的酶可以被生物降解，环境污染小。

细胞和酶催化反应也有着一定的缺点，包括：①细胞和酶的高温稳定性差；②酶反应需要的 pH 范围窄；③反应容易受到环境中的金属离子、蛋白质酶的影响而遭到抑制；④部分酶的价格昂贵。

因此，酶工程在当今阶段的主要研究内容就是如何克服酶和细胞催化现有的缺点，充分发挥酶的催化特性，服务于社会生产和生活。

传统的生物酶工程主要包括以下方面的研究内容：①利用 DNA 重组技术大量高效地克

隆、生产目标酶；②酶的分离及纯化；③酶和细胞的固定化；④酶传感器；⑤酶反应器。随着现代科技的发展进步，目前酶工程的研究热点主要集中在以下几个方面。

（一）酶分子的定点改造

随着分子生物学技术的发展，以及对大量酶类分子的空间高级结构的解析，酶工程研究已经发展到分子水平，在此基础上，通过基因操作，已实现了对许多酶的克隆和表达。定点突变对酶的改造是在已知酶的结构与功能的基础上，有目的地改变酶的特定活性位点或基团，从而产生具有新性状的酶，又被称为理性分子设计。定点突变改造已经成为研究酶结构与功能的常规手段，并被广泛用于改善酶的性能。定点突变技术可以有目的地在已知 DNA 序列中取代、插入或删除特定的核苷酸。由于具有突变的定向性、取代残基的可选择性、对高级结构的低干扰性、检验手段的可靠性等优点，与其他技术相比，定点改造技术相对准确而有效，人们通过定点突变的技术已成功改造并筛选出了大量的突变酶，相比起改造前的酶，许多改造酶具有更高的活性、专一性或稳定性。通过实验室基因工程技术，人们已经能够在短时间里模拟出在自然界需要亿万年时间才能发生的进化过程。

目前常用的定点突变方法主要有寡核苷酸引物介导的定点突变、PCR 介导的定点突变及盒式突变。根据突变残基在酶结构中所处的位置，定点突变又可分为活性位点残基突变和非活性位点残基突变。定点突变靶目标的选择依据主要是酶序列的同源性以及其高级结构的特点。因此，在空间结构信息指导下进行定点突变，具有专一性好、效率高的特点。

以 2003 年 Young 等报道的 TAMS（targeted amplification of mutant strand，TAMS，目标性扩增突变链）定点诱变技术为例，该技术能够一次性地引入多个位点的突变，并且能够有目的地扩增突变链，从而使突变效率几乎为 100%。该方法由 3 步（图 7－1）组成：

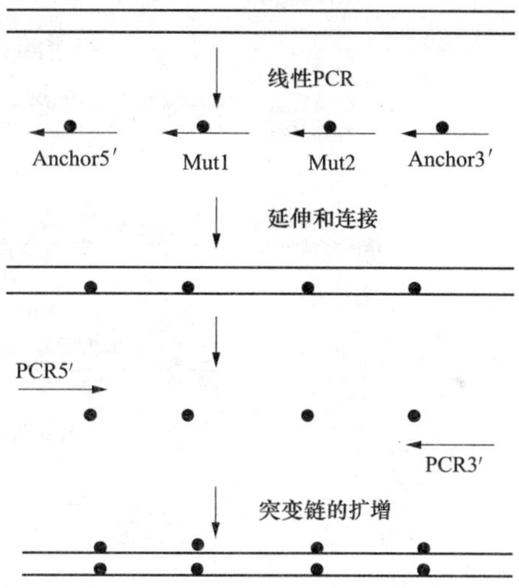

图 7－1　目标性定点扩增技术（TAMS）

（1）线性单链 DNA 模板的制备　通过线性 PCR 获得单链 DNA 模板。

（2）突变链的合成　该步需采用 2 个锚定引物（Anchor5 和 Anchor3）和多个诱变引物（Mut1 和 Mut2）。首先在多核苷酸激酶的作用下使每个引物磷酸化，接着在 DNA 聚合酶的作用下使引物与线性模板退火、延伸，最后在 DNA 连接酶的作用下，合成突变链。其中 2 个锚定引物在目的基因序列外，与载体的序列互补，分别引入 1 个突变位点（该突变位点是有目的地扩增突变链的基础）。

（3）有目的地扩增突变链　设计扩增引物（PCR5 和 PCR3），使其 3′端碱基与锚定引物引入的突变碱基配对，扩增引物只能退火到突变链而非亲本链，该实验技术的依据在于只有当引物 3′端碱基完全与 DNA 配对后，DNA 才能获得有效扩增，因此在该技术方案中只有突变链才会得到扩增。

（二）酶分子的定向进化

1. 定向进化的方法和原理　酶分子的定向进化又称为酶的体外分子进化，指以已知的亲本野生酶为起点，经过定向或随机的基因突变或重组，构建一个包括多种突变酶基因的蛋白酶文库；在此基础上，进一步通过定向的选择性筛选，从中获得具有某些定向功能或性状的酶分子。

与在已知结构和功能基础上进行定点突变的技术相比较，酶分子的定向进化被认为属于蛋白质的非理性设计，是蛋白质工程的新发展方向。与传统的理性设计相比，它无需了解蛋白质的结构、活性位点、催化机制等信息，而是人为地创造特殊的进化条件，模拟自然进化机制，在体外对酶基因进行改造，产生基因多样性。再结合定向筛选技术，获得具有某些预期特征的改构酶。酶的定向进化技术在一定程度上弥补了酶定点突变技术的不足。

酶分子的定向进化的基本方法和策略包括：以易错 PCR 技术和 DNA 混编技术为代表的突变技术，以及以基因重组技术为出发点的同源重组。大体上说，酶的定向进化由两步组成，即突变文库的构建和突变体的筛选，定向进化的基本原理见图 7－2。构建突变文库的关键在于库容量和突变的多样性：筛选的关键在于灵敏度和高通量。

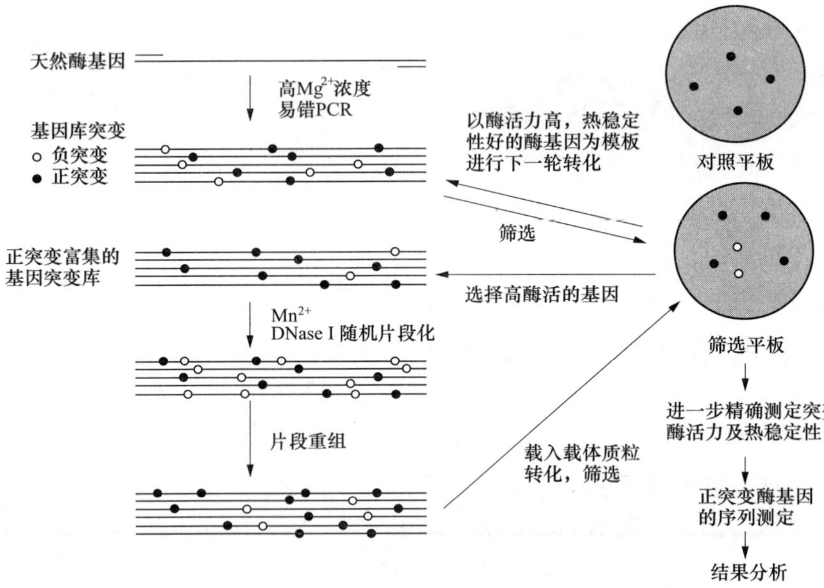

图 7－2　酶的定向进化文库的构建与筛选策略

2. 突变文库的构建　自 20 世纪 80 年代起，定向进化技术开始被广泛地应用于酶分子的定向改造。早期的一些进化方法包括易错 PCR（error-prone PCR）、单分子 PCR、DNA 混编（DNA shuffling）、外显子混编（exon shuffling）、基因组混编（genome shuffling）、单链 DNA 混编（ss-DNA shuffling）、交错延伸重组（staggered extension process，StEP）、临时模板随机嵌合生长（random chimeragenesis on transient templates，RACHITr）、酵母细胞中重组增强的组合文库（combinatorial libraries enhanced by recombination in yeast，CLERY）、分隔自我复制（compartmentalized self-replication，CSR）、2006 年开发的随机插入－删除链交换突变法（random insertional-deletional strand exchange mutagenesis，RAISE）等方法，在蛋白质工程领域都取得了很大的成功并一直延用至今。与此同时，更新、更好的进化方法也不断地被创立，并在蛋白质工程领域发挥着巨大的作用。酶的定向进化策略按其所依据的原理，大体上分为基因突变和基因重组两类。

最早使用的基因随机突变方法是易错 PCR（error-prone PCR）法，其原理是在常规 PCR 的基础上，适当调整各种 PCR 反应物的浓度及反应条件，降低 DNA 聚合酶的保真度，使得 PCR 反应既能够在延伸过程中随机产生少量的碱基错配，同时又能保证全长基因 PCR 产物的获得。该方法应用十分广泛，对模板基因的限制条件少、操作简便、周期短，而且可以和其他突变方法搭配使用。

DNA 混编（DNA shuffling）就是一次成功的飞跃，该技术于 1994 年由 Stemmer 等人首次提出并成功运用。DNA 混编主要使用两个或多个父本基因，它们之间含有不同的点突变或表观性质，有不同的优势并且碱基序列具有一定程度的一致性，这时应用 DNA 混编的方法比易错 PCR 方法更具针对性。其步骤是用 DNase I 或各种限制性内切核酸酶消化父本基因后，产生适当大小的片段。这些片段再经重新装配、扩增后所形成的突变文库具有更大的多样性。

2006 年 Ryota 等发明了一种基于基因片段混编原理的新型突变文库构建方法——随机插入－删除链交换突变法，该方法包括三个步骤：基因破碎、添加随机短序列和重新组装。基本过程如图 7－3 所示，首先利用常规 PCR 扩增待突变基因，接着使用 DNase I 消化 DNA，获得一系列大小 100～300bp 的 DNA 碎片，然后在末端脱氧核苷酸转移酶（TdT）的作用下，在 DNA 碎片的 3′端随机添加一个至数个碱基（随机添加碱基的个数可通过 dNTP 浓度和碎片浓度的比例进行调节）。随后这些带 3′尾巴的短片段互为引物进行 PCR 重组装，从而在 3′随机加尾处可产生 3 种类型的序列变化，即随机片段插入和碱基替换、碱基替换、随机片段删除和碱基替换。最后在加入两端引物后即可扩增出全长基因。RAISE 法汇集了多种 DNA 序列的突变形式，各种突变形式既可以单独产生，也可以同时发生，使得实验步骤在获得简化的同时又增强了突变文库的多样性，故该方法在酶蛋白定向进化领域有望获得越来越广泛的应用。

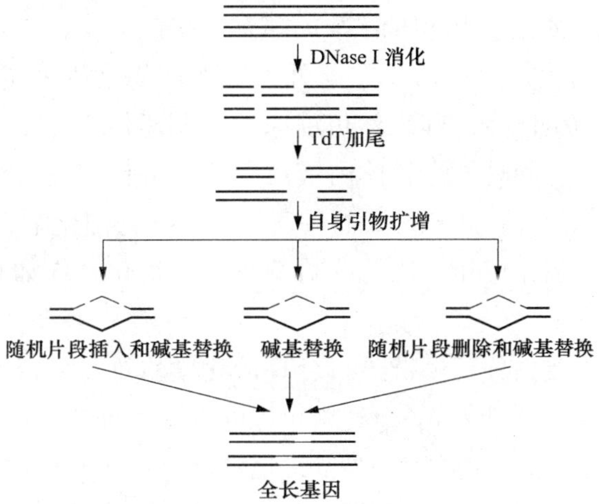

图 7－3　随机插入－删除链交换突变法构建酶的突变文库的示意

3. 定向进化的筛选策略　针对定向进化所希望筛选出的进化方向和进化程度，科研人员已经设计出了大量的筛选方法，筛选已成为决定定向进化成功与否的关键。筛选方法的共同要求就是高灵敏度和高通量。根据筛选的不同原理，常用的筛选方法可分为平板筛选、基于荧光或显色反应、表面展示技术三类。

平板筛选方法最为简便，通过在固体平板培养基中加入底物，然后依据宿主菌表达的突变酶作用于底物形成透明圈或其他特征进行筛选。或是利用有关的缺陷株作为宿主菌，直接将突变体与宿主菌的生长联系起来。

平板筛选只局限于筛选，如提高酶活、改变作用底物等方面的突变。对于改变最适pH、最适温度等突变方向，还需要采用荧光或显色反应技术。荧光或显色反应是根据酶作用底物后可产生荧光基团的显色产物，通过测定荧光信号或在特定波长下的吸收值来筛选突变体。目前，该技术被广泛用于结合96孔板、机械手、全自动酶标仪等设备，以提高自动化程度和工作效率。

此外，噬菌体表面展示技术、核糖体和mRNA展示技术、细菌细胞表面展示技术、酵母表面展示技术等表面展示技术在定向进化的筛选上的应用也日益广泛。表面展示技术是利用不同的表达载体表达外源蛋白质（即突变酶）后，再根据酶和底物或酶作用底物形成的产物和其他亲和底物基团的亲和吸附作用筛选突变体，进而获得所筛选的突变体所对应的编码基因。

定向进化技术由于其强大的功能和应用前景，已成为当前酶工程领域研究的热点，迄今为止，利用该技术已成功改造了部分酶蛋白，例如研究发现，利用易错PCR和交错延伸重组相结合的方法，将枯草杆菌蛋白酶E在65℃的半衰期延长了50倍；而利用易错PCR和DNA混编相结合的方法成功改变了*Bacillus* sp. TE124的过氧化氢酶的底物特异性，使得改造酶的过氧化氢酶活性减弱而过氧化物酶活性增强。

实践证明，酶的体外定向进化是改造酶分子切实有效的方法。它是人们在基因水平改造自然的强大工具。自1993年第一次成功运用易错PCR以来，定向进化的理论和技术都取得了巨大的发展。近年来，随着蛋白质科技的飞速进步，人类了解和掌握的各种酶的空间结构和功能信息也迅速增多，而这些信息也进一步促进了酶工程技术的发展。

（三）酶的化学修饰

多数酶对反应条件（如温度和pH值等）都有严格的要求，一般要求温和条件，这就限制了酶在工农业、医药生产中的应用。此外，酶类药物已越来越多地应用于临床领域，但当外源酶蛋白注入生物机体后，其天然免疫原性会刺激体内免疫系统产生抗体，导致被清除，甚至引发过敏反应。同时，生物体内蛋白酶的水解作用还会缩短外源酶蛋白在体内的循环半衰期，从而降低疗效；此外，天然酶还往往存在物理化学和生物稳定性差的缺点，这些都严重制约药用酶的临床应用。因此，对酶分子进行化学修饰是提高酶使用范围和应用价值的关键。

研究发现，通过对酶蛋白分子侧链进行合理的化学修饰，可以在酶的分子表面上形成一层化学修饰剂所形成的“缓冲外壳”，通常可以在保留酶催化活性的基础上，较大程度地改变酶的性质，如酶的稳定性、底物专一性、最适温度、最适pH等酶学性质；对于药用酶，这些修饰还往往能够改变酶在体内的半衰期、免疫原性等重要药学性质，利用化学修饰可快速、廉价地改变酶的特性，为开阔酶的应用前景提供了可能性。

对酶蛋白分子侧链的修饰反应主要可以分为酰化反应、烷基化反应、氧化和还原反应等类型；化学修饰的位点多位于极性氨基酸的侧链基团，如氨基、羧基、巯基、咪唑基、吲哚基、胍基等位点。可以用于化学修饰酶分子的化合物种类较多，常用的包括糖类、聚乙二醇（PEG）、聚乙烯吡咯烷酮（PVP）白蛋白等大分子物质或聚合物。

1. 糖类对酶的化学修饰　酶化学修饰中常用的糖类包括糖苷、壳聚糖和肝素等多糖或聚糖。右旋糖酐是广泛应用于工业和医药用酶的修饰的化合物。右旋糖酐是由D-葡萄糖通过糖苷键连接而成的高分子多糖，属于均多糖，具有良好的生物相容性和水溶性，其糖链上的双羟基在经溴化氰（BrCN）或高碘酸钠（$NaIO_4$）等活化剂活化后可结合酶分子表面的游离氨基。研究表明，右旋糖酐修饰可以提高酶的稳定性，降低酶的免疫原性。而且在通常情况下，利用右旋糖酐修饰酶可以保留50%～60%的酶活力。因此，右旋糖酐被视为一种理想的修饰剂而广泛应用于对工业和医药用酶的修饰。

壳聚糖是另一种常见的修饰剂，壳聚糖（chitosan，CS）又称脱乙酰壳多糖、脱乙酸几丁质等，是甲壳素的衍生物，属于含氨基均多糖。壳聚糖具有亲水性和不带电的特点，同时带有游离的氨基，是糖蛋白理想的修饰剂。利用壳聚糖对酶进行化学修饰的原理是通过高碘酸钠将糖蛋白分子糖链上的邻羟基氧化为醛基，形成一个含有二醛的酶分子，再与氨基糖上的氨基结合形成吡氯苄氧胺，然后通过 $NaBH_4$ 还原成一个稳定的修饰酶。所得到的修饰酶与上述右旋糖酐修饰酶的不同之处在于，利用壳聚糖对酶的化学修饰是对糖蛋白的糖链进行修饰，修饰剂是共价结合到糖蛋白的糖链上，而右旋糖酐修饰酶是将活化的右旋糖酐结合到酶分子游离氨基上。因此，只有糖基化的蛋白酶才能利用壳聚糖进行化学修饰。

2. 聚乙二醇对酶的化学修饰　单甲氧基聚乙二醇（mPEG）是另一种药用蛋白质和医药用酶的常见修饰剂。mPEG是以聚乙二醇为骨架的线性高分子化合物，具有无免疫原性、低毒等优良化学特性，经不同活化剂活化后，可与不同的氨基酸残基形成稳定的共价键。研究表明，mPEG与蛋白质分子结合后可减弱其抗原性，例如，采用mPEG衍生物修饰红细胞的ABH血型抗原和淋巴细胞的HIA抗原，可有效降低红细胞和淋巴细胞的免疫原性。因此，mPEG是药用蛋白质和医药用酶的理想的修饰剂。

3. 修饰酶的性质　通过化学修饰后，各种工业或医药用酶往往能够获得较大的性能提高，例如化学修饰已经被发现可以增强酶的稳定性，壳聚糖修饰的酵母蔗糖酶的半衰期大幅延长，而且修饰酶在蛋白质变性剂尿素中的稳定性也有显著提高。

化学修饰在改变酶在生物体内的半衰期、提高酶活性上也有明显作用，例如利用右旋糖酐修饰羧肽酶G和精氨酸酶后，发现羧肽酶G和精氨酸酶在正常小鼠体内的半衰期分别有5倍和9倍的延长。半衰期延长的原因可能是化学修饰的药用酶的免疫原性较低，因此在体内难以被免疫反应而被清除；其次偶联大分子长链不但在蛋白质分子表面产生空间位阻，而且减小了溶液中暴露的分子表面，从而减弱了各种水解酶对其的降解，延长其在体内的半衰期。用mPEG修饰的过氧化氢酶在水溶液中的酶活力是天然酶的15～20倍。酶化学修饰后活力提高的具体原因，可能是亲水大分子的引入与蛋白质分子上的氨基酸基团形成氢键，使维持蛋白质高级结构的氢键受到部分破坏，亚基肽链结构趋于松散，使底物分子更容易进入活性中心，反应的活化能进一步降低，从而导致酶活力的提高。

迄今已有超过100种酶蛋白获得了修饰，并展现出了许多优良性质，其中包括热稳定性的提升、半衰期的延长、最适pH值的改善、免疫原性的降低、膜通透性的提高、在体内的生物分布和代谢行为及药用酶的疗效提升等。例如，利用聚乙二醇修饰的门冬酰胺酶的抗原性大幅降低，而且修饰酶的抗蛋白酶水解能力显著提升，作为白血病的治疗药物，其体内半衰期也获得了延长，药效也有所提高。聚乙二醇修饰的门冬酰胺酶已在1994年获得美国FDA批准，作为治疗急性淋巴细胞白血病的药物临床使用。

（四）酶介质工程

酶反应过程中酶所处的反应介质不仅对酶反应的底物和产物的扩散及分配产生影响，而且也会影响酶的高级结构和构象。酶在不同的反应介质中所表现出催化活性、底物选择性、操作稳定性以及动力学特性也大不相同。因此，在不改变酶分子本身条件下，通过改变反应介质来改变酶的特性，也成为酶工程研究中的热点。由于有机溶剂易使酶失活或活力降低，酶在有机相中溶解度较小，增大了反应的扩散限制，因而部分酶在非水相中的反应速度远远低于在水相中的反应。而通过胶束酶及离子液体微乳液等手段改变了酶催化的介质，可以较好模拟酶的天然环境，使得大多数酶能够保持活性和稳定性，其中有些甚至可以表现出超活性。例如用脂肪酶催化合成维生素 C 脂肪酸酯的过程中，由于维生素 C 极性较大，在有机溶剂中溶解度低，因而收率低。通过对其反应介质的更改，采用离子液体 [sMIM][BF_4] 和 [2PentMIM:BF_4]，大大提高了维生素 C 的溶解度，反应收率接近 90%。

扫码“学一学”

第二节 酶工程技术

酶工程指从应用的角度研究，将提取纯化的酶制剂放置在一定的生物反应装置（酶反应器）中，利用酶的催化性质，将相应原料转化为有用的目标产物的工程技术。酶工程属于酶学与工程学密切结合的交叉学科，在酶工程中应用较多的技术方法和仪器设备包括固定化酶、固定化细胞和酶反应器等。

一、酶制剂的类型和分离制备

（一）酶制剂的类型

常见的酶制剂包括三种剂型。

1. 液体酶制剂 包括稀酶液和浓缩酶液，一般纯度较低，经济性好但不稳定，而且制剂中的成分复杂，通常只适于在纺织工业等工业部门应用。

2. 固体粗酶制剂 固体酶制剂的制备方法包括将发酵所得的粗酶液再经过杀菌、浓缩干燥后制取，有的则通过加入淀粉等填充料获得，固体酶制剂常用于皮革软化脱毛、水解纤维素等工业用途，固体粗酶制剂的价格经济，而且便于运输和保存。

3. 纯酶制剂 通过结晶、分离纯化等方法获得的纯酶制剂，常用于分析试剂或药用酶，纯酶制剂的纯度要求较高，可应用于各种精细用途。

（二）酶制剂的分离制备

1. 酶制剂的来源 酶工程用酶制剂的获取主要包含两个途径：一是由动、植物或微生物中直接提取；二是采用微生物发酵法获取。其中直接提取法较微生物发酵法能够获得的酶的种类和数量一般有限，故工业用酶制剂的主要来源是微生物发酵法。为制备以上三类酶制剂，需选用合适的分离、纯化方法从微生物的发酵液、细胞培养液或动植物组织的提取液中高效率、高纯度、高质量地得到所需要的酶制剂。

2. 酶制剂分离制备的原理和步骤

（1）原理 ①利用提取混合物中各组分的分配率差异，把它们分配到可用机械方法分离的几个物相中，具体技术方法包括盐析、有机溶剂抽提、色谱析和结晶等；②在单一物相中通过物理作用达到分离，使用的技术包括电泳、超速离心和超滤等。按照酶分子的大小、形状、带电性质及溶解度等分子性质，可以按照表 7－1 对分离技术加以分类。

表7-1　酶的分离纯化依据和分类

分离依据	具体分离方法
分子大小和形态	超速离心、超滤、分子筛、透析
溶解度	盐析、溶剂抽提、分配色谱、逆流分配、结晶
电荷	电泳、电渗析、等电点沉淀、离子交换色谱、吸附色谱
生物功能	亲和色谱

（2）步骤　酶制剂的分离制备过程可分为五个阶段：① 材料的选择和预处理；②细胞的破碎；③有效成分的抽提；④纯化、精制；⑤浓缩、冻干及保存。

（3）注意事项　整个分离纯化过程一般选择温和的条件下进行，以防止酶蛋白的变性和降解、辅因子的脱离，分离纯化过程通常需要注意以下因素：①分离纯化工作应尽量在低温下进行；②多数酶在酸性和碱性条件下不稳定，因此必须控制整个纯化工作系统的 pH 值；③溶液中存在一定浓度的盐，易提高蛋白质的溶解度，因此制备时所采用的缓冲体系宜包括一定浓度的盐（0.1～0.2mol/L）；④蛋白质易在溶液表面或界面由于机械剪切力而造成变性，故在操作中需避免泡沫的产生；⑤纯化步骤中需要避免由重金属、有机溶剂、微生物污染等造成的酶变性失活。

3. 酶的分离提取过程工艺

（1）破碎细胞　微生物产生的酶分为胞内酶与胞外酶两类。胞外酶是能够被分泌于细胞外的各种酶，可以由培养基中直接提取，无需破碎细胞。而胞内酶则要求将细胞破碎后方可进一步抽提，而且抽提的效果经常与细胞的破碎程度有关。破碎细胞的方法很多，对动植物组织常用组织捣碎器、匀浆器破碎等手段。而破碎微生物细胞的方法有机械破碎、酶法、化学试剂法或丙酮粉法等。

机械破碎法属于物理破壁方法，其中研磨法采用少量石英砂或氧化铝与高浓度的菌体悬液混合后研磨，即可破碎细胞；采用一定功率，频率 10～25kHz 的超声波处理菌液，也可使细菌破碎。此外，能够产生高压的匀浆器的细胞破碎的效果也很好，而且在工业生产上有着较广泛的应用。值得注意的是，由于机械破碎法容易产生热量，使细胞悬液温度升高，容易导致酶蛋白变性，故需要在低温条件下进行。

工业生产中还经常采用丙酮法破碎细胞，原理是丙酮能导致细胞迅速脱水，破坏细胞壁。其具体步骤是：低温条件下，在收集的菌体中加入预先冷却的丙酮，迅速搅拌均匀后用漏斗抽滤，然后将固形物用冷丙酮反复洗涤数次，抽干后获得的细胞干粉又称为丙酮粉。它既可作为进一步制备纯酶的原料，也可直接作为粗酶制剂使用。

（2）酶液的抽提　大部分酶都可用包括酸、碱或盐溶液浸泡后溶解抽提，酶抽提条件的选择往往依据酶的溶解特性和稳定性而定。在抽提过程中，抽提液的用量为酶原料体积的1～5倍，而抽提液的 pH 选择，一般选用待纯化酶的稳定 pH 值范围，以保证抽提时不致引起酶变性失活，而且抽提液的 pH 应远离酶蛋白的等电点，以保证酶的溶解度；为避免由高温引起的酶变性失活，酶的抽提一般在低温下进行。

（3）蛋白质类酶的纯化法　蛋白质类酶的纯化法较多，一般最佳纯化方案的设计需要综合考虑所需纯化酶的理化性质和提取的步骤、最终得率、纯化成本等方面，常见的纯化方法包括以下几种。

1）盐析法　盐析法是蛋白质类酶提纯中最早使用的方法之一，通过在酶溶液中分阶段加入一定比例的中性盐（如硫酸铵），使杂蛋白和所需提取的酶蛋白分别在不同浓度的盐溶液中沉淀析出，又称为分级沉淀法。由于性价比高，对酶的影响较低，目前仍然广泛应用。

盐析法的原理是由于蛋白质中含有的—NH_2、—COOH、—OH 等一系列亲水基团在水溶液中能解离成 NH_4^+、COO^- 和 OH^- 等带电基团，使蛋白质表面带有电荷，并包裹上一层水膜，使得酶形成溶解度良好的胶状物。但向酶溶液中加入大量中性盐后，盐在水中解离时不但能破坏水膜结构，同时中性盐解离后形成的带电离子（NH_4^+、SO_4^{2-}）还会中和蛋白质表面的电荷，使蛋白质溶解度下降，生成沉淀。由于不同的蛋白质产生沉淀所需的盐浓度不同，因此通过调节溶液的盐浓度就可以达到酶蛋白与其他杂蛋白的分离。

2）有机溶剂沉淀法　在蛋白质溶液中加入有机溶剂如丙酮、乙醇也可以沉淀酶蛋白，其原理是有机溶剂一方面可降低溶液的电解常数，增强蛋白质分子间的电荷引力，导致蛋白质的溶解度下降；另一方面，有机溶剂也可通过与水作用，使蛋白质因脱水而析出。

3）吸附分离法　氧化铝、磷酸钙和羟基磷灰石、活性炭等物质对蛋白质有一定的吸附作用，也可用于酶的分离纯化，这些吸附剂对酶或杂蛋白都有吸附作用，故既可用来吸附酶蛋白除去杂质，也可吸附杂蛋白而使酶蛋白留在溶液中，达到较好的提纯目的。

4）离子交换法　离子交换法是广泛使用的一种提纯蛋白质类酶的方法。离子交换树脂按离子的带电性质可分为阳离子与阴离子交换树脂两大类（根据解离基团交换能力的强弱不同，又可分为强酸、弱酸、强碱、弱碱四大类）。待纯化的酶溶液在流经树脂时，进行离子交换，由于酶分子和杂蛋白的吸附强弱不同，因此在洗脱（通常利用盐浓度梯度洗脱）过程中得到分离。

5）凝胶过滤分离法　又称分子筛，是根据酶分子大小的不同进行分离。凝胶分子筛物质是具有许多一定孔径大小的孔洞组成的网状立体结构，网眼孔径大小往往一定。当待纯化的酶液通过分子筛时，较凝胶孔径大的分子将无法通过网眼进入胶粒内部，而直接经分子筛颗粒间的空隙流出，而比凝胶孔径小的分子则进入胶粒内部，经由复杂的网眼结构流动，逐渐被滞留下来，分子的大小不同，滞留程度也不一样，从而不同分子量的蛋白质得以分离，故凝胶过滤亦称排阻色谱。目前常用的凝胶有交联葡聚糖凝胶、聚丙烯酰胺凝胶和琼脂糖凝胶三种。

6）亲和色谱法　亲和色谱法是利用酶与其底物、底物类似物或竞争性抑制剂间具有较高的亲和力，能够专一而又可逆地形成酶-配基络合物这一特性而设计的色谱法。通过将酶的专一性良好的配体偶联固定在载体上，当酶溶液流过配体偶联的载体时，所需纯化的酶分子就会被特异性地吸附，而杂蛋白分子将直接被分离。亲和色谱法有速度快、效率高，而且专一性好的特点，但缺点是纯化的成本通常较高。

（4）纯化酶的浓缩和干燥

1）浓缩　粗酶抽提液和发酵液中的酶浓度往往较低，必须进行浓缩。常用的浓缩方法包括蒸发和超滤，后者指在加压的情况下，将待浓缩溶液通过一层分子量选择性透过的微孔超滤膜，小分子可自由通过，而酶等大分子将被滞留在另一侧，从而获得浓缩。超滤方法由于不会造成热破坏和相变化，可以保持原溶液的离子强度和 pH，而且成本较低，已广泛用于实验室和工业生产规模的浓缩。

2）干燥　蛋白质类酶在水溶液中的稳定性差，只能短期保存，但在脱水干燥形成干粉的情况下，酶粉的稳定性显著提高，可以在低温下长期保存。常见的脱水干燥法如下：

①冷冻干燥　这种方法适用于量较少的样品，或贵重酶制剂以及对热非常敏感的酶，实验室样品的干燥可先将经一定程度提纯的酶液冷冻结冰，然后置于真空干燥器中，利用真空泵在干燥器内形成一定的真空度，此时，自冷冻的蛋白质溶液中的水分将由固相直接升华气化，从而使酶蛋白得到干燥。

②直接干燥　一般工业用酶制剂的粗制品都可用烘箱、烘房进行直接干燥，但注意温度不能太高，且避免造成氧化失活。

③喷雾干燥　喷雾干燥是用雾化器（喷嘴）将酶液（含水量50%以上的酶液或悬浮液）喷成微小的雾滴并分散于热气流中，使水分迅速蒸发，而成粉状的干燥制品。由于喷成雾状液体的表面积极大，只需数秒至数十秒时间就可完成干燥，因此，不至于引起酶的失活。

二、固定化酶的制备

（一）固定化酶及其优缺点

1. 固定化酶的概念　固定化酶指通过一定的技术，将提取纯化的酶制剂固定或限制在一定的相对密闭空间里，使之不但能够连续地进行反应，而且反应后的酶又可以反复使用。

（1）固定化酶的优点　与游离酶相比，固定化酶具有以下优点：①酶的使用率提高，使用成本降低；②固定化酶、底物和产物的分离较简单，产物的分离纯化过程简便；③对酶反应过程的可控制性更强。

（2）固定化酶的缺点　主要包括：①在固定化过程中，通常伴随着酶活性的部分丧失；②通常只适用于催化可溶性小分子底物的酶促反应过程，对大分子底物不适合；③通常不适用于多酶反应，尤其是需要辅因子参与的反应。

2. 固定化酶的制备原则　酶的固定化过程通常遵守以下原则。

（1）不改变酶的性质，保持所固定的酶的催化活性、底物专一性等酶的特性。

（2）固定化酶应该在保证与载体结合牢固的基础上，具有最大的稳定性，而且容易与底物分离。

（3）从实际生产出发，固定化酶应该有利于生产的自动化，而且固定化的成本要合理。

3. 固定化酶的制备方法　在充分考虑以上因素的前提下，酶的固定化所需要解决的重要问题包括两个方面，即固定化载体的选择和固定化酶的制备方法。

（1）载体的选择　固定化酶载体的选择一般需要在综合考虑载体的形式、结构、性质和酶偶联量的基础上进行选择。

（2）固定化酶的制备　固定化酶的方式方法较多，参见表7－2、图7－4。总体上可以划分为吸附、共价结合、包埋和微胶囊四种方式。

扫码“看一看”

表7－2　固定化酶的方式

方法	优点	缺点	应用举例
吸附	对酶的活性中心和结构的影响较小，操作简易方便、条件温和	吸附力较弱 容易受到pH的影响	常见的物理吸附材料包括活性炭、氧化铝、硅胶、羟基磷灰石、大口径孔径的树脂等载体。而各种阴离子、阳离子树脂则是常见的离子吸附载体，包括DEAE-纤维素、CM-纤维素等

续表

方法	优点	缺点	应用举例
共价结合	结合牢固，结合程度受外界影响较小	反应条件一般较激烈，步骤较复杂，容易导致对所固定的酶的结构甚至活性中心造成破坏，影响酶的活性、底物专一性等性质，成本高	可供共价结合载体如琼脂糖、葡聚糖凝胶、聚丙烯酰胺等，如碘乙酸纤维素共价结合筛选适合工业的氨基酸酰基转移酶
包埋	载体无需与酶蛋白的氨基酸残基进行结合反应，因而对酶的结构、活性和专一性一般无影响，可以应用于多种酶的固定化	只适用于小分子底物和产物的酶，而不适用于作用于大分子底物和产物的酶	丙烯酰胺单体可聚合成聚丙烯酰胺，甲基丙烯酸酯可聚合成聚甲基丙烯酸酯，并用双功能或多功能试剂使酶蛋白交联成固相三维网状结构
微胶囊	可进行大规模的固定化；包埋膜可选用生物相容材料，并可做成任意大小	制备技术较复杂，成囊时间较长，对被包埋物质的生物活性有一定的影响	制备微囊的基本材料通常具有蛋白质、脂类和糖等聚电解质，如人工肾由微胶囊的脲酶和微胶囊的离子交换树脂等吸附剂组成

1）吸附　通过各种固体吸附载体利用物理吸附或离子结合的原理，将酶吸附在其表面而实现酶的固定化的方法。吸附法具有对酶的活性中心和结构的影响较小、操作简易方便、条件温和等优点。但经常存在由于吸附力弱而导致所固定的酶与载体的结合较弱，并容易受到 pH 的影响而易于脱离的缺点，从而使得吸附法的应用受到一定的限制。常见的物理吸附材料包括活性炭、氧化铝、硅胶、羟基磷灰石、大孔径树脂等载体。而各种阴离子、阳离子树脂则是常见的离子吸附载体，包括 DEAE-纤维素、CM-纤维素等。吸附法的工艺比较简单，只需将酶溶液和载体混合一定时间后，洗脱未吸附的酶即可。

2）共价结合　通过共价结合力将酶与载体交联的固定化方法。与吸附法相比，共价结合法通常由载体骨架表面的功能基团与酶表面氨基酸残基的功能基团形成共价键。固定酶有着结合牢固、结合程度受外界影响较小的优点。但是由于共价结合法的反应条件一般较激烈，反应步骤较复杂，容易导致对所固定的酶的结构甚至活性中心造成破坏，影响酶的活性、底物专一性等性质。通过共价键结合酶与载体的固定化方法首先是通过化学方法，在载体上引入活泼基团或使得载体上的相关基团活化，然后再使得这些活泼基团与酶分子侧链上的有关基团产生偶联反应，形成共价键结合。活化载体并使之与酶分子共价交联的方法包括重氮法、叠氮法、溴化氰法、烷基化法等。

除了将酶分子与载体直接共价交联以外，还可以利用双功能或多功能试剂使得酶分子之间发生交联，从而达到酶的固定交联，形成网格状结构。常见的多功能试剂包括戊二醛、乙二胺、顺丁烯二酸酐、异氰酸酯等。交联法制备的固定化酶一般相对牢固，可长时间使用，但通常被固定的酶的活力损失较大。

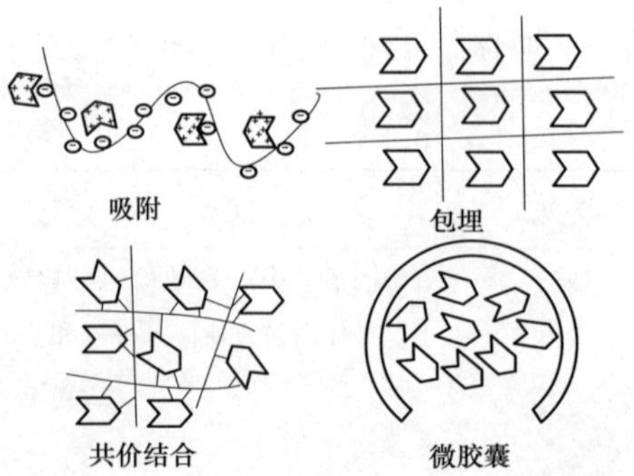

图 7－4　固定化酶的方式示意图

3）包埋和微胶囊　包埋（entrapment）和微胶

囊（encapsulation）是有别于吸附和共价结合的一类固定化方法。该类固定化技术将微量酶溶液固定在由凝胶或半透膜所形成的网络结构中。而这种多孔性的网络结构虽然可以阻止酶的自由出入，但是小分子的底物和催化反应的产物却可以自由进出。包埋法中的载体一般不需要与酶蛋白的氨基酸残基进行结合反应，因而对酶的结构、活性和专一性一般无影响，所以可以应用于多种酶的固定化。但包埋反应中载体的化学聚合反应有时会导致酶的失活，而且由于只有小分子底物和反应产物可以自由通过由高分子凝胶形成的网状结构扩散，因此包埋法只适用于小分子底物和产物的酶，而不适用于作用于大分子底物和产物的酶。

三、固定化细胞的制备

利用胞内酶制作固定化酶时，需经过破碎细胞、提取胞内酶等步骤，工序较复杂，且所提取的酶往往稳定性差。为解决这一问题，在 20 世纪 70 年代，科研人员研发了固定化细胞技术，即通过物理或化学的手段，将含有所需胞内酶的动、植物或微生物细胞直接固定于适当的不溶性载体上的有限的空间区域，并使其保持催化活性，从而可以直接利用固定的细胞催化多种化学反应。

在固定化酶基础上发展起来的固定化细胞，主要优点如下：①节约酶的分离过程及费用；②属于多酶系统，无需辅酶再生；③细胞生长停滞时间短；④固定化细胞可以重复或长期使用，简化游离细胞培养过程，还减少了营养基质的浪费；⑤保持酶的原始状态，提高酶的稳定性；⑥使用固定化细胞反应塔连续发酵，可以避免反馈抑制和产物的消耗。

固定化细胞的缺点主要体现在：①部分载体材料有时会对细胞产生生理毒性，将导致细胞死亡，菌体自溶，影响产物的纯度或影响目标代谢产物的生物合成；②细胞膜或细胞壁会造成底物渗透和扩散的障碍；③有些载体材料使细胞或小细胞群体相互分隔，容易形成不利于细胞之间彼此协调的环境，影响代谢产物的生物合成；④大规模制备固定化细胞过程复杂，易引起杂菌污染；⑤细胞内有多种酶存在，会形成副产物；⑥载体材料使成本提高，以至于该技术在传统的发酵工业中难以推广。

由于固定化细胞技术不需要把酶从细胞中提取出来，酶活力损失少，酶活回收率较高，因此目前该技术的应用已有超过固定化酶的趋势。细胞被固定化后有着细胞密度高、反应速度快、耐毒害能力强、产物分离容易、能实现连续操作，可以大大提高生产效率，延长生产周期等优势，因此近几十年来固定化细胞技术得到了迅速的发展和大量应用。目前已广泛应用于药物制备、食品、发酵和三废处理等工业中，经济效益显著。

1. 固定化细胞的制备方法 与固定化酶的分类相似，固定化细胞制备按照固定化载体与固定作用方式的不同，也可分为吸附法、包埋法、共价结合法和交联法。

（1）吸附法 又称载体结合法，主要包括物理吸附法和离子吸附法，是依靠微生物细胞与载体间的静电、表面张力和黏附力等作用力，使得微生物细胞固定在载体表面或内部形成生物膜的方法。吸附法有工艺简单、活力损失较小的优点，但细胞与载体存在作用力弱、易脱落的缺点。

（2）包埋法 原理是将微生物细胞包埋在凝胶内部的微孔内或埋于由半透膜聚合物形成的超滤膜内，有凝胶包埋法和半透膜包埋法两类。包埋法有工艺简单、反应条件温和、稳定性强、包埋细胞容量高的特点。

（3）共价结合法 利用细胞表面的功能基团与固相支持物表面的反应基团之间形成化

学共价键，达到固定细胞的目的。优点包括细胞与载体固定紧密，不易脱落，但存在制备工艺难度较高，活力损失较大的缺点。

（4）交联法　利用双功能或多功能试剂，直接与细胞表面的各种反应基团（如羟基、巯基、咪唑基等）反应，使其彼此共价交联形成网状结构，从而固定细胞。交联法制备工艺复杂，活力损失大，但细胞与载体结合紧密。

2. 固定化细胞的常用载体　固定化细胞常用载体包括天然高分子载体、合成高分子载体和无机载体这几大类型。天然高分子载体包括海藻酸盐、明胶、卡拉胶、海绵等。天然高分子载体，虽然无毒性，传质性能好，但机械强度低，在厌氧条件下易被微生物分解，寿命短。作为一种替代物，还可以使用合成的高分子载体，常见的合成高分子载体有聚乙烯醇、聚丙烯酰胺等，其中聚乙烯醇凝胶是目前国内外研究最为广泛的一种包埋固定化载体，它具有强度高、化学稳定性好、抗微生物分解性强、对细胞无毒且价格低廉等一系列优点，因而具有很大的利用价值。此外，无机载体如多孔陶珠、氧化铝等，由于机械强度大、对微生物无毒性、不易被微生物分解，而且耐酸碱、成本低、寿命长，也常被用作固定化细胞的载体材料。

四、酶反应器

酶反应器（enzyme reactor）是游离酶和固定化酶在体外反应时所需的反应容器，该类反应容器不但能够控制催化反应所需的各种条件，还能调节催化反应的速度。酶反应器的种类较多，根据结构的不同，可划分为膜反应器、分批搅拌反应器、连续流搅拌桶反应器、连续搅拌桶-超滤反应器、填充床式反应器、循环反应器、流化床式反应器等（图7－5）。性能优良的酶反应器可以大幅提高生产效率。

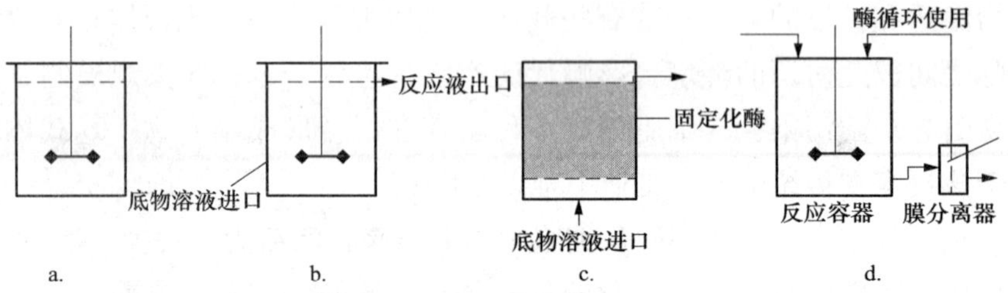

图7－5　常见的酶反应器示意图

a. 分批搅拌式反应器　b. 连续搅拌式反应器　c. 填充床式反应器　d. 游离膜式反应器

1. 搅拌式反应器　搅拌式反应器指由反应罐、搅拌器和温控装置等部分组成的反应器，可用于游离酶和固定化酶的催化反应，属于常用反应器。按操作方式的不同，又可以分为分批搅拌反应器和连续流搅拌桶反应器两种。

2. 连续流动式反应器　连续流动式反应器是一种主要用于固定化酶催化反应的反应器，按固定化酶的填装方式和催化过程中固定化酶的状态，又可以分为填充床式反应器和流化床式反应器两类。

在填充床式反应器中，固定化酶及其固定基质密集地压叠在反应器内形成反应床层，反应底物按一定的方向和流速通过反应床层，催化反应在反应床层进行。

在流化床式反应器中，固定化酶的颗粒悬浮在反应器的反应底物溶液中，并在底物流动的带动下，不停地发生滚动并催化其周边的底物酶促反应。

3. 膜反应器　膜式反应器是另一类使用广泛的酶反应器，可用于游离酶或固定化酶的催化反应，原理是利用半透膜的选择性通透性，将大分子的酶和小分子的催化产物高效分离。膜式酶反应器被广泛应用在制药行业中，在青霉素的转化等工业生产中有着大量使用。

4. 其他反应器　除了上述反应器外，还有循环反应器、滴流床反应器、淤浆反应器、气栓式流动反应器、转盘反应器、筛板反应器等多种酶反应器。

五、生物（酶）传感器

（一）生物传感器的原理及类型

生物传感器是一种精密分析器件，它通过结合生物或生物衍生的敏感元件和理化换能器，能够产生间断或连续的数字电信号，而信号强度决定于被分析物的浓度。具体而言，生物传感器是通过将特定的酶、蛋白质、抗原或抗体等多种生物活性物质通过吸附法、包埋法、共价键固定法、交联法等固定化技术固定于生物膜材料、纳米材料等生物活性材料上，并进一步有机地结合物理化学能量转换等技术手段，利用各种化学或物理学手段，使得特定的待检测物质通过扩散作用进入生物材料内部，并在专一的蛋白质识别、抗原-抗体识别等分子识别的生物学反应基础上产生一级反应信号，该信号进一步在物理或化学转换器的作用下转变为与待检测物质浓度成比例的定量的电信号，后者进一步放大输出后，供人们在分子水平上专一、微量、快速地判定所检测物质的浓度或含量。生物传感器技术是当前科学研究和工程领域的热点课题，属于生命、信息科学、材料学和工程学的交叉领域。生物传感器技术的研究重点是：广泛地应用各种生物活性材料，研究和开发具有识别功能的换能器，开发和拓展它们在人类现代化生产中的应用。

当前，利用酶的高效、专一的催化原理所制备的酶传感器已经非常成熟。以酶传感器为例，其工作原理是：当待检测物质经扩散作用接触到固定在生物膜上的酶后，酶会识别待测物质中的特定底物，并发生专一性的酶促催化反应，反应的产物浓度被进一步测定后，通过相应的物理或化学能量转换器将信号转化为可以定量处理的电信号，并经仪表输出。除酶传感器外，生物传感器还有微生物传感器、免疫传感器和场效应晶体管传感器这几大类型。

酶传感器属于间接性传感器，被固定在传感器上的各种酶类通过与待测定样品中的底物反应，将样品中的待测底物如糖类、氨基酸、有机酸等生物分子氧化或分解，进而测定反应的产物浓度，在此基础上，反推出待测样品的浓度。生物传感器的传感原理如图7－6所示，其基本结构单元构成包括两部分：物质识别元件（固定化酶膜）和信号转换器（基体电极）组成。当酶电极浸入被测溶液，被分析物通过扩散作用进入固定化的酶膜后，通过特异性的蛋白质识别、抗原-抗体识别等分子识别机制参与反应，产生电活性物质（一级信息），继而相应的物理或化学基体电极对其响应。基体电极将使化学信号转变为可定量和可处理的电信号，再经过二级仪表（检测放大器）放大输出，从而测得待测物的浓度信息。基体电极可采用碳质电极（石墨电极、玻碳电极、碳棚电极）、Pt电极及相应的修饰电极。

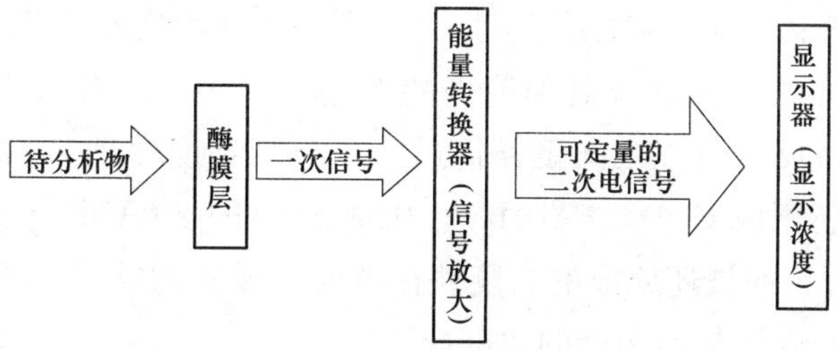

图7－6　生物传感器的原理

（二）酶传感器的发展

以酶电极生物传感器发展为例，按照固定化酶与电极之间的电子传递机制，酶电极生物传感器可分为三代：第一代的经典氧受体生物传感器按照天然介体氧的催化机制设计；第二代生物传感器将二茂铁、铁氰化钾等物质作为媒介掺入酶层中，减小了溶解氧对测量的干扰；第三代生物传感器无需介体，可以直接利用生物活性酶与电极间的直接电子传递形成传感（图 7 –7）。

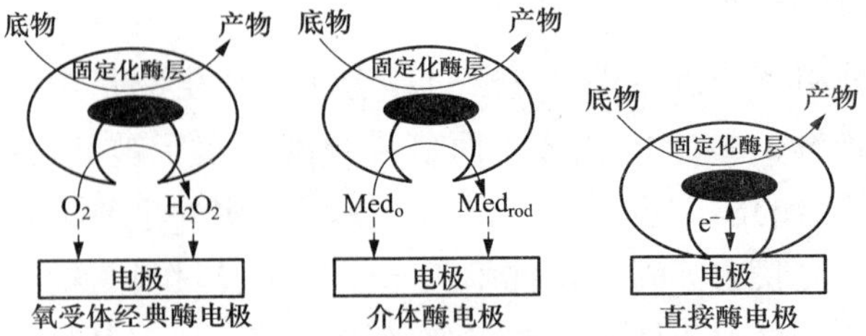

图 7 –7　不同酶生物传感器的电子传递机制

1. 第一代经典电化学生物传感器　1962 年，Leland 首次描述了酶传感器的原理构想；1967 年 Updike 等通过组合利用聚丙烯酰胺凝胶固定化的葡萄糖氧化酶（glucose oxidase，GOD）和氧电极，制成了世界上第一个生物传感器，即葡萄糖酶传感器。它标志着第一代生物传感器的诞生，从理论和实践上为生物传感器的发展奠定了基础。GOD 传感器的电催化原理如下：

固定化酶层反应：葡萄糖 + $GOD_2FAD \longrightarrow$ 葡糖酸内酯 + GOD_2FADH_2

$$GOD_2FADH_2 + O_2 \longrightarrow GOD_2FAD + H_2O_2$$

电极：$H_2O_2 \rightarrow 2H^+ + O_2 + 2e$

氧在电极上还原而产生响应电流，电流大小与氧在溶液中的浓度以及传质速度有关。此外，为了消除由氧浓度变化所引起的检测误差，也可以检测酶反应所产生的过氧化氢。

2. 第二代介体酶电极生物传感器　为了改进第一代酶生物传感器的缺点，现在普遍采用的是第二代酶生物传感器，即介体型酶生物传感器，它是基于介体的电催化反应。

第二代生物传感器采用了含有电子媒介体如二茂铁的化学修饰层。此化学修饰层不但能促进电子传递过程，拓宽响应的线性范围，降低电极的工作电位，同时，噪声、背景电流及干扰信号均小，而且由于排除了过氧化氢的传递，有效地延长了酶生物传感器的工作寿命。传感器中使用的电子媒介体的共同特点是都含有大 π 键环及与环相连的双键，这些双键容易打开并再形成，电子的传递就是靠这些双键打开与再形成得以实现。常见的媒介体主要有以下几种：二茂铁及其衍生物、有机染料分子、有机导电盐、铁氰酸盐、锇及其化合物、醌类、金属单质粉末、高分子媒介体。

第二代生物传感器采用化学介体或特定生物分子取代 O_2/H_2O_2 在酶促反应中和电极之间进行电子传递。以介体 GOD 传感器为例，首先将 GOD 固定在石墨电极上，然后以水不溶性二茂铁单羧酸为介体，在电极对葡萄糖的响应过程中，二茂铁离子作为 GOD 的氧化剂，并在酶反应与电极反应过程之间迅速传递电子。其响应原理为：GOD（FAD）催化氧化葡萄糖后，本身被还原成 GOD（$FADH_2$），生成的 GOD（$FADH_2$）又立即被二茂高铁氧化，生成 GOD（FAD），而被还原成的二茂铁在电极上被氧化成二茂高铁。二茂铁在电极上氧化产生的氧化电流则直接与葡萄糖的浓度成比例。

3. 第三代直接电化学生物传感器　前两代酶传感器中都不同程度上存在着包含固定化

酶（抗原、抗体）的生物识别元件与电极之间的通讯效率低下的问题。造成该现象的主要原因有：多数蛋白质的电活性中心位于蛋白质分子内部，距电极较远；蛋白质吸附在电极表面后，分子部分变性；固定化导致酶分子产生不合适的空间取向等。为解决这一问题，科学家研发了第三代直接电化学生物传感器。与前两代生物传感器相比，该传感器既不需要氧分子，也不需要化学介体分子作为电子传递体；此外，该类传感器通常无需固定化载体，直接将酶分子吸附固定到电极表面，使酶的催化活性中心与电极直接“交流”，从而能够更快地进行电子传递，结果使这类传感器的响应速度更快、灵敏度更高。

以第三代 GOD 生物传感器为例，研究人员已经实现了在多种类型电极上实现 GOD 的固定化，例如在碳纳米管修饰电极上实现了葡萄糖氧化酶的直接电子转移，制备了碳纳米管修饰的玻碳电极，利用吸附方法将葡萄糖氧化酶固定到玻碳电极表面，形成葡萄糖氧化酶玻碳电极。研究表明：纳米颗粒能够大幅度地提高固定酶的催化活性，提高响应灵敏度，增加电极的电流响应灵敏度，改进生物传感器的抗干扰性能，较前两代 GOD 传感器，信噪比提高了 30 倍以上。

（三）生物传感器的应用

从 1967 年生物传感器诞生迄今，生物传感器已经广泛地进入到了人类的工业生产和日常生活中，在众多领域里都起着重要作用，以下就几方面的用途加以介绍。

1. 在环境监测中的应用　环境监测和环境保护日益受到人们的重视，与传统的监测方法相比，现代酶生物传感器具有分析速度快、操作简单、成本较低的优点，并可以提供现场快速监测和连续在线分析。目前用于环境监测的生物传感器包括用于水质检测的测定硝酸盐、亚硝酸盐、磷酸盐、硫化物、酚、BOD、氰化物、汞盐、氨、甲酚和诱变性的传感器，测定有毒气体 CO、SO_2、NO 的传感器等。利用突变的乙酰胆碱酯酶设计的传感器，对类毒素的检测极限可以达 nmol/L 级以下，并大幅度地提高了检测的可靠性。

2. 在发酵工业中的应用　生物传感器在现代发酵工业中有着广泛的使用，通过生物传感器可以简单快捷地对发酵过程中的碳源、氮源的补充起到实时监测作用，同时也可及时监控发酵过程中的产物与副产物的含量，因而在抗生素、氨基酸、核酸等的发酵生产领域起着重要的作用。发酵工业所使用的生物传感器，有酶传感器和微生物传感器，其中以微生物传感器居多。例如，基于荧光假单胞菌的微生物传感器可以用于分析工业发酵过程中产生的葡萄糖，使用丁酸梭菌构建的微生物传感器可以用于监测发酵过程中所产生的甲酸，而使用棕色固氮菌的微生物传感器则可监测硝酸盐。

3. 在临床和生物医药中的应用　在临床和生物医药中，以生物传感器为基础测定某一项或几项指标的测定仪，由于其小巧、廉价、操作简便，性价比往往优于大型分析仪。随着生物传感器技术的发展，在生物体内的在位测定以及在人工脏器领域的应用，更能发挥出生物传感器的优势。到目前为止，已形成产品和正在开发的临床诊断用生物传感器主要是电流型的电化学生物传感器，测定的对象包括酶的底物、酶的活性、抗原抗体、酶的抑制剂等。有些生物传感器已较成熟，如测定尿素、胆固醇、谷氨酸等的传感器。在临床上，将苯丙氨酸氨解酶固定化到氨气敏电极上制备成用作临床苯丙酮尿症检验的新型酶生物传感器。在癌症药物的研制方面，可以利用生物传感器准确地筛选离体培养的癌细胞对各种癌症治疗药物的反应。

目前，酶生物传感器的研究重点在于探索与合成更有效的电子介体和性能更优异的聚合物载体材料，以及寻找方便、高效的酶固定化方法，通过对介体和载体材料的结构与性能同酶活性之间关系的研究，研制开发响应快速、稳定性好、信号可靠的第二代酶生物传感器。此外，深入阐明酶生物传感器的电子传递机制，寻找更有效的方法以实现更多酶的直接电化学制备性能优越的第三代酶生物传感器也是该领域的重要发展趋势。

六、固定化酶、固定化细胞制备实例

固定化的酶和细胞在工农业生产和医药制备上都有着大量的应用，举例如下。

（一）固定化酶制备实例

固定化酶的催化性能主要由两个因素决定，即固定化材料及所采用的固定化方法，因此，选择和制备综合性能优良的载体材料是酶固定化技术的一项非常重要的研究内容。常见的酶固定化载体的材料有玻璃珠、大孔树脂、介孔二氧化硅、溶胶凝胶材料、磁性颗粒等。理想的载体材料应具有一定的机械强度，不易被生物降解，对热及强酸、强碱有很好的稳定性，对酶则有很好的亲和性，尤其重要的是，必须能够保持较高的酶活性。

如氨基酸工业上通常利用固定氨基酰化酶的技术拆分氨基酸消旋体，其具体制备方法如下：将预先利用 1mol/L、pH 7.0 的磷酸缓冲液平衡的 DEAE-SephadexA25 溶液 1000L，在 35℃下与 1100～1700L 天然氨基酰化酶水溶液（含 3.34 亿单位酶）搅拌 10 小时，过滤后用水洗涤除去未固定的酶，最终获得活性为 16.7 万～20.0 万单位/升的 DEAE-Sephadex-氨基酰化酶复合物。在工业生产中，可以直接将该复合物装柱后用于拆分 DL 外消旋型氨基酸。

（二）固定化细胞的制备实例

青霉素衍生物的合成均以 6-APA 为基本原料，而 6-APA 是通过青霉素 G 或青霉素 V 经青霉素酰化酶的水解作用，除去侧链的产物，而青霉素酰化酶则是通过固定化细胞技术获得的产品，具体操作如下。

1. 大肠杆菌培养 将表达青霉素酰化酶的 *E. Coli* D816 菌株经固体斜面培养，液体培养基少量培养后，在 1000L 发酵罐中扩大培养，培养结束后离心收集菌体。

2. 固定化细胞制备 在 40℃反应罐中，将上步中收获的湿菌体 100kg 与 50L 的 10% 明胶溶液搅拌均匀后加入 2% 戊二醛溶液 5L，搅拌均匀后将混合液摊开形成约 5cm 的薄层，室温放置 2 小时后转移至 4℃，待形成固体凝胶块后，粉碎，过筛成 2mm 左右的颗粒，再分别利用蒸馏水、磷酸缓冲液冲洗，抽干后获得固定化的包含表达青霉素酰化酶的 *E. Coli* D816 细胞的明胶固体颗粒，即可在酶反应器内用于 6-APA 的转化。

3. 酶反应器中的裂解 在酶反应器中进行的酶裂解反应是关键步骤。通过固定化青霉素酰化酶裂解青霉素 G 或青霉素 V，然后分离出反应副产物苯乙酸或苯氧乙酸以及未被裂解的青霉素，最后利用等电点沉淀法提纯出 6-APA 固体产品。

扫码“学一学”

第三节 酶工程技术在制药工业中的应用

一、在氨基酸生产中的应用

参与人体蛋白质合成的天然氨基酸均为 L-氨基酸，其中 8 种人体不能合成，需从外源摄取的氨基酸，又称为必需氨基酸。现阶段，氨基酸作为机体合成蛋白质和其他含氮分子

的原料，主要大量应用于手术前后、创伤、烧伤或其他原因造成的营养不良和氮平衡失调等情况。而随着研究的深入，发现部分氨基酸单独作为药物，对一些疾病的防治，具有良好的效果。如门冬氨酸与细胞亲和力强，有助于钾进入细胞内，故其钾盐纠正细胞内缺钾较其他钾盐的效果更佳；谷氨酸可与肝硬化所产生的大量氨结合生成无毒的谷氨酰胺而运出脑外，用作防治肝性昏迷的药物；慢性肝硬化中，支链氨基酸与芳香氨基酸的比例失调，导致氨基酸紊乱，通过补充支链氨基酸，可纠正严重肝病时氨基酸的紊乱。此外，氨基酸还是多种药物生产的原料，氨基酸在药物领域起着越来越重要的作用，随着对氨基酸的需要日益增多，其生产方法的改革显得更为重要。

氨基酸的生产方法可分为3类。

（1）水解蛋白质法　传统生产氨基酸的方法主要就是蛋白质水解法。蛋白质可以被酸、碱或蛋白酶水解，但在实际生产中，碱水解会引起氨基酸的外消旋，而酶水解很难完全水解蛋白质，故实际生产中往往只使用酸水解蛋白质。然而由于经济性及原料来源的原因，目前基本上只有胱氨酸采用水解法生产，该法以含胱氨酸较多的毛发为原料，用浓盐酸在高温下水解，经分离纯化可制得L-胱氨酸。但该法由于对环境污染较大，因而胱氨酸的生产也正在逐步被其他方法取代。

（2）微生物发酵法　微生物发酵法生产是以糖为碳源，以氨或尿为氮源，通过微生物的发酵直接制得，或者利用菌体的酶，加入前体物质合成特定氨基酸的方法。这是目前最重要和主要的氨基酸生产方法，多数L-氨基酸均以该法生产。该法的关键是有优良的菌种，包括直接产酸的菌种和产酶的菌种。经人工诱变、细胞融合及基因重组技术改造微生物细胞，现已获得多种氨基酸高产菌种。

（3）人工合成法　人工合成法生产氨基酸的缺点是所得的氨基酸都是外消旋产物（DL型），需要拆分为D型和L型。目前常采用人工合成法结合用酶法拆分生产氨基酸，又称酶合成法，指在酶的作用下，使前体化合物转化为氨基酸的方法。固定化酶和固定化细胞（产酶的细胞）等技术的迅速发展，促进了酶合成法在生产中的应用，目前也成为生产氨基酸的重要方法。

同时，固定化细胞工业规模生产光学活性氨基酸是当代重要的酶工程技术发展成就。目前应用固定化菌体细胞技术，已具备大规模生产L-苯丙氨酸、L-酪氨酸、L-色氨酸、L-门冬氨酸、L-丙氨酸等的能力。

（一）酶法拆分DL-氨基酸

酶法拆分是氨基酸工业中最重要也是应用最为广泛的技术。酶法拆分DL-氨基酸的基本原理是：利用只与D-氨基酸或L-氨基酸进行选择性酶促反应的酶，分离两种构型的氨基酸，其关键是获得优良的酶。优良的酶应来源易得、制备成本较低；酶活性强、催化效率高；酶的稳定性好、便于保存和使用。根据酶的不同又可分以下方法。

1. 氨基酸氧化酶拆分法　在催化C—H，N—H键的氧化反应的酶中，氨基酸氧化酶是一类在合成应用上的常见酶类，尤其是D-氨基酸氧化酶。D-氨基酸氧化酶广泛存在于自然界各种生物体中，具有底物谱广和立体选择性强的特点，因而用于消旋氨基酸的手性拆分。

2. 糜蛋白酶拆分法　糜蛋白酶属于内肽酶，是丝氨酸蛋白酶家族成员，具有专一性催化水解含有苯丙氨酸、酪氨酸或色氨酸的非末端酰胺键的能力。糜蛋白酶被广泛用于消旋氨基酸酯的动力学拆分，如对各种天然和非天然氨基酸酯衍生物的对映体选择性水解，生成的产物为L-氨基酸衍生物和D-氨基酸酯衍生物。

3. 枯草杆菌蛋白酶拆分法 枯草杆菌蛋白酶也属于丝氨酸蛋白酶家族，是碱性蛋白酶。枯草杆菌蛋白酶也被广泛用于氨基酸酯的动力学拆分，该反应通常在 pH 7.8 的水缓冲溶液中进行。当底物在水中溶解性差时，也可以用甲醇、乙醇、二甲基甲酰胺或二甲基亚砜作助溶剂。一般而言，枯草杆菌蛋白酶倾向于水解 L 型氨基酸酯。由于价格低廉，枯草杆菌蛋白酶比其他水解酶更常用于氨基酸酯的大规模拆分。此外，酯酶、氨基酰化酶等也广泛用于对消旋氨基酸的拆分。

（二）酶法拆分 DL-甲硫氨酸生产 L-甲硫氨酸

L-甲硫氨酸（又称 L-蛋氨酸），是人和动物必需氨基酸之一，具有重要的生理功能，被广泛应用于医药、食品和饲料等行业。目前国内医药市场主要将其应用于复方氨基酸注射液、片剂、胶囊、颗粒剂和口服液等，需要量大。酶法拆分生产 L-甲硫氨酸的过程参见图 7-8。其中氨基酰化酶的来源主要有米曲霉发酵、从猪的肾脏中提取和通过基因工程方法构建能够大量表达脱乙酰基酶的大肠杆菌或酵母菌工程菌，而且其中大肠杆菌产生的酶为胞内酶，还可以适用于固定化细胞技术。

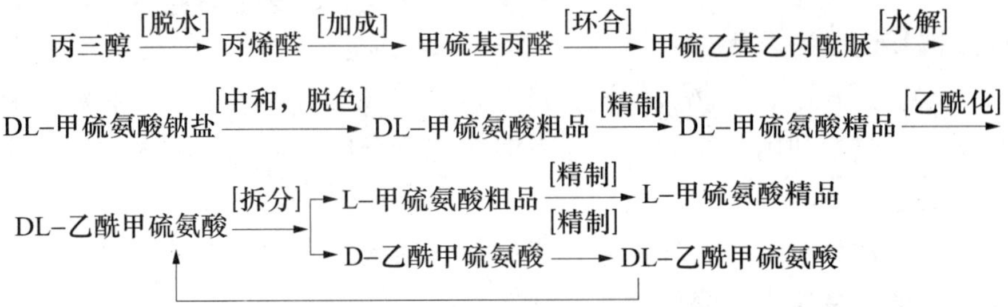

图 7-8 氨基酸的制备工艺

（三）氨基转移酶法合成氨基酸

氨基转移酶是许多代谢途径中的关键酶，因而广泛分布于自然界中。迄今为止，人们已经发现和鉴定了大量不同类型的氨基转移酶，它们能催化所有天然氨基酸的转氨作用。氨基转移酶法在合成 L-苯丙氨酸、多种非天然氨基酸（如 L-2-氨基丁酸、L-叔亮氨酸、L-缬氨酸、L-正缬氨酸等）及 D 型氨基酸有着重要地位。通过寻找高产氨基转移酶菌株如脱氨副球菌、诺卡细胞、假单胞菌，同时对固定化基质如聚乙烯醇（PVA）凝胶、甲壳素、戊二醛的改良，目前已开发出多种固定化氨基转移酶细胞的方法，用于生产多种氨基酸。

对氨基转移酶的定点突变的研究也在蓬勃开展。自从 1986 年大肠杆菌的天冬氨酸氨基转移酶的空间三维结构获得解析以来，结构获得解析的天冬氨酸氨基转移酶数目现在已超过 100 个，这些数据也为天冬氨酸氨基转移酶的定点突变提供了充分的理论依据。根据这些信息，研究者通过定点突变改良了多种氨基转移酶的性质，例如反应中辅酶的 pK_a，酶的热稳定性、底物专一性和催化活性。例如，天冬氨酸氨基转移酶所催化的转氨反应的最适底物为酸性氨基酸天冬氨酸（门冬氨酸）和谷氨酸。而通过定点突变能将催化反应的底物特异性转换为带正电的赖氨酸和精氨酸。通过突变增加活性位点口袋的疏水性，使得突变酶对苯丙氨酸的活性增加了上千倍，而对门冬氨酸的活性则不变。

二、在抗生素生产中的应用

自青霉素问世以来，抗生素已为人类的健康做出了巨大的贡献。但随着细菌对青霉素的耐药性的日益增强，发展半合成青霉素和半合成头孢菌素又成为了抵抗病菌抗药性的重要有效手段。与青霉素相比，半合成抗生素具有副反应较少、毒性较小、较大的抗病原专一性、较宽抗菌谱和较好的药理学性质等优点，在抗生素市场中占重要地位。

青霉素酰化酶可用于制备半合成青霉素的关键中间体6-氨基青霉烷酸（6-APA），青霉素衍生物的合成均以6-APA为基本原料，而6-APA是通过青霉素G或青霉素V经青霉素酰化酶的水解作用，除去侧链的产物，而青霉素酰化酶则是通过固定化细胞技术获得的产品，以酶法制备半合成抗生素已成为近代酶工程领域中的重要研究内容。

以β－内酰胺类抗生素生产为例，其生产过程基本上分为三步：第一步依靠发酵生产青霉素G、青霉素V以及头孢菌素C；第二步裂解抗生素生产抗生素母核：6-APA、7-ADCA和7-ACA；第三步再从这些关键的中间体和新的D-氨基酸类合成各种具有新的抗菌活性和抗菌谱的半合成抗生素（图7－9）。现代工业上第二步生产技术已基本上用酶法取代了传统的化学裂解工艺。对于第三步将中间体和D-氨基酸类缩合为半合成青霉素和半合成头孢菌素工艺，目前酶法合成工艺尚未完全普及。如图7－9所示，青霉素G酰化酶（PGA）是半合成抗生素生产中最重要、最关键的酶。PGA可以催化青霉素水解产生6-APA和催化水解头孢菌素G产生7-ADCA，20世纪70年代，固定化PGA在水解青霉素G生产6-APA中的广泛应用代表着青霉素生产的第一次革命性进展。而在90年代中期，一步水解酶法生产6-APA和7-ADCA的技术工艺开发代表着半合成生产β-内酰胺类药物领域的第二次大突破。通过将固定化PGA成功应用于酶法合成氨苄西林、阿莫西林、诺氟沙星及其他半合成的抗生素生产，酶法生产工业的简便性，显著提高了生产率并降低了毒副产品的产生，使β-内酰胺类药物在生产和经济上的竞争力大增。

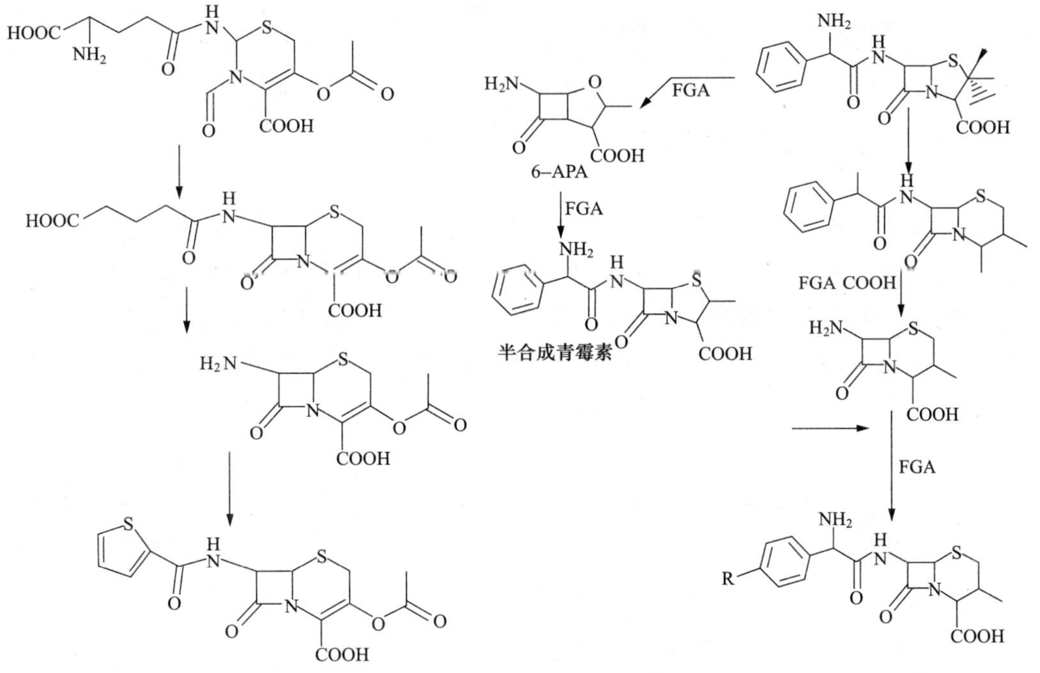

图7－9 β-内酰胺类抗生素的半合成法

固定化酶生产抗生素的过程中，对于青霉素酰化酶的固定化主要需要控制的参数包括pH、时间和温度，通过对上述参数的优化，摸索出最优的工艺控制条件，从而改善固定化效果（表7－3）。

表 7 – 3　固定化青霉素酰化酶生产 6-APA 和 7-ADCA 工作参数

酶源	固定用载体	固定化技术	酶活性（U/g）	6-APA 转化率（%）	pH	温度（℃）	可使用周期（h）
大肠杆菌	离子交换树脂	戊二醛交联	400	96.5	7.5	37	>500
大肠杆菌	环氧丙烯酸树脂	共价结合	180	95	7.5	37	2880
大肠杆菌	硅胶	硅烷化	52.3	93	8.0	35	351
大肠杆菌	聚丙烯酰胺	包埋法	310	97	8.0	28	1500
大肠杆菌	环氧乙烷丙烯酸颗粒	共价结合	322	95	8.0	40	
大肠杆菌	基丙烯酸聚合	吸附 - 交联	243.2	86	7.6	37	1200
巨大芽孢杆菌	多孔聚丙烯腈纤维	共价结合	2330	98	8.4	34	
巨大芽孢杆菌	壳聚糖	戊二醛交联		97	8.0	37	430
大肠杆菌	交联琼脂糖（6%）	共价结合		97	8.0	37	

（1）对固定化时间的优化　固定化时间如果太短，则游离酶还没有完全结合在载体上，表现为残余清液中酶活力较高；而固定化时间太长，酶在固定化的环境下失活的比例增高，导致残余清液酶活力与固定化酶酶活力都开始降低。

（2）对固定化温度的优化　温度偏低，则载体和酶反应活性低，结合率小，表现为残余清液酶活性高；而温度偏高，酶会失活，残余清液酶活力与固定化酶酶活力都下降。

（3）最适 pH 的选择　固定化的 pH 直接影响酶与载体的结合率，偏高或偏低都会造成残余清液酶活较高，影响固定化酶酶活总量和回收率。

除青霉素酰化酶、固定化 7-ACA［头孢菌素酰化酶］、头孢菌素 IV［头孢菌素酰化酶］、7-ADCA［青霉素酰化酶］以及固定化产黄青霉（青霉素合成酶系）细胞生产青霉素用于合成青霉素和头孢菌素前体物的最新酶工程、工艺也在开展中，它们在 β- 内酰胺类抗生素生产中的应用将越来越广泛。

三、在临床检测中的应用

（一）在血糖监测中的应用

传统的血糖测定采用邻甲苯胺法，其原理为在酸性环境中葡萄糖与邻甲苯胺共热，葡萄糖发生脱水并生成 5-羟甲基呋喃甲醛，后者可与邻甲苯胺结合生成蓝绿色醛亚胺化合物，该化合物在 680nm 波长有吸收峰。通过与标准葡萄糖溶液测定获得的浓度标准曲线进行比较即可获得血糖值。尽管该方法操作简单，价格低廉，但由于邻甲苯胺试剂在浓酸及高温下有刺激性及腐蚀性，并具有致癌性，所以该方法目前已很少使用。

由于酶法测血糖具有酶催化反应的反应条件温和、反应专一性高、效率高等优点，目前已成为血糖试纸、血糖仪采用的主要方法，广泛用于血糖的检测。酶法测血糖大大降低了取血量，提高了灵敏度及准确率。

目前采用的主要方法包括己糖激酶法及葡萄糖氧化酶法。

1. 己糖激酶法　己糖激酶法是葡萄糖在己糖激酶催化下，和 ATP 发生磷酸化反应，生成葡萄糖-6-磷酸（G-6-P）与 ADP。前者在葡萄糖-6-磷酸脱氢酶（G6PD）催化下脱氢，生成 6-磷酸葡糖酸内酯，同时使 NADP 还原成 NADPH（图 7 – 10），通过在波长 340nm 监测吸光度升高速率，可以计算出血清中葡萄糖浓度。己糖激酶法是目前国际公认的测定葡萄糖参考方法。己糖激酶法是血糖测定的参考方法，己糖激酶催化的葡萄糖反应迅速，且具有较好的特异性和专一性，其准确度和精密度最接近靶值。己糖激酶法适合于各种生化分析仪，并基本上不受溶血、脂血、黄疸、尿酸和维生素 C 等干扰因素的影响。

其反应式如下：

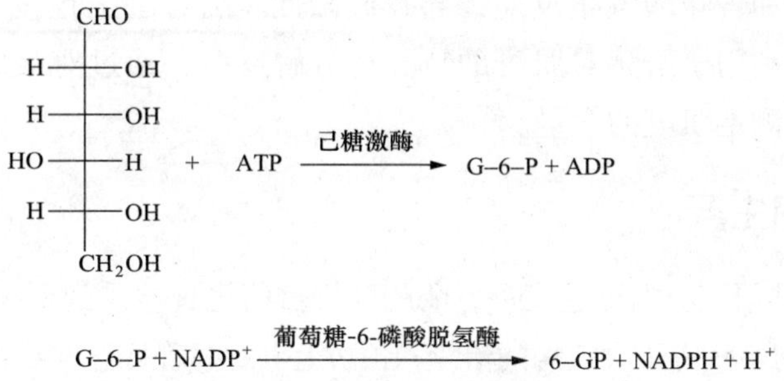

图 7－10　己糖激酶法测血糖

2. 葡萄糖氧化酶法　葡萄糖氧化酶法（gop-pod 法）其测定原理为：葡萄糖氧化酶（glucose oxidase，GOD）利用氧和水将葡萄糖氧化生成葡糖酸和过氧化氢；然后，过氧化氢在过氧化物酶的作用下分解为水和氧，与此同时，无色的 4-氨基安替比林与酚进行氧化缩合，并生成红色的醌类化合物，此有色物质在 505nm 波长处有吸收峰，葡萄糖浓度在一定范围内与醌类化合物颜色深浅成正比（图 7－11）。葡萄糖氧化酶法是目前国内临床检测血糖应用最广泛的一种方法，其拥有较高特异性、准确度和精密度，并且操作简单。但其缺点是易受受试者溶血、脂血、黄疸、尿酸和维生素 C 等干扰囚素的影响。

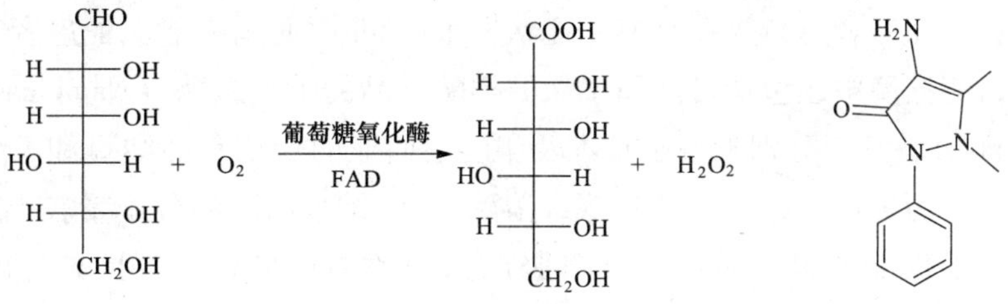

4-氨基安替比林

图 7－11　葡萄糖氧化酶法测血糖

（二）在 L-瓜氨酸监测中的应用

瓜氨酸是人体尿素循环的中间产物，与人体内氨氮排泄有非常重要的关系，其在体液中的水平是多种疾病检测的重要指标。

传统的 L-瓜氨酸检测方法有阿氏法、HPLC 法和薄层扫描法。其中阿氏法和薄层扫描法灵敏度偏低而 HPLC 法虽具有较高灵敏度，但由于 L-瓜氨酸侧链为亚氨基，易与衍生化试剂反应，所以衍生化时难度较大，使 HPLC 法的应用大大受限。

鸟氨酸甲氨酰基转移酶和氨甲酰激酶可特异性转化 L-瓜氨酸为鸟氨酸、氨和二氧化碳。通过测定体系中氨量就可以得知 L-瓜氨酸的量。而氨的测定已经有多种快速、精确的便捷方法，因而大大简化了对 L-鸟氨酸的检测。通过对含高活力鸟氨酸甲氨酰基转移酶和氨甲酰激酶的菌体细胞进行固定化处理，提高了酶的稳定性，延长了其使用寿命，使得整个转化过程变得易于操作，适用于临床检测。

（三）在肌酐检测中的应用

肌酐的测定对晚期肾脏疾病具有重要的临床意义。早期常用的测定肌酐的方法主要为苦味酸法，其原理为肌酐和苦味酸在碱性条件下生成红色化合物。尽管其具有简单、快速且成本低廉的优点；但其特异性不高，一些肌酐的同系物或衍生物如乙酰乙酸、丙酮酸、乙内酰脲等物质均能和苦味酸发生反应，导致假阳性。随着酶工程技术的发展，酶法被广泛应用于肌酐测定，利用肌酐酶对肌酐的特异性分解反应，通过对吸光度值变化的监测可以很方便并特异性地测定肌酐的含量。

四、药用酶的生产

随着人类在蛋白质研究上的迅速发展，酶的药用价值也日益受到重视。药用酶在心脑血管疾病、癌症、阿尔茨海默病等重大疾病的治疗和预防上也发挥着日益重要的作用。现举例如下。

（一）酶与心脑血管疾病治疗

心血管疾病是一类严重危害人类健康的疾病，统计表明，由心肌梗死（血栓栓塞）造成的病死率占心脏病引起的人口病死率的50%以上。各种溶栓酶在破除血管阻塞，保持血流畅通上起着重要作用。目前临床上常用溶栓酶制剂包括尿激酶、链激酶和蚓激酶等，它们能够促进血液中纤溶酶的形成，加强血栓溶解。通过各种基因工程手段构建的“工程大肠杆菌”能够高表达重组链激酶、尿激酶和蚓激酶，这些生物技术新药已经完成商品化进入市场，成为挽救急性心肌梗死和脑血栓等疾病的特效药。

以目前国际上使用最为广泛的溶栓酶人组织型纤溶酶激活因子（tPA）和前尿激酶（prourokinase）为例，前者对于急性脑卒中有着良好效果，只要在发病后3h内使用，患者就有康复的机会；而后者更只要在脑卒中症状发生后6h内使用就能保证患者完全康复不留后遗症。此外，溶栓酶中还包括目前属于保健类酶产品的纳豆激酶（Natokinase）和天醅激酶（Tempehkinase），它们分别来自于日本及印度尼西亚的传统食品纳豆和天醅中，都属于大豆发酵的产品，历史悠久，属于“口服纤溶酶类”。纳豆激酶的分子量较小（约20000），含275个残基，不仅能通过静脉给药，口服用药的效果也良好，并且具有体内半衰期长（>8d）的优点。而且，口服纳豆缴酶还被发现可以引起继发性的tPA增加，并能够激活尿激酶原（pro UK）转化为尿激酶，具有多方面的溶栓效果。而天醅激酶分子在血液中的活性也可维持10h，并表现出对血纤维蛋白的分解能力、活化血纤维蛋白溶酶原的活性。上述的两种保健类溶栓酶的分子量较小，易于吸收，不但可以制成纯制剂以静脉滴入，也可制成肠溶衣胶囊服用，用于治疗和预防血栓栓塞症。

以上提到的各种溶栓酶，为减轻广大心脑血管病患者特别是急性心肌梗死、脑梗死及其并发症心血管病患者的痛苦，降低病死率带来巨大希望。

（二）酶与癌症治疗

癌症的发生、发展除了受到遗传因素的调节外，还受到后天环境因素和生物因素如病毒、细菌、真菌及其代谢产物等影响。研究表明，酶对于大肠癌、肝癌、白血病等多种癌症的发生、发展和防治均有一定作用。

例如，研究发现，体内合成的化学物质门冬酰胺有促进白血病中癌细胞增长作用，而门冬酰胺酶则有破坏门冬酰胺的作用，但门冬酰胺酶在癌细胞中无法合成，因此，利用外源重组生产的门冬酰胺酶制成酶制剂就可以抑制白血病细胞的增殖，这表明此酶在治疗白血病方面起着重要作用。此外，微生物产生的L-精氨酸酶、L-组氨酸酶、谷氨酰胺酶等都属于抗癌酶类，可用于治疗白血病。除此以外，番木瓜产生的木瓜凝乳蛋白酶可用于肿瘤辅助治疗。这些抗癌药用酶类的共同特点是疗效较显著而且副作用小。

（三）酶与中药提取

现代酶工程具有技术先进、投资小、工艺简单、能耗低、产品收率高、效率高、效益大和污染小等优点，以往采用化学合成、微生物发酵及生物材料提取等传统技术生产的药品，皆可通过现代酶工程生产。

1. 用于中药有效成分的提取　可利用酶反应的高度专一性，将细胞壁组成成分水解或降解，破坏细胞壁，从而提高有效成分的提取率。例如，在将金银花以乙醇回流提取前，先用纤维素酶和果胶酶分别或联合处理，能显著提高金银花提取物中绿原酸得率。

2. 用于提取液的精制　中药水提液含有多种类型的杂质，如淀粉、蛋白质、鞣质、果胶等。采用常规提取法时，煎煮过程中药材里的蛋白质遇热凝固、淀粉糊化，影响有效成分煎出，导致分离困难。针对中药水提液中所含的杂质类型，采用相应酶将其降解为小分子物质或分解去除，可解决上述问题，并改善中药日服液、药酒等液体制剂的澄清度，提高成品质量。如采用木瓜蛋白酶处理中药补骨脂，将其蛋白质水解成多肽及氨基酸，解决了其在煎煮过程中遇热凝固的问题，起到了增溶的作用，总氮量和磷脂含量也大大提高。

3. 中药活性成分的转化　天然化合物结构复杂，常有多个不对称碳原子，合成难度大。酶工程技术为获得此类化合物提供了新途径。利用酶作为生物催化剂，可对中药化学成分进行生物转化，修饰其结构或活性位点，从而获得新活性化合物。同时，酶催化反应具有反应选择性强（立体选择性和区域选择性）、条件温和且副产物少、不造成环境污染及后处理简单等优点。例如通过来源于嗜热脂肪芽孢杆菌的麦芽糖淀粉酶处理水溶性差的葛根素，所得到两种主要产物：β-D-葡萄糖基-葛根素和β-D-麦芽糖基-葛根素，溶解度分别为葛根素的14倍和168倍，酶修饰后的水溶性及稳定性都得到了提高。

（四）抗体酶

抗体酶（abzyme）又称催化抗体（catalytic body），是利用酶反应中底物过渡态类似物作为半抗原刺激免疫系统所产生的一类能够专一识别和催化酶反应中的底物反应过渡态的一类单克隆抗体。抗体酶是1986年由Schultz和Lerner首先提出的，其原理是以酶促反应过渡态中间体的结构类似物为抗原，通过常规免疫反应后获得具有催化活性的抗体。本质上抗体酶是一类具有催化活性的免疫球蛋白，是兼具抗体的高度选择性和酶的高效催化能力的一类新型酶分子。在结构上，抗体酶的结构与抗体分子类似（图7－12），但抗体酶的可变区不但具有抗原特异的结合能力，还拥有酶的催化活性。

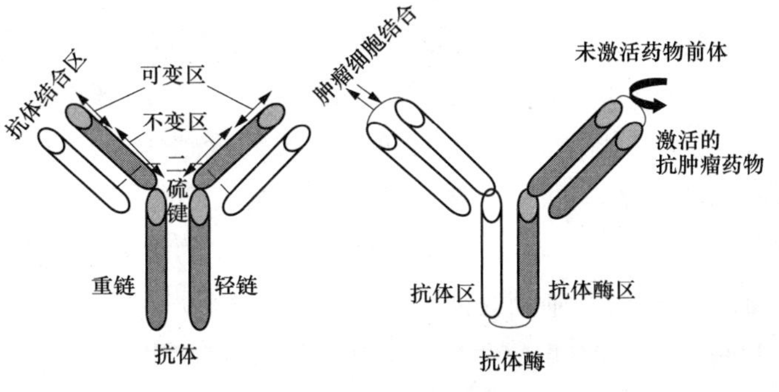

图7－12　抗体和抗体酶

从分子水平上来看，抗体与酶在很多方面都类似，两者的化学本质都是蛋白质，并且都能够高度专一地与其配体（抗原或底物）结合；在功能上，两者都有催化效率高，具有专一性、区域和立体选择性，可进行化学修饰和具有辅因子等特点，并且在饱和动力学与竞争性抑制方面也极其相似。不同的是，抗体是与抗原的基态相结合，而抗体酶结合的是底物的反应过渡态。抗体酶的突出特性在于它不但能够永久性地裂解抗原，而且一个催化抗体还能够催化裂解多个抗原分子。抗体酶的发现更新了传统的只有天然酶才具备分子识别和加速催化反应的概念，开拓了酶工程的新方向、新领域。

早期研究的抗体酶的结构类似于免疫球蛋白，含轻链和重链各两条，每条链都包括不变区和可变区。随着抗体酶技术的快速发展，现已制备出了仅包含可变区的单链抗体酶。单链抗体酶由重链可变区和轻链可变区融合构成，不仅有较高的亲和力，还具有免疫原性低、渗透能力强的特点，非常适合作为药物使用，目前已逐渐取代了传统的双链抗体酶。

1. 抗体酶的设计策略 抗体酶的设计策略主要包括以下几种：①以传统诱导法为基础，产生了诱导与转换、反应免疫等设计思路；②用具有催化活性的酶作免疫原直接免疫机体产生抗体，再用该抗体继续免疫，产生拥有酶催化活性的抗抗体，从而建立了抗独特型抗体设计策略；③设计一些在生理条件下易于转变成在结构和电荷性质上与目标反应的过渡态中间体类似的半抗原，该半抗原免疫也可产生能催化目标反应的抗体酶，进而产生了潜过渡态半抗原设计策略；④在蛋白质水平或基因水平对抗体进行修饰或者改造，可使抗体具有催化活性。

2. 抗体酶的用途 近年来抗体酶技术在各领域都有广泛的应用，目前在有机合成中，科学家们已成功开发出能催化所有 6 种类型的酶促反应和几十种类型化学反应的抗体酶，可以特异性地催化 Claisen 重排、异构化、消除反应及还原等反应；抗体酶还被开发应用在催化酰胺键和肽键的水解、环肽的形成等蛋白质修饰反应中；在医学领域，抗体酶在戒除毒瘾，治疗肿瘤、艾滋病等疾病，预防心脑血管疾病等方面也显示着良好的应用前景。

吸毒上瘾是一个困扰着很多国家的难题，至今尚无能够直接拮抗可卡因上瘾的抗体。一个替换的方法是阻断可卡因、鸦片和受体的结合。在戒除可卡因成瘾的治疗上，以可卡因磷酸单酯结构类似物为基础，研究者合成了单克隆抗体酶 15A10，它可以在可卡因到达作用位点前有效地降解可卡因的苯酰酯化合物，降低其毒性，达到治疗目的。体外实验表明，一个分子的抗体酶 15A10 每分钟可降解 2 分子可卡因，而且经过 200 次反应后，还能保持 95% 的酶活；体内动物实验也证明抗体酶 15A10 可有效降低因可卡因用药过量导致的毒性效应。

肿瘤患者化疗遇到的最大问题是药物选择性差而导致高毒性及药物半衰期短和对肿瘤浸润性差，因此达到肿瘤细胞表面的药物浓度很低。抗肿瘤抗体介导的酶解前药疗法（antibody directed enzyme prodrug therapy，ADEPT）是近年来抗体酶在治疗肿瘤上的一项运用。ADEPT 的优势是可以靶向治疗肿瘤，减少对正常组织的毒副作用，其作用机制是首先向体内注射能够与肿瘤组织特异结合的抗体酶，当抗体酶结合到靶部位（肿瘤）后，再通过在循环系统中注射抗体酶的专一抗体，清除循环中可能存在的游离抗体酶，然后再注入前药（prodrug），当药物扩散至肿瘤细胞的表面或附近，抗体酶就会将前药迅速水解释放出抗肿瘤药物，从而提高肿瘤细胞局部药物浓度，增强对肿瘤的杀伤力，达到提高肿瘤化疗效果的目的。当然前药只能被抗体酶水解而不能被内源性酶水解，抗原还要尽量减少免疫原性。随着抗体酶技术、前药制备技术的不断成熟，抗体酶在治疗肿瘤方面将发挥更大的作用。

此外，抗体酶还在艾滋病、甲状腺疾病等治疗中具有潜在的应用价值。预期通过构建模型研究催化各种酶活性中心的结构，将有助于更好地理解催化反应的机制，为抗体酶的应用打下坚实基础。

3. 抗体酶的制备　抗体技术的发展经历了3个阶段：一是通过免疫动物产生血清多克隆抗体；二是细胞工程阶段，即用杂交瘤技术生产单克隆抗体；三是利用基因工程途径表达和改造抗体。与之对应的抗体酶的制备方法主要有传统的单克隆抗体技术（杂交瘤技术）和噬菌体展示抗体库技术两类。噬菌体展示抗体库技术无需经过杂交瘤细胞即可直接获取抗体，具有制备简单、成本低廉的优点，已显示出取代杂交瘤技术的趋势。

（1）单克隆抗体技术　单克隆抗体技术（又称诱导法）是动物免疫技术和杂交瘤技术有机结合而生产抗体酶的一种方法。具体步骤是首先将适当的化合物与载体蛋白连接后免疫动物，然后通过杂交瘤技术筛选和分离产生单克隆抗体的杂交瘤细胞。在细胞单克隆化后，利用单克隆化的杂交瘤细胞进行单克隆抗体酶的生产。

单克隆抗体技术所获得的抗体酶的催化效果在很大程度上依赖于用于免疫的化学模型物的设计和选用。为了扩展抗体酶催化反应的类型，在半抗原的化学模型的设计上，可以有意识地在结合位置引入催化基团，如亲核催化基团、亲电基团、碱以及辅基等，利用在半抗原结合位置引入催化基团可以提高所诱导的抗体酶的催化效率，这样就大大扩展了抗体酶的应用范围。通过在半抗原加入催化基团的方法，直接诱导构建酶的活性中心的类似结构，是一种新颖的思路。

（2）基因工程法　基因工程技术在抗体酶的研究中的应用也越来越受重视，采用基因工程方法改造和制备新的抗体酶是一种富有潜力的抗体酶制备方法。其原理是在掌握现有单克隆抗体的抗体结合部位的氨基酸顺序的基础上，对编码抗体酶结合部位的基因碱基序列进行随机突变，构建一个能够编码大量不同的可变区序列的基因库，然后通过高效的筛选手段，从中筛选出具有所希望的催化活性的抗体酶。

随着基因工程技术的快速发展，噬菌体抗体库技术（也称噬菌体展示技术）在抗体酶制备中的作用也日趋重要。

噬菌体展示技术是一种基因表达产物与亲和选择相结合的技术，该技术以噬菌体为载体，把待筛选的基因片段定向插入到表达噬菌体外壳蛋白质的基因区，使待筛选的外源多肽或蛋白质表达于噬菌体表面，随后通过亲和富集法筛选有特异肽或蛋白质的噬菌体，在进一步对噬菌体的基因序列进行测定后，就能够获得所筛选出的抗体的编码序列。

噬菌体属于单链DNA病毒，噬菌体侵染细菌后可分泌出大量的成熟噬菌体颗粒。噬菌体单链DNA被包裹在大约3000个由主要衣壳蛋白质分子PⅧ所组成的衣壳结构中，其中还包括使得噬菌体具有侵染能力的GⅢ型蛋白质。成熟的PⅧ分子包括50个氨基酸残基，根据结构和功能的不同，PⅧ分子可分为四个结构区：氨基酸6~24区位居噬菌体表面的大部分；氨基酸残基25~35区域具有高度疏水性；C端的35~50氨基酸残基区域与DNA相结合，构成衣壳的内壁，而居于N端的（氨基酸残基1~5区域）为可活动的、暴露于噬菌体表面的区域，也是外源基因插入表达的最佳位置，而GⅢ蛋白质的N端区域也同样是外源蛋白质融合的良好区域。

据此，构建一个表达单克隆抗体酶的文库并从中筛选出能够表达所需抗体酶的噬菌体包括以下三个步骤：①在衣壳蛋白质的N端区域插入外源基因，外源基因所编码的待筛选融合蛋白将表达在噬菌体的衣壳表面，外源蛋白质将不会影响和干扰噬菌体的正常功能，而且还利于维持外源蛋白质的天然构象，并易于被筛选；②选择适当的靶分子，并将其与固相基质相偶联后，与文库中的噬菌体混合，采用适当方法洗去非特异结合的噬菌体，筛选出能够特异性结合靶分子的目的噬菌体；③从筛选出的噬菌体中，通过分泌型噬菌体的单链 DNA 测序，推导出编码具有所需性质抗体酶的外源基因的基因序列和所对应的蛋白质序列信息。

由于噬菌体抗体库技术能够将包含亿万种特异性抗体可变区的抗体基因文库与高通量的快速筛选手段结合，而且不需要进行细胞融合便获得杂交瘤细胞，并可筛选具有特定功能的未知结构，具有生产简单、价格低、降低抗体的免疫原性、易获得稀有抗体的优点，因而显示出有取代杂交瘤技术的趋势。例如通过将不具备感染能力的 GⅢ蛋白质 N 端缺失型的噬菌体作为抗体库的载体，将抗原与噬菌体缺失的 GⅢ蛋白质 N 端融合，使得能够与抗原发生结合的噬菌体抗体由于具有了缺失的 GⅢ蛋白质的 N 端结构域而重新获得噬菌体的感染力，通过这一途径就可以筛选出相应的抗体酶（图7－13）。用基因工程方法制备的抗体酶得到了越来越多的应用，利用抗体库技术，在将来可能绕过免疫产生完全由基因工程构建的全新的抗体酶，代表着抗体酶研究发展的新趋势。

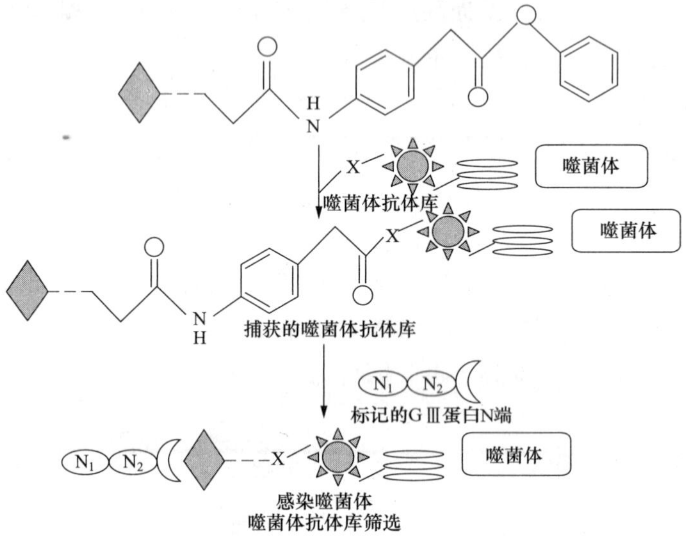

图 7－13　噬菌体抗体文库筛选抗体酶的示意图

抗体酶技术从诞生到现在虽然时间较短，却取得了快速发展，并且在医学领域显示出广泛的应用前景和巨大的潜在应用价值。尽管抗体酶技术还存在如催化效率普遍较天然酶低等方面的问题，但随着制备技术的不断完善以及对抗体酶结构和催化机制的不断认识，相信抗体酶技术会逐渐成熟，并将应用于疾病的预防、诊断、治疗及康复领域，在医学领域发挥更重要、更全面的作用。

总之，酶工程作为现代生物技术的重要组成部分，具有极高的使用价值。酶工程不仅在制药工业中有着重要的作用，酶在人类的日常保健中也发挥重要作用，例如能够广谱杀菌的溶菌酶（lysozyme）对多种致病菌（包括革兰阳性菌和阴性菌）均有较强的溶解作用。如果将其与特定的抗生素联用，可显著地提高抗生素的疗效。在我国，已有研制成清除金黄色葡菌球菌（革兰阳性病原菌）的溶菌酶复合制剂，在牙膏等保健品中获得了广泛的使用。

重点小结

- 酶工程技术制药
  - 酶工程
    - 酶
      - 特点
      - 分类
    - 酶工程的研究内容
    - 酶工程的研究热点
  - 固定化酶
    - 酶制剂
    - 固定化酶或细胞的制备
      - 吸附法
      - 共价结合
      - 包埋法
  - 酶反应器与传感器
    - 酶反应器：搅拌式、连续流动式、膜反应器
    - 传感器
      - 物质识别元件(固定化酶膜)
      - 信号转换器(基本电极)
  - 酶工程技术在医药工业的应用
    - 在氨基酸生产中应用
    - 在抗生素生产中应用
    - 在临床检测中的应用

思考题

1. 酶工程的研究内容是什么？
2. 按照酶催化反应的类型，可将酶划分为哪些大类？
3. 与化学催化剂相比，固定化酶催化有何优缺点？
4. 酶的分离提取步骤有哪些，有何注意事项？
5. 固定化酶的制备方法有哪些？
6. 固定化细胞的制备方法有哪些？
7. 酶反应器有哪些类型？
8. 酶传感器的原理是什么？酶传感器有哪些类型？
9. 请以 β- 内酰胺类抗生素生产为例，说明酶工程在该类药物生产中的应用。
10. 酶工程在临床检测方面的应用主要有哪些？请举一个例子并说明其原理。

（郑　青）

扫码“练一练”

第八章　抗体工程与抗体药物

学习目标

1. **掌握**　抗体药物的开发技术，抗体工程的基本概念和主要应用。
2. **熟悉**　大规模哺乳动物细胞培养制备抗体药物的过程。
3. **了解**　抗体药物和抗体工程的发展趋势。

扫码“学一学”

第一节　概　述

一、抗体

（一）抗体一词的由来

抗体的实验研究始于19世纪末。1888年Emile Roux及Alexander Yersin由白喉杆菌的培养上清清中分离到可溶性毒素，后者注入动物体内可引起典型的白喉发病症状。以白喉或破伤风毒素免疫动物后，其血中可产生一种中和毒素的物质，能阻止毒素引发疾病。来自实验动物的抗毒素血清用于感染的患儿，可获得明显的治疗效果，尤其是在发病的早期。于是将能中和毒素的物质称为抗毒素（antitoxin），随后引入抗体（antibody）一词，泛指抗毒素一类的物质，而将引起相应抗体产生的物质称为抗原（antigen）。1896年Gruber和Durham发现了凝集细菌的特异性抗体，称为凝集素。1897年Kraus发现可与相应抗原形成沉淀反应的抗体，称为沉淀素。于是认识到毒素及细菌之外的众多蛋白质均可诱导相应抗体的生成，是一种广义的免疫现象。

事实上，直至20世纪30年代，“抗体”一词才得以通用。1939年Tiselius和Kabat采用电泳方法证实抗体的活性存在于泳动速度最慢的血清组分，称为γ球蛋白（gammaglobulin，丙种球蛋白）。免疫后抗血清的电泳图中，γ球蛋白明显增高，抗血清经相应抗原吸收后再电泳，其γ球蛋白水平又恢复到与正常血清图形相同。在之后相当长的一段时期内，人们曾将抗体与γ球蛋白作为同义词互用。但事实上，具有抗体活性的球蛋白并不都泳动至γ组分；反之在γ组分的球蛋白亦不都具有抗体活性。1968年和1972年，世界卫生组织和国际免疫学会所属专门委员会先后决定，将具有抗体活性或化学结构与抗体相似的球蛋白统称为免疫球蛋白（immunoglobulin，Ig）。由此可见，抗体是一个生物学的和功能的概念，理解为能与相应抗原特异结合的具有免疫功能的球蛋白；免疫球蛋白则主要是一个结构概念，除抗体外，它还包括正常个体中天然存在的免疫球蛋白及病理情况下（如骨髓瘤、巨球蛋白血症及冷球蛋白血症等）患者血清中的免疫球蛋白及其亚单位等。因此，抗体是免疫球蛋白，但免疫球蛋白不一定都具有抗体活性，至少目前尚不了解某些天然的或病理的免疫球蛋白的免疫功能。

扫码“看一看”

（二）抗体的结构

1. 抗体分子的基本结构　抗体分子可以特异性识别成千上万种不同的外来抗原，又可通过体内效应系统排除这些抗原，因此抗体分子的突出特点是其功能和分子结构的双重性：识别不同抗原，从而需要数量巨大的结构上的多样性；与体内效应系统相互作用，从而需要结构的恒定性。这一特点使抗体分子成为体内最复杂的分子，长期以来一直是科学家研究的热点之一。20 世纪 50 年代末期，Poter 和 Nisonoff 通过将免疫球蛋白用蛋白酶消化成不同的片段研究免疫球蛋白的结构，使人们对免疫球蛋白的基本组成有了初步的了解，由此形成的对免疫球蛋白片段的命名也延用至今，在免疫球蛋白的研究和应用中仍在广泛使用。

Poter 用木瓜蛋白酶消化免疫球蛋白单体可得到 2 个相同的 Fab 段（fragment antigen binding，抗原结合片段）和 1 个 Fc 段（fragment of crystallization，因易结晶而得其名），前者可以单价和抗原相结合，后者则与抗体的效应功能有关。Nisonoff 用胃蛋白酶水解得到可以二价与抗原结合的 F（ab′）$_2$，该片段在还原后成为单价的 Fab′，同时完整的抗体分子经还原后得到相同的重链和轻链。将这些现象综合起来，结合电镜观察的结果，导致了经典的免疫球蛋白单体的 Y 型结构模式，其两个臂为 Fab 段，每 1 个 Fab 段由 1 个轻链和部分的重链组成，Fc 段则包含剩下的重链。现已明确，尽管抗体分子是一个极不均一的分子群，既有许多不同的类和亚类，又表现出各不相同的抗原特异性，但所有的抗体分子都有着相同的基本结构——2 条相同的重链和 2 条相同的轻链组成的免疫球蛋白单体（图8 - 1）。

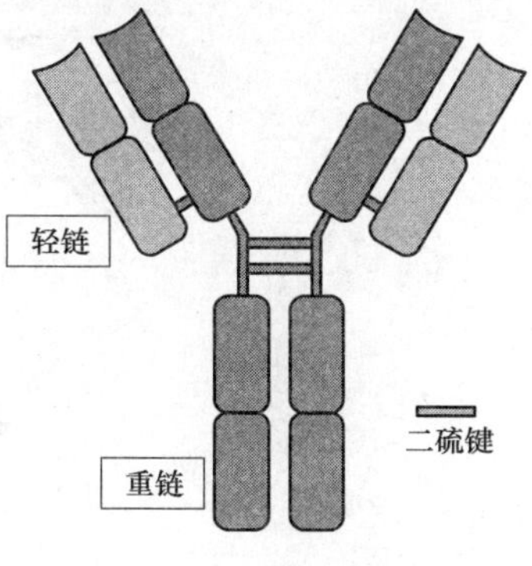

图 8 - 1　抗体基本结构

重链（heavy chain，H 链）为分子量在 50 000 ~ 70 000 的多肽链，轻链（light chain，L 链）较短，分子量在 25 000 左右。每一条肽链可分为 2 个区域，重链氨基端的 1/4 或 1/5 与轻链氨基端的 1/2 因氨基酸序列在不同抗体分子之间变化较大称作可变区（variable region，V 区），其余部分称为恒定区（constant region，C 区）。免疫球蛋白单体是对称性分子，1 个重链和 1 个轻链以 1 个二硫键和非共价键结合在一起，2 个重链又靠非共价键及 1 个或多个二硫键连接在一起形成免疫球蛋白单体。有些抗体分子可由多个单体连接起来形成多聚体，如 IgM 可为五聚体，IgA 可为二聚体。

免疫球蛋白分子单体可以分成不同的片段，如图 8 - 2 所示，除了上述的 Fab 段、Fc 段和 F（ab′）2 段，V_H 为重链可变区片段，V_L 为轻链可变区片段，V_H 与 V_L 之间没有二硫键，而是靠非共价键结合在一起，在浓度较低的溶液中易于解离。这些不同的片段对基因工程抗体的组建有重要意义。

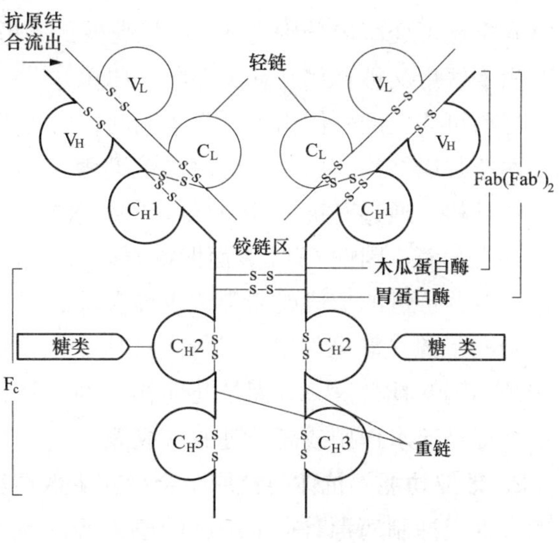

图 8 - 2　组成抗体分子的片段

2. 抗体分子的结构域　抗体分子的基本单位为结构类似的功能区或结构域（domain），抗体由具有同源性的约 110 个氨基酸的片段组成，这些同源区段各自形成紧密的立体结构。每一个功能区内有 2 个半胱氨酸，两者间隔约 60 个氨基酸，所形成的链内二硫键使功能区成为一个球状结构。不同功能区内某些位置的氨基酸有着高度的保守性，如形成二硫键的2个半胱氨酸，与第一个半胱氨酸相隔约14个氨基酸的总是色氨酸等等，因此所有的功能区都有非常类似的立体结构。它们含有两个反向平行β折叠片层，这两个片层由链内二硫键连在一起，互相作用，形成一个球状结构（图8-3），其核心为疏水区。在恒定区，一个β折叠片层含有4个反向平行肽链，另一个含有3个反向平行肽链，可变区与此类似，但两个β折叠片层分别含有4个和5个反向平行肽链。在反向平行肽链折返处的襻状结构，其氨基酸序列的保守性要低一些，在可变区这些襻形成了抗原结合部位。

图8-3　抗体分子的三维结构

（三）抗体的生物学功能

抗体的分子结构和基因结构具有明显的两重性，其功能也相应具有两重性：一是与抗原的特异性结合，由可变区完成；二是与抗原结合后激发的效应功能，由恒定区完成。

1. 抗原结合　能与数量众多的抗原发生特异性结合是抗体分子的主要特征，这是由抗体分子上抗原结合部位（antigen binding site）和抗原决定簇（antigen detenninant 或 epitope，亦称表位）相互作用的结果。早在20世纪60年代末期，通过对氨基酸序列的分析，发现轻链和重链可变区内分别有3～4个高变区，并推测它们与抗体-抗原的特异性结合有关，这些高变区后又被称作互补决定区（CDR）。

目前可变区的立体构象已基本阐明，其骨架区形成9个反向平行β折叠，这些β折叠组成两个片层结构，由一个链内二硫键固定，V_H和V_L紧密地结合在一起，形成一个致密的球状结构。通过对抗体-抗原复合物的X衍射晶体结构分析证明，抗体和抗原的结合主要涉及这个表面，因此CDR表面即抗原结合部位，也称互补位（paratope）。抗体和抗原的结合不涉及共价键的形成或断裂，仅涉及非共价性质的作用力，包括疏水作用、氢键、范德华力和离子键（静电作用力）等。抗体、抗原结合的特异性来源于抗原结合部位与抗原决定簇的结构互补，这一方面是几何构象的互补，如凹陷与凸起的互补，也有理化性质的互补：如促进疏水作用或离子键的形成等。

2. 效应功能　抗体与抗原结合后在少数情况下可对机体直接提供保护作用，如中和毒素的毒性或抑制病毒对宿主细胞的感染等。但大多数情况下需要通过效应功能灭活，或清除外来抗原，以保护机体，这些效应功能是由Fc段介导的，可造成靶细胞的杀伤，促进细胞吞噬作用，诱发生物活性物质的释放，引起炎症反应等等一系列生物学效应。引起效应功能的机制可分为两类，一类是通过补体激活，另一类是通过抗体分子 Fc 段与各种细胞膜表面 Fc 受体相互作用。

（1）补体激活　补体系统是机体防御体系的重要组成部分，是体液免疫反应的效应和效应放大系统，可产生多种生物学效应。目前认为其最重要的功能是抗感染，尤其是抗细菌感染。补体激活可通过经典激活途径或旁路激活途径。经典途径由抗体-抗原复合物激发，是机体通过特异免疫反应抵抗感染的重要机制；旁路激活途径则不涉及抗体-抗原反应，可由一些细菌成分、蛋白酶及多聚蛋白质等激活，目前认为在感染早期特异性免疫反应尚未形成时起保护作用。

（2）Fc 受体介导的效应功能　在许多免疫细胞的表面表达有可结合抗体 Fc 段的受体（Fc receptor，FcR），这些细胞通过这些 FcR 的介导执行多种重要的效应功能。①FcR 介导的吞噬功能：单核-巨噬细胞和中性粒细胞等吞噬细胞在 Fc 受体介导下对结合有抗体的抗原的吞噬能力大大增强，称作调理作用。FcγR 尤其是 FcγRI 是介导这种效应功能的主要受体。②抗体依赖性细胞介导的细胞毒作用（antibody dependent cell-mediated cytotoxicity，ADCC）：抗体分子与靶细胞表面抗原结合后，可通过其 Fc 段与杀伤细胞表面的 Fc 受体相结合，促进对靶细胞的杀伤作用，称为 ADCC，其介导的受体主要为 FcγRⅢ。③免疫调节：Fc 受体对免疫反应的调节作用在 FcR 介导的 B 细胞反馈性抑制中得到了证实，B 细胞表面的 FcγRⅡB 可以介导抗体反馈性抑制（antibody feedback inhibition），当 IgG 与抗原形成的免疫复合物通过其抗原部分与 B 细胞表面的抗原受体结合，并通过 IgG Fc 与 FcγRⅡB 结合，形成 BCR 与 FcR 的交联，则通过 FcγRⅡB 胞内部分酪氨酸的磷酸化引起 B 细胞的抑制。④Fc 受体介导的转运功能：除了上述 FcR 介导的效应功能，目前已确定一些 Fc 受体可以介导与转运相关的功能。母亲的 IgG 可通过胎盘和肠道转运到新生儿体内，对其提供保护作用，此转运功能是通过一种 IgG Fc 受体 FcRn 完成的，由该受体介导母体的 IgG 通过胎盘或从母乳通过肠道进入新生儿体内。

（四）抗体产生技术

自 19 世纪末，以抗原免疫动物获得抗血清的途径一直是获得抗体的经典方法。1975 年 Kohler 及 Milstein 建立了 B 淋巴细胞杂交瘤技术，这是抗体产生的重大技术革命，该技术的普及使得众多科学家通过细胞工程可以在体外定向地制备各种单克隆抗体（monoclonal antibody，McAb，简称单抗）。由于 McAb 特异性强，性质均一，易于大量生产，在生命科学研究及医学实践方面做出了杰出的贡献，并形成产业，成为生物技术的重要支柱之一。

然而，McAb 多为鼠源性，采用类似的原理制备人源 McAb 迟迟未获进展，极大地限制了 McAb 作为治疗制剂在人体内的应用。为克服鼠源 McAb 的异源性反应，20 世纪 80 年代中期人们开始尝试以基因工程方法改造鼠源性 McAb，亦即所谓 McAb 的“人源化”（humanized antibody），包括鼠抗体的 V 区与人抗体的 C 区拼接而成的嵌合抗体（chimeric antibody），或将鼠抗体 V 区的 CDR 区移植到人抗体序列中所形成的改型抗体（reshaping antibody）。同时，考虑到完整抗体的分子过大，不利于发挥“药物”作用，从而采用基因工程方法使之“小型化”，如单链抗体（single chain antibody），为 V_H 与 V_L 以接头相连，分子量仅为完整抗体的 1/6。但真正以基因操作的方式制备人源抗体，却始于 1989 年底英国剑桥 Winter 小组与 Scripps 研究所 Lerner 小组创造性的工作。他们采用 PCR 方法克隆机体全部的抗体基因（repertoire）并重组于原核表达载体中，以标记抗原即可筛选到相应抗体，当时称为组合抗体库技术。

20世纪90年代初期，这一技术有了进一步的发展，即将抗体基因（V_H或Fd）与单链噬菌体的外壳蛋白质融合并表达于噬菌体表面，以固相化的抗原吸附相对应的噬菌体抗体，经多次“吸附—洗脱—扩增”即可获得所需抗体。这是抗体产生的又一次重大技术革命。首先，该技术将抗体的基因型及表型密切联系起来，表达的噬菌体抗体（亦可为分泌型）可供功能检测，扩增噬菌体并抽提DNA即可获相应抗体基因，便于测序或进一步的基因操作。其次，该技术容量大，效率高，一般建库可10^8以上，基本包容了抗体多样性的信息。第三，“吸附—洗脱—扩增”过程将抗体的选择与再次扩增有机地结合起来，每轮操作可使特异性抗体富集$10^2\sim10^3$。噬菌体抗体库技术不仅摆脱了细胞融合等繁杂的操作，而且可不经免疫制备抗体，为制备人源抗体开辟了新途径，这一点已为实验所证实。

然而，由一个未经免疫的初级抗体库中筛出理想的抗体肯定不是一件轻松的事情。由于人体不能随意免疫，转人抗体基因小鼠的尝试20世纪80年代后期即有进行，免疫后约4%的抗体为人源。这一技术已有了重大突破，首先采用同源重组技术将小鼠胚胎干细胞（ES）中的鼠抗体基因敲除（knock out），而后采用融合技术将YAC库中的大片段人抗体基因（200Mb）导入，筛选后代即可获得免疫后仅产生人抗体的转基因小鼠。1997年AyaJakobovits所在的Abgenix公司将免疫后产生人源抗体的转基因小鼠，称为XenoMouse，并证实其抗体免疫反应非常类似人体。

基因工程抗体技术、抗体库技术及转基因小鼠技术的进展以及抗体真核表达技术的日臻成熟，最终推动了抗体作为体内应用制剂的产业形成，而产业的发展亦将推动抗体技术进一步发展。

二、抗体药物

（一）抗体药物的概念

抗体被动治疗可追溯到19世纪90年代开始的血清治疗，到20世纪20～30年代，由于针对肺炎、脑膜炎、白喉、猩红热、麻疹等传染病的抗血清的出现，血清治疗发展到了全盛时期。这些抗血清基本上来源于动物，存在毒性大、易产生过敏反应、不同批号间差异明显、仅在感染早期使用有效等缺点。因此，当20世纪中期磺胺类药物和抗生素问世后，大封分抗血清被弃用，仅在一些缺乏有效治疗药物的情况下继续使用，如抗破伤风毒素、抗白喉毒素、抗肉毒杆菌毒素以及一些病毒疾病的紧急预防（如肝炎和狂犬病等）等。目前，随着纯化技术的改进和人血清来源制品的使用，多克隆抗体仍用于一些疾病的治疗和预防，但已仅限于很小的范围。

1975年Kohler和Milstein建立了杂交瘤——单克隆抗体技术，开辟了抗体技术的新时代。单抗迅速在生命科学研究和临床检测诊断中得到了广泛应用，为许多领域的发展做出了不可估量的贡献，同时人们也期待单抗在临床治疗中发挥作用。单抗最早的体内应用是肿瘤的治疗，1982年美国斯坦福医学中心的Levy制备了针对一个B淋巴瘤患者瘤胞抗独特型单克隆抗体，用这一单抗对该患者的治疗取得极好的疗效，淋巴瘤消失了。这一结果激起了人们对单抗用于临床治疗的极大热情和期待，希望单抗在科研和诊断领域的辉煌会再现于治疗领域，Levy本人筹建了开发治疗性抗体的IDEC公司，致力于相同目标的公司纷纷成立，股票市场迅速窜升，单抗被称为治疗肿瘤的“魔弹”（magic bullets），有人甚至认为单抗将成为肿瘤的终结者，其他癌症治疗研究可以关门大吉了。但是事实却并非如此，其后试用的一些抗肿瘤抗体再未能达到Levy使用抗独特型单抗所产生的疗效，也无法重现动物实验的效果。产业界的热度开始下降，治疗性抗体的开发开始走向低潮。尽管 1986 年美国 FDA 批准了抗 CD3 单抗 OKT3 用于移植排斥，但由于有限的适应证和应用范围，未能对这一发展趋势产生影响。鼠单抗用于人体的毒副作用加剧了这一形势，尤其 20 世纪 90 年代初抗内毒素单抗试用于脓毒败血症，在进入Ⅲ期临床试用后未能显示出治疗效果，反而增加了患者的病死率，使这一局势更加雪上加霜，治疗性抗体的开发走到了低谷。产业界从这一领域退缩，但学术界的探索并未停止。1994 年 FDA 批准了抗血小板受体糖蛋白Ⅱb Ⅲa 的人-鼠嵌合 Fab 段用于冠心病血管成形术后并发症的治疗，1995 年抗肿瘤相关抗原 17-1A 的鼠单抗在欧洲上市用于治疗大肠癌，这虽未使形势立即改观，但随着鼠单抗人源化技术的发展成熟、基因工程抗体研究的进展、人源抗体制备技术的突破、抗体生产技术的改进以及相应治疗靶点研究的深入，治疗单抗的发展渐趋恢复。1997～1998 年美国 FDA 批准了 6 个治疗性单抗上市，上市后的抗体在 2 年多时间显示良好的临床和市场效果，一度沉寂的治疗性单抗的开发再度崛起，许多制药公司和生物技术公司都转向这一领域，单抗列为目前发展最快的生物药品之一，成为生物制药的热点。

（二）抗体药物的作用机制

抗体能否产生治疗效果与多种因素有关，如抗原方面，靶分子的特性、生物学功能、细胞及组织的分布和密度等；抗体方面，抗体的特异性、亲和力、结合价、分子量、类别以及附加的活性成分等。在许多情况下，抗体产生治疗效果的机制并不完全清楚。其可能的机制包括：抑制和阻断靶抗原的功能、通过补体和 Fc 受体的效应功能对靶细胞产生杀伤活性、与细胞结合后通过信号传导产生生物学效应以及调节免疫反应等。

1. 阻断及中和作用　抗体分子与抗原结合后阻断或中和靶分子的生物学活性，是产生治疗效果的重要机制，抑制同种免疫反应（抗移植排斥和 GVHD）、治疗自身免疫性疾病及抗感染等方面均有成功的应用。典型的例子如抗 TNF-α 的抗体，其人-鼠嵌合抗体 Remicade 已于 1998 年上市，用于治疗炎症性肠病，1999 年又获 FDA 批准用于治疗类风湿关节炎，另外还有人源化及完全人源的抗 FNT-α 抗体正在临床试用。这些单抗通过与 TNF-α 结合，阻断其诱发病理性炎症的活性，对疾病起到治疗作用。

2. 免疫效应机制　抗体 Fc 段所介导的生物效应功能是对机体提供免疫保护的重要机制，目前认为，这些效应机制在抗体对恶性肿瘤的治疗作用中也有重要作用。当抗体与肿瘤细胞结合后，可激活补体系统裂解靶细胞或通过 ADCC 杀伤靶细胞。

3. 信号转导　尽管包括调理作用和 ADCC 在内的生物学功能在抗体介导的免疫治疗中起着重要作用，但一些单抗在临床的良好应用效果不能仅以效应机制的增强解释。近来发现，抗体与细胞膜抗原结合后所诱发的信号转导的改变在肿瘤治疗中有重要作用。抗体结合引起的 B 细胞受体（BCR）交联可以导致正常和恶性 B 细胞的生长阻滞和凋亡。抗体通过信号转导发挥治疗作用并不局限于 BCR，如 CD20 被抗体交联后，在体外可导致细胞凋亡，在 Rituxan 对淋巴瘤的治疗中可能起重要作用。

4. 免疫调节　在肿瘤治疗中，有一类抗体并不通过直接与瘤细胞结合起到治疗作用，而是通过对免疫系统的调节，激发宿主主动抗肿瘤免疫，达到治疗效果。一些与免疫系统关键分子相互作用的抗体，可以增强机体的免疫应答能力，使原来较弱的、无效的抗肿瘤免疫反应得到有效地提高，对机体提供免疫保护。如 CD40 是抗原提呈细胞（APC）向 T 细胞呈递抗原过程中的重要分子，抗 CD40 抗体通过引起 APC 表面 CD40 分子的交联，激活 APC，提高了其对肿瘤抗原的处理效率。

5. 靶向 利用抗体的特异结合活性，将细胞杀伤性物质选择性导向到靶部位，已成为肿瘤治疗中非常活跃的领域。靶向抗体所携带的“弹头”可以是放射性核素、化疗药物、毒素或细胞因子，前3种均可直接杀伤肿瘤细胞，细胞因子则可在肿瘤局部诱发炎症，间接达到抑制肿瘤的效果。

（三）抗体药物的发展趋势

自1976年杂交瘤技术产生以来，分子生物学、遗传学、蛋白质工程和细胞科学等基础科学的进步，以及生物技术制药、工业制药等应用科学的进步，推动了治疗性单克隆抗体药物的迅猛发展。1986年，第一个治疗性单克隆抗体药物Muromonab-CD3（OKT3）经FDA批准上市，此后治疗性单抗经历了鼠源单抗、人鼠嵌合单抗、人源化单抗、全人源单抗4个发展阶段（图8-4），到2015年共有43种治疗性单抗药物经FDA批准上市销售。

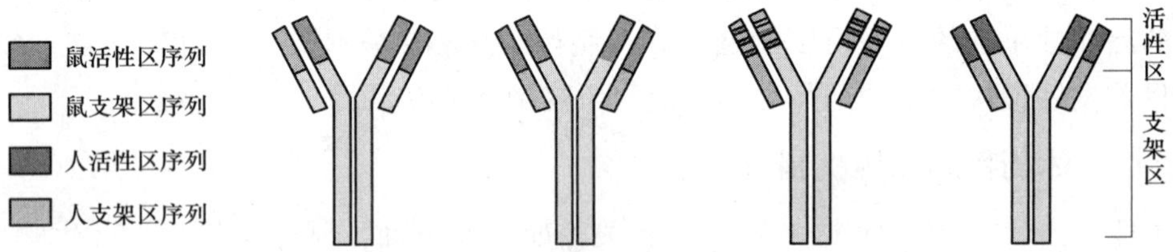

	鼠源单抗	嵌合单抗	人源化单抗	完全人源化单抗
通用名中文尾缀	-莫单抗	-昔单抗	组(珠)单抗/-单抗	-木(人)单抗/-单抗
通用名英文尾缀	-momab	-ximab	-zumab	-umab/-mumab
人源成分	0%	60%~70%	90%	100%
说明	副作用大，特异性好，代谢快，常带放射性元素	降低副作用，保留其与抗体结合的特异性	副作用小，但与抗原结合能力通常下降	基本没有副作用，功效好

图8-4 抗体药物的发展历程

如今，治疗性单抗药物经历了市场和时间的考验，已经成为生物医药的最重要组成部分，在疾病治疗上具有广阔的应用前景，成功用于治疗肿瘤、自身免疫性疾病、感染性疾病和移植排斥反应等多种疾病。治疗性单抗的安全性和有效性很大程度上由其作用的靶点决定，上市和在研的单抗药物有些靶向相同的靶点，有些有自己独特的作用靶点，新的作用靶点也在不断地出现。随着研究深入、技术进步，抗体药物呈现出旺盛的发展势头。

三、抗体工程

1. 抗体工程的概念 抗体工程是指利用重组DNA和蛋白质工程技术，对抗体基因进行加工改造和重新装配，经转染适当的受体细胞后，表达抗体分子，或用细胞融合、化学修饰等方法改造抗体分子的工程。这些经抗体工程手段改造的抗体分子是按人类设计所重新组装的新型抗体分子，可保留（或增加）天然抗体的特异性和主要生物学活性，去除（或减少或替代）无关结构，因此比天然抗体更具有潜在的应用前景。

2. 抗体工程的发展趋势 抗体作为疾病预防、诊断和治疗的制剂已有上百年的发展历史。早期制备抗体的方法是将某种天然抗原经各种途径免疫动物，成熟的B细胞克隆受到抗原刺激后，将抗体分泌到血清和体液中。实际上血清中的抗体是多种单克隆抗体的混合物，因此称之为多克隆抗体。多克隆抗体是人类有目的利用抗体第一步。多克隆抗体的不均一性，限制了对抗体结构和功能的进一步研究和应用。1975年Kohler和Milstein首次用B淋巴细胞杂交瘤技术制备出均一性的单克隆抗体。杂交瘤单克隆抗体又称细胞工程抗体。

杂交瘤技术的诞生被认为是抗体工程发展的第一次质的飞跃，也是现代生物技术发展的一个里程碑。利用这种技术制备的单克隆抗体在疾病诊断、治疗和科学研究中得到广泛的应用。这种单克隆抗体多是由鼠 B 细胞与鼠骨髓瘤细胞经细胞融合形成的杂交瘤细胞分泌的，具有鼠源性，进入人体会引起机体的排异反应；完整抗体分子的分子量较大，在体内穿透血管的能力较差；生产成本太高，不适合大规模工业化生产。在 20 世纪 80 年代初，抗体基因结构和功能的研究成果与重组 DNA 技术相结合，产生了基因工程抗体技术。基因工程抗体即将抗体的基因按不同需要进行加工、改造和重新装配，然后导入适当的受体细胞中进行表达的抗体分子。目前，抗体工程的研究热点集中在以下几种新型抗体药物的设计与开发：域抗体（domain antibodies，DAbs）、抗体-药物共轭体（antibody drug-conjugates，ADCs）、双特异性抗体（bispecific antibodies）、三功能抗体（trifunctional antibodies）和 Fc 片段工程抗体（Fc-engineered antibodies）。

扫码“学一学”

第二节　抗体药物开发技术

1986 年，采用杂交瘤技术生产的“鼠源单抗”OKT3TM（Muromonab）成为上市的首个治疗性单抗。但是，由于鼠源单抗严重的免疫原性（人抗鼠抗）问题，抗体药物在上市的首个 10 年间临床应用并不广泛。此后，“嵌合抗体”技术保留鼠源 Fab，采用人源 Fc 段替代鼠源 Fc 端，部分减轻了鼠源抗体的免疫原性。“CDR 移植技术”又可将可变区的部分序列更换为人源序列，进一步减轻嵌合抗体的免疫原性，采用此技术的抗体药物被称为“人源化抗体”（humanized antibody）。由于成功地降低了重组抗体的免疫原性，20 世纪 90 年代末上市的诸多嵌合抗体和人源化抗体得以在临床上广泛应用。“嵌合抗体”的人源程度可达 66%，“人源化抗体”可达 90%~95%，但仍不是真正意义上的“人源抗体”。20 世纪 80 年代发展起来的“体外展示技术”，通过构建大容量人源抗体文库，可实现全人源抗体的体外筛选。21 世纪初兴起的“转基因鼠”技术，在小鼠体内转入了人的抗体基因簇，经抗原免疫后也产生全人源抗体。

抗体药物的主要开发技术包括：单克隆抗体技术、抗体库技术和转基因小鼠技术。

一、单克隆抗体技术

当外源性物质侵入人体或动物体时，便会刺激机体产生免疫反应。此时 B 淋巴细胞激活、增殖、分化成浆细胞，并产生能与抗原发生特异性结合的抗体。抗体与抗原结合，可以中和清除抗原，从而起到保护机体的作用。抗体主要存在于血清中，在其他体液及外分泌液中也有分布，因此将抗体介导的免疫称为体液免疫。抗体除了在动物和人的生命活动中起着重要的作用外，还被广泛应用于生命科学研究的各个领域和临床诊断与治疗。

获得一定特异性抗体的经典方法是用抗原免疫动物（如兔、马、羊、鼠等），然后再从其血清中进行分离。然而，由于抗原一般具有多个抗原表位（决定簇），每一个抗原表位可激活具有相应抗原受体的 B 细胞产生针对该抗原表位的抗体，因此，应用这种方法所得到的抗体是针对多种抗原表位的混合抗体，即多克隆抗体。这种抗体具有两个主要的缺陷：第一，这种抗体是不均一的，特异性差，效价低，用于检测会影响检测的精确性和灵敏度；第二，成熟的能分泌抗体的淋巴细胞寿命很短，一般只有几天，抗体的产量有限，无法实现大规模生产。

为了克服上述缺点，获得化学组成均一、特异性高的抗体，许多免疫学家进行了大量的实验研究与探索，这一难题终于在1975年被英国剑桥大学的George Kohler和阿根廷学者Cesar Milstein解决了。他们成功地将经过绵羊红细胞免疫过的小鼠脾脏细胞与体外培养的小鼠骨髓瘤细胞融合在一起，使产生抗体的B淋巴细胞能在体外长期存活，并通过克隆化技术，建立了单克隆的杂交瘤细胞株，该细胞株可以持续分泌均质纯净的高特异性抗体，即单克隆抗体。由于他们的杰出贡献，他们于1984年获得了诺贝尔医学及生理学奖。

（一）单克隆抗体及其特性

单克隆抗体技术原理并不复杂，它是基于动物细胞融合技术得以实现的。骨髓瘤是一种恶性肿瘤，其细胞可以在体外进行培养并无限制繁殖，但不能产生抗体，其遗传表现型有$HPRT^+$-TK^+、$HPRT^+$-TK^-及$HPRT^-$-TK^+等；而免疫淋巴细胞可以产生抗体，但却不能在体外长期培养和无限期繁殖，遗传表现型为$HPRT^+ - TK^+$。如果将上述两种各具功能的细胞进行融合，并对融合后的细胞混合物进行分离、筛选和培养，就可以得到既可以产生抗体又可以在体外进行长期培养和无限期繁殖的杂种细胞。这种技术便称为杂交瘤技术，由此得到的杂种细胞便称为杂交瘤细胞。杂交瘤细胞克隆化后所得到的杂交瘤细胞株经过体外培养便可以连续分泌成分单一的抗体，即单克隆抗体（monoclonal antibody，McAb）。

与常规抗体相比，单克隆抗体具有以下优点：①McAb为高纯度单一抗体，在氨基酸序列以及特异性方面均为一致，检测灵敏度极高；②可以通过杂交瘤细胞的大规模培养进行生产；③杂交瘤细胞可以用液氮深冻法进行长期保存；④可在分子水平上解析存在于病毒表面的抗原或受体；⑤可以用不纯的抗原制备纯的McAb。但McAb也存在一些缺点：①McAb特异性太强，有时不能检出微生物突变株；②有时不能产生与抗原交联的功能；③易受pH、温度及盐浓度的影响，或亲和力较低、半衰期短；⑤McAb制备程序复杂，工作量大。因此，可以采用常规抗体解决的问题就无须制备McAb。

（二）单克隆抗体的制备过程

单克隆抗体制备的基本过程见图8－5。主要分以下四个步骤。

1. 用合适的抗原去免疫动物 一般选用纯系健康的八周龄的BALB/C小白鼠作为免疫动物，免疫用的抗原一般可以是病毒、细菌、癌细胞等。粗制的或者纯化的病毒抗原（1mg/ml PBS）与福氏（Freund）完全佐剂或其他佐剂等量混合，制成乳剂，采用腹腔注射和皮下注射两种方法进行免疫，腹腔注射每次0.5ml，皮下多点注射0.1ml，间隔2～3周重复注射1～2次，检查抗体滴度效价，如符合要求，可在细胞融合前3天用同样剂量腹腔或静脉注射加强免疫一次。

2. 脾细胞与骨髓瘤细胞融合 首先准备脾淋巴细胞和骨髓瘤细胞。放血处死免疫小鼠，无菌条件下取出脾脏，去包膜，用RPMI 1640清洗1次，转入含有10ml培养液的平皿的双层铜网上，用注射器内玻璃管芯将脾细胞全部挤压到培养液中，计数后将脾淋巴细胞装入加盖的离心管中4℃冷藏备用。

为了能将杂交瘤细胞从淋巴细胞和骨髓瘤细胞中筛选出来，所选用的骨髓瘤细胞应该是次黄嘌呤鸟嘌呤磷酸核糖转移酶缺陷型（hypoxanthine phospho- ribosyl transferase，$HPRT^-$）或者胸腺嘧啶核苷激酶缺陷型（thymidine kinase，TK^-）。实验时选择处于对数生长期的、生长形态良好的肿瘤培养细胞，加入0.2%台酚蓝染液染色计数，要求活细胞数在80%以上。取细胞溶液1500r/min离心10分钟，弃上清液，加入20ml培养液清洗后离心收集细胞沉淀。

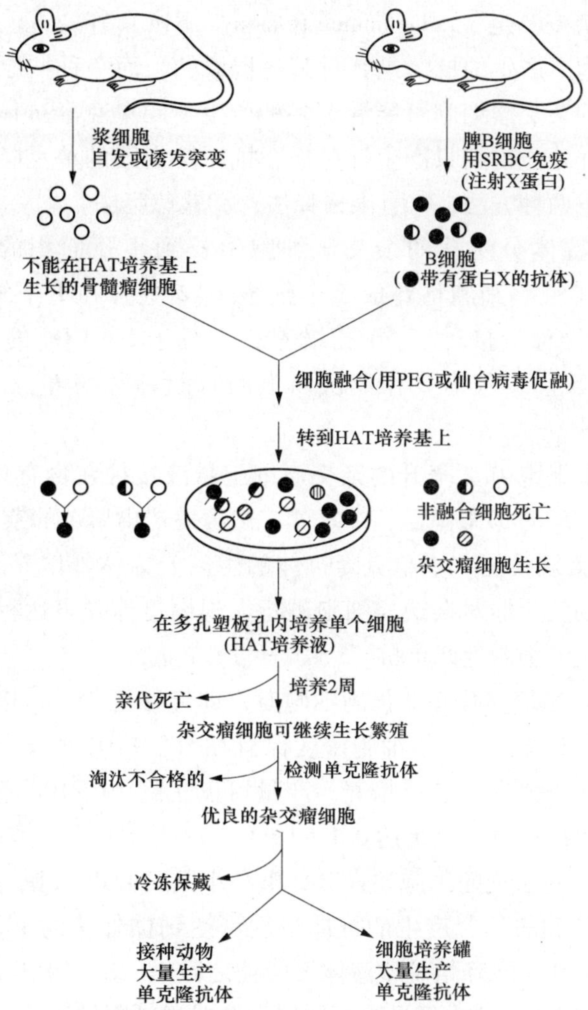

图 8-5　单克隆抗体制备流程图

将脾淋巴细胞与骨髓瘤细胞（$HPRT^-$或TK^-）以（5～10）:1 的比例混合于同一离心管中，离心弃上清液后置于 37℃ 水浴中，轻摇同时逐滴加入 1ml pH 7.2～7.6 的浓度为 50% 的 PEG 溶液（1 分钟内完成），水浴中继续摇动 1～2 分钟，促使细胞融合。沿管壁加入 10ml 培养液，混匀稀释 PEG 溶液，终止其诱导作用，1000r/min 离心 1 分钟，弃上清。

3. 杂交瘤细胞的筛选与克隆化　在融合细胞管内加入含有 20% 胎牛血清的营养液，稀释至 2×10^5cells/0.1ml 的细胞浓度，在 96 孔板上进行培养（0.1 毫升/孔）。次日检查有无污染，若正常，换液（毛细管吸出半量培养液，每孔补充 200μl HAT 培养液），以后隔日一换。两周后改用 HT 培养液换液，换 3～5 次后改用 D-15 培养液培养。杂交融合的细胞在培养液中一般 5～6 天后有新的细胞克隆出现，未融合的脾细胞和骨髓瘤细胞 5～7 天后便逐渐死亡。

在 HAT 培养液中生长形成的杂交瘤细胞克隆，仅少数可以分泌预定的单抗，且多数培养孔中混有多个克隆，它们所分泌的抗体也有可能不同，因此，必须对所需的特异性单抗进行检测，选出所需的杂交瘤细胞，并进行克隆化。检测抗体的方法必须高度灵敏、快速、特异，且易于进行大规模筛选。具体使用什么方法必须依据抗原的性质及抗体的类型而定。常用的方法有酶联免疫吸附试验（enzyme-linked immuno sorbent assay，ELISA）、间接血凝试验（PHA）和放射免疫测定（radio immunity assay，RIA）等。

筛选的杂交瘤细胞所产生的抗体是针对某一抗原的，而一种抗原往往具有多个抗原决定簇，这就使得选出的杂交瘤细胞可能混有多种产生不同单克隆抗体的细胞，因此，必须对其进行克隆化，这样才能得到只产生针对一个抗原决定簇的单克隆抗体的细胞。细胞的克隆化选择常采用以下两种方法：①有限稀释法；②软琼脂法。

有限稀释法是待抗体分泌孔的杂交瘤细胞生长到小孔面积的1/3～1/2时，用含20%胎牛血清的HAT液将细胞稀释成5个细胞/0.2毫升和1个细胞/0.2毫升两种浓度，按每孔0.2ml的接种量接种于96孔培养板，置于5% CO_2 的37℃恒温箱中培养，然后检测抗体分泌情况。一般需要作3次以上的有限稀释培养，才能得到比较稳定的单克隆抗体细胞株。

软琼脂法是将5个细胞/0.2毫升的杂交瘤细胞悬液接种在含有0.5%琼脂的细胞营养液平皿内，置于5% CO_2 的37℃恒温箱中培养，然后挑选出单个的杂交瘤细胞。

4. 单克隆抗体的大规模生产 单克隆抗体的生产分为体外培养法和体内培养法两种。前者是采用转瓶或生物反应器对杂交瘤细胞进行大规模培养并表达相应的单抗；后者则是通过动物体内培养杂交瘤细胞生产单抗。

（1）体外培养法 当培养孔底部长满细胞时，即转移至 $25cm^2$ 培养瓶中扩大培养，然后 $80cm^2$、$175cm^2$……逐级放大，使细胞密度保持在 10^5～10^6 个/毫升。如采用转瓶培养，单抗产量为5～10mg/L；如进行悬浮培养，产量可以达到10～100mg/L；而有报道采用微载体方法进行生产，单抗产量可以高达0.1～1g/L。

（2）体内培养法 将杂交瘤细胞注入BALB/C小鼠或LOU大鼠等组织相容性动物腹腔内，使其在腹腔内生长和表达，产生的抗体浓度可达到体外法的1000倍。其具体过程如下：先向动物腹腔注射0.5ml降植烷或液体石蜡使之致敏，8～10天后再向腹腔内接种 10^6～10^7 杂交瘤细胞，其后2～4d内可见腹部肿胀，此时视动物健康状况，一次性或反复多次抽取腹水，或将动物处死后一次抽取。每只小鼠可得到10ml腹水，大鼠可得到50ml以上。腹水和血清均可经离心、沉淀及超滤处理制成粗品单抗，也可冻干后4℃或－20℃贮存。

（三）单克隆抗体的应用

由杂交瘤细胞制备的单克隆抗体也被称为第二代抗体，一经问世便显示出强大的生命力，现已广泛应用于生物、医药、农业等诸多领域。

在医药方面，单克隆抗体主要应用于疾病的诊断与治疗。由于单克隆抗体具有纯度高、特异性强、易于大规模生产的特点，用于临床疾病诊断敏感性高、特异性强、检测结果重复性好，因此，它在血清学检测中已大部分取代了常规的多克隆抗体而广泛应用于免疫学诊断。目前已成功生产了抗激素、抗病毒、抗细菌、抗寄生虫、抗肿瘤相关抗原等单克隆抗体，这些产品应用于体内激素或药物等微量物质的测定、传染病与肿瘤的诊断等，大大促进了体内药物及各种传染病和恶性肿瘤诊断的准确性。

单克隆抗体除了用于检测与诊断外，还可作为药物用于疾病的治疗，主要是癌症的治疗，如结直肠癌、淋巴癌、乳腺癌、卵巢癌、肺癌、黑色素瘤、白血病、前列腺癌、胰腺癌等，此外，也有治疗类风湿关节炎、1型糖尿病的单抗。此外，单克隆抗体还可与各种毒素（如白喉外毒素、篦麻毒素）、放射性元素或药物（如氨基蝶呤、阿霉素等）进行化学偶联制备成靶向性药物（targetting drug）用于肿瘤的治疗，提高药物对肿瘤的疗效，减轻药物的毒副作用。

单克隆抗体还可用于生物活性蛋白质的分离与纯化。人们可以将目的蛋白质的单抗交联到溴化氰活化的色谱介质（如 Sepharose）上，制成亲和色谱吸附剂，从发酵液、血清、组织或细胞匀浆液中特异性吸附所需纯化的蛋白质，然后再将目的蛋白质洗脱下来。该方法的特点是，通过一步纯化产品即可达到很高的纯度，大大提高了产品的总回收率。这种单抗免疫亲和色谱技术已作为高效的分离纯化手段，广泛应用于生物医药产品的研究与开发，如 Secher 等人采用免疫亲和色谱法从 Namalwa 细胞培养上清液中纯化干扰素-α，一步处理即可达到5000 倍的纯化效果。

二、抗体库技术

20 世纪 80 年代，抗体基因结构及功能的研究成果与重组 DNA 技术结合，产生了基因工程抗体技术。早期用于构建基因工程抗体的抗体基因来源于杂交瘤细胞。由于获得杂交瘤细胞必须经过动物免疫、细胞融合及克隆筛选这样一个长期而复杂的过程，而且利用杂交瘤技术很难制备人源抗体和自身抗原或弱免疫原性抗原抗体，所以限制了基因工程抗体技术的推广和应用。进入 20 世纪 90 年代，组合化学技术与基因工程抗体技术相互结合产生了抗体库技术，从此抗体工程技术进入了一个新的发展阶段。抗体库技术的产生基于两项关键技术的突破：①PCR 技术的出现和发展使人们能够使用一套引物扩增出全套免疫球蛋白可变区基因；②利用大肠杆菌成功表达出具有抗原结合功能的抗体分子片段。

从狭义上讲，抗体库（antibody library）技术，就是用基因克隆技术克隆全套抗体重链和轻链可变区基因，然后重组到特定的原核表达载体中，再转化大肠杆菌以表达有功能的抗体分子片段，并通过亲和筛选获得特异性抗体可变区基因的技术。利用抗体库技术筛选到的抗体基因将被用于构建和表达基因工程抗体。

目前，使用抗体库技术不仅可以筛选特异抗体片段，而且还能够对已有的抗体分子进行改造，如降低抗体鼠源性、提高其亲和力和稳定性等。后者又被称为抗体定向进化，而所使用的抗体库被称为定向进化抗体库。

（一）噬菌体抗体库技术原理

噬菌体抗体库技术是在对丝状噬菌体（filamentous phage）的基因组结构、生活周期进行详细研究的基础上建立起来的。

1. 丝状噬菌体的基因组 丝状噬菌体是指能够感染具有 F 性纤毛革兰阳性细菌的一组噬菌体，大肠杆菌丝状噬菌体包括 M13、fd、f1 等，噬菌体颗粒（图 8 -6）呈柔软长丝状，故得名。丝状噬菌体的基因组都是一条单链状 DNA，长约 6 400 个核苷酸，共含有 10 个基因，分别编码 10 种蛋白质。在噬菌体基因组中还有一段基因间隔区（intergenic region），位于基因 *g Ⅷ*与基因 *g Ⅲ*之间以及基因 *g Ⅱ* 与基因 *g Ⅳ*之间，其不编码任何蛋白质，含有病毒 DNA 合成的起始和终止信号以及子代噬菌体的组装信号。

2. 噬菌体表面展示技术的原理 噬菌体表面展示技术是一种基因表达筛选技术，即将外源蛋白质分子或多肽的基因克隆到丝状噬菌体基因组中，与噬菌体外膜蛋白质融合表达，展示在噬菌体颗粒的表面。这样外源蛋白质或多肽的基因型和表型统一在同一噬菌体颗粒内，通过表型筛选就可以获得其编码基因（图 8 -7）。

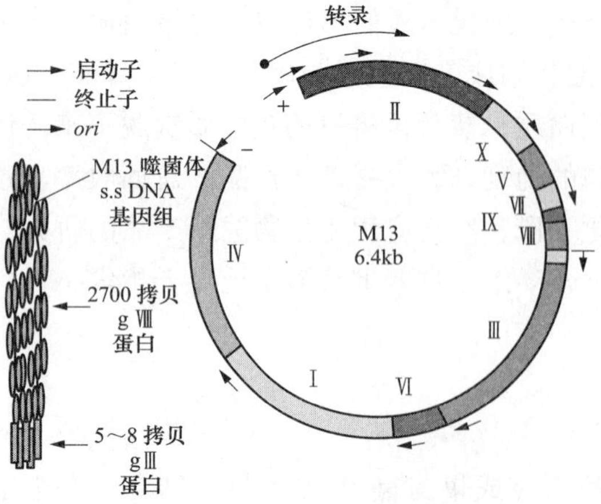

图 8－6　丝状噬菌体颗粒形态及基因图谱

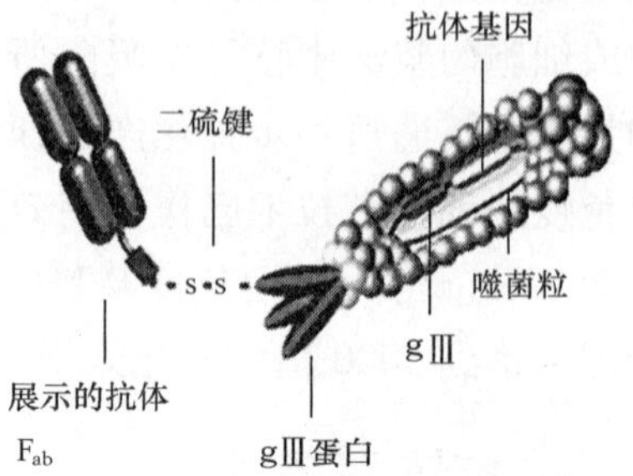

图 8－7　噬菌体展示技术原理示意图

经过实验验证，在 P7 或 P9 蛋白质处插入外源蛋白质会影响噬菌体外壳的功能，不是展示外源蛋白质的最佳位置；外源蛋白质在 P3、P8 蛋白质的 N 端融合表达，不会影响噬菌体的完整和活性。P3 蛋白质位于噬菌体颗粒的尾端，分子量约为 42000，由 406 个氨基酸组成。P3 蛋白质由 3 个结构域组成，由 N 端开始依次为 N1、N2、CT 结构域。N1、N2 结构域负责专一性识别和结合 F 性纤毛，CT 结构域的 C 端锚定在噬菌体颗粒的包膜上，与噬菌体颗的形成有关。3 个结构域由甘氨酸富集的连接肽串联起来，因此在结构上具有高度易变性和灵活性，允许其 N 端插入较大的外源片段而不影响噬菌体的结构和功能，同时融合表达的外源片段还可保持相对独立的结构构象。P8 蛋白质是噬菌体的主要外壳蛋白质，分子量为 5200，由 50 个氨基酸组成。其 C 端与噬菌体 DNA 结合，构成噬菌体包膜的内壁，N 端游离在外，可容纳较小的外源片段。

按照展示在菌体颗粒表面的抗体片段种类的不同，噬菌体抗体库主要有 scFv 抗体库和 Fab 抗体库两种。在构建 Fab 抗体库时，V_H-C_H1 链或 V_L-C_L 链与 P3 蛋白质融合表达，另外一种以非融合形式进行共表达，然后两者在大肠杆菌周质腔中通过聚合作用形成完整的 Fab 抗体片段。由于抗体片段融合在丝状噬菌体（如 M13）的外壳蛋白质（主要为 P3 蛋白质）的 N 端，表达后在宿主细胞的周质腔中自发折叠成天然状态，所以不形成包涵体，具有抗原结合活性。这样通过固定抗原和进行亲和筛选就可捕获特异性 Fab 片段的基因。而构建 scFv 抗体库时，抗体重链和轻链可变区基因通过一段连接肽基因连接起来，然后与噬菌体外壳蛋白质融合表达。

（二）噬菌体抗体库的种类

根据构建抗体库的抗体基因来源不同，可以将噬菌体抗体库分为 3 种：天然抗体库（natural antibody library）、免疫抗体库（immune antibody library）、合成抗体库（synthetic antibody libraries）。合成抗体库是在前两种生物来源抗体库的基础上发展起来的，三者各有所长。

1．天然抗体库　天然抗体库的抗体基因来源于未经免疫的动物或人体 B 细胞。从理论上讲，能够代表机体所有初级 B 细胞含有的抗体基因的多样性，使用任何抗原都可能从中筛选到相应的抗体。但是由于动物或人总要受到某些抗原的刺激，其 B 细胞库中，携带特异性抗体基因的 B 细胞的比例增加，这必然导致天然抗体库的偏向性。另外，由于初级 B 细胞未经抗原的反复刺激，抗体基因末完全“成熟”，所以从天然抗体库中筛选的抗体分子的亲和力相对较低。

2. 免疫抗体库　免疫抗体库的抗体基因来源于经过某种抗原免疫的，已分化的浆细胞和记忆性 B 细胞。由于这两种细胞分泌的抗体都已经过亲和力成熟，所以再用这种抗原从免疫抗体库筛选的抗体亲和力比天然抗体库之抗体要高，特异性要好。免疫抗体库缺陷在于，其通用性不如天然抗体库。

3. 合成抗体库　合成抗体库包括半合成抗体库和全合成抗体库两种。半合成抗体库是由人工合成的一部分抗体可变区基因序列与另一部分天然抗体基因序列组合在一起，构建的抗体库；而全合成抗体库则是人工合成全部的抗体可变区基因序列。发展合成抗体库的目的在于建立比天然抗体库更具有多样性，更为通用的抗体库，以克服生物来源的抗体库抗原多样性的偏向性。随着人们对抗体多样性的产生机制和抗原、抗体结合的结构基础的认识的不断深入，合成抗体库的设计也不断发展和成熟。

（三）构建噬菌体抗体库的一般流程

构建噬菌体抗体库包括以下 3 个步骤：①扩增全套抗体基因；②构建合适的噬菌体表面展示载体；③将抗体基因库连接到载体上，转化大肠杆菌并保存。

抗体由重链和轻链（各两条）组成。抗体重链包括一个可变区结构域，3 ~4 个恒定区结构域和一个铰链区；抗体轻链包括可变区和恒定区结构域各一个。胚系抗体重链基因包括 *V*、*D*、*J*、*C* 4 个部分，胚系抗体轻链基因则包括 *V*、*J*、*C* 3 个部分。组成抗体基因的各个部分基因序列分别成簇分布在染色体基因组的不同部位，在 B 细胞分化成熟的同时，进行 DNA 水平的重排（rearrangement），形成具有功能的抗体重链和轻链基因，再经过转录水平的剪切（splicing）作用，去除内含子，形成完整、连续的抗体重链或轻链基因。因此，在构建噬菌体抗体库时，首先应该提取 B 细胞（外周血淋巴细胞或脾细胞）的 mRNA，逆转录 PCR 合成 cDNA，然后以 cDNA 为模板，也可以直接用总 DNA 作为模板，扩增全套抗体基因。

根据已有的抗体基因序列库（如 Kabat database，V-base，IMGT 等），设计简并引物。由于 5′简并引物与相对保守的 FR1 区互补，而 3′引物与 J 区互补，因此使用较少数量的简并引物就可以扩增出全部抗体基因序列。在简并引物的两侧添加合适的限制酶切位点，可以直接将 PCR 产物克隆到噬菌体展示载体中。

用于构建噬菌体展示抗体库的载体有噬菌体载体和噬菌粒载体两种，根据抗体片段的插入位置的不同，还可以分为 P3 融合展示载体和 P8 融合展示载体两种。使用 P3 融合噬菌体载体进行噬菌体展示时，每个噬菌体颗粒的末端仅存在 3 ~5 个拷贝的抗体片段。另外，由于 P3 蛋白质的 N1、N2 结构域与噬菌体感染宿主菌有关，抗体片段必须插入在完整的 P3 蛋白质的 N 端，否则重组噬菌体不具有感染活性。噬菌粒载体中不存在组装噬菌体颗粒的遗传信息，必须借助辅助噬菌体（helper phage）才能组装成完整的噬菌体颗粒，进行超感染（super-infection）。来源于辅助噬菌体的野生型 P3 蛋白质与抗体融合 P3 蛋白质竞争插入到噬菌体颗粒的末端，使每个噬菌体颗粒的末端只有不到 3 个拷贝的抗体片段。由于野生型 P3 蛋白质的存在，抗体片段在 P3 蛋白质中的插入部位不会影响重组噬菌体颗粒的感染活性。P3 融合展示体系展示的抗体片段的拷贝数较低，所以被称为单价噬菌体展示体系（mono-valent phage display）。使用 P8 融合噬菌体载体或噬菌粒载体时，抗体片段展示在噬菌体颗粒的表面，拷贝数较多（25 个左右），因此被称为多价噬菌体展示体系（multi-valent phage display）。尽管多价展示体系有利于在亲和筛选的过程中回收低亲和力噬菌体抗体，但是捕获抗体片段的抗原结合特异性较差，不利于富集高亲和力的抗体片段；相对而言，单价展示体系可以区分具有不同亲和力的噬菌体抗体，更有利于筛选高亲和力抗体，是构建噬菌体抗体库的最佳选择。

（四）噬菌体抗体库技术的应用

噬菌体抗体库技术越来越受到人们的重视，成为抗体工程领域的关键技术之一，在许多领域得到应用，已显示出取代杂交瘤技术的趋势。用抗体库可制备各种有应用价值的抗体，但其最突出的使用价值在于人源抗体的制备和抗体性能的改良，现分述如下。

1. 制备人源抗体 在抗体库技术出现以前，单抗制备主要是通过淋巴细胞杂交瘤技术，由于人杂交瘤体系融合率低、稳定性差、分泌量少等低效性和人体不能随意免疫，使得用常规杂交瘤技术制备人单抗非常困难，历经十余年探索未能有重大突破。噬菌体抗体库技术不需要进行细胞融合建立杂交瘤，解决了人体杂交瘤低效的难题，为人源抗体的制备提供了有效手段。用抗体库技术制备人单抗有三条途径：①从免疫后个体获取淋巴细胞建库筛选；②从大容量抗体库不经免疫筛选；③鼠单抗人源化。现分述如下。

（1）从免疫后个体制备人源抗体　对于能进行体内免疫的抗原，从被免疫者获取淋巴细胞构建抗体库，可以较容易地得到高亲和力抗体，这些包括疫苗注射、微生物感染、自身免疫疾病、肿瘤等。迄今国外有相当数量这一类的报道，其所针对的抗原有艾滋病病毒、呼吸道合胞病毒、乙肝病毒、丙肝病毒、人巨细胞病毒、单纯疱疹病毒、风疹病毒、破伤风类毒素、甲状腺过氧化物酶、血小板、血型抗原、核酸、蛋白质酶、黑色素瘤等。国内也报道了抗乙肝病毒、甲肝病毒、艾滋病病毒、大肠杆菌、痢疾杆菌、核酸等人源抗体的制备。由于这些抗体库的构建取材于体内免疫者的淋巴细胞，在体内经过抗原选择和亲和力成熟，因此从较小库容（$10^5 \sim 10^7$）的抗体库就能较容易地筛选到特异性强的高亲和力抗体。但由于伦理原因，人体不能随意免疫，很多抗体无法采用这条技术路线。

（2）不经免疫制备人源抗体　人源抗体制备的最大障碍在于人体不能随意免疫，而且对于自身抗原及有毒的抗原即使体内免疫也难以获得特异性抗体。因此不经体内免疫过程制备抗体是制人源抗体的关键。近年来随着抗体库技术的进展和改良，增强了抗体库在体外对体内抗体生成过程关键步骤的模拟能力。①目前大容量天然抗体库、半合成抗体库及全合成抗体库的构建均已获得成功，超过 10^{10} 库容的抗体库屡有报道，用重组法构建的抗体库的库容已可达 10^{11} 以上，从容量上已远超过体内 B 细胞可形成的全部抗体基因（10^8 左右），其功能性及多样性也随着对抗体结构研究的深入、建库技术的改进而逐步提高，由于这些库避免了体内自身耐受所造成的限制，可以认为不逊于体内的多样性 B 细胞群体。②抗体库具有极强的筛选能力，人们对筛选技术作了多种改进，可以对不同形式的抗原进行有效的筛选，而且其选择能力还在不断发展，完全具备了与体内“克隆选择”相当的选择特异性抗体的能力。③亲和力成熟是产生高亲和力抗体的关键，抗体库在体外进行亲和力成熟的能力在有些方面已优于体内过程，所获抗体的亲和力已可超过体内所能达到的程度。这些进展终于使人们可以不经体内免疫，完全通过体外获得高亲和力的抗体，为人源抗体的制备展示了令人鼓舞的前景。迄今从各种抗体库中不经免疫制备的人源抗体已有相当数量，其针对的抗原包括：细胞因子、细胞膜蛋白质、细胞受体、细胞核蛋白质、黏附分子、肿瘤相关抗原、病毒、细菌蛋白质、酵母蛋白质等近百种抗原。已有一些公司以大容量抗体库作为技术平台开发治疗性人抗体，进入了发展最快的生物工程公司的行列。

（3）鼠单抗的人源化　自从杂交瘤-单克隆抗体问世以来，已经制备了巨大数量的鼠单克隆抗体，其中不乏具有临床治疗前景者，但由于其为鼠源性而限制了在人体内的应用。建立有效的鼠单抗人源化技术将大大促进单抗用于临床，因此从20世纪80年代初人们就探索用基因工程手段进行鼠单抗人源化，迄今已形成较成熟的恒定区及可变区人源化的技术方案，已有多个人源化的鼠单抗被批准上市用于临床治疗，在目前临床使用的人源抗体中占了主要份额。但目前使用的方法并不十分理想，可变区的人源化主要通过CDR移植和计算机分子模建进行，操作烦琐，所获抗体的亲和力不能得到保证，并不可避免地要保留一些鼠源残基。抗体库技术具有强大的筛选功能，可以改善鼠单抗人源化技术，如在计算机模建辅助的CDR移植过程中，用抗体库术优化骨架区的残基更加简便、有效，使用抗原决定簇导向选择法可以获得与亲本鼠单抗特异性相同的完全人源化单抗。

2. 应用抗体库技术改良抗体性能　用DNA重组技术改善抗体的性能始于20世纪80年代初，其目的是去除某些不利的性能或引入某些特定的生物学活性。在抗体库技术出现以前，抗体的基因改造主要通过删除或引入某些具有明确功能的特定序列，一般难以改造抗体与抗原结合的性能。如用人源序列取代鼠源序列进行人源化、去除抗体分子中的某些片段构建小分子抗体、将具有特定生物学活性的基因（如毒素、细胞因子等）与抗体基因拼接构建抗体融合蛋白等。抗体库技术的进展使人们对抗体的改造能力提高到了新的层次，能够以某些特定性能为目标，在尚不知道具有该性能的肽段的一级结构的情况下，通过突变—建库—筛选，获得具备该性能或使该性能得到改善的未知序列。这一从利用已知序列到筛选未知序列的进展使基因工程抗体的制备能力大为提高。下面所述是见诸文献报道的具改良抗体性能的例子。

（1）改善ScFv接头的性能　ScFv是目前报道最多有明确实用前景的一类小分子抗体，它由抗体识别抗原的最小单位Fv段组成。Fv由重链可变区和轻链可变区以非共价键结合在一起，稳定性较差。用短肽接头将V_H和V_L首尾相接形成ScFv，由于是单肽链，其稳定性及可操作性均优于Fv段。所加的接头对ScFv的活性很重要，必须不影响Fv的构象。目前已发表了多种成功的接头序列，其中最常用的是（GGGGS）$_3$，但不同的抗体有所差别，不可能设计一个最佳的通用接头，很多情况下接头可能影响ScFv的性能，因此有时需寻找性能较好的接头。

（2）改善抗体的特异性　对抗原特异性识别结合是抗体最重要的生物学特性，对这些特性的改良，如消除交叉反应或扩展抗体的结合范围，将大大扩展人们制备基因工程抗体的能力。Saviranta等报道了一个消除交叉反应的例子，他们通过杂交瘤技术获得了一株性能良好的抗17β-雌二醇的单抗，但由于17β-雌二醇和睾酮的分子结构非常相近，这株单抗对睾酮有高度交叉反应而影响了其使用价值。他们在大肠杆菌表达了这株单抗的Fab段，通过错配PCR在V_H引入了随机突变，构建了噬菌体抗体库，用高浓度的游离睾酮作为竞争剂，对固相化17β-雌二醇进行筛选，得到了交叉反应只为1/20的变种。

（3）提高抗体亲和力（体外抗体亲和力成熟）　亲和力是抗体的重要生物学参数，在体内只有亲和力较高的抗体才足以提供有效的保护作用。在生物技术领域，亲和力高的抗体有更高的使用价值，因此提高抗体的亲和力是倍受人们关注的课题。在体内初次反应产生的抗体一般亲和力都较低，在随后的抗原刺激下，抗体可变区基因发生的体细胞突变，造成亲和力的改变，亲和力提高的变种具有选择优势，最后形成产生高亲和力抗体的B细胞克隆，即“亲和力成熟”过程。在体外可以用抗体库技术模拟体内的亲和力成熟过程，提高抗体的亲和力，这方面的报道较多，已积累了许多成熟的经验。其要点是模拟体内亲和力成熟的两个关键过程：即对初次选择得到的低亲和力克隆进行可变区基因高突变，产生高亲和力变种以及对高亲和力克隆的优势选择。

三、转基因小鼠技术

转基因鼠是除了固有的基因组外，小鼠体内还有一个或以上外来转入基因，它能表达和体现转入基因的功能，实现特定目的。转基因是用 DNA 重组技术克隆的基因，通过一定的方式导入细胞或个体。通过转基因可对特定基因进行表达、修饰或删除。

由此可知，转基因小鼠的制备有赖于几个基本的条件。首先应具有待研究的基因；其次为可携带和表达目的基因的载体，这二者构成能表达的重组子；第三应具有多潜能的胚系细胞，如原核卵细胞或胚胎干细胞；第四是重组子转入胚系细胞的转移手段，如电穿孔等；第五是适合转基因胚系细胞发育的小鼠体内系统。因而，转基因小鼠的制备是一个复杂的遗传系统工程，依赖于多学科相应技术的综合发展和进步。

从第一只转基因小鼠的诞生到现在，已有 20 余年的历史。早在 1980 年，Gordon 首次将含有单纯疱疹病毒和 SV40 病毒 DNA 的重组质粒显微注射入小鼠原核受精卵细胞，并植入假性受孕雌鼠的输卵管。从 78 个注射胚胎产生的小鼠中筛选到 2 个转基因小鼠。这为用转基因小鼠进行基因调节及细胞发育、分化等研究开辟了道路。1983 年，Brinster 等同样用显微注射方法把重排后有功能的免疫球蛋白 κ 基因注入卵细胞，当移入受体鼠输卵管后，制备出了能在脾脏中特异表达免疫球蛋白 κ 基因的转基因小鼠。通过转基因小鼠进行组织特异性的转基因表达，引起了人们的极大兴趣，同时又促进了转基因小鼠研究的深入。科学家们已尝试用不同的方法制备转基因小鼠，早期人们常用的方法是应用显微注射技术将克隆的目的基因注入原核受精卵细胞或胚胎干细胞。这样产生的小鼠中约有 25% 是转基因小鼠，即在这些小鼠中所有的细胞都含有转入的基因。转基因小鼠已用于不同系统不同目的的研究。如小鼠胚胎的发生和发育，免疫学中众多的基因功能及调节，神经生物学中中枢神经的发育和调节，肿瘤学大量癌基因和抑癌基因功能和调节的研究等等。

抗体基因以巨大的基因群形式存在。而完整的免疫球蛋白依赖于完整免疫球蛋白基因的重组和表达。抗体基因座无论在结构、重排，还是产生广泛体液免疫反应的表达过程都极其复杂。转基因小鼠模型为研究抗体基因表达调控提供了最好的模型。可通过控制转入基因的大小，使分析抗体复杂功能简化，分阶段、分步骤的研究和理解抗体基因的功能。正常情况下，产生一个特定抗体基因的 B 淋巴细胞在几千个 B 细胞中才有一个。而在转基因小鼠中，可产生众多相同的转基因，明显增加目的基因的拷贝数。这对研究抗体基因的重排、体细胞突变和类型转换等无疑是十分重要的。

制备含人免疫球蛋白转基因小鼠的主要步骤可以简略地概括如下。

（1）获得人免疫球蛋白基因（重链 IgH 和轻链 Igκ）。常通过构建人免疫球蛋白 YAC 文库和筛选获得。

（2）小鼠 ES 细胞的培养。

（3）小鼠内源性免疫球蛋白基因重链 IgH 和轻链 Igκ 的敲除灭活。

（4）获得含完整人 Ig-YACs 克隆。

（5）5.9-YACs 克隆向 ES 细胞的导入。

（6）含人 Ig-YACs 的 ES 细胞移入小鼠胚胎。

（7）含人 Ig-YACs-ES 细胞的小鼠胚胎向小鼠体内的送还和嵌合，纯合小鼠的产生及鉴定。

(8) 通过纯合小鼠制备特异性完全人源化抗体。

（一）含人免疫球蛋白转基因小鼠的构建

鼠产生人抗体需要对小鼠基因组进行两种主要的遗传修饰。第一种修饰是应用成熟的同源重组方法灭活内源性的小鼠 IgH 和 Igκ 位点去除小鼠产生抗体的能力。删除小鼠 JH 区可灭活 IgH 位点，删除小鼠 $C_κ$ 区可灭活 Igκ 位点。这样的小鼠具有调节 Ig 重排的所有反向作用因子和适合进行人 Ig 转基因表达的遗传背景。第二种修饰是将克隆的人 Ig 位点导入小鼠基因组中。每个人 Ig 位点范围超过 1.5Mb，含有上百个基因片段，包括 V（D）、J 和恒定区，以及可编码和控制众多体液免疫反应的分散存在的顺式作用元件。向小鼠转移这种巨大的人抗体基因，需要克隆和导入具有原始功能状态的人 Ig 位点的主要部分。

有两种技术可用于向小鼠转移人 IgH 和 Igκ 基因座主要部分。第一，YAC 技术可以较容易地将百万碱基大小，胚胎构象的 DNA 片段克隆在酵母上。第二，球质体-ES 细胞融合技术够有效地将完整无重排的百万碱基大小的 YACs 导入生殖细胞并整合到小鼠基因组。转基因小鼠构建过程示意图见图 8-8 所示。

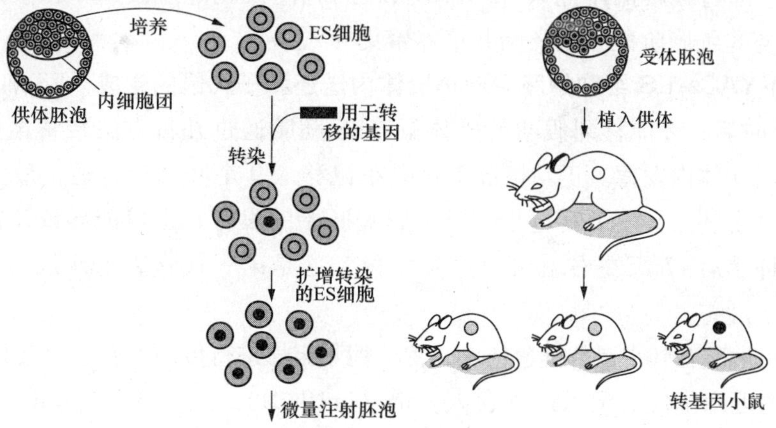

图 8-8　转基因小鼠构建过程示意图

小鼠基因的重组和表达系统可以辨认人 Ig 基因的序列，不受基因拷贝数和整合位点的影响，人 Ig 基因在小鼠体内的多种重排已证明了这一点。当用同源性重组的方法灭活了小鼠内源性的重链和轻链基因后，带有人重链和轻链 Ig-YACs 的小鼠，均可在 B 细胞中表达、产生膜结合的或分泌的完整人抗体。通过人的 *Ig* 基因适当的重排可恢复 B 细胞的分化和成熟。用抗原处理这样的转基因小鼠，可以引起抗原特异性的人抗体反应。

可分泌人免疫球蛋白转基因小鼠的构建包括以下几个步骤。

1. 人类免疫球蛋白基因的克隆和人 Ig-YACs 的构建　含大片段人免疫球蛋白的 Ig-YACs 文库可从公司购得，或由自己构建。需要从 Ig-YACs 文库中筛选理想的 Ig 基因克隆。IgH、Igκ 和 Igλ 基因分布范围在 1.5Mb～2.0Mb，而通常的 Ig-YACs 文库的插入片段在几百 kb，明显小于分泌完整功能免疫球蛋白所需。可利用 YAC 的特点，通过两个或两个以上不同分布区域且具有部分重叠序列的 Ig-YAC 亚克隆在酵母体系中进行同源重组，整合成大的完整的 Ig 基因座，如 IgH、Igκ 基因座。已经证明克隆于 YAC 中的人 Ig 基因座在酵母宿主可有效地进行同源重组。有了完整的 IgH、Igκ 基因座，即可以进行后续工作。

2. 准备小鼠 ES 细胞　小鼠胚胎干细胞（ES 细胞）是来自植入前早期小鼠胚胎的未分化细胞，尤其是胚泡阶段的内层细胞团。在建立 ES 细胞后，这些细胞仍然保持有胚泡内层细胞团成分的潜能，在体外合适的培养条件下，能继续增殖和传代。ES 细胞在体内是多潜能的细胞，当体外培养的 ES 细胞重新放回植入前的小鼠胚胎，在胚胎生长的合适环境中，就会在体内以正常有序的方式进行分化。

3. 含人 Ig-YACs 酵母与鼠 ES 细胞的融合及克隆 酵母细胞有一层相对厚的环绕膜的细胞壁。用常规的转染方法把 YAC 导入哺乳细胞很困难，主要是因为分子量大。已建立了几种将 DNA 大片段转入小鼠 ES 的方法，如直接将 DNA 注入卵细胞或通过酵母球质体与 ES 细胞的融合。通过球质体融合将 YAC 导入 ES 细胞适合完整大分子的整合，同时并不转移其他酵母 DNA。其他的方法也可用于 YAC 的转移，但当完整的 DNA 分子大于 500kb 时比较困难。在融合过程中，摄入酵母 DNA 的量是变化的，但这并不影响具有生殖传递能力嵌合小鼠的形成。融合技术的明显优点是不需要纯化和处理 DNA 大分子，且酵母可将百万碱基（Mb）大小的片段克隆在 YAC 中。在酵母和 ES 细融合前，首先需要去除细胞壁，然后才能把酵母 DNA 转入 ES 细胞，这个过程称为原生质体化（protoplasting）。

4. 人 Ig-YACs-ES 细胞导入鼠卵母细胞 获得了含人 Ig-YAC-ES 细胞系后，下一步是向小鼠体内导入 YAC 携带的 *Ig* 基因组，以制备含人 Ig 和鼠 Ig 的嵌合小鼠。有两种方式能产生嵌合体：①通过显微操作把人 Ig-YACs-ES 细胞注入胚泡阶段的小鼠胚胎中；②将人 YACs-ES 细胞与 8 细胞阶段小鼠胚胎共培养聚集导入。

5. 含人 Ig-YACs-ES 细胞的胚胎向小鼠体内送还和子代鼠的生成 ES 细胞与胚胎的聚集物培养 24 小时后，才能移到假孕的受体鼠。ES 胚胎通过外科方法转移至假孕受体鼠的生殖道可使胚胎在体内发育。正常情况下每只小鼠移入 9 个胚胎较合适，最多不应超过 12 个，因为移入过多胚胎会使子宫过于拥挤，影响胚胎的发育，也可能导致产前胚胎或产后幼鼠的死亡。怀孕后 17 天左右就可以产生子鼠。这是第一代含人 IgH 或 Igκ 的嵌合小鼠（chimeric mice）。

转基因随机地整合到小鼠的染色体中，依孟德尔定律进行传递。通过含人 IgH 或 Igκ 的嵌合转基因小鼠的近亲子代交配可产生含人重链（huHhuH）、人轻链（huKhUK）或人重轻链（hullhUK）基因的纯合小鼠。小鼠 Ig 重轻链双灭活（ΔHΔHΔκΔκ）的纯合基因敲除小鼠（$mJ_H^{-/-}$，$mC_\kappa^{-/-}$）与含人 Ig 重轻链（$huHhu_\kappa$）基因的纯合小鼠交配可产生含人功能性 Ig 而小鼠 Ig 基因灭活的小鼠（$huHhu_\kappa$/ $mJ_H^{-/-}$，$mC_\kappa^{-/-}$）。这种小鼠具有产生完全人源化抗体的能力。

在获得含人重轻链（$huHhu_\kappa$/ $mJ_H^{-/-}$，$mC_\kappa^{-/-}$）基因的纯合小鼠后，就可应用特定的抗原，按照常规制备小鼠单抗的方法，先免疫小鼠，经过细胞融合、筛选等步骤制备针对特定抗原的单抗，然后根据抗原的性质，对单抗进行特异性、亲和力等鉴定，确认通过含人重轻链（$huHhu_\kappa$）基因的纯合小鼠产生的完全人源化的抗体是否为所需要的抗体。

（二）转基因小鼠的应用

借助于显微注射技术和原核卵细胞及胚胎干细胞的成功培养，已制备了众多的转基因小鼠，用于多种不同系统多种基因的功能研究。由于通过转基因可进行基因的删除，过度表达或突变基因的表达，所以转基因小鼠具有非常广泛的用途，如基因表达、基因调节、胚胎发育、人类疾病的动物模型、检验基因治疗药物、从转化的特殊细胞类型在体内建立细胞系、组织特异性诱导基因的表达、组织特异性基因删除、研究毒性基因特异性细胞消除的作用、自身免疫耐受机制的研究等等。

这种技术的一个重要应用就是建立人源化小鼠体液免疫系统。将人的抗体基因座导入小鼠内源抗体基因座灭活的小鼠，不仅为研究人类整套抗体基因有序表达、装配的机制以及在发育和疾病的进展中的作用提供了有力的工具，而且为制备完全人源化的抗体，应用于疾病治疗提供了十分有效的手段。

位于美国加利福尼亚州的 Abgenix 公司使用这种技术于 1997 年成功地制备出了含人免疫球蛋白基因的转基因小鼠，称为 Xenomouse。Xenomouse 可以接受各种人抗原的刺激产生免疫反应。利用 Xenomouse，该公司成功地制备了 IL-8，EGFR 和 TNFα 的人单抗。这些抗体与抗原呈高度特异性结合，亲和力 K_d 在 0^{-9} ~ 10^{-11}/M 之间。产生的抗体呈多样性，因而，使 Xenomouse 成为研制治疗性人单抗的有力工具。

转基因采取了与抗体库完全不同的策略，通过小鼠体液免疫系统产生完全人源的抗体，保留完整的、有效的自然机制来完成抗体种类的转换和亲和力成熟，不需对抗体进行基因工程改造。其特点是：①产生的抗体完全人源，没有小鼠的氨基酸成分，用于治疗人类疾病不会产生 HAMA 反应；②抗体具有高亲和性，无需进一步改造；③具有多样性，适合各种抗原的免疫；④可以通过杂交瘤、细胞系或生物反应器等不同方式，制备出有效应功能的抗体，是抗体治疗人类疾病进程中的重大突破。

扫码“学一学”

第三节　抗体药物制备——大规模动物细胞培养技术

一、哺乳动物细胞表达系统

哺乳动物细胞是最早用来表达抗体分子的，也是目前应用最多的表达体系。哺乳动物细胞内有抗体折叠形成正确立体空间构象所必需的分子伴侣，其内质网为抗体分子的正确折叠和链内及链间二硫键的形成提供了有利的氧化还原环境。此外，哺乳类动物细胞还拥有完整的转录、翻译后加工及分泌等机制，包括抗体的糖基化、羧基化等一系列复杂的加工过程，因而哺乳动物细胞表达系统表达的抗体通常具有正确的折叠和空间构象以及正确的装配，具有良好生物活性，基本近似于天然抗体。同时，哺乳动物细胞还能实现抗体的分泌性表达，表达产物可分泌至无血清或无蛋白质的培养上清液中，为抗体的分离纯化提供了最大的便利。此外，表达抗体的哺乳动物细胞也能进行规模化培养，为抗体的产业化和应用奠定了基础。但哺乳动物细胞表达体系存在构建周期长、操作烦琐、表达产量相对低、生产成本较高等缺点。因此，尽管哺乳动物细胞表达体系能用于各种基因工程抗体的表达，但最适合表达的还是全分子抗体以及某些不适宜在非哺乳动物细胞表达的小分子抗体。哺乳动物细胞表达体系包括宿主细胞和表达载体。目前常用的宿主细胞主要有两类，一类是淋巴类细胞，另一类是非淋巴类细胞。

1. 淋巴类细胞　在体内，抗体是由浆细胞分泌产生的，浆细胞具有正确折叠抗体、空间构象形成、链内及链间二硫键形成的内环境，包括内质网及参与此过程的各种协同因子和分子伴侣，而且还有完成抗体恒定区糖基化等翻译后加工修饰的细胞器、蛋白质及代谢产物。因此浆细胞应是最适合表达重组抗体的。但浆细胞不能在体外长期培养，永生化或恶性转化的浆细胞瘤和骨髓瘤细胞系对于表达重组抗体是最接近浆细胞的，这些细胞同浆细胞一样能提供抗体表达所需的全套协同因子、分子伴侣以及糖基化等加工机制，因此能用于表达各种重组的基因工程抗体。但是有的骨髓瘤细胞系本身也产生免疫球蛋白链，大多为 κ 轻链，选择时应首先考虑用那些本身不产生免疫球蛋白肽链的骨瘤细胞系。

目前在表达基因工程抗体中用的最多的骨髓瘤细胞是小鼠骨髓瘤细胞系 SP2/0 和 NSO，以及大鼠的骨髓瘤细胞 YB2/0。这些骨髓瘤细胞均不产生和分泌任何球蛋白。SP2/0 细胞系是小鼠骨髓细胞 P3-X63-Ag8 与经绵羊红细胞免疫的小鼠脾淋巴细胞融合而成的杂交瘤，再经培养和药物筛选发生变异后获得的细胞系。SP2/0 是在表达基因工程抗体中最广泛的淋巴类细胞，尤其在人-鼠嵌合抗体的表达中用得最多，但其表达产量通常较低，多用于实验研究。NSO 细胞系是能在胞内合成 κ 轻链的 NS-1 细胞的变异株，不再产生任何免疫球蛋白链，能用于表达各种全分子抗体。

到目前为止，已报道的重组抗体在这些骨髓瘤细胞系中的最高表达产量分别为 SP2/0 细胞 32μg（10^6 细胞，24h），NSO 细胞 15μg（10^6 细胞，24h），YB2/0 W 细胞 70～100μg/（10^6 细胞，24h）。研究还发现，同一载体在不同的骨髓瘤细胞中，或不同的载体在同一骨髓瘤细胞中，其表达产量可以有很大的差异。因此在选择骨髓瘤细胞表达重组抗体时，除首先选择本身不产生任何免疫球蛋白，体外增殖快的细胞系外，还应考虑所构建表达载体的特点。

2. 非淋巴类细胞 多种非淋巴类细胞都已被用于表达重组抗体，其中包括中国仓鼠卵巢（Chinese hamsterovary，CHO）细胞，猴肾来源的 COS 细胞、神经胶质瘤细胞、嗜铬细胞、HeLa 细胞、BHK 细胞等等。研究表明，通过一系列现代分子生物学技术，尤其是高效扩增表达技术，可使重组抗体在 CHO 细胞中的表达产量达 200μg/ml。此外，CHO 细胞遗传背景清楚；转染效率高；能适用于多种载体；能表达各种类型的重组抗体；可长期稳定传代并稳定表达有功能活性抗体；可用无血清或无蛋白质培养基培养，有利于抗体的纯化；能进行大规模培养，因而 CHO 细胞已成为生物技术产业化培养的首选工程细胞系，目前已批准上市的基因工程抗体几乎都是在 CHO 细胞中表达的。

另一种常用于表达重组抗体的非淋巴类细胞是 COS 细胞，COS 细胞是用 SV40 病毒的大 T 抗原转染猴肾细胞获得的一株能长期传代的细胞系，含有 SV40 复制子的重组表达质粒转染 COS 细胞后，其重组 DNA 并不整合到细胞的染色体中，而是以游离的形式存在于细胞质内，并迅速大量复制达到很高的拷贝数。COS 细胞也具有糖基化和装配分泌抗体的功能，因此表达的各种抗体具有抗体的功能活性。由于转染的外源 DNA 在 COS 细胞并不整合，而是以游离形式存在并复制，因此 COS 细胞最常用于抗体的瞬时表达。近年来，COS 细胞已用于筛选或检测新构建的新型抗体的活性及特征，也用于研究从噬菌体库筛选的抗体基因在真核细胞中表达的功能和特点，还用于各种抗体突变体的筛选。而且，结构更为复杂的双特异性抗体也在 COS 细胞表达成功，如抗人 OKT3/转铁蛋白受体的双特异抗体在 COS 细胞成功表达，其产量和活性均优于在大肠杆菌中的表达。

二、影响哺乳动物细胞体外培养的主要因素

动物细胞只有适应体外环境条件下才能生长，且对环境条件的要求比微生物苛刻。能够影响细胞体外培养生长的主要因素有培养基组成成分和浓度、培养温度、培养液的酸碱度、溶解氧浓度、各种代谢物浓度等。

1. 营养条件 不同的细胞需要提供不同的营养条件，体外培养细胞的营养条件需要通过培养液来提供。在培养液中，除了细胞生长所需的各种营养物质外，还必须提供调节细胞生长与功能活动的激素、生长因子以及生长基质成分等。培养液一般需要加入 5%～10%（体积分数）的血清，血清中含有各种血浆蛋白、肽类、脂肪、糖类（碳水化合物）、无机

物质以及血小板凝集时释放的各种生长因子，能克服合成培养基只能维持细胞存活，不能促进细胞分裂生长的不足。但在培养液加入血清，特别是在体外大量培养杂交瘤细胞生产抗体时，由于收获的细胞培养液中除了含有所需要的单克隆抗体外，还有牛血清带入的各种蛋白质成分，尤其是牛的 IgG 的存在，给后续的单克隆抗体纯化过程增加了难度。

近年来对无血清培养基的研究越来越多，"无血清"培养基仅代表培养液中未补加血清。无血清培养基的基本成分和普通培养基基本类似，可根据需要培养的动物细胞类型、生长特性及培养的目的，设计相应无血清培养基。现在大多数培养基中最常用的添加物质包括胰岛素、转铁蛋白、亚硒酸盐、脂肪（脂肪酸、胆固醇）以及某些更为特异的生长因子与生长基质成分。目前杂交瘤细胞最常用的培养基以 DMEM/F12（1:1,体积比）混合作为无血清培养的基础培养基。事实证明，将微量元素和维生素成分及含量丰富的 F12 与营养物质含量较高的 DMEM 结合使用，对许多细胞类型的培养都是合适的。

2. 培养温度　动物细胞培养的温度必须严格控制。哺乳动物细胞最适宜的培养温度是37℃。与化学反应一样，在一定的温度范围内，细胞代谢强度与温度成正比，但是过高的温度会导致细胞的死亡。通常在体外培养时，细胞对低温度的耐受能力比高温度强，在25℃～35℃范围内仍能够生存和生长，但生长缓慢；而在40℃以上则存活的时间仅几小时，甚至只有几十分钟。

3. 培养液的酸碱度　合适的 pH 也是维持细胞正常代谢的重要条件之一，大多数动物细胞适合在pH 7.2～7.4环境中生长，低于 pH 6.8 或高于 pH 7.6 都将不利于细胞生长，甚至会引起细胞死亡。体外培养的细胞其耐酸能力要强于耐碱能力，恶变的细胞常常比正常细胞能忍受较酸的环境，继代培养的细胞忍受酸碱度变化的能力略强于原代培养的细胞。二氧化碳是细胞培养的代谢产物，直接释放至培养液中，积累渐多时会引起培养液变酸，对细胞生长不利，这时由于培养液中营养物并没有用完，更换培养液会产生极大的浪费。一般情况下，细胞培养均在含 3%～5% CO_2 的环境下培养，通过 CO_2 调节一般会添加一些缓冲液（磷酸缓冲液），以维持 pH 在 7.2～7.4 范围内，现多使用羟乙基哌嗪乙烷磺酸（HEPES）。

4. 溶解氧　培养细胞的气相环境尤其是 O_2 和 CO_2 对细胞生长有较大的影响，O_2 参与细胞的能量代谢过程，而 CO_2 主要是维持培养液的酸碱度。对于绝大多数开放式培养系统，动物细胞培养的气相环境都是采用 5 % CO_2 与 95 %空气的混合气体。在动物细胞大规模培养时，如何提供足够的氧而又不使体系的剪切力过大是非常重要的。通常情况下通气的目的主要有两个：一是提供细胞代谢所需的足够的氧气；二是使培养液处于均匀悬浮状态，有利于传质过程。在动物细胞大规模培养时，如何在保证剪切力较小的情况下，提高培养液溶解氧水平，以满足细胞呼吸代谢的需求非常重要。大规模培养细胞对氧的利用率平均为每 10^6 个细胞 6μg/h，与微生物相比，这个摄氧水平是很低的，如果不考虑混合造成的剪切力问题，很容易达到这个供氧速率，但是由于动物细胞对剪切力特别敏感，按一般的搅拌混合供氧方法是不合适的，会由于剪切力过大造成细胞死亡。因此，无论是开放式培养还是密封式培养，不论是常规实验室培养还是大规模培养，怎样在保证细胞正常生长的情况下提供足够的 O_2 是非常重要的。然而，溶解氧并非越高越好，富氧对细胞同样有害。一般认为溶解氧控制在40%～50%空气饱和度比较合适，在 10%～100 %之间都可以忍受。而实际上溶解氧在 1 %以上时，比耗氧速率不会受到影响。

5. 渗透压　渗透压在细胞培养中常用的单位是 mOsm/kg。对于大多数细胞而言，适宜的渗透压为260～320mOsm/kg。在高渗透压下，细胞活力会受到影响，最大细胞密度、比生长速率等有不同程度的下降；但是适当的增加培养基的渗透压，可以使抗体的产生速率提高。在较高渗透压下持续传代的细胞可以提高40%～50%的产量。为了使细胞能在较高渗透压下正常的生长，加入一定的保护剂是一种比较有效的方法，常用的保护剂有某些氨基酸、氨酸类似物和多元醇等。其中甜菜碱、肌氨酸、脯氨酸、甘氨酸效果较好。渗透压的提高在某些情况下可以使葡萄糖的代谢更加旺盛。因此，如果适当的增加渗透压，同时通过加入渗透保护剂、优化操作工艺等方式进一步提高细胞活力，有可能大幅度地增加大规模培养中抗体的最终浓度。

6. 葡萄糖代谢 葡萄糖是动物细胞重要的碳源和能源，葡萄糖在细胞内经过一系列分解作用释放能量的过程中，同时生成了许多重要的中间体，这些中间体为蛋白质、脂类和核酸的合成提供了碳架。一般情况下，葡萄糖的比消耗速率符合Monod方程，有些学者认为葡萄糖消耗速率受到葡萄糖跨膜转运速度的限制，也有些研究表明己糖激酶是转化细胞控制糖酵解速率的关键。除此之外，葡萄糖消耗速率还受到谷氨酰胺浓度、细胞比生长速率甚至细胞密度的影响。总之，由于细胞株不同，培养工艺和策略不同，葡萄糖代谢的动力学特征可能表现出完全不同的特征。

在糖代谢过程中，由于糖酵解的作用，会产生大量的乳酸，但是高速的糖酵解对于细胞代谢不是必需的，乳酸的生成多少与葡萄糖的浓度有很大关系，当采用限制性补料方式时，将葡萄糖浓度维持在较低的水平上，可以在基本不影响细胞生长的情况下，减少乳酸的生成，提高葡萄糖的利用效率，而单纯通过抑制乳酸脱氢酶来减少乳酸生成的方式却不利于细胞的正常生长。

7. 谷氨酰胺代谢 对于动物细胞而言，谷氨酰胺是一个很特殊的必需氨基酸，它的氨基是非必需氨基酸合成中主要的氮源，这个转化是通过转氨作用进行的。谷氨酰胺不仅作为氮源，更重要的作用是作为碳源被利用，这个过程主要是通过谷氨酰胺不完全氧化来实现的。在谷氨酰胺各个代谢途径的流量中，对于杂交瘤细胞，谷氨酰胺有36%生成了CO_2，有7%用于蛋白质合成。而来自谷氨酰胺的ATP约占总ATP的30%，对于HeLa细胞这个数据为70%，这说明谷氨酰胺在能量代谢中的重要作用。

影响谷氨酰胺代谢速率的因素很多，包括葡萄糖、谷氨酰胺及血清的浓度、细胞比生长速率等。一般来讲，谷氨酰胺和葡萄糖在能量代谢上可以互相替代，在物质合成代谢中相互补充。葡萄糖代谢主要生成核酸和乳酸，而谷氨酰胺则作为主要能源物质进入TCA循环。谷氨酰胺对葡萄糖消耗有很大的影响，它可以促进葡萄糖进入酵解和磷酸戊糖途径，但是抑止葡萄糖进入TCA循环。同样葡萄糖消耗速率的增加也会抑止谷氨酰胺的消耗，但是这种影响不是主要的。

三、哺乳动物细胞培养操作方法

动物细胞大规模培养技术与传统的实验室常规培养的主要区别不仅表现在培养规模的不同，而且还表现在所采用的培养方式及培养工艺的不同。实验室常规培养在培养板、各种不同规格的培养瓶等容器中进行，培养的细胞数量及分泌的产物也是有限的。动物细胞大规模体外培养，由于供氧条件、均匀程度、各种营养物质的合理控制，特别是表面积的增加（对于贴壁细胞），为细胞的大量增殖提供了更好的生长代谢环境，能够使细胞密度和活力指数大大增加，实现高密度培养，因此可以大量地生产许多有价值的生物制品。

大规模培养的操作方式可分为分批式、流加式、半连续式、连续式和灌注式等类型。不同的培养工艺，具有各自不同的特征。

1. 分批式培养　分批式培养是将细胞和培养液一次性加入生物反应器内进行培养，控制好温度、溶解氧、pH 等条件使细胞不断增殖，抗体不断形成，经过一段时间培养后，将整个反应液全部取出。由于每次分批式培养，细胞所处的环境都会不一样，尤其是各种营养物的浓度不断变化，不可能使细胞自始至终处于最优条件下，尤其是对于高密度培养，因为一次加入的培养基浓度（如葡萄糖、谷氨酰胺）不能太高，达到很高的细胞密度几乎不太可能，所以它不是最佳的操作方式，但由于其操作简便，容易掌握，因而它又是最常用的操作方式。在分批式培养过程中，细胞的生长可以分为停滞期、快速生长期、过渡期、稳定期和衰退期 5 个阶段。在停滞期细胞逐渐适应新的环境，积累细胞分裂繁殖所必需的酶系和各种活性物质。当细胞适应了新的环境以后，就会快速增殖，进入快速生长阶段，这时候的细胞基本上以指数的规律生长繁殖。细胞通过快速生长期迅速生长以后，由于环境条件的不断变化，如营养物质不断消耗，代谢抑制物的不断积累，细胞生长空间的减少等原因，很快进入过渡期并过渡到稳定期，这个时期细胞生长减慢，活细胞密度维持恒定。随着培养过程的继续延续，培养环境进一步恶化，细胞逐渐进入衰退期而导致死亡。

2. 流加式操作　流加式操作是指先将一定量的培养液装入反应器，在适宜条件下接种细胞，进行培养，细胞不断生长，产物也不断形成。随着细胞对营养物质的不断消耗，新的营养成分不断补充至反应器内，使细胞进一步生长代谢，到反应终止时取出整个反应液。其特点就是能够调节培养环境中营养物质的浓度。它可以避免某种营养成分的初始浓度过高而出现废物抑制现象，另一方面，能防止某些限制性营养成分在培养过程中被耗尽而影响细胞的生长和产物的形成，这是流加式操作与分批操作的明显不同。与单纯批式培养相比，除了可以调节温度、pH、溶解氧等环境因素以外，主要的是可以不断地补充新鲜的必需培养基成分，控制主要成分的浓度，因此对培养过程的控制更加细致，更加具有调节的余地。在合适的、优化的流加培养工艺条件下培养细胞，可以使细胞密度和细胞存活时间大大增加，也可以保证细胞在比较好的环境下产生目的产物，因此往往能实现高密度培养，得到的日的产物浓度也可以大大增加。

3. 半连续式操作　半连续式操作又称反复分批式培养或换液培养，工业上称之为代放技术。它是在分批式操作的基础上分批的部分取出反应系，再连续补充或者一次补充等量或近似于等量体积的新的营养成分，再按分批式操作或者流加式操作的方式进行培养，这种反应器内培养液的总体积保持不变的操作方式，实际上随着流加技术的成熟，人们更加偏重于批式部分取出，连续流加营养物质的方法进行半连续操作，这样既可以保证流加过程的优点，又可以提高设备的利用率。这种操作方式可以反复收获培养液，即可重复获得培养产物。值得注意的是，半连续培养不是灌注培养，在部分批式取出培养液的同时，连带着细胞也同时取出，这个过程适用于杂交瘤细胞培养等悬浮细胞培养体系，对于那些贴壁细胞，例如采用微载体系统培养基因工程 CHO 细胞并不合适。

4. 连续操作　连续操作是指将细胞种子和培养液一起加入反应器内进行培养，一方面新鲜培养液不断加入反应器内，另一方面又将反应液连续不断地取出，使反应条件处于一种恒定状态。与分批式操作和半连续式操作不同，连续培养可以控制细胞所处的环境条件长时间的稳定，因此，可以使细胞维持在优化状态下，促进细胞生长和产物的形成。虽然由于细胞的流失，高密度培养很难实现，产物的浓度也不会很高，连续培养不一定是很好的生产方式，但是对于工艺研究，细胞的生理或代谢规律尤其是动力学的研究，连续培养是一种非常重要的手段，它可以保证整个体系各种组分（培养基浓度、细胞浓度）恒定，对于确定优化工艺条件具有其他方法无法比拟的优势。连续培养过程可以连续不断地收获产物，在生产中主要被应用于培养非贴壁依赖性细胞。

5. 灌注培养 灌注培养是指细胞接种后进行培养，一方面新鲜培养基不断加入反应器，一方面又将反应液连续不断地取出，但细胞留在反应器内，使细胞处于一种不断的营养状态。灌注培养与连续培养虽然培养液都是以一定的速度流入反应器中，同时又以相同速度从反应器中流出，但它们之间存在根本区别，即连续培养的细胞随培养液一起从反应器内流出，而灌注培养的细胞则被截留在反应器中而不随培养液一起流出。灌注技术已经应用于许多不同的培养系统中，规模分别为几十升至几百升。采用灌注技术其优越性不仅在于大大提高了细胞生长密度，而且有助于产物的表达和纯化。如英国 Celltech 公司采用灌注培养技术连续培养杂交瘤细胞，连续不断生产单克隆抗体，获得了巨大的经济效益。当然灌注培养也有弱点，如培养基消耗量比较大，操作复杂，培养过程容易染菌等。

四、哺乳动物细胞培养生物反应器

生物反应器是生化工艺过程的心脏，它是将培养成分转化成产物的惟一地方。20 世纪 70 年代以来，细胞培养用生物反应器有很大的发展，种类越来越多，规模越来越大。用于生产抗体的杂交瘤细胞培养反应器已经达到了几吨的规模，用动物细胞表达基因工程蛋白质和用于疫苗生产的反应器也接近 1000kg 的规模。虽然与微生物培养相比也就是小试或者中试的规模，但是对于生物制品来讲，这样的规模已经是大规模生产了。

目前生物反应器按其细胞培养方式有以下几种：①悬浮培养，包括空气提升式、搅拌槽、中空纤维管及陶质矩形通道蜂窝状生物反应器；②贴壁培养，有搅拌槽、中空纤维管及陶质矩形通道蜂窝状生物反应器；③包埋培养，有流化床、固定床生物反应器。

五、提高重组抗体表达水平的方法

治疗用基因工程抗体的临床用药量大，远远超过其他生物制品，因而基因工程抗体的高效表达已经成为其临床应用的最重要的先决条件之一，甚至已影响到基因工程抗体的研究开发。目前已上市的以及正处于临床试用中的基因工程抗体多达上百种，其中绝大多数都是在哺乳动物细胞中表达的，更确切地说，是在 CHO 细胞中表达的。以下将简要地叙述抗体在哺乳动物细胞高效表达所涉及的诸多要素。

抗体在哺乳动物细胞中表达的过程是抗体的重组表达载体与宿主细胞之间相互作用的一个复杂过程，包括 5 个相对独立的环节：①抗体基因在宿主细胞染色体上的定位，主要是指抗体基因在染色体上的整合位点以及抗体基因的基因剂量；②抗体 mRNA 的转录，转录效率与 mRNA 的稳定性是其中最重要的因素；③抗体基因的翻译；④抗体的翻译后加工、组装；⑤抗体的分泌。针对以上 5 个环节，设计相应的措施提高各环节的效率，将有助于提高基因工程抗体在哺乳动物细胞中的表达水平。另外，还有一些实际操作因素的影响，如高表达细胞株的筛选、生产细胞的稳定等等。

（一）哺乳动物细胞表达抗体的载体系统

基因工程抗体的表达载体系统是获得高表达抗体细胞株的关键，在确定宿主细胞后，基因工程抗体的表达产量很大程度上由其表达载体的各表达调控元件及组织方式决定。一般来说，表达载体含有以下几种基本元件：骨架序列、选择标志基因、表达盒以及一些特殊的调控序列。除骨架序列外，其他元件对抗体的高效表达均存在一定的影响。

根据工程细胞克隆中目的基因拷贝数能否扩增，表达载体可分为两类：可扩增表达的和不可扩增表达的载体系统。有一类特殊的选择标志基因可以在外界逐渐增高的选择压力下实现在宿主细胞染色体上的基因拷贝数的扩增，并且可以连带两侧的序列一同扩增，从而提高目的抗体基因在宿主细胞染色体上的基因剂量，这类基因称为可扩增选择标志基因，采用这类可扩增选择标志基因来共扩增目的基因的载体系统就是可扩增表达的载体系统。虽然目的抗体基因低拷贝的载体也可以达到较高水平的抗体表达，但如使用含可扩增表达载体提高目的抗体基因的基因剂量，可转录出更多目的抗体基因的 mRNA，实现低拷贝载体无法达到的高产量表达。目前报道的基因工程抗体的高效表达载体系统无一例外地采用了可扩增表达的载体。上述的可扩增选择标志基因目前主要包括有二氢叶酸还原酶（DHFR）基因和谷氨酰胺合成酶（GS）基因，其中应用最久、最广泛、效果最好的是 *DHFR* 基因。

DHFR 基因编码的 DHFR 是细胞代谢途径中的一个重要的酶，当细胞缺乏此酶或此酶失活时必须依靠在培养基中添加次黄嘌呤和胸腺嘧啶脱氧核苷才能存活。甲氨蝶呤（MTX）是 DHFR 的类似底物，可竞争抑制 DHFR 的活性。当环境存在高浓度的 MTX 时，*DHFR* 基因可自发在染色体上扩增其拷贝数，以产生更多的 DHFR 来维持细胞的正常代谢，当其扩增时，可以连带它两侧的序列一起扩增，与 *DHFR* 基因共扩增的序列的大小通常比 *DHFR* 基因要大许多，甚至可以达到上千个 kb，足以包含其两翼的目的抗体基因，这种共扩增也就实现了目的抗体基因基因剂量的扩增，从而极大地提高了表达产量。*DHFR* 基因可在 CHO^-DHFR^- 细胞中扩增 500～2000 倍，目的抗体基因拷贝数也能随之扩增 500～2000 倍，尽管涉及一些其他的因素，表达产量不能提高 2000 倍之多，但表达产量仍可成百倍地提高。*DHFR* 基因在 CHO 细胞中扩增时能在染色体上形成较稳定的多拷贝序列，存在于宿主细胞染色体当中，并且与膨胀的染色体区域相关联。这种膨胀的染色体区域称为均匀着色区，是由活跃转录的基因构成。因与 *DHFR* 基因共扩增后的目的抗体基因处于带有着丝粒的染色体上，所以遗传稳定性较好，即使撤除外界选择压力也不易丢失，且经常处于活跃转录状态之中。但在其他细胞如 SP2/0 细胞中扩增时，扩增后的基因却形成游离于染色体之外的双微体结构，双微染色体不含着丝粒，一旦撤除外界选择压力，这种双微染色体十分容易丢失，扩增后的目的抗体基因也随之丢失，因此选择可扩增表达系统时最好选择在 CHO 细胞中表达。另外，内源性 *DHFR* 基因的存在会降低由外源性 *DHFR* 基因带动扩增目的基因的效果。因此应该选择 *DHFR* 基因缺陷的 CHO^-DHFR^- 细胞，以达到抗体的最高表达。目前采用 *DHFR* 基因的扩增表达系统已在 CHO^-DHFR^- 和 SP2/0 等细胞中成功地表达了多种基因工程抗体。

利用 *GS* 基因也可对目的基因进行扩增。*GS* 基因是一种显性基因扩增选择标志基因，在染色体上可以有较高的扩增倍数，像 *DHFR* 基因一样，扩增时连带两侧序列一起扩增。在外界存在甲硫氨酸磺酰胺（MSX）时，不表达或弱表达 *GS* 基因的细胞受到 MSX 的显性筛选死亡，而 *GS* 基因表达较高的细胞则能存活。细胞对 MSX 的耐受浓度与 *GS* 基因的表达水平呈剂量依赖关系，提高 MSX 的浓度将要求细胞有更高水平的 *GS* 基因表达，造成 *GS* 基因和目的基因的扩增，达到目的基因的高表达。与 *DHFR* 基因扩增表达系统相比，*GS* 基因较稳定，不易发生突变，一般不会产生以上问题。*GS* 基因扩增表达系统在初次筛选时就可发生基因扩增，获得较高表达的克隆，并在随后比 *DHFR* 基因更高效率地扩增，这样只需较短的时间就可达到目的基因的高效表达，省时省力。

抗体基因表达盒中最关键的元件是驱动抗体基因表达的启动子以及相应的增强子。所有的真核启动子都含有两个基本组成部分，TATA 盒和其下游的富含 GC 的序列，TATA 盒确定了转录起始位点，富含 GC 的序列则决定转录起始频率，因而不同的启动子产生不同的转录起始频率。目前使用的哺乳类细胞表达系统的启动子主要有病毒启动子，如 SV40 早期基因和晚期基因的启动子（$P_{SV40\text{-}EL}$）、人巨细胞病毒立早基因启动子（$P_{hCMV\text{-}IE}$）、病毒的长末端重复序列（LTR）等；哺乳类动物细胞基因的启动子，如转录因子 EF-1α 的启动子（$P_{EF\text{-}1\alpha}$）、人 β-actin 的启动子（$P_{\beta\text{-}actin}$）、人干扰素-α 启动子（$P_{IFN\text{-}\alpha}$）、各种鼠 IgG 启动子等等。启动子在含有相应的增强子时启动转录的效率大为提高，因此增强子都与其启动子同时使用，平常所指的启动子均包括其增强子序列。各个启动子启动转录的效率存在较大的差别，目前在实现抗高效表达中使用最多的是 $P_{CMV\text{-}IE}$，该启动子所驱动的表达强度较强。使用 LTR 和 $P_{\beta\text{-}actin}$ 也均有实现抗体高表达的报道，$P_{SV40\text{-}EL}$ 作为最早使用的启动子，其启动转录的效率相对较低，已较少采用。有报道分离了 CHO 细胞的转录因子 EF-1α 的启动子（$P_{hEF\text{-}1\alpha}$），采用该启动子在 CHO 细胞中表达多种蛋白质，包括抗体，表达产量比采用 $P_{hCMV\text{-}IE}$ 高出 5 ~20 倍，甚至不需要基因扩增即可实现高表达，同时因为未明的原因，采用含 $P_{hEF\text{-}1\alpha}$ 的载体建立的生产细胞株的稳定性也优于含 $P_{hCMV\text{-}IE}$ 的载体。这些研究结果提示今后的一个方向是分离宿主细胞的同源强启动子用于表达，这些同源启动子可能比异源启动子能更好地在宿主细胞发挥作用。

启动子下游有真核的核糖体进入位点，它对于所有的抗体基因的表达都是必要的。真核的核糖体进入位点通常为 GCCGCCA/GCCAUGG +4 的共有序列，它通过调控核糖体进入 mRNA 起始翻译的频率来影响目的基因的翻译效率，从而影响目的基因的表达水平。通常载体均带有核糖体进入位点，但其起始翻译的效率并不太高。前面提到的 IRES 具有较强的起始翻译的能力。最近的一些研究发现，在某些哺乳动物细胞的基因前，存在某些类似 IRES 的序列，可以独立启动翻译，并且产生的翻译效率很高，可以称之为翻译型增强子。

载体的转录终止信号和多聚腺苷酸［poly（A）］加尾信号也在很大程度上影响抗体基因的表达。转录的终止和 poly（A）尾巴的合成影响 mRNA 的有效合成和稳定性，强转录终止信号和加尾信号可提高胞质中能进行有效翻译的 mRNA 的浓度，提高表达水平。目前使用最广泛的是牛生长激素的转录终止信号和加尾信号［BGH poly（A）位点］，它的转录终止作用强于 SV40 的 poly（A）位点。SV40 poly（A）位点虽然也能有效地终止转录，并在以前被广泛采用，但最近的高表达载体已极少采用。

抗体轻、重链基因表达盒的构建方式对于抗体的表达或分泌抗体的细胞克隆的筛选也具有一定意义。将轻、重链基因表达盒串联于同一质粒上有利于筛选到产生抗体的克隆，优于轻、重链基因表达盒位于两个载体上共转染细胞。抗体轻、重链表达的平衡可避免因不平衡导致重链过多时产生的细胞毒性，也可以避免轻、重链比例不合适引起的装配上的混乱。目前将轻、重链基因表达盒设计于同一载体上的抗体高效表达载体系统越来越多，其中的原因除了考虑到串联结构可保持轻、重链表达之间的平衡外，还可能在一定程度上避免因轻、重链基因表达盒中某一表达盒丢失导致的抗体表达产量下降。保持轻、重链表达之间的平衡，除了采用上述的将两者的表达单位串联置于同一质粒上的方式之外，最近又发展了双顺反子载体方式。有报道将轻、重链基因置于同一启动子的控制之下，轻链基因后接一核糖体进入位点序列（IRES），其后是重链基因，转录出的双顺反子 mRNA 可因 IRES 的存在同时翻译轻、重链，两者的表达被紧紧地偶联起来。这种双顺反子抗体表达载体不仅可以排除因整合人染色体的轻、重链基因拷贝数不同导致的轻、重链表达不平衡，也可以防止因轻、重链基因整合入染色体位置不同或扩增过程中某个基因丢失、失活导致的不平衡。

抗体高效表达载体与其他重组蛋白表达载体相比具有其特殊之处，由于抗体结构上极其相似，其分泌前导肽一般可以通用，因而抗体表达载体可将前导肽直接整合在载体之上。前导肽序列是决定抗体分泌的关键因素，抗体高表达的实现必然需要合成的抗体被高效率地分泌至胞外。有报道证明，抗体轻链比重链在分泌中起着更重要的作用，抗体轻链可被单独分泌，而重链却不能单独分泌。

（二）抗体高效表达的其他因素

工程抗体在哺乳动物细胞中的表达水平从根本上是由其表达载体决定的，但在实际操作之中仍有许多重要影响因素。例如抗体基因的结构及其各要素的组织、如何甄别并高通量筛选大量细胞以获得高表达克隆、选用的宿主细胞的型别及其修饰、培养条件和过程化等等。

1. 抗体基因结构　抗体的基因结构一般包含以下要素：5′端非翻译序列（NTR）、引导分泌的前导肽序列、抗体可变区基因序列、抗体恒定区基因序列和 3′-NTR、蛋白质序列中的糖基化位点、核苷酸序列中密码子的使用频率、内含子的有无等，不同的基因携的 5′-NTR 性质相差很大，5′-NTR 往往含有基因表达调控的各种特殊序列，例如翻译增强子等，其影响表达的机制还不太清楚。关于 3′-NTR 的研究表明，3′-NTR 基本上均具有增高表达水平的作用，可能是由于 3′-NTR 中含有增强 mRNA 稳定性的某些序列，这在一定程度上解释了使用基因组恒定区序列可提高表达产量的现象。大量的研究结果都证明，不同的抗体可变区序列可以导致不同的抗体表达量，含有抗体基因内含子的可变区序列往往可在淋巴细胞来源的细胞中提高抗体表达产量，在其他细胞型别中则无法得到相同结果，可能是因为这些内含子中促进抗体表达的序列只能被组织特异的因子所识别。非淋巴细胞中表达抗体多采用抗体可变区 cDNA 序列，以减少内含了中未知因素的影响。但如能确证其增强表达的功能，也可在可变区 cDNA 序列中人为地插入内含子，以提高抗体表达。基因组抗体轻链恒定区序列已被证实可以在多种细胞型别中增强抗体的表达，内含子中可能含有促进抗体表达的增强子序列。现在许多表达系统都开始采用恒定区的 cDNA 序列，这样做的目的除了排除未知序列对抗体表达的干扰外，还可在一定程度上避免因基因组序列过大所造成的在载体整合和扩增过程中的丢失。

2. 表达抗体细胞克隆的筛选　前面已经提到，对于不能选择整合位点的载体，克隆的筛选尤为重要。通常 CHO 细胞染色体上存在 15000 个整合位点，其中大约仅有 15 个左右的整合位点可以产生高水平表达，这样约需要筛选 1000 个左右的细胞克隆才能筛选到 1 个真正的高表达细胞株。不仅如此，当进行例行扩增表达之后，抗体生产细胞在遗传学上已经发生相当大的改变，筛选适合于生产的高表达细胞株也需要大量的工作。因此建立快速的、高通量的筛选方法是十分有必要的。

目前已经建立了依靠流式荧光细胞分选（FACS）抗体高表达细胞株的技术。该技术将 *GFP* 基因通过 IRES 或不配对剪接供体和受体与抗体基因共同组织在载体上，使 *GFP* 的表达与抗体基因的表达紧密偶联，通过探测 GFP 的表达水平判定抗体基因的表达水平。采用绿色荧光激发的FACS，收集荧光最强的部分，就可以将抗体高表达的细胞克隆分选出来。这FACS结合GFP的筛选技术可以高通量地处理大量有待筛选的细胞。同样原理，还有研究者发明了更为简便的可视化荧光筛选技术。该技术与前者不同的是采用了一种特殊的微收集器，利用收集器可以在倒置荧光显微镜下直接挑取荧光最强、表达产量最高的单个细胞进入培养板培养。该方法可以从10万个细胞中轻易地挑出表达产量最高的克隆，如前所述，如果筛选1000个左右的细胞克隆就能筛选到1个真正的高表达细胞株的话，这个效率已经足够了。

对于已经筛选获得的抗体生产细胞克隆，需进一步施加选择压力进行扩增表达，研究其目的抗体基因在染色体上的拷贝数对于最大限度地提高扩增效率有极大帮助。已经明确，选取拷贝数最少，而表达产量较高的克隆用于加压，可提高扩增表达的效率。目前可采用荧光原位杂交（FISH）或Southern杂交等技术确定目的抗体基因在宿主细胞染色体上的拷贝数，有报道采用FISH技术确定了一株高表达某嵌合抗体的CHO细胞株，在MTX浓度仅为5×10^{-8}mol/L加压扩增表达后，产量就提高了近10倍，达到了32μg/(cell · d)的高水平表达。

载体整合位点对抗体表达的影响前面已经谈及，但目前发现，扩增后的目的抗体基因在染色体上的位置对于抗体分泌表达的稳定性以及产量也有影响。近年对CHO细胞中基因扩增后染色体结构的分析表明，仅当扩增后的目的抗体基因靠近染色体的端粒区时细胞才能较稳定地产生抗体，同时基因拷贝数高、抗体表达产量高。因此，采用FISH技术分析所获得的高表达抗体的克隆，有助于正确选择最终用于生产抗体的高表达细胞株。

3. 宿主细胞的选择和修饰 抗体在哺乳动物细胞中的高效表达技术种类繁多，其中许多措施都可以大幅度提高抗体的表达产量。但天然的哺乳动物细胞分泌表达抗体的能力是有限的，据估计，对于不同蛋白质序列的抗体，CHO细胞分泌表达的饱和能力通常在30～100pg/(cell · d)之间。

宿主细胞对于抗体表达产量的影响可以大致分为三个方面：一是细胞内微环境对抗体表达载体各元件功能的影响；其次是特定细胞翻译、加工、组装、分泌抗体的能力；最后是宿主细胞本身固有的一些生物学特性对细胞高效表达抗体的影响。

抗体表达载体上有许多元件均要求宿主细胞中存在足够数量的特殊蛋白质才能发挥其作用。例如强启动子需要宿主细胞产生大量转录起始因子和与增强子相互作用的蛋白质才能高水平的转录，人为地引入这些蛋白质的基因对于提高抗体表达是有帮助的。许多报道指出，腺病毒的*EIA*基因产物在多种细胞型别中可以特异地增强P_{CMV-IE}启动子的表达，有研究者采用*EIA*基因转染改造后的重组CHO细胞，可将表达产量提高约1倍。

哺乳动物细胞一般均具有抗体翻译、加工、组装、分泌所必需的各种蛋白质，但其中某些蛋白质的胞内浓度在实现抗体高效表达时会不足。真核翻译起始因子2a（eIF2a）是哺乳动细胞起始翻译的关键因子之一，需要其他相关激酶将其磷酸化后才具有活性。有报道，将Ser突变为Ala后无需磷酸化eIF2a即具有起始翻译的活性，将此突eIF2a导入CHO细胞，发现获得的重组CHO细胞由于增强了翻译效率，可将相同载体的表达水平提高4倍左右。对抗体的加工、组装、分泌也可以实行类似的改造。

哺乳动物细胞大规模发酵时均遇到的一个难题是细胞在无血清培养或营养不足时易发生凋亡，这会显著降低细胞生产抗体的能力，所以目前改变宿主细胞一些生物学特性的研究主要集中在抗凋亡的方面。目前已经发现多种基因具有抑制凋亡的作用，例如*bcl2*、*bcl-*

x_L、*p35*、*caspase-9* 等基因。有关的研究结果表明，导入 *bcl2* 基因的重组 CHO 细胞在发酵罐中明显延长了存活时间，导入 *p35* 基因的重组 CHO 细胞可中度延长存活时间，导入 *caspase-9* 基因的重组 CHO 细胞也可以明显延长存活时间。

抗体在哺乳动物细胞中的高效表达经过十余年的探索，目前已经较为成熟，多种高效表达载体已经可将抗体产量提高到天然哺乳动物细胞表达的极限水平，但对宿主细胞的改造以及发酵生产工艺的优化还将会进一步提高抗体的表达水平。从长远的观点看，动物反应器将是哺乳动物细胞生产抗体最有力的竞争者，并在未来的某一天成为抗体生产中的主流。

第四节　抗体工程

扫码"学一学"

抗体工程是指利用重组 DNA 和蛋白质工程技术，对抗体基因进行加工改造和重新装配，经转染适当的受体细胞后，表达抗体分子，或用细胞融合、化学修饰等方法改造抗体分子的工程。这些经抗体工程手段改造的抗体分子是按人类设计所重新组装的新型抗体分子，可保留（或增加）天然抗体的特异性和主要生物学活性，去除（或减少或替代）无关结构，因此比天然抗体更具有潜在的应用前景。目前，利用抗体工程的研究热点集中在以下几种抗体药物的开发：域抗体（domain antibodies，DAbs）、抗体-药物共轭体（antibody drug-conjugates，ADCs）、双特异性抗体（bispecific antibodies）、三功能抗体（trifunctional antibodies）和 Fc 片段工程抗体（Fc-engineered antibodies）。

一、域抗体

1989 年，一种新型抗体——域抗体首先在单峰骆驼的血清中被发现鉴定，后来在骆驼家族所有其他种群中都有发现。这种抗体不包含轻链，重链中不含有 C_H1 区。直到今天，这种重链抗体（heavy chain-only antibodies，HcAbs）的进化优势都不是很清楚，然而仅由重链抗体的一个重链可变区组成的单域抗体（variable domain of heavy chain of heavy chain-only antibody，VHH）广泛的适用性已经被迅速认可，由于其晶体结构直径为 2.5nm、长 4nm，因此又被称为纳米抗体。

随着基因工程手段的进步，越来越多的新分析技术应用于抗体的结构特征和作用机制的研究中，这些域抗体的氨基酸序列特征及结构特征也得到了更为清晰的了解。在普通抗体 V_H 的 FR2 中，V_{37}、G_{44}、L_{45} 和 W_{47} 这 4 个氨基酸残基参与 V_L 的相互作用，而在重链抗体的 VHH 胚系基因序列中，这 4 个氨基酸残基发生了特征性改变，分别突变为 F（Y）$_{37}$、E_{44}、R_{45}、G_{47}。这 4 个氨基酸残基的突变使得 VHH 具有高亲水性，从而不必与 V_L 形成异二聚体就可以保持稳定的结构。许多晶体结构分析表明 VHH 的 CDR3 可以形成凸环，遮盖与 V_L 相互作用的界面，进一步加强了 VHHs 的稳定性和可溶性。

小分子抗体具有很多优点。①具有高亲和性：VHHs 对许多不同的抗原都具有亲和性，其包括半抗原、多肽、可溶性和跨膜蛋白质等。从免疫单峰骆驼或骆马的 VHH 抗体库中分离出来的 VHH 单体具有 nmol/L 级甚至是 pmol/L 级的亲和力，与普通双价抗体表现出的亲和力在相同的范围内。②能够识别普通抗体不能识别或不能接近的抗原：普通抗体与抗原结合的位点为凹面或平面，而 VHHs 与抗原的结合位点为 CDR3 区形成的一个大的暴露的凸环。VHHs 这样的结构能够结合蛋白质的裂隙以及凹穴。③ 在严苛的环境下非常稳定：VHHs 具有很高的热稳定性，如受热变性后，活性可以恢复；在温度 90℃时，依然具有功能活性。④容易形成多聚体形式，提高抗体功效：由于 VHHs 可溶性高、分子量小、结构简单，使用氨基酸接头或载体蛋白质连接很容易形成多聚 VHHs，已经报道过二价、三价、五价，甚至多价的多聚 VHHs 分子。由于亲和力的叠加，多聚化是一个简单的迅速提高抗体功效的办法。⑤易表达：VHHs 的结构和增加亲水性使它在大肠杆菌、毕赤酵母和酿酒酵母等微生物表达系统中产量也很高。此外，VHHs 可以在不同的细胞腔隙产生和发挥功能，比如已有报道 VHHs 可以在细胞的内质网和细胞质中表达，VHHs 可成功靶向细胞核和线粒体。

基于对小分子抗体的作用机制以及临床疾病的发病机制的研究，一系列单域抗体药物呈现出良好的发展势头，涵盖临床预防、诊断和治疗等多个领域，在临床适应证方面，研究的重点主要集中于心血管疾病及抗病毒感染的应用。比利时的 Ablynx 公司是纳米抗体药物研究的领跑者，它的在研药 ALX-0081 与 ALX-0681 都处于临床Ⅱ期，作用靶点为血管假性血友病因子（vonwillebrand factor）。他们以全新的作用模式防止血栓形成和血小板黏附于血管壁，适应证为一系列的心脑血管疾病，包括急性冠状动脉综合征和血栓性血小板减少性紫癜。临床前的研究结果表明，这两种纳米抗体不会带来出血性风险且可高效阻止血栓形成，具有广泛的应用前景。

二、抗体-药物共轭体

抗体-药物共轭体（antibody drug-conjugates，ADCs）药物最主要的发展领域为肿瘤治疗，它是由一个合成接头共价连接一个单克隆抗体与一个细胞毒类化学物质构成，这样 ADC 就融合了单克隆抗体对肿瘤相关抗原的高度特异性和小分子毒性物质对肿瘤相关抗原的毒性效应，加强毒性物质对肿瘤细胞攻击效率的同时，避免了化学疗法中毒性物质对正常的组织细胞非特异性杀伤而引起的不良反应。

ADCs 是一类前体药物，且结构复杂，所以它的作用机制比其他抗体药物都要复杂很多。ADCs 三种组分中，抗体不仅应当具有高度特异性，而且与表面抗原结合后要有效地与细胞融合；毒性物质除对肿瘤细胞有高效杀伤力外，还要有合适的与抗体连接的基团、适宜的水溶性以及在水溶液中的稳定性；接头应该在储存状态时保证 ADC 的稳定，而与靶标连接后要快速释放毒性物质。过去的几年，ADCs 在相关肿瘤抗原的选择、有效而稳定的接头的选择、抗体与药物的比例以及用药方法对药代动力学的影响等方面的研究都取得了重大进展。更低免疫原性、更高亲和力的抗体已经出现，毒性物质也由原来的放射性核素和传统的化疗毒素发展为更有效的毒素，如刺孢霉素、美登醇、auristatins 等，也有了更多、更实用的接头可供选择，如二硫化物接头、肽酶水解接头等。Brentuximab vedotin（Adcetris）已经于 2011 年 8 月批准上市，用于治疗霍奇金淋巴瘤（Hodgkin's lymphoma，HL）和一种被称为系统型间变大细胞性淋巴瘤（systemic anaplastic large cell lymphoma，ALCL）的罕见淋巴瘤。Adcetris 是自 1977 年以来第一个被 FDA 批准治疗 HL 和第一个专门适用于治疗 ALCL 的新药。早期临床资料显示，接受 Adcetris 治疗的霍奇金淋巴瘤和系统型间变大细胞性淋巴瘤患者疗效非常明显，成为 ADCs 类药物占据市场份额新的希望。

三、双特异性抗体

双特异性抗体（bispecific antibodies，BsAb）就是可以与两个不同抗原靶点特异性结合的抗体融合体。早期对 BsAb 的研究侧重于将一个特异性抗原与效应细胞连接起来，例如，一个

BsAb 既特异性地与肿瘤细胞上抗原结合，同时又与 T 细胞上 CD3 抗原或者 NK 细胞上的 CD16 抗原结合，这样 BsAb 交叉连接了肿瘤细胞与效应细胞，同时激活了效应细胞。最近一个新概念的 BsAb 得到了人们的极大关注，它同时结合一种疾病相关的两个靶抗原，这样 BsAb 可以与相同疾病发生途径中的不同靶点抗原结合，阻滞和中和作用都增强了，而且可以阻断单抗药物单一靶点疗法中出现的代偿现象。BsAb 还可以与同一个靶抗原的不同抗原决定簇结合，不仅使亲和力加强，而且加强了抗体依赖的效应作用，如抗体依赖的细胞毒作用或补体依赖的细胞毒作用。BsAb 有两类发展较好的种类，分别为串联 scFv（tandem single chain variable fragment）与双特异性四价抗体（tetravalent tandem antibodies，Tand-Abs）。

1. 串联 scFv　串联 scFv 为基因工程产物，由一个柔性肽链将两个不同来源的 scFv 连接而成，这样的结构赋予了串联 scFv 中每个 scFv 极大的灵活性，使其与抗原结合效率提高。研究中的串联 scFv 中，多为一个 scFv 靶向一个肿瘤抗原，另一个靶向 T 细胞上的 CD3，介导 T 细胞发挥抗肿瘤效应，因此又称 BiTE（bi-specific T-cell engager，BiTE）。拥有 BiTE 抗体技术的是德国的 Micromet 公司，其主要的在研药物包括用于非霍奇金淋巴瘤和急性淋巴细胞白血病治疗的 Blinatumomab /MT-10^3 和用于治疗肺癌、结直肠癌、胃癌等的 MT110，前者目前处于临床Ⅱ期并有望成为第一个上市的 BsAb，后者是第二个投入临床试验的 BiTE，目前处于临床Ⅰ期。

2. 双特异性四价抗体 TandAbs　双特异性四价抗体 TandAbs 对每个抗原都有两个结合位点，可通过多种途径获得，如可在抗体 Fc 端融合一个 scFv 片段、用串联 scFv 等单链双抗替代 Fab 臂，或将两个不同的 scFv 片段代替抗体可变区，皆可形成双特异性四价分子。研究显示，可直接在抗体 N 端另外融合一个重链可变区和轻链可变区，形成双可变结构域免疫球蛋白。双特异性四价抗体抗原结合力增加，但同时也存在分子量较大的缺点。掌握 TandAbs 专有技术的是 Affimed Therapeutics 公司，它们处于Ⅰ期临床的 TandAbs 为 AFM13，它针对肿瘤细胞表面抗原 CD30 和 NK 细胞的 CD16A，临床数据显示，该抗体能够有效召集 NK 细胞，诱导快速和强大的抗体依赖的细胞毒作用，具有良好的安全性和耐受性。在临床试验阶段，AFM13 已被 EMA（European Medicines Agency）批准为罕见病用药，被 FDA 批准用于治疗霍奇金淋巴瘤。

四、三功能抗体

三功能抗体（trifunctional antibodies，TriomAb）除具有两个不同抗原结合位点，还具有完整的 Fc 片段，其两个抗原通常是 T 细胞上的 CD3 和肿瘤细胞上的抗原，这使它成为双特异性单克隆抗体的一种。此外，其完整的 Fc 片段可以像通常的单克隆抗体一样结合具有 Fc 受体的作用细胞，如单核细胞、巨噬细胞、自然杀伤细胞、树突状细胞或其他表达 Fc 受体的作用细胞，这样它们就可以与经由 CD3 介导的 T 细胞一起作用于肿瘤细胞，增加肿瘤杀伤效应的作用，并且通过与辅助细胞如巨噬细胞的直接接触，为 T 细胞提供协同刺激信号。TriomAb 在临床上取得了很好的成果，下面重点介绍两种 TriomAb。①Catumaxomab（Removab）是最早研究的 TriomAb，为小鼠/大鼠杂交 IgG，靶向表皮细胞黏附因子（EpCAM）和 CD3。Catumaxomab 是一个针对 Ep-CAM 治疗且具有活化患者本身的免疫系统的 TriomAb，可以用于 EpCAM 高度表达的癌症腹膜扩散所引起的恶性腹水，减少腹水引流的次数并且延长需要免于腹水引流的时间。动物实验中，该药不但能引起肿瘤消退，还能诱导免疫保护，能长时间保护小鼠抵抗肿瘤。Catumaxomab 于 2009 年经 EMA 批准用于 EPCAM 阳性的恶性腹水、卵巢癌、胃癌的治疗，这在三功能抗体药物研发上具有里程碑的意义。②Ertumaxomab也为小鼠/大鼠杂交 IgG，靶向人表皮生长因子 HER2 和 CD3。HER2 是个很好的乳腺癌标志物，之前已用作单克隆抗体药物曲妥珠单抗的靶抗原。Ertumaxomab 目前处在临床Ⅱ期，用于转移性乳腺癌治疗。临床试验结果显示 Ertumaxomab 较 Trastuzumab 更为高效，低剂量就能有效发挥抗肿瘤效应。

五、Fc 工程抗体

Fc 工程抗体（Fc-engineered antibodies）Fc 片段赋予了抗体一些独特的性质，如 Fc 片段能够介导抗体依赖细胞介导性细胞毒作用（ADCC）与补体依赖性细胞毒作用（CDC），通过固定补体或者与 Fc 受体结合，激活 NK 细胞、巨噬细胞、T 细胞等免疫细胞，这样就加强了抗体对抗原的杀伤作用，所以对 Fc 片段进行修饰，可加强其治疗活性，使其成为另一种兴起的抗体治疗药物。

现在有两种改造 Fc 片段的方法：基因改造和糖基化改造。基因改造主要是通过丙氨酸扫描、定向突变、基于结构的系统计算等分子工程学手段改造编码 Fc 片段 DNA，比如，对于非霍奇金淋巴瘤患者所携带的 FcγRⅢa 来讲，一些突变体与 FcγRⅢa 的亲和力比野生型抗体高 100 倍，介导的 ADCC 也要高 2～3 个数量级，另外一个例子是通过选择性区域重排构建的 IgG_1/IgG_3 嵌合 Fc 在短尾猴模型的体内体外试验中都能够显著增强 CDC 的作用。

抗体 Fc 片段的糖基化对抗体与 FcγRs 的亲和力也有很大影响，尤其是 Asn297 的糖基化。结合于该位置的不同含量的岩藻糖会严重削弱单抗引起的 ADCC。糖基化改造通常是通过改造产生抗体的细胞系或者酵母来实现。通过新的基因工程技术的运用，目前已经构建新的去岩藻糖类细胞株，如通过遗传工程手段敲除 α-1，6-岩藻糖转移酶 FUT8 编码基因的 CHO 细胞株，重组过量表达 β-1，4-*N*-乙酰氨基葡萄糖转移酶Ⅲ（GnTⅢ）的 CHO 细胞株。这些改造细胞株中产生的抗体比野生型 CHO 细胞株中产生的抗体更能够介导更有效的 ADCC。

Fc 另一个主要功能是与新生 Fc 受体（neonatal Fc receptor，FcRn）结合，这种结合主要影响抗体在体内循环时的半衰期。延长单抗药物的血清半衰期可以减少给药频率，从而减低了用药频率，降低了用药成本。数项研究已经证明，IgG_1 的 Fc 结构的各种突变在 pH6.0 时显著提高抗体与 FcRn 的结合，与 FcRn 结合的增强延长了抗体的半衰期。这类技术的代表药物是 GA-101 /RG-7159，它是通过基因改造和糖基化改造的人源化的抗 CD20IgG_1 单克隆抗体，针对 B 细胞恶性肿瘤，与典型的 CD20 单克隆抗体药物利妥昔单抗相比，GA-101 /RG-7159 与 CD20 抗原具有更高的亲和性，其诱导的抗体依赖细胞介导的细胞毒作用（ADCC）比利妥昔高 5～100 倍。

第五节　抗体药物实例

一、阿达木单抗

肿瘤坏死因子（TNF）-α 不仅作用于肝细胞 C-反应蛋白（CRP），促进白细胞和血管内皮黏附、渗透导致局部炎症和血管翳形成，还能作用于破骨细胞、滑膜细胞、软骨细胞产生金属蛋白酶和胶原酶等炎性产物，破坏软骨引起骨侵蚀，使滑膜细胞、软骨细胞、成纤维细胞产生炎性因子，进一步加重组织损伤。TNF-α 治疗有助于控制类风湿关节炎

（RA）的进展，有效改善患者的临床症状，在 RA 等风湿性疾病治疗中的作用已得到公认。

阿达木单抗（adalimumab）为首个成功开发的重组全人源化免疫球蛋白（IgG）单克隆抗体，陆续在全球多个国家和地区上市用于 RA、强直性脊柱炎（AS）、银屑病（Ps）、银屑病关节炎（PsA）、幼年特发性关节炎（JIA）和克罗恩病（CD）等治疗；用于 RA 治疗适应证目前在我国也已获得批准。

阿达木单抗对可溶性 TNF-α 具有很高的亲和力，通过阻断 TNF-α 与其受体 p55 和 p75 的相互作用可有效抵消 TNF-α 生物学功能，且免疫原性低，半衰期长。迄今为止，阿达木单抗已在各类 RA 患者，如既往甲氨蝶呤治疗失败者或未曾接受过甲氨蝶呤治疗的早期患者，以及既往抗 TNF-α 治疗失败者中进行了多项临床研究。阿达木单抗对各类 RA 患者均能显著和长期改善患者症状、体征，提高患者生活质量，具有良好的安全性和耐受性。

二、利妥昔单抗

利妥昔单抗（rituximab，RTX，商品名美罗华）是 1997 年被批准用于治疗肿瘤的抗 CD20 人鼠嵌合型单克隆抗体，其在治疗 B 细胞性淋巴瘤中已显示出优越的疗效和良好的治疗耐受性。随着对 B 细胞及其作用机制认识的深入，利妥昔单抗的治疗范围已从 B 细胞恶性肿瘤扩展至类风湿关节炎、系统性红斑狼疮、特发性血小板减少性紫癜等自身免疫性疾病。

1. B 细胞性恶性肿瘤

（1）非霍奇金淋巴瘤（NHL）　大约 85% 成人淋巴瘤来源于 B 细胞，且约 95% 的 B 细胞性淋巴瘤 CD20 阳性。利妥昔单抗清除 B 淋巴细胞的机制包括：①补体依赖的细胞毒性效应（CDC），利妥昔单抗与补体 C1q 结合，使补体蛋白质固定在抗体包被的肿瘤细胞表面，介导补体依赖的细胞毒作用。②抗体依赖性细胞介导的细胞毒性效应（ADCC），利妥昔单抗 Fc 片段与各种效应细胞 Fc 片段受体结合激活效应细胞释放具有细胞毒性物质，介导抗体依赖的细胞毒途径。由于 Fc 受体多态性，患者对利妥昔单抗的敏感程度亦会不同。③直接诱导 B 淋巴细胞的凋亡。

（2）淋巴细胞白血病（CLL）　Brieno 等治疗 50 例患者（其中 40 例 CLL），第 1 次静脉输注 375mg/m^2，第 2 次起从 500mg/m^2 增加至 2250mg/m^2，患者表现出明显的量效反应关系，最低剂量反应率 22%，最大剂量反应率 75%。MD1Anderson 癌症中心研究组通过氟达拉滨 + 环磷酰胺与利妥昔单抗联用可增加 CR 率，也有学者认为联合化疗会增加血液学毒性，CLL 的治疗应考虑到疾病的预后因素和生存质量。

2. 自身免疫性疾病

（1）B 淋巴细胞与免疫异常　B 淋巴细胞是获得性免疫应答的主要成员之一，其发育过程主要经历以下几个阶段：前 B 淋巴细胞、未成熟 B 淋巴细胞、初始 B 淋巴细胞、成熟 B 淋巴细胞和记忆 B 淋巴细胞，最终分化成产生抗体的浆细胞。CD20 + B 淋巴细胞参与免疫包括：产生免疫球蛋白，通过免疫球蛋白发挥作用；B 淋巴细胞自身抗原的递呈，对其他免疫细胞的调节；B 淋巴细胞影响树突状细胞等其他抗原递呈细胞，B 淋巴细胞可分泌白介素（IL-4，IL-10）等细胞因子作用于其他免疫细胞，B 细胞和 T 细胞之间的异常的相互作用对免疫性疾病的发生和发展是至关重要的。利妥昔单抗是针对 B 淋巴细胞表面 CD20 分子的单克隆抗体，能与细胞表面 CD20 分子高亲和力结合，从而导致被结合的 B 淋巴细胞的清除，使体内 B 淋巴细胞数量大幅减少。

（2）B 细胞清除在自身免疫性疾病中的应用

1）系统性红斑狼疮　Leandro 等对 6 例传统的免疫抑制剂治疗无效活动性红斑狼疮患者行利妥昔单抗 + CTX 治疗，其中 3 例伴Ⅳ型狼疮性肾炎。1 例有中枢神经系统疾病，治疗后 2 例患者抗 dsDNA 抗体滴度明显降低，4 例患者血红蛋白和血沉明显改善，2 例肾脏病变有所改善，无明显副作用。这种联合治疗方案可以更好地防 HACAs 的产生，并能有效清除记忆性 B 细胞。利妥昔单抗治疗 SLE 的前景是乐观的。但目前的文献报道多以个例报道为主，缺乏大型的前瞻性、随机对照、多中心临床试验。关于是否与其他细胞毒药物或激素联用，是否有某种或某些临床表现的 SLE 患者的治疗效果比其他患者更明显，治疗终点如何选择，是否联用细胞毒药物或预全量利妥昔单抗治疗是否可阻止 HACAs 的产生，在大多数接受利妥昔单抗治疗的患者，6 个月后 B 细胞会重新回到周围血液中，这是否会导致疾病的复发，再次治疗的时机及剂量，这些问题都需要进行对照试验或经验的积累。

2）类风湿关节炎（RA）　De Vita 等报道 5 例对联用 MTX 与环孢素无反应的活动性进行性侵蚀 RA 女性患者，其中 2 例使用抗 TNF 治疗无效。在接受单独的抗 CD20 治疗（每周 RTX375mg/m^2 静脉滴注，共 4 周），结果 2 例患者发现有明显的改善（分别为 ACR 70 与 ACR 50），2 例有效（ACR 20），1 例无效。X 射线数据也显示了患者的 RA 滑膜炎与进展性骨侵蚀损害得到了缓解。在 2006 年的美国风湿病学会大会上公布的数据显示，使用利妥昔单抗重复治疗可以使类风湿关节炎患者的生活质量得到持续改善。

三、曲妥珠单抗

曲妥珠单抗（Herceptin/赫赛汀）是一种人源化针对 HER-2 受体的单克隆抗体，2002 年美国 FDA 批准 Herceptin 使用，曲妥珠单抗通过拮抗肿瘤细胞生长信号传导从而抑制肿瘤生长、影响细胞周期、下调肿瘤细胞表面 HER-2 蛋白质表达及减少 VEGF 产生等途径发挥作用，适用于 HER-2 过表达的乳腺癌。临床应用显示 Herceptin 能有效治疗 HER-2 高表达的乳腺癌，提高患者生活质量。Herceptin 作为第一个乳腺癌靶向治疗药物，主要通过与 HER-2 受体结合内吞进入肿瘤细胞核内，从而阻断了 HER-2 循环到肿瘤细胞膜，使 HER-2 蛋白质加速旁路降解，最终抑制肿瘤细胞向恶性表型转导。此外，Herceptin 作用于人体免疫细胞，产生抗体依赖性细胞毒效应（ADCC），使免疫细胞聚集并攻击杀死肿瘤细胞。

Herceptin 是一种新型选择性强、高效、低毒的靶向治疗药物，能够克服 HER-2 过表达的乳腺癌细胞对放疗、化疗、内分泌治疗的耐受，增强其他辅助治疗的疗效，曲妥珠单抗治疗 HER-2 阳性转移性乳腺癌患者临床疗效可观，其疗效远超过了传统的化疗药物。除耐受性较好外，HER-2 阳性转移性乳腺癌患者使用曲妥珠单抗联合化疗获得了更好的生存优势，尤其是接受 Herceptin 与紫杉醇联合化疗的乳腺癌 HER-2 过表达患者。报道显示，3/4 处于乳腺癌发展期的人群体中，使用曲妥珠单抗疗效提高 50%，且生存率显著提高 25%。总而言之，无论作为一线还是二线用药，无论是单用还是联合应用，转移性乳腺癌使用曲妥珠单抗治疗均达到理想的临床效果。Herceptin 最严重的不良反应是心功能不全，但紫杉类与 Herceptin 联合应用不增加心脏毒性，紫杉醇与 Herceptin 联合应用作为转移性乳腺癌 HER-2（+）患者的一线治疗方案已经获得 FDA 认可与批准，并确认 Herceptin 可单用于乳腺癌 HER-2 过表达前期治疗失败的患者，可见，Herceptin 可单独应用，也可以结合化疗，均可显著提高患者生存率，延长缓解期，使 HER-2 阳性的乳腺癌转移患者受益。Herceptin 也常用于其他部位的肿瘤，如头颈肿瘤、胃癌等，即将被用于转移性或进展期胰腺癌的治疗。

四、免疫检查点抗体

1. 免疫检查点抗体研究概况　癌症的发生通常是因为肿瘤细胞或组织通过一系列的机制干扰机体对肿瘤免疫的各个环节，从而逃避免疫系统对癌症细胞的杀伤。肿瘤免疫逃逸的相关因素包括：缺乏被 T 细胞识别的癌症抗原或表位；不能激活癌症特异性 T 细胞；T 细胞不能浸润到肿瘤微环境；癌症细胞表面的肽 – MHC 水平下调；肿瘤微环境中存在免疫抑制因子或免疫抑制细胞等。程序性死亡因子 – 1（programmed death receptor – 1，PD – 1）及其配体 PD – L1 是促使肿瘤发生免疫逃逸的关键性免疫检查点。

目前通过临床验证的免疫检查点蛋白主要有 PD – 1、PD – L1 和 CTLA – 4，阻断免疫检查点 PD – 1 和 CTLA – 4 所介导的信号通路，通过免疫系统杀伤肿瘤的治疗策略已在临床获得成功。截止 2018 年，全球获批的免疫检查点抗体共 7 个，分别是 ipilimumab（商品名 Yervoy，靶点 CTLA4）、nivolumab（商品名 Opdivo，靶点 PD – 1）、pembrolizumab（商品名 Keytruda，靶点 PD – 1）和 cemiplimab（商品名 Libtayo，靶点 PD – 1）、avelumab（商品名 Bavencio，靶点 PD – L1）、atezolizumab（商品名 Tecentriq，靶点 PD – L1）和 durvalumab（商品名 Imfinzi，靶点 PD – L1）。CTLA – 4 的发现者美国德州大学奥斯汀分校免疫学家詹姆斯 – 艾莉森（James P. Allision）和 PD – 1 的发现者日本京都大学教授本庶佑（Tasuku Honjo）也因为他们在肿瘤免疫治疗和肿瘤免疫抑制调节研究方面的突出贡献，于 2018 年 10 月被授予诺贝尔生理和医学奖。另外，PD – L1 的发现者华裔科学家、耶鲁大学陈列平教授也在该领域做出了杰出贡献。

2. PD – 1/PD – L1 信号通路及 PD – 1/PD – L1 单抗作用机制

（1）PD – 1/PD – L1 信号通路　PD – 1 又称 CD279，为 CD28 家族成员，主要表达于活化的 $CD4^+$ T 细胞、$CD8^+$ T 细胞、NK 细胞、单核细胞、树突细胞和调节性 T 细胞表面。PD – L1，又称 CD274 或 B7H1，是 PD – 1 的主要配体，持续性表达于 T 细胞、B 细胞、DC 细胞、巨噬细胞、间充质干细胞和骨髓源性细胞中，在多种恶性肿瘤如非小细胞肺癌、黑色素瘤、肾细胞癌、前列腺癌、膀胱癌、乳腺癌和胶质瘤中高表达。

在正常条件下，PD – 1 与其配体 PD – L1 和 PD – L2 结合，可诱导免疫抑制信号，从而抑制 T 细胞增殖、细胞因子产生和细胞毒活性，PD – 1 信号通路在维持体内免疫稳态方面起着重要作用。在肿瘤组织中，癌细胞可利用 PD – 1 等免疫负调节因子以保护其不受细胞毒 T 细胞的影响，从而导致肿瘤的免疫逃逸。PD – 1 主要从两个方面调节机体的免疫抑制，一方面它能促进淋巴结中抗原特异性 T 细胞的凋亡；另一方面，它能减少调节性 T 细胞（Treg 细胞）的凋亡。

（2）纳武单抗的作用机制　纳武单抗是一个全人 IgG4 亚型抗 PD – 1 抗体，能结合 PD – 1，阻断 PD – 1 与其配体 PD – L1 和 PD – L2 的相互作用。纳武单抗与 PD – 1 结合后能衰减 PD – 1/PD – L1 的负调节信号，进而增强宿主的抗肿瘤免疫反应。在多种不同癌症中发现其肿瘤浸润性淋巴细胞表面有 PD – 1，而肿瘤细胞表面 PD – L1 的上调表达被认为是肿瘤细胞逃避宿主免疫反应的重要机制。并且与 CTLA4 缺失小鼠相比，PD – 1 缺失小鼠表现出温和、迟发性的免疫表型，预示着靶向 PD – 1 可能更加安全。

纳武单抗靶向 PD – 1，作为免疫检查点抑制剂，临床研究证实其毒性与其作用机理是一致的，主要是 T 细胞介导的自身免疫疾病。免疫检查点抑制的使用可使的 $CD4^+$ 辅助 T 细胞释放的细胞因子水平增加，并增强 $CD8^+$ T 细胞毒 T 细胞的迁移能力，从而导致正常组织的损伤。因此，在临床应用当中，有经验的从业医师能够及时识别和治疗上述毒副作用显得尤为重要。

3. **免疫检查点抗体的不良反应** 免疫检查点抗体最常见的不良反应为皮疹、疲劳和瘙痒。其他毒性包括结肠炎、肺炎、药物相关肝炎和自身免疫所介导的内分泌病，如甲状腺炎、垂体炎和肾上腺机能不全。罕见的免疫相关血液学和神经毒性，如脑炎、Guillain - Barre 综合征（简称 GBS，典型的 GBS 为急性炎症性脱髓鞘性多发性神经病）、自身免疫性血小板减少症和白细胞减少症。一般来说，在治疗早期可见皮肤和胃肠道毒性反应，而肝毒性和内分泌病的发生要晚一些。大多数不良反应在治疗后的 24 周内出现。接受免疫检查点抑制剂的受试者应每隔 6 ~ 12 个月进行一次全血细胞计数、肝功能检查、代谢功能检验和甲状腺功能检查，一直持续到治疗结束后 6 个月。促肾上腺皮质激素、皮质醇和睾丸酮可作为疲劳或非特异性症状的指征。

重点小结

- 抗体工程与抗体药物
  - 概述
    - 抗体的基本概念
    - 抗体药物
    - 抗体工程
  - 抗体药物开发技术
    - 单克隆抗体技术
    - 抗体库技术
    - 转基因小鼠技术
  - 抗体药物制备技术
    - 哺乳动物细胞表达系统
    - 影响哺乳动物细胞体外培养的主要因素
    - 哺乳动物细胞培养操作方法
    - 哺乳动物细胞培养生物反应器
    - 提高重组抗体表达水平的方法
  - 抗体工程
    - 人源化抗体
    - 双功能抗体
    - 三功能抗体
    - 单域抗体
    - ADC药物
  - 抗体药物实例

思考题

1. 单克隆抗体制备的主要步骤有哪些？
2. 抗体库主要有哪几种？
3. 构建噬菌体展示库的一般流程是什么？
4. 名词解释：抗体工程；单克隆抗体技术；抗体库技术；转基因鼠；单域抗体；ADCs。

（田　浤）

第九章　合成生物学

学习目标

1. **掌握**　合成生物学概念及其相关术语。
2. **熟悉**　PCR 组装、标准化组装、Gibson 组装、酵母细胞内组装的技术原理。
3. **了解**　合成生物学的发展前景及其在医药领域的应用。

科学家解析生命的方法发生了根本性变化，出现了基因组、转录组、蛋白质组和代谢组、微生物组等高通量生物分析技术，目前已经解析包括人类在内的近千种生物的基因组。这些成果为创造新生物提供了有力的生物元器件。用已知功能的生物元件，重新设计和构建具有新功能的生物，甚至可以全合成新生命，这就是新兴的合成生物学。它在 21 世纪初一经出现，就在生物医药领域展示出巨大的应用潜力。本章介绍合成生物学及其在生物制药领域的应用。

扫码"看一看"

第一节　概　述

合成生物学研究如何设计和构建人工生命，依靠人工开发的基因密码，按照预定的方式运行生命。本节介绍合成生物学概念、主要研究内容及其发展。

扫码"学一学"

一、合成生物学的概念

合成生物学（synthetic biology）是基于生命系统的工程技术，旨在人工设计、构建自然界不存在的生命或使已有的生命具有崭新功能。合成生物学的核心思想是：认为生命的所有元件都能由化学方法来合成制造，并进而通过工程化方式组装成实用的生物体。

设计和合成生物可在不同层次上进行，既可以是非细胞生物病毒、具有细胞结构的细菌、酵母，也可以是具有细胞分化功能的组织或器官，以至于是完整生命系统。目前的合成生物主要集中在以染色体为核心的基因组上，细胞膜、细胞质等的设计和合成仍然在探索中。

二、合成生物学与其他学科的关系

合成生物学是在分子生物学、基因工程、系统生物学和化学等基础上诞生的，与这些学科有密切联系。

1. 合成生物学与分子生物学　20 世纪 60 年代科学家基于大肠杆菌在葡萄糖和乳糖培养基中表现出二次生长现象，发现了乳糖操纵子。乳糖操纵子负责乳糖代谢和利用，在乳糖的诱导下，阻遏蛋白 LacI 从操纵基因 *lacO* 上解离，RNA 聚合酶结合到启动子上，转录乳糖通透酶基因、半乳糖苷酶基因和乳糖激酶。操纵调控机制是合成生物学研究中基因线路设计和调控的基本模型。

2. 合成生物学与基因工程　20 世纪 70 年代诞生了重组 DNA 技术，20 世纪 80 年代发明了 PCR 技术，构成了基因工程和分子克隆技术的核心。合成生物学研究中，使用了基因工程技术，如核酸酶和连接酶、载体等。但合成生物学是对生物元件的理性设计、标准化、组装等高通量、大规模地操作，不是单基因的操作。合成生物学的使能技术不仅使遗传操作过程简单、省时省力，而且能高通量并行操作，就很容易构建工程生物。合成生物学研究将降低关键技术成本，解决基因操作的规模和经济性问题，从而在工程领域得到广泛应用。

3. 合成生物学与系统生物学 合成生物学的出现是与系统生物学的发展密不可分的。20 世纪 90 年代，完成了大肠杆菌和酵母等微生物的基因组，21 世纪初提前完成了人类基因组计划，促进了测序技术的突破和生物信息学的发展，出现了各种组学及其高通量分析技术。基因组学、蛋白质组学、转录组学、代谢物组学、生物信息学等系统生物学的研究，将在多维分子水平获得大量的细胞行为知识和细胞网络，指导合成生物的设计和构建。而合成生物学构建的新生物系统，可为系统生物学的定量解析生命现象提供模式生物。

4. 合成生物学与化学 基因组测序是阅读和解码遗传信息的过程，而合成生物学是人工书写和再编码过程。这个过程对计算生物学提出了更大的挑战，与所有的工程学一样，合成生物的设计和优化过程中需要新的算法进行模拟和测试。合成生物的可行性在于原料基因元件的高速合成，需要高保真、低成本的化学合成技术。目前，常规化学方法合成一个核苷酸商业化价格是 2 元左右，而芯片合成等新方法有望提高 DNA 长度，同时降低成本，使合成生物学成为常规技术应用于普通实验室。

三、合成生物的元件

1. 生物元件 生物元件是可用于构建生命组分的生物材料，包括基因元件、蛋白质元件等。由于基因是遗传材料，由核酸组成，所以研究和应用最多。根据基因的生物学功能，基因元件可以是编码生化反应的功能元件，也可以是调控元件。从生物遗传中心法则看，基因元件包括 DNA 复制子、基因转录启动子与终止子、蛋白质翻译的核糖体结合位点与终止密码子等，也包括酶切位点、选择标记等遗传操作元件。

2. 生物元件文库 生物元件文库就是生物元件的集成，是合成生物学的遗传资源。建立这样的文库，可大大降低成本，方便使用。为此，从事合成生物学研究的机构非常重视生物元件文库的建设。美国麻省理工学院（MIT），通过世界范围内的 IGEM（International Genetically Engineered Machine）竞赛，建立了标准生物元件文库（Registry of Standard Biological Parts）。该文库的元件以 BBa 为字头，容量已达到约 2 万个。数据库 BIOFAB（International Open Facility Advancing Biotechnology）有数千个人工合成并表征的启动子、核糖体结合位点等元件。数据库 RegulonDB 有 1000 余个大肠杆菌天然启动子及其他功能元件。天津大学生物信息学中心建有 31 种原核生物、10 余种真核生物的必需基因数据库，可辅助最小基因组的设计。

四、合成生物学的发展

虽然 20 世纪初《柳叶刀》的文章中使用“合成生物学”一词，但直到 2000 年以后，合成生物学才在学术刊物及互联网上逐渐大量出现。从此，合成生物学得到迅速发展，并取得一些实质性进展。合成生物学主要涉及基因线路、DNA 合成与组装、基因组合成等方面。这里主要介绍基因线路、基因组合成，DNA 合成与组装见第二节。

（一）基因线路

在合成生物学中，不同功能的生物元件，通过某种逻辑关系构建，能像电路一样运行，被形象地称为基因线路或遗传线路。通过基因线路设计和编程，纠正失控细胞，实现细胞的表型和信号转导行为的精准控制，可用于细胞治疗中。

合成生物学的目的是工程应用，它首先吸引了更多的工程专家、信息专家共同研究，所以基因线路的设计与构建出现最早。基因线路可用于设计具有功能的基因元件，进而构建合成生物系统。目前已经设计和构建出了具有多种功能的基因线路，主要包括生物开关、逻辑门、基因振荡器、计数器及核糖体开关等。

第一个具有功能的基因线路是触发器开关，该开关由两条相互抑制的调控线路组成（图9－1）。该线路的设计理念是，两种状态的产物相互抑制，诱导物的浓度决定开关的状态。当一个诱导物启动一个启动子，细胞进入一种表达状态；此时另一个启动子被抑制，处于无信号的非表达状态。严格设计启动子活性和诱导物浓度，如果能在一个较窄的范围内或是某一浓度值，则细胞处于两种状态的稳定，就是双稳态开关。

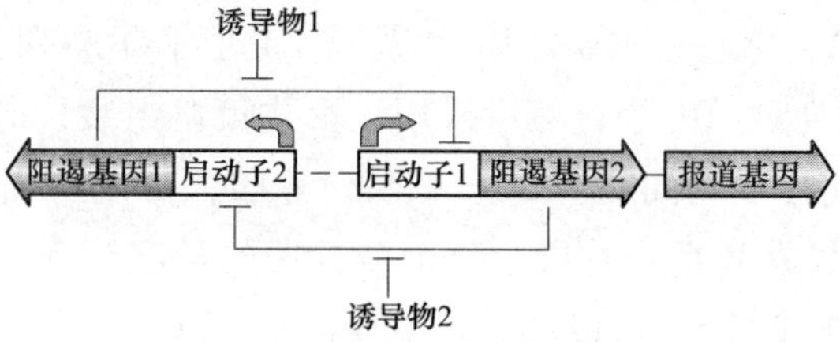

图9－1　双稳态开关的基因线路

从生物学角度看，采用两个阻遏系统和报道基因，使用两个不同的诱导物，便可构建出双稳态开关。常用的阻遏系统有 *lac* 操纵子、热操纵子、氨基酸阻遏子等，而报道基因常用绿色荧光蛋白基因、黄色荧光蛋白基因和红色荧光蛋白基因等。

诱导物 IPTG、*lacI* 阻遏基因和 *trc* 启动子组成一个阻遏系统；而氧化四环素（aTc）、阻遏基因 *tetR* 和 *tetO*1 启动子组成另一个阻遏系统。IPTG-aTc 的统构建的双稳态开关如图9－2 所示。加入 IPTG 后，IPTG 与 P_{trc}启动子上的 LacI 结合，解除 LacI 的阻遏作用，P_{trc}驱动 *tetR* 基因及其 *gfp* 基因转录，其翻译产物 TetR 结合到 P_{LtetO1}上，抑制 *lacI* 基因转录，*tetR* 与 *gfp* 持续高表达，输出信号为绿色荧光。相反，当加入 aTc 后，与启动子 P_{LtetO1}，解除了 TetR 的阻遏作用，*lacI* 基因表达，进而与 P_{trc}结合，抑制了 *tetR* 和 *gfp* 表达水平，因此由于 *lacI* 持续高表达，表现出无 *gfp* 输出。

类似地，可用热诱导启动子替换氧化四环素诱导启动子，使用阻遏基因 *cI*，则可设计和构建出 IPTG-温度控制的双稳态开关（图9－3）。当加入 IPTG 时，LacI 从操纵基因上解离，*cI* 基因和 *gfp* 基因转录表达，细胞发出绿色荧光；当热处理（温度升高到42℃），CI 从操纵基因上解离，*lacI* 基因转录表达，抑制了 *cI* 基因和 *gfp* 基因转录表达，细胞无荧光信号输出。

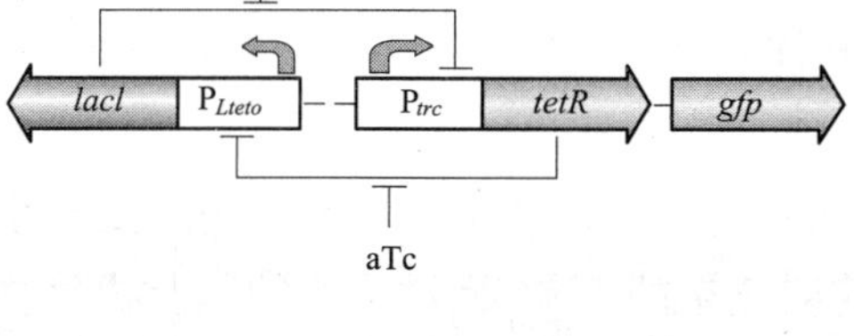

图9－2　IPTG-aTc **调控的双稳态开关的基因线路**

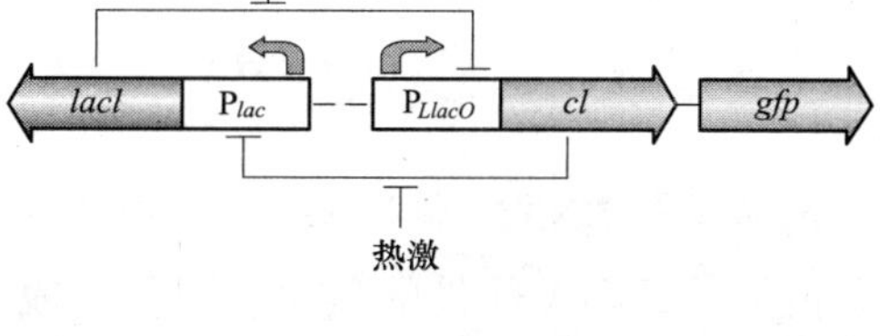

图9－3　IPTG-**温度控制的双稳态开关基因线路**

基因线路是利用细胞感应外界信号的特性，对细胞活动过程进行精确控制的人工设计，使细胞处于特定状态，因此在医药领域有很大的应用前景。

（二）基因组的合成

合成生物学研究最终是要得到一个全新的合成基因组（synthetic genome），把它导入到无基因组的细胞中，从而实现新生物系统的全合成，为生物制药提供了定制化的菌株或细胞系。但由于核酸化学合成技术的限制，它的合成长度一般在100bp之内，即使PCR技术，合成长度也超不过几十kb，远远不能满足合成基因组的要求。因此，合成基因组的策略是，首先化学合成寡核苷酸，然后采用各种组装技术生成较长片段，再次是在生物体内组装，最终合成全长基因组。

第一个人工合成的基因组是生殖支原体（*mycoplasma genitalium*）基因组。把野生型生殖支原体基因组序列（长度580076bp）设计为JCVI-1.0（长度582970bp），包括485蛋白质编码基因，43个rRNA、tRNA和结构RNA基因，4个水印序列和插入序列。基于设计，首先合成5kb~7kb的序列盒101个，然后采用汇聚式策略组装，分阶段逐级进行。每4个5kb~7kb长的序列盒连接，组装形成25个A系列片段，每个A片段长度约24kb。由每3个A系列片段连接，组装成B系列片段，每个B片段的长度约72kb。每2个B系列片段连接，组装成C系列片段，每个C片段的长度约144kb。每2个C系列片段连接，组装成2个D片段，每个D片段的长度约290kb。最后2个D片段连接，组装形成完整的基因组。从A系列到C系列片段，在大肠杆菌中组装；从C系列到基因组，在酿酒酵母中组装。

第一个人工合成的细菌是JCVI-Syn 1.0，其基因组长度为1077 947bp。采用酵母细胞内组装出丝状支原体［*M. mycoides* sp. *capri*（GM12）］基因组，然后导入去细胞核的山羊支原体［*M. capricolum* sp. *capricolum*（CK）］细胞中，实现了人工合成细菌的先河。

2012年国际上启动了酵母基因组合成计划（synthetic yeast genome project），简称Sc 2.0。国内天津大学、清华大学、华大基因研究院等单位主要合成Ⅱ、Ⅴ、Ⅹ、Ⅻ、ⅩⅢ号染色体，总长度为4.1Mb，约占整个基因组1/3。由美、英、法等多国科学家，经过7年努力，通过体外片段组装和细胞内置换，于2014年成功合成酿酒酵母的Ⅲ号染色体，这是第一条人工合成的真核生物染色体。与野生型染色体相比，合成的Ⅲ号染色体中，删除的主要序列包括10个tRNA基因、21个逆转录转座子、两个端粒和大量的内含子，把43个TAG转换为TAA。增加的主要序列包括两个端粒、98个loxP、众多的PCRtag等。合成的Ⅲ号染色体长度272871bp，删除了47841bp，比野生型短43710bp，减少了13.8%。

酵母是公认的安全微生物，全合成具有功能的酵母染色体，不仅是向合成人工生命体迈出一大步，也将加快制造医药产品的酵母菌株的定制化设计和合成，具有重大意义和应用价值。

扫码“学一学”

第二节　DNA的组装

组装是把DNA元件按照一定的顺序连接在一起的过程。把两个基本元件组装则产生一个新的元件，多个元件的顺序组装则形成更大、功能复杂的DNA元件。组装是合成生物学研究的核心使能技术之一，组装体越长、效率越高，组装技术的能力就越强大。基于生物学原理，已经开发了系列DNA组装技术，包括组装基因、组装代谢途径（生物合成基因簇），甚至是组装基因组。本节介绍PCR组装、标准化组装、酶切位点非依赖性组装和酵母细胞内组装。

一、PCR 组装

利用 PCR 技术，可把不同长度的寡核苷酸组装成较长的片段。已经开发了多种组装方法，如 USER 融合、融合 PCR、单分子 PCR 等。根据 PCR 组装体的长度和反应特点，这里主要介绍无模板 PCR 组装、不对称 PCR 组装和重叠延伸 PCR 组装等技术。

1. 无模板 PCR 组装　无模板 PCR 的反应体系与常规 PCR 的不同之处在于，不再添加用于扩增的 DNA 模板，使用 12 ~ 15 条引物，DNA 聚合酶、底物、缓冲液等其他成分相同。在无模板 PCR 中，正反向引物长度一般是 50 ~ 80bp，相邻的引物之间具有 20 个以上的互补配对序列。因此引物具有双重作用，一方面是引导延伸链的合成反应，另一方面为相邻引物延伸提供部分碱基配对的模板。PCR 参数，95℃ 15min，55℃ 30s，72℃ 1min，1 个循环；95℃ 30s，55℃ 30s，72℃ 1min，25 个循环；72℃ 3 ~ 10min，1 个循环。把 PCR 产物克隆到载体上，进行筛选和鉴定。引物要求高纯度，采用高保真 DNA 聚合酶，如 *Pfu* 酶，适宜的延伸时间，才能有效防止在组装体中出现碱基缺失或错配。无模板 PCR 一般可组装的 DNA 片段长度为 500 ~ 800bp。

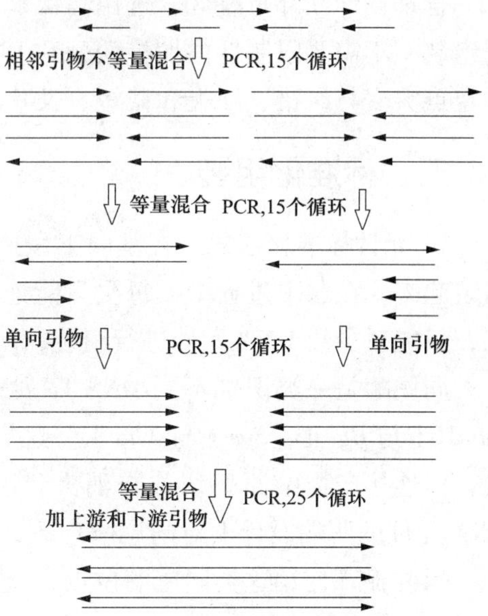

图 9 – 4　不对称 PCR 组装过程

2. 不对称 PCR 组装　不对称 PCR（asymmetric PCR）组装的反应体系与无模板 PCR 组装的不同之处在于，一条引物远远过量于另一条引物引物，其比例一般为 5 ~ 50:1，DNA 聚合酶、底物、缓冲液等其他成分相同。2 条寡核苷酸（40 ~ 80bp）按一定比例混合，进行 10 ~ 15 个循环 PCR。由于 1 条引物是限量的，随着 PCR 循环的进行，将被耗完，这时就只剩另一条引物，因此其主要产物是单链 DNA 片段。类似地，以相邻两组的上游、下游 PCR 产物为模板，加入 1 条单向寡核苷酸引物，进行第二、第三轮不对称 PCR，延伸形成单链 DNA 产物长度分别将达 180 bp、300 bp。最后，将两个第三轮不对称 PCR 产物等量混合，加入上游和下游引物，进行第四轮 PCR，组装出全长终产物（图 9 – 4）。

3. 重叠延伸 PCR 组装　重叠延伸 PCR 组装是以具有同源序列末端的 PCR 产物为模板，退火时它们之间形成了互补链，通过 PCR 将模板链延伸，从而将不同的片段组装起来（图 9 – 5）。与无模板 PCR 不同，重叠延伸 PCR 需要上游和下游引物，需要部分长度的模板，但不是全长模板。

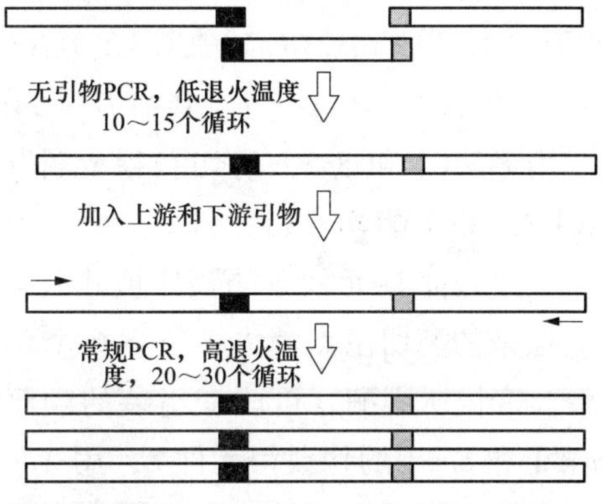

图 9 – 5　重叠延伸 PCR 组装的工作原理

将数个 DNA 片段等量混合为模板，要求相邻的两个 DNA 片段之间要至少有 20 ~ 40bp 以上的重叠互补序列。第一步 PCR 是在较低退火温度下进行重叠延伸反应，合成少量的全长模板。第二步 PCR，以最外侧两端的上、下游寡核苷酸为引物，进行常规 PCR，扩增出全长片段。一次重叠 PCR 可将 4 个 4kb ~ 5kb 片段组装在一起，但一般情况下，两个片段的组装更容易实现。

一般情况下，重叠延伸 PCR 的起始片段为 PCR 产物，往往需要纯化后进行。可将重叠延伸 PCR 和不对称 PCR 结合起来，形成不对称重叠延伸 PCR。采用不对称 PCR 制备起始 DNA 片段，无需纯化，进行重叠延伸 PCR，其组装效率更高。

合理设计互补重叠区，选用高保真 DNA 聚合酶，重叠延伸 PCR 能在体外进行有效的基因组装，不需要限制性内切核酸酶和 DNA 连接酶处理。因此，重叠延伸 PCR 可应用于基因的定点突变与纠错、缺失和截短、长片段的组装。

二、标准化组装

1. 元件标准化模式 在基因工程技术的操作中，通常经过酶切-连接将不同 DNA 元件组装起来。在这个过程中，每次只能连接一个片段，酶切位点也只能使用一次，不能重复用，只能对少数 DNA 元件进行组装，所以操作的通量低、效率低。

同尾酶是一类识别不同 DNA 序列，但切割后产生相同末端的限制性内切核酸酶，如 *Bam*H Ⅰ与 *Bgl* Ⅱ，*Spe* Ⅰ与 *Xha* Ⅰ。这类酶切片段具有黏性末端，能被 DNA 连接酶有效连接，但连接产物中原酶切位点消失，因此这类限制性内切核酸酶可以反复使用。如果在 DNA 元件的两端设计 1 对同尾酶序列，可使基因、启动子、终止子等元件标准化（图 9－6）。反复循环使用这类同尾酶位点，就可实现 DNA 的多次标准化组装。

图 9－6 DNA 元件的标准化，E2 和 E4 为同尾酶

为了提高 DNA 元件的组装效率，目前已经发展了多种高通量标准化组装技术，如 BioBrick、BglBrick、BldgBrick 和 ePathBrick。

2. BioBrick BioBrick 是使用 *Xba* Ⅰ（TCTAGA）和 *Spe* Ⅰ（ACTAGT）同尾酶对和 *Eco*R Ⅰ（GAATTC）和 *Pst* Ⅰ（CTGCAG）非同尾酶构建的标准化组装元件，在两个酶切位点之间为 *Not* Ⅰ（GCGGCCGC）的 8bp 识别序列。BioBrick 组装标准，DNA 元件的前端序列为 GAATTCGCGGCCGCTTCTAGA，后端序列为 ACTAGTAGCGGCCGCTGCAG（下划线部分为 *Not* Ⅰ酶切序列）。

如果用 PCR 构建 BioBrick，在引物中设计相应的酶切位点，使用上游引物（5′-GTTTCTTC GAATTC GCGGCCGC T TCTAGA G-3′）和下游引物（5′-GTTTCTTC CTGCAG CGGCCGC T ACTAGT A-3′），其中 18 ~ 24bp 与模板完全匹配，进行扩增制备。

用 *Eco*R Ⅰ和 *Spe* Ⅰ酶切获得元件 1，用 *Xba* Ⅰ和 *Pst* Ⅰ酶切获得元件 2。两个元件连接，形成元件 1-元件 2 的顺序模式（图 9－7），原来的酶切位点消失，留下 6 个碱基的残痕。变换所用酶，可改变组装的顺序。用 *Eco*R Ⅰ和 *Spe* Ⅰ酶切获得元件 2，用 *Xba* Ⅰ和 *Pst* Ⅰ酶切获得元件 1；两个元件连接组装成元件2-元件 1 的顺序模式。

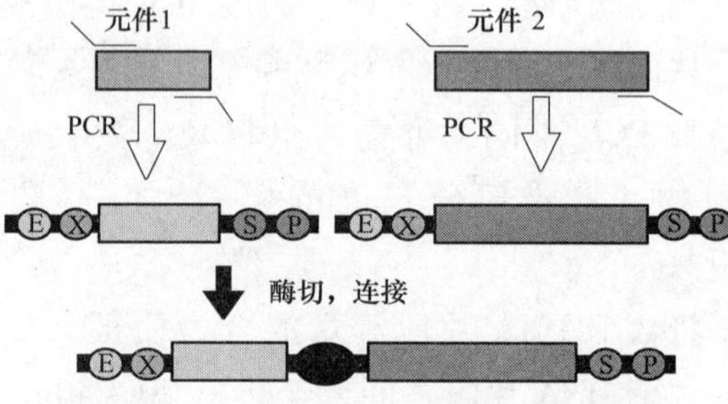

图 9－7 BioBrick 的结构及其标准组装

E：*Eco*R Ⅰ X：*Xba* Ⅰ S：*Spe* Ⅰ P：*Pst* Ⅰ

把各种元件与含有上述酶切位点的载体组装后，转化大肠杆菌 K-12（*endA*⁻），如 Top10、DH10B、DH5a，进行繁殖和保存，不使用 BL21 及其衍生菌株。这样就形成了标准化的元件库，可按照设计的顺序，重复以上过程，可连接多个元件到一个载体中进行组装。

在 BioBrick 组装中，要求在编码区或载体的其他部分不能含有上述酶切位点，同时避免使用 *Pvu* Ⅱ（CAGCTG）、*Xho* Ⅰ（CTCGAG）、*Avr* Ⅱ（CCTAGG）、*Nhe* Ⅰ（GCTAGC）、*Sap* Ⅰ（GCTCTTC，GAAGAGC）等序列。在进行设计时，对于编码区序列，上游引物序列应该包括 ATG 起始密码子，下游引物序列应该包括终止密码子，一般使用 TAATAA，而不用 TGA 或 TAG。

3. BglBrick　BglBrick 是针对 BioBrick 组装中 6bp 残痕，把它设计成两个氨基酸，能用于构建融合蛋白。使用 1 对同尾酶（*Bgl* Ⅱ 和 *Bam*H Ⅰ）、非同尾酶（*Eco*R Ⅰ 和 *Xho* Ⅰ），构建了标准化组装载体（图 9－8）。用 *Eco*R Ⅰ 和 *Bam*H Ⅰ 酶切获得元件 1，用 *Eco*R Ⅰ 和 *Bgl* Ⅱ 酶切获得含有元件 2 的线性骨架载体。连接反应后，转化大肠杆菌，筛选和鉴定，获得元件 1-元件 2 顺序组装体。组装体中，两个元件之间序列 GGATCT（编码 Gly-Ser），是一个柔性接头。改变酶切的方式，可组装成元件 2-元件 1 的顺序。

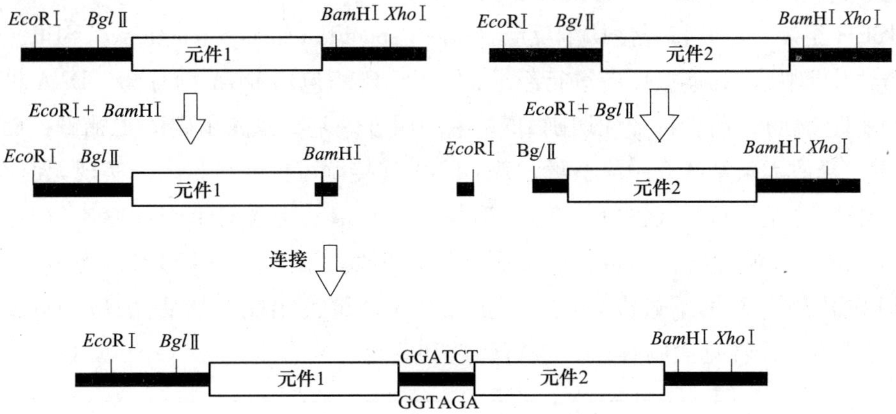

图 9－8　BglBrick 的组装结构及其组装过程

4　BldgBrick　BldgBrick 包含两套表达盒，在启动子和终止子之间使用两套同尾酶（*Xba* Ⅰ 和 *Spe* Ⅰ；*Bam*H Ⅰ 和 *Bgl* Ⅱ）和非同尾酶（*Hind* Ⅲ 和 *Nde* Ⅰ；*Nco* Ⅰ 和 *Eco*R Ⅰ），把基因元件的组装和表达一体化（图 9－9）。

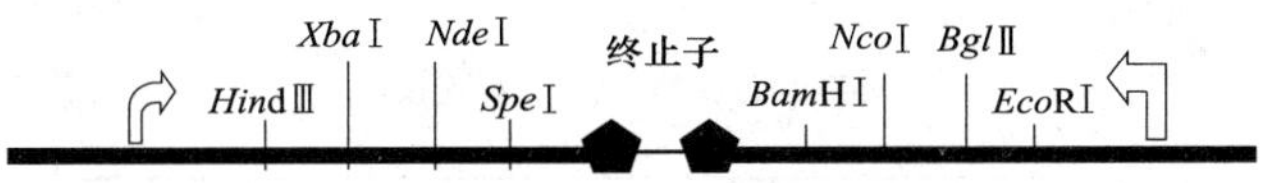

图 9－9　BldgBrick 的结构

该组装系统具有灵活性，可用于多种途径。①使用非同尾酶酶切，然后连接，把单个基因重组到载体中，进行功能表达和研究。②可按照同尾酶切策略，把元件连接到启动子和终止子之间，进行标准化。对多个元件进行顺序连接，实现组装。③DNA 元件可通过 PCR 技术制备，在上游和下游引物中设计同尾酶切位点和 RBS 序列，酶切 PCR 产物，然后直接与 BldgBrick 连接，使多个基因置于同一启动子控制之下，可用于代谢途径的组装。④更换 BldgBrick 载体中的抗性基因和复制子，可满足多载体的相容性和筛选的要求。

5. ePathBrick　把 4 种兼容的同尾酶（*Avr* Ⅱ、*Xba* Ⅰ、*Spe* Ⅰ、*Nhe* Ⅰ）分布在启动子、核糖体结合位点、终止子的上游和下游，设计构建的 ePathBrick 组装系统（图9－10）。在

Spe Ⅰ和 RBS 之间设计了 7 种非同尾酶的多克隆位点，在终止子下游设计了非同尾酶 *Sal* Ⅰ位点。把 DNA 元件连接到克隆位点上，既能进行标准化和组装，也能进行功能表达。合理使用同尾酶与非同尾酶进行组装，能有效组合启动子、RBS 和终止子等调控元件和代谢途径中的功能基因元件，从而产生途径的多样性，是代谢途径组装和优化的良好平台。

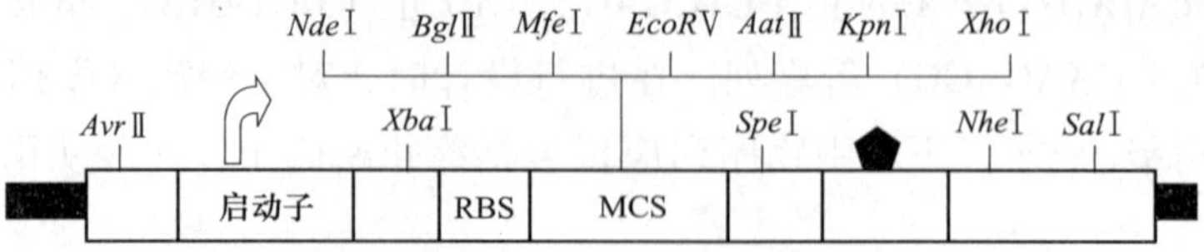

图 9－10　ePathBrick 的结构

三、酶切位点非依赖性组装

在常规基因工程操作中，由于特异性位点序列的限制，Ⅱ型限制性核酸内切酶常常只能使用一次。为了克服Ⅱ型限制性核酸内切酶的缺点，可以把外切酶、聚合酶和连接酶组合使用，实现对重叠序列的 DNA 元件的有效组装。

1. USER 组装　尿苷特异性切割反应（uracil specific excision reaction，USER）组装是通过酶的特异性切割反应和连接反应进行组装的。USER 酶包括 DNA 糖苷酶、DNA 糖苷裂解酶（具有内切酶Ⅲ活性），前者特异性切割 DNA 中的尿苷碱基，暴露出磷酸二酯键；而后者切断磷酸二酯键，释放无碱基的双脱氧核糖。*Taq* DNA 连接酶可把缺口封闭，实现无痕连接。

USER 组装过程分两步（图 9－11）。第一步是 PCR，用含有 1 个尿嘧啶（U）的引物，对模板 DNA 进行常规 PCR，制备含有 U 的 DNA 片段。第二步是 USER，将多个 DNA 片段混合，用 USER 酶在 37℃下过夜处理，产生互补 3′单链突出端，然后用 *Taq* DNA 连接酶连接，克隆到载体上，转化大肠杆菌，进行筛选和鉴定。

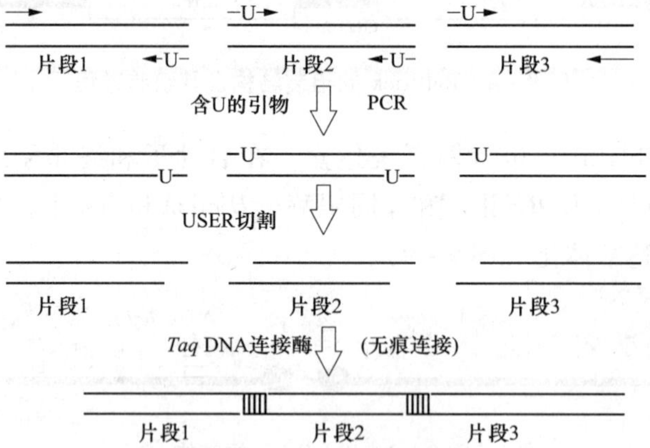

图 9－11　USER 组装过程

USER 也可用寡核苷酸组装短片段，要求相邻引物之间、上游和下游序列与载体之间有 8～13bp 的重叠序列，进行重组。

USER 可将 3～5 个不同的 DNA 片段组装在一起，不受酶切位点的限制，而且还能实现无痕组装。

2. 序列和连接非依赖性克隆　序列和连接非依赖性克隆（sequence and ligation-independent cloning，SLIC）是使用 T4 DNA 聚合酶的外切核酸酶活性，产生单链突出末端。这些片段在体外末端配对组装，并转化大肠杆菌，形成重组分子（图9－12）。相邻片段之间的同源臂长度为20～50bp，以40bp为宜。SLIC能同时把5个片段组装起来，而不受酶切位点的影响。DNA片段和载体都用T4 DNA聚合酶处理，22℃30～60min，同源臂越长，处理时间也延长，加入dCTP终止反应。将片段和载体按1:1摩尔比进行退火，加入连接反应缓冲液，37℃30min，然后置冰上。热击转化大肠杆菌，进行筛选鉴定。

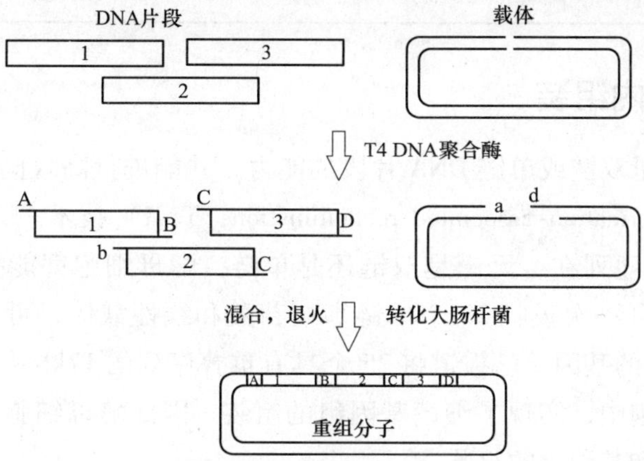

图9－12　SLIC组装3个DNA片段

注：A与a、B与b、C与c、D与d之间的突出端序列是互补配对碱基。

3. Gibson组装　Gibson组装是把外切酶、聚合酶和连接酶组合使用，对重叠序列的DNA元件进行组装的方法。该方法由Gibson等人发明，并用于组装细菌染色体。常用外切酶有T5外切酶（5′外切活性）、3′-外切酶Ⅲ（ExoⅢ）、T4 DNA聚合酶（3′-外切酶活性），聚合酶有*Taq*聚合酶、*Pfu*聚合酶，使用*Taq*连接酶。Gibson组装的基本原理是，核酸外切酶从双链DNA元件的一端切除核苷酸，露出互补单链末端，使与另一DNA元件末端配对。单链之间的空缺由DNA聚合酶补平，而缺口被热稳定性连接酶共价键封闭（图9－13）。

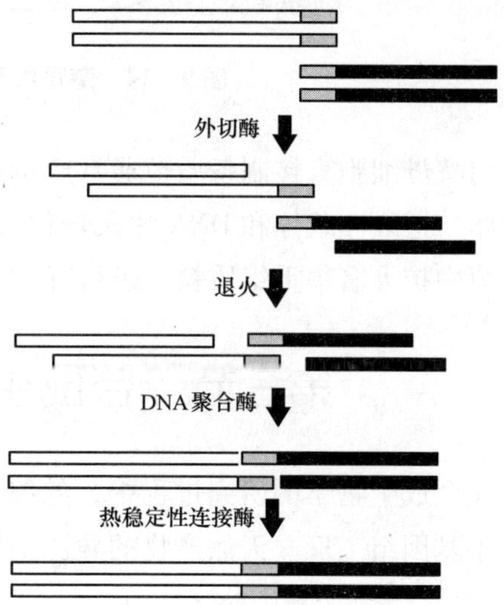

图9－13　Gibson组装的基本过程

Gibson组装要求相邻两条双链DNA末端具有40bp以上的重叠序列。整个组装是在不等温反应（isothermal reaction）中实现的，根据外切酶活性，有三种策略进行组装（表9－1）。

表9－1　Gibson组装策略的比较

策略	反应体系	反应条件
两步组装	第一步：切割反应，由T4DNA聚合酶和DNA片段组成酶切体系 第二步：修补与组装反应，加入*Taq* DNA聚合酶和*Taq* DNA连接酶，以及dNTP	切割反应：37℃，处理DNA片段，产生5′单链末端 修补与组装：75℃下20min，使T4DNA聚合酶失活。缓慢降低到40℃～50℃，*Taq* DNA聚合酶外切产生5′端磷酸化，由DNA连接酶连接，实现组装
一步组装	由T5核酸外切酶、Phusion DNA聚合酶、*Taq*DNA连接酶、重叠DNA片段组成反应体系	37℃进行切割反应，然后在50℃反应60min（T5外切酶失活），然后转化大肠杆菌，鉴定组装体

续表

策略	反应体系	反应条件
一步组装	由外切核酸酶Ⅲ、抗体-*Taq*DNA聚合酶、dNTPs、*Taq*DNA连接酶和重叠DNA片段组成反应体系	37℃下，抗体-*Taq*DNA聚合酶无活性，外切核酸酶Ⅲ切割形成单链末端。提高温度到75℃，使外切核酸酶Ⅲ失活，抗体从*Taq*DNA聚合酶上解离。在60℃下，*Taq*DNA聚合酶和连接酶进行退火-延伸-连接反应，实现一步DNA组合装

四、酵母细胞内组装

酵母具有吸收大量双链或单链DNA片段的能力，并能进行高效同源重组，已经发展了转化相关重组（transformation-associated recombination，TAR）技术。只要在DNA片段的两端有20bp以上的重叠序列在，无论是双链还是单链，酵母细胞都能把它们组装起来（图9－14）。在酵母细胞可一次吸收38个单链寡核苷酸和线性载体，可填补的长达160bp序列，组装成1bp～2kb的基因。已报道将25个具有重叠序列的17kb～35kb的大DNA片段，一次性转化到酵母细胞中，实现了细菌基因组的组装。因此酵母细胞内组装可广泛应用于基因元件、代谢途径和基因组的组装。

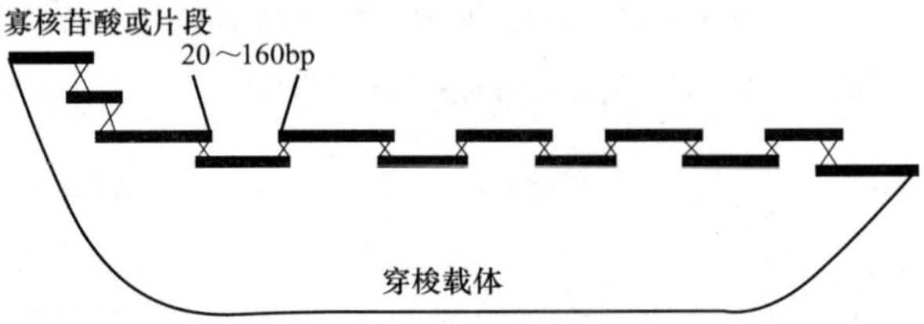

图9－14　酵母细胞组装寡核苷酸或DNA片段原理

用酵母细胞直接制备质粒通常产量很低，而且质量很差，因此，常用酵母-大肠杆菌穿梭载体。把线性载体和DNA片段转化酵母，在酵母细胞中发生同源重组，实现组装。在大肠杆菌中扩大富集重组质粒，进行筛选和测序，获得组装体。

扫码“学一学”

第三节　合成生物学在医药领域的应用

在合成生物学的研究过程中，始终以医药应用为对象，取得了重要成果。本节主要介绍最小基因组工厂、天然产物的异源生物合成、合成疫苗、编程细胞治疗等方面的进展。

一、最小基因组工厂

1. 最小基因组工厂的概念　从生物学角度看，最小基因组是由一套生物生存必需的最小基因组成。从工业应用角度，生物生长和产物合成的环境条件相对稳定，也容易获得这种最小基因组。具有最小基因组的工业微生物就是最小基因组工厂。最小基因组工厂是具有工业生产必需基因，删除非必需基因和有害基因。它的基因组简单，适用于工业环境，容易实现过程控制。最小基因组微生物在医药产品生产中具有重要应用价值。

构建最小基因组工厂有两种策略。第一种策略是自下而上的全合成，如第一节所述，合成细菌基因组和酵母染色体。第二种策略是自上而下的删减，从野生型基因组出发，在生物信息学分析和基因功能实验基础上，通过逐步敲除基因组中的冗余的非必需基因，对基因组进行大规模的删减，可获得最小基因组。目前已经通过第二种策略，建立了大肠杆菌、链霉菌、酿酒酵母等多种具有工业应用的最小基因组工厂。

2. 大肠杆菌最小基因组　大肠杆菌 K-12 基因组大小为 4.6Mb，GC 含量 50.8%，4500 个基因，编码 4100 多种蛋白质。在对多个大肠杆菌菌株进行生物信息学分析和非必需基因预测基础上，结合实验研究，对大肠杆菌 K-12 基因组进行多基因连续敲除，获得基因组减少、生长和蛋白质生产性能良好的敲除系列菌种。目前已经获得了敲除了 1.03Mb、基因组大小为 3.6Mb 的最小大肠杆菌基因组，比野生型减少了 22%，生长加快，生物量比野生型高 1.5 倍，氨基酸生产性能大大提高。

3. 链霉菌最小基因组　链霉菌是重要的抗生素生产菌，其基因组为线性双链 DNA，大小为 7Mb ~ 11Mb。链霉菌基因组的特点是高 GC 含量，一般为 72%。

链霉菌基因组中，除了主产物抗生素的生物合成基因簇外，还有其他非必需的抗生素基因簇。链霉菌基因组中还有移动元件，往往导致基因组不稳定。敲除这些非必需基因簇和移动元件，可获得具有工业价值的链霉菌最小基因组。最小基因组链霉菌不仅减轻遗传负担，减少副产物的生成，有助于下游的产物分离纯化。目前已有基因组简化的阿维链霉菌和天蓝色链霉菌，可应用于抗生素的异源生物合成。

采用同源重组和位点特异性重组技术，敲除了左侧 1.4Mb 以上，右侧 0.3Mb，包括多余的抗生素合成基因簇、100 个转座子和 11 个插入序列，构建了基因组缩减的阿维链霉菌。由野生型的 9.0Mb 缩减到 7.3Mb，减少了 18.89%；基因数量由 7582 个减少到 6301 个。最小基因组的阿维链霉菌，可高效异源表达链霉素生物合成基因簇（42.2kb）、头霉素 C 生物合成基因簇（35kb）、普拉地内酯生物合成基因簇（75kb），产量高于原产菌株，还可表达植物来源的青蒿素生物合成基因簇，合成青蒿二烯。

天蓝色链霉菌是抗生素产生菌的模式微生物，广泛用于菌体形态分化、孢子形成和抗生素生成及其调控的研究中，其基因组为 8.7Mb。采用类似策略，敲除 1.2Mb，获得 6.5Mb 的最小基因组天蓝色链霉菌，表型与野生型没有明显区别。

链霉菌的最小基因组是一个很有潜力的平台，可用于微生物源抗生素生产及其组合生物合成的非天然产物，也为用于从不可培养的微生物和环境宏基因组中发现天然药物。

4. 酿酒酵母最小基因组　酿酒酵母有 16 条染色体，基因组大小为 12.1Mb，GC 含量 38.2%，编码基因约 6300 多个，约 5900 个蛋白质。通过大片段敲除，对酿酒酵母的 1、2、3、4、5、6、8、10、11、13、14、15、16 号染色体进行删减，获得基因组删减的菌株。

二、天然产物的异源生物合成

天然产物是目前临床用药的重要来源，据统计，50% 以上的药物直接或间接来源于天然产物，然而天然产物结构复杂，离体选择性高，化学合成工艺往往经济性差，因此只能依赖于天然生物材料，提取制备原料药。合成生物学为这类天然产物的生产技术展示出良好的前景，特别是经过十几年的研究，2013 年工程酵母生产青蒿酸已经进入产业化，与成熟的半合成工艺联合制备青蒿素及其衍生物，将彻底解决青蒿素依赖青蒿植物的现状。

（一）大肠杆菌合成 I 型聚酮

聚酮化合物是多个羰基的聚合物，是非常重要的天然药物基本结构。聚酮化合物是生物的次生代谢产物，由聚酮合成酶（polyketide synthetase，PKS）催化合成聚酮骨架，再经过后修饰酶（氧化、还原、糖基化、卤化等反应），形成具有生物功能的化合物。在聚酮化合物的生物合成中，聚酮合成酶占主导地位。根据酶的催化特点，分为三类，即Ⅰ型、Ⅱ型和Ⅲ型PKS。Ⅰ型PKS合成大环内酯聚酮抗生素药物，Ⅱ型PKS合成四环素类和蒽环类药物，Ⅲ型PKS合成黄酮类和生物碱。

1. 底盘设计与改造 大肠杆菌合成聚酮的设计中，要针对以下三个主要方面的问题进行改造：大肠杆菌不能对聚酮合成酶的ACP结构域进行翻译后的磷酸泛酰巯基乙胺化修饰；PKS酶分子量非常大，容易形成包涵体；大肠杆菌不能有效提供聚酮合成的活性前体。

挖掘生物遗传信息，从具有聚酮合成能力的芽孢杆菌或黏细菌等微生物中，寻找编码磷酸泛酰巯基乙胺转移酶基因。合理设计该基因的序列和表达盒，选择适宜的整合位点，重组到大肠杆菌染色体上，赋予ACP后修饰功能。

不同大肠杆菌菌株，其聚酮合成能力是不同的。对大肠杆菌基因组进行编辑和改造，突变RNaseE，减少*PKS*基因mRNA的降解。缺失蛋白酶基因，以稳定PKS酶和延长催化活性。与聚酮合成酶基因共同表达分子伴侣蛋白质基因，以提高PKS的折叠能力，形成具有催化功能的空间结构。研究表明，大肠杆菌B菌株表达聚酮合成酶优于K菌株，因此可选择B菌株进行设计和编辑。

天然大肠杆菌能提供丙二酰辅酶A，但不能合成PKS的其他底物，如丁酰辅酶A、甲基丙二酰辅酶A、乙基丙二酰辅酶A。需要深入分析大肠杆菌的碳流代谢过程，特别是丙酸、丙酮酸、琥珀酸等有机酸代谢与聚酮前体的关系，通过改造，增加前体合成和供应。另外，也可通过生物信息学分析，挖掘不同生物来源的聚酮前体代谢反应及其编码基因，为大肠杆菌设计聚酮前体提供策略。如敲除丙酸操纵子prpRBCD，阻断丙酸的分解，激活PrpE，把添加的丙酸活化为丙酰辅酶A。过表达链霉菌或棒杆菌羧化酶基因等，也可增加甲基丙二酰辅酶A合成水平。

2. 途径设计 对于链霉菌、黏细菌等来源的聚酮化合物，由于合成基因簇的GC含量很高，必须从头设计，全合成组装，才能在大肠杆菌中表达。以6-脱氧红霉素内酯合成基因簇为例，介绍合成子组装策略。

6-脱氧红霉素内酯是由三个聚酮合成酶催化完成，其编码基因分别为*eryA*Ⅰ、*eryA*Ⅱ和*eryA*Ⅲ，总长度约35kb，其编码区长度约30.8kb。可按原始的基因组织方式，按3个基因进行设计，每个基因为独立的1个表达结构，包括启动子、RBS和终止子。最后把3个设计基因串联起来，构成6-脱氧红霉素内酯合成途径。

将每个基因拆分为设计单元，包括延伸模块（M）、N端接头、C端接头。延伸模块具有同尾酶*Spe*Ⅰ和*Xba*Ⅰ位点，*N*端接头具有*Nde*Ⅰ和*Mfe*Ⅰ位点，C端接头具有*Spe*Ⅰ和*Eco*RⅠ位点，模块之间设计具有同尾酶*Spe*Ⅰ和*Mfe*Ⅰ的M接头。把模块逐级拆分为约500bp的合成子（synthon），合成子两端设计*Bsa*Ⅰ和*Bbs*Ⅰ酶切位点（图9－15）。按照大肠杆菌使用的密码子偏向性，利用生物信息学软件，消除mRNA的二级结构，对基因序列进行优化和拆分，消除编码区不必要的限制性内切核酸酶，人工检查，设计出基因序列及其寡核苷酸。

3. 途径组装 按照上述设计，进行平行组装。首先化学合成全覆盖的正反向寡核苷酸，长度40bp，相邻引物重叠20bp，进行无模板PCR，组装出所有的合成子。然后用三种内切酶，通过供体和受体载体的双筛选式连接，得到大约5kb的片段。最后在用同尾酶切后，连接成阅读框。再与有启动子和终止子的载体连接，形成基因表达结构（图9－16）。

把三个基因表达结构串联在一个载体上，完成合成基因簇的最终组装。

通过途径设计，底盘改造和前体供给优化等多种策略，大肠杆菌合成红霉素内酯的产量已经达到每升克级以上。

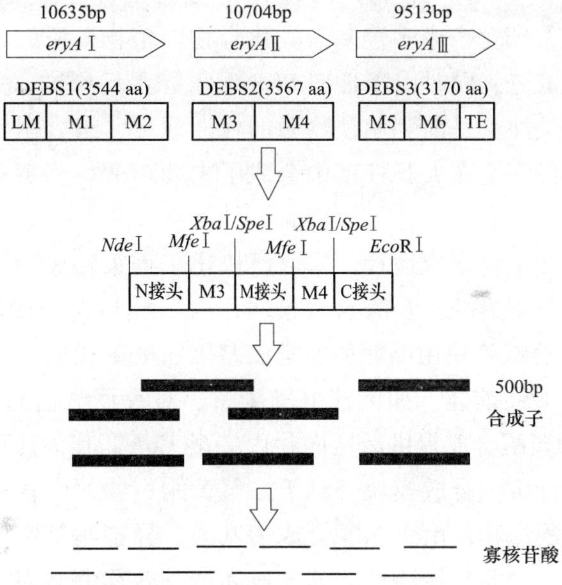

图 9－15　6-脱氧红霉内酯合成基因设计过程（以 *ery* Ⅱ 的设计为例）

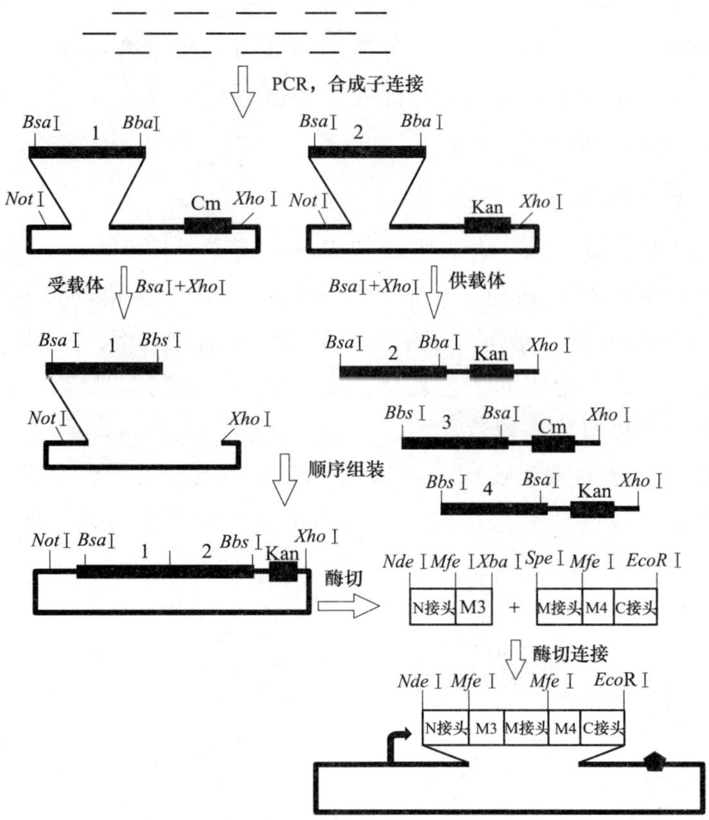

图 9－16　6-脱氧红霉内酯合成基因簇的组装（以 *ery* Ⅱ 组装为例）

（二）大肠杆菌合成Ⅲ型聚酮

与Ⅰ型 PKS 不全相同，Ⅲ型 PKS 是同型二聚体酶，它在延伸过程中被重复使用。它利用酰基 CoA 底物，不是酰基- ACP 底物，没有 ACP 参与聚合延伸反应。Ⅲ型 PKS 在细菌、植物和真菌中广泛存在，催化合成多羟基酚类化合物。植物来源的Ⅲ型聚酮化合物是中药及其提取物的主要活性成分，同时由于Ⅲ型 PKS 无需翻译后修饰，大肠杆菌具备催化的缩合活性，因此受到广泛关注。目前利用植物源的代谢途径，组合微生物和植物源的功能基因，构成代谢线路，已经完全在大肠杆菌中合成了白藜芦醇、姜黄素和查尔酮及其衍生的黄酮类、黄酮糖苷、花青色素等。

根据Ⅲ型聚酮的天然生物合成途径，采取模块化工程策略进行设计，如黄酮类合成途径设计分为四个模块，分别为酰基 CoA 合成模块，丙二酰 CoA 合成模块、PKS 合成模块和后修饰模块。酰基 CoA 合成模块由酪氨酸氨解酶基因、酰基辅酶 A 连接酶基因等组成，该模块为黄酮类合成提供活性前体，如肉桂酰辅酶 A、对香豆酰辅酶 A、咖啡酰辅酶 A 等。丙二酰 CoA 合成模块为黄酮合成提供活性底物丙二酰 CoA，其设计可参考Ⅰ型聚酮合成过程。根据目标产物，设计黄酮合成模块。对于二氢黄酮产物，由查尔酮合成酶和异构酶基因组成模块。对于异黄酮产物，由查尔酮合成酶基因、异构酶基因、异黄酮合酶基因组成模块。对于后修饰模块，主要包括活性糖的合成和糖基转移酶基因。对于合成过程中涉及羟化酶和脱氢酶的反应，因为需要还原力 NADPH，可增加辅因子合成模块，以提高产物的合成效率。

根据大肠杆菌密码子使用特性，设计各模块的基因。参考第三节介绍的方法，由寡核苷酸组装成基因，进一步组装成模块。把模块连到表达载体或整合到染色体上，完成途径构建，进行发酵，合成产物。

（三）酵母合成青蒿酸

青蒿素及其衍生物青蒿琥酯、青蒿甲醚和双氢青蒿素（图 9 – 17）是我国在世界上首先研制成功的一类治疗疟疾的新药，它是从我国民间治疗疟疾草药黄花蒿（*Artemisia annua*）中分离出来的有效单体，被世界卫生组织推荐用于治疗疟疾，特别是针对恶性疟疾的惟一用药。青蒿素的全化学合成的工艺复杂，成本太高。青蒿素来源主要是从我国西南地区生长的黄花蒿中直接提取或提取青蒿酸，然后半化学合成制备。疟疾是拉丁美洲、非洲和亚洲等经济欠发达地区的重要疾病，药物的需求量很大。为了解决青蒿素的药源问题，美国加州大学伯克利分校的研究人员进行了长达十几年的研究，终于取得了突破性进展，成功用工程酵母生产出青蒿酸。

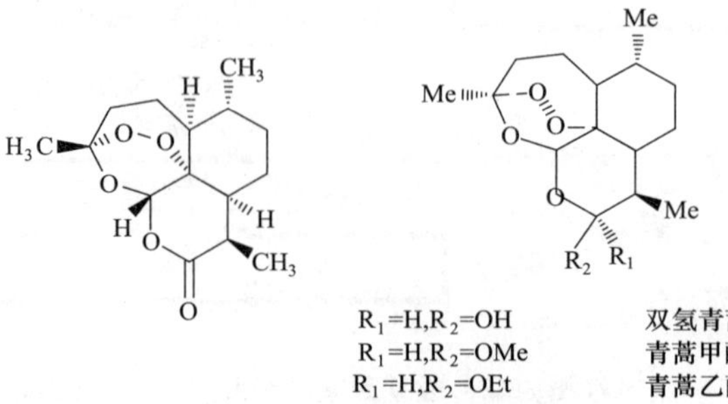

R_1=H,R_2=OH　　双氢青蒿素

R_1=H,R_2=OMe　　青蒿甲醚

R_1=H,R_2=OEt　　青蒿乙酯

图 9 – 17　抗疟疾药物青蒿素及其衍生物的结构

1. 青蒿酸生物合成途径设计　青蒿素是倍半萜类化合物，由异戊二烯基单元聚合和修

饰而成，整个代谢途径涉及 10 余个功能基因（图 9 - 18）。酿酒酵母具有甲羟戊酸途径，能产生大量的异戊烯基焦磷酸和鲨烯，用于合成细胞膜的组分甾醇。萜类化合物对酵母比大肠杆菌的毒性低，同时酵母能有效进行羟化反应，选择酵母进行青蒿酸的合成。利用酵母的甲羟戊酸途径，合成青蒿酸，整个合成途径分为 3 个模块。第一模块是从乙酰辅酶 A 到甲羟戊酸，第二模块是从甲羟戊酸到青蒿二烯，第三模块是青蒿二烯到青蒿酸。甲羟戊酸是整个途径的重要中间产物，容易积累并将产生细胞毒性，可用于检测分析上游代谢途径的通量。青蒿二烯是青蒿素合成途径的中间产物，可用于检测下游代谢途径的通量。

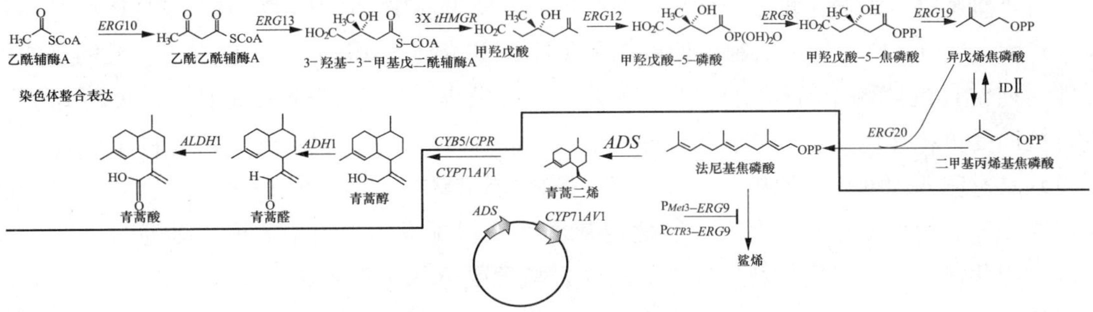

图 9 - 18　酵母高产青蒿酸合成途径及其表达设计

2. 模块合成与组装　由于酵母能以异戊烯基焦磷酸为底物，聚合生成法尼基焦磷酸，因此在前期基因功能测试阶段，可从法尼基焦磷酸出发，设计异源基因合成青蒿二烯，进而氧化生成青蒿酸。酵母没有青蒿酸合成基因，因此，只能从青蒿植物中发现。采用同源克隆策略，并进行催化功能分析，先后从青蒿中找到了青蒿二烯合成酶（ADS）、青蒿二烯氧化酶（CYP71AV1）和细胞色素 P-450 还原酶（cytochrome P-450 reductase，CPR）、细胞色素 B_5（cytochrome B_5，CYB_5）和青蒿醇脱氢酶（ADH1）和青蒿醛脱氢酶（ALDH1）等基因，按照酵母密码子使用特点进行优化，全合成这些基因，按照单顺反子模式对每个基因进行表达设计，构建青蒿酸的全新生物合成途径。

从甲羟戊酸到法尼基焦磷酸，对途径中的基因进行染色体整合单拷贝表达，其中 tHMGR 为 3 个拷贝表达。从法尼基焦磷酸到青蒿酸，对氧化和还原酶基因（CPR、CYB5、ADH1、ALDH1）多拷贝表达有害，因此在染色体上整合单拷贝表达，而 ADS 和 CPY71VA1 用游离载体进行高拷贝表达。

3. 底盘设计与改造　改造底盘细胞，用铜离子调控基因 *CTR3* 启动子或甲硫氨酸特异性启动子驱动 *ERG9* 的表达，通过向培养基中添加铜离子（150μmol/L $CuSO_4$）或甲硫氨酸（1.7mmol/L）浓度抑制 *ERG9* 转录，减少 FPP 用于鲨烯合成，提高 FPP 到青蒿酸的通量。敲除半乳糖代谢的基因（*Gal1*、*Gal7*、*Gal10*、*Gal80*），解除半乳糖对葡萄糖利用的阻遏效应，实现所有过表达基因在低葡萄糖浓度下的组成型表达。

4. 发酵工艺优化　调节培养基中的磷含量，采用反馈控制，进行脉冲补料流加乙醇，提供碳源，解决了细胞活性与产物大量合成积累之间的矛盾。培养基中添加肉豆蔻酸异丙酯，让细胞高密度下进行两相发酵 120h，青蒿酸的发酵效价达到 25g/L 以上。

在规模发酵生产青蒿酸的基础上，开发了合成青蒿素的化学方法，其半合成青蒿素的工艺进入产业化。

三、编程细胞治疗

采用基因组编辑技术，如 TALEN 和 CRISPR，基因替代治疗（gene replacement therapy）在遗传疾病的治疗中显示出诱人的前景。从患者体内分离造血干细胞，通过体外纠正或诱导突变，直接修改造血干细胞的内源基因，使之恢复到正常后，再移植到患者体内。如用锌指核酸酶对自身 $CD4^+$T 细胞的基因组进行编辑，突变趋化因子受体 5 基因，则可产生 HIV 抗性的 T 细胞。已报道这种纠正 T 细胞治疗 HIV 正在进行临床试验。

对 T 细胞进行编程，使之具有嵌合抗原受体，便可应用于临床治疗中。嵌合抗原受体是模块式融合蛋白，由 T 细胞的胞内信号域和 T 细胞共受体、跨膜域、胞外接头、靶向抗原的元件（通常是抗体的单链可变片段）组成。其研发思路是“打开靶点细胞，关闭肿瘤”。嵌合抗原受体将导致细胞毒性，从而用于治疗。这种合成的 T 细胞受体，能将 T 细胞活性提呈到具有靶向表面抗原的细胞。工程 T 细胞在患者体内表达，可以杀死靶细胞。基于嵌合抗原受体的免疫治疗已经在靶向肿瘤治疗方面获得了成功，未来的重点是通过合成生物学的工程化研究，构建更高特异性的具有嵌合抗原受体的 T 细胞。

细胞编程治疗的副作用和风险在于可能引起对关闭靶细胞或组织的过度自身免疫攻击，因此需要对编程细胞的特异性、作用时间及其强度进行严格控制。

传统的 T 细胞治疗是让 T 细胞表达嵌合抗原，通过抗原与抗体相互作用，杀死靶细胞。为了增加治疗细胞的特异性，构建“与逻辑门（AND logic gate）”控制的 T 细胞，它同时共表达两种嵌合抗原受体，可靶向和杀死表达两种抗原的靶细胞（图 9－19），而不是其他细胞。另一种策略是构建开关式基因线路。设计 T 细胞受体信号途径，构建暂停开关（pause switch）基因线路，使 T 细胞产生新的行为。该基因线路由四环素诱导启动子驱动细菌来源的激酶抑制蛋白质基因 *ospF* 表达，同时融合一个蛋白质降解肽基因。T 细胞受体受到外界信号刺激，激活胞内的信号传导过程，激活 ERK，使 T 细胞激活和细胞增殖，从而杀死靶细胞。当使用抗生素（如脱氧四环素）时，诱导细菌毒素蛋白质 OspF 表达，使 T 细胞受体信号途径中的 MAPK ERK 失活，T 细胞信号转导被延迟，从而微调 T 细胞信号应答的放大效应。当除去抗生素后，降解肽则可消除 OspF，重启 T 细胞的激活。除了化学诱导外，还可使用 T 细胞自反馈调节器的基因线路控制 T 细胞增殖。

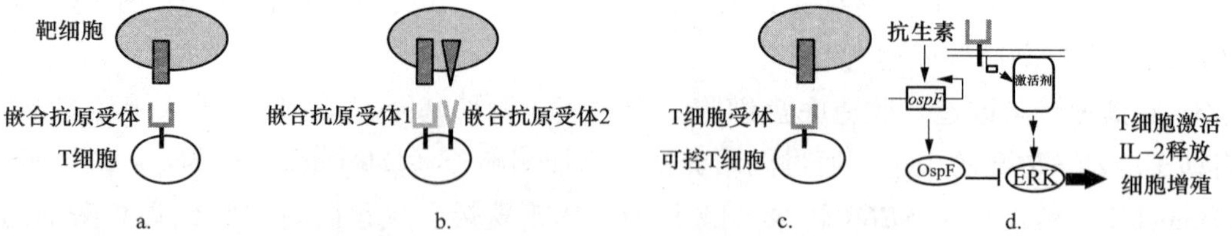

图 9－19　嵌合抗原受体的 T 细胞治疗策略

a. 传统的 T 依赖性细胞治疗　b. 逻辑门控制的 T 依赖性细胞治疗

c. 基因线路控制的 T 依赖性细胞治疗　d. T 细胞基因线路的原理

细胞编程的治疗是非常具有吸引力的合成生物学平台之一，因为从患者身体中分离出 T 细胞，体外基因组编辑后，将工程 T 细胞再转移到患者体内，用于治疗肿瘤和慢性疾病，已经引起了国际上的广泛关注。

重点小结

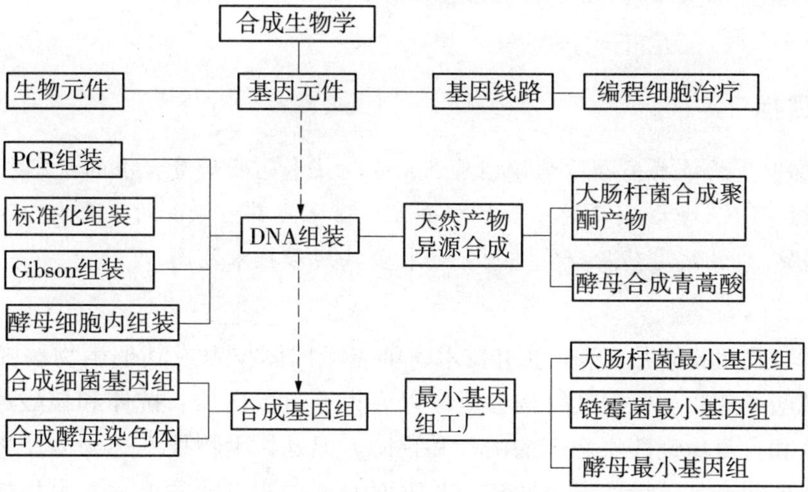

思考题

1. 什么是合成生物学，它与其他相关学科的关系是什么？
2. DNA 组装的方法有哪些，如何应用？
3. 合成生物学在制药领域有哪些应用？举例说明。

扫码“练一练”

（赵广荣）

第十章　生物技术药物的质量控制与安全性评价

学习目标

1. **掌握**　生物技术药物质量控制特点、生物技术药物质量标准的研究内容。
2. **熟悉**　DNA 重组制品的质量控制要点、临床前安全评价的主要内容。
3. **了解**　生物技术药物研究与生产的相关法规和技术指南。

生物技术药物是指采用 DNA 重组技术、单克隆抗体技术或其他生物技术研制的蛋白质、抗体或核酸类药物。根据其结构性质可以分为重组蛋白质、抗体和核酸药物，目前主要集中在癌症和自身免疫性疾病等的治疗和预防。但是，生物技术药物涉及相对较新或复杂的领域，在证明产品质量、安全性和功效方面遇到了相当大的挑战。生物技术药物本身与其他药物的不同点，决定了其质量控制和安全评价的特殊性。

扫码“学一学”

第一节　生物技术药物的质量控制

生物技术药物与传统药物有许多不同之处，表现为来源方面是利用活的细胞作为表达系统，蛋白质产品分子量往往较大且结构复杂，另外许多生物技术药物还是参与人体生理功能精密调节所必需的蛋白质，微量就能产生显著生理效应（达到微克级），任何药物性质或剂量上的差异都可能导致治疗出现误差。由于生物技术产品的复杂性及易变性，仅通过对终产品的质量检定难以实现对产品的全面质量控制，所以要保证产品的安全、有效和质量可控，必须从原材料（包括菌、毒种或细胞库）、生产工艺、原液、半成品、成品到贮存条件等进行全程的质量控制。

一、生物技术药物质量控制特点

生物技术药物的化学结构难以通过标准化学分析方法确认，需要应用免疫学、生物分析技术测定表达量和活性的高分子量物质。该类产品的生物活性与其氨基酸序列和空间结构等有密切关系。与化学药物相比，其质量控制的特点表现在以下几个方面。

扫码“看一看”

1. 结构确认的不完全性　生物技术药物多数为蛋白质或多肽及其修饰物，具有分子量相对较大，结构复杂多样和可变等特点，通过现有的理化方法和手段不能完全确认其化学结构特征，如产品的空间构象等。

2. 质量控制的过程性　生物技术药物的结构特性容易受到各种理化因素的影响，且分离提纯工艺复杂，因此其质量控制体系是针对生产全过程，采用化学、物理和生物学等手段而进行的全程、实时的质量控制。生产过程中每一环节或制备条件的改变均可能影响其非临床安全性评价的合理性。

3. 生物活性检测的重要性　生物技术药物的生物活性与其药效和毒性有一定或较好的相关性，因此药效学和安全性研究应关注生物活性的测定。鉴于生物技术药物结构确认的不完全性，生物活性检测成为反映生物技术药物天然结构是否遭受破坏、生产各阶段工艺合理性和评价终产品质量控制的重要内容，也成为非临床药理毒理、药代等试验方案中剂量确定的依据。

二、生物技术药物质量标准的研究内容

完善的质量控制体系是保证新药安全的必要条件。生物技术新药的质量控制必须建立合适的质量标准，遵循相应的技术指导原则。目前我国生物技术药物质量标准的制定主要参考人用药品注册技术要求和国际协调会（International Conference on Harmonization of Technical Requirement for Registration of Pharmaceuticals for Human Use，ICH）、世界卫生组织（World Health Organization，WHO）、美国食品药品监督管理局（Food and Drug Administration，FDA）的相关指南和药典，针对处于不同研究阶段的目标产品的不同特点，查阅国内外已有的相应的质量控制标准，结合我国的实际条件，制定出适合药品特征的、保证质量安全有效的质量检定标准和分析方法。

生物技术药物质量标准的研究内容主要包括：

（1）研究生物技术药物产品的均一性。

（2）研究建立生物技术药物产品生物学活性或者免疫学活性测定方法。

（3）研究建立生物技术药物产品的国家标准品或参考品。

（4）建立生物技术药物目标产品生产相关杂质限量分析方法和标准。

（5）在以上研究的基础上制定出保证上述生物技术药物产品安全有效并与 WHO 标准相一致的质量控制标准和药物分析方法。

三、生物技术药物生产过程工艺控制

（一）原材料的控制

1. 表达载体和宿主细胞　应详细描述用于生产的表达载体和宿主细胞的来源与历史，包括被克隆基因的详细来源和鉴定，以及表达载体的构建、来源和结构，如复制位点、抗生素抗性标记、启动子、增强子和限制性内切核酸酶图谱。还需提供宿主细胞的名称、来源、传代历史、生物学特性以及载体导入宿主细胞的方法和载体在宿主细胞中的状态，例如是整合在染色体上还是处于非整合状态及其基因的拷贝数，同时需要证明宿主细胞导入载体后的遗传稳定性，这种遗传稳定性的研究作为质量控制的一部分，将会确保由活细胞产生的重组蛋白质不发生突变，不存在潜在的对患者有害的蛋白质性质的变化。

2. 克隆基因的序列与蛋白质的正确表达　原材料的质量控制的关键是确保编码蛋白质药物的核苷酸序列，应详细描述生产过程中启动和控制克隆基因在宿主细胞中的表达的方法与水平。克隆 DNA 序列的确证通常是在种子阶段或开始大规模发酵阶段。如果基因整合至宿主细胞基因组，直接 DNA 序列测定将非常困难，此时可分析相关的 mRNA 的核苷酸序列，或者基于转录产物的 Northern 分析或者基于总 DNA 的 Southern 分析。对基因及其表达产物的分析一般都需要通过核酸技术（如 DNA 测序）和蛋白质结构检测（如肽图）进行，进行核酸分析可保证表达的蛋白质具有正确的氨基酸序列，进行蛋白质结构分析可以评价表达蛋白质的结构特征和翻译后的修饰情况。因此核酸和蛋白质检测都有必要。

3. 生产种子的控制　rDNA 制品的生产应采用种子批（Seed Lot）系统。从已建立的主细胞库中（Master Cell Bank，MCB），再进一步建立生产细胞库（Work Cell Bank，WCB）。

含表达载体的宿主细胞应经过克隆而建立主细胞库。在此过程中，在同一实验室工作

区内，不得同时操作两种不同细胞（菌种）；一个工作人员亦不得同时操作两种不同细胞或菌种。

应详细记述种子材料的来源、方式、保存及预计使用寿命。应提供在保存和复苏条件下宿主载体表达系统的稳定性证据。采用新的种子批时，应重新作全面检定。

高等真核细胞用于生产时，细胞的鉴别标志，如特异性同工酶或免疫学或遗传学特征，对鉴别所建立的种子是有用的。有关所用传代细胞的致瘤性应有详细报告（参照：世界卫生组织生物技术药物规程 No. 37）。如采用微生物培养物为种子，则应叙述其特异表型特征。

一般情况下，在原始种子阶段应确证克隆基因的 DNA 序列。但在某些情况下，例如传代细胞基因组中插入多拷贝基因。在此阶段不适合对克隆基因做 DNA 序列分析。在此情况下，可采用总细胞 DNA 的杂交印染分析，或做 mRNA 的序列分析。对最终产品的特征鉴定应特别注意。

种子批不应含有可能致癌因子（在使用情况下），不应含有感染性外源因子，如细菌、支原体、真菌及病毒。

但是有些细胞株含有某些内源病毒，例如逆转录病毒，且不易除去。但当已确知在原始细胞库或载体部分中污染此类特定内源因子时，则应能证明在生产的纯化过程可使之灭活或清除。

（二）培养过程的控制

用于培养和诱导基因产物的材料和方法应有详细资料。对培养过程及收获时，应有灵敏的检测措施控制微生物污染。

应提供培养生长浓度和产量恒定性方面的数据，并应确立废弃一批培养物的指标。根据宿主细胞/载体系统的稳定性资料，确定在生产过程中允许的最高细胞倍增数或传代代次，并应提供最适培养条件的详细资料。

在生产周期结束时，应监测宿主细胞/载体系统的特性，例如质粒拷贝数、宿主细胞中表达载体存留程度、含插入基因的载体的酶切图谱。一般情况下，用来自一个原始细胞库的全量培养物，必要时应做一次基因表达产物的核苷酸序列分析。

在培养过程的质量控制中，要求提供用于发酵或细胞培养及其表达生产的材料和方法的详细资料，要求提供工程菌所含的质粒在遗传性能上和表达产物上稳定的资料，监测培养罐中有无微生物污染的报告。应提供培养物生长的条件和一致性以及维持产物产量的数据和资料。

应提供经长期培养后所表达基因的分子完整性资料，以及宿主细胞的表型和基因型特征。每批培养的产量变化应在规定范围内。对可以进行后处理及应废弃的培养物，应确定指标。从培养开始至收获，应有灵敏的检查微生物污染的措施。

根据宿主/载体稳定性及表达产物的恒定性资料，应规定连续培养的时间。如属长时间连续培养，应根据宿主/载体稳定性及产物特性的资料，在不同间隔时间作全面检定。

（三）纯化工艺过程的控制

纯化工艺过程的质量控制要保证能尽量除去污染病毒、核酸、残余宿主菌蛋白质，热原物质和来自培养基的残余细胞蛋白质及其他杂质以及纯化过程中带入的有害物质。

纯化制备过程中，缓冲液的原料和组成必须认真挑选，以确保它们不含任何无益的或者有毒物质进入纯化工艺过程中。在发酵或细胞培养产物中常常会有许多杂质包括微量 DNA、残留生长因子、残留内毒素、可能的病毒污染以及来自培养基的其他蛋白质杂质等。

在设计纯化工艺相关工艺路线时，需监测去除这些杂质的能力并进行验证。

对于收获、分离和纯化的方法应详细记述，应特别注意污染病毒、核酸以及有害抗原性物质的去除。如采用亲和色谱技术，例如用单克隆抗体，应有检测可能污染此类外源性物质的方法，不应含有可测出的异种免疫球蛋白。

纯化方法中的色谱柱色谱常用到许多化学试剂，在静止相或者流动相进行分离，这些化学试剂在最终产品中成为杂质，必须确证除去了可能有害的化学试剂。另外某些可能影响活性蛋白质抗原性的化学试剂也必须进行监测控制。

针对重组蛋白质药物，分离纯化过程中所使用的玻璃器皿必须经过5% NaOH浸泡24h后，用注射水冲洗，并180℃干热3h，去除热原，5d内使用。分离过程中使用的注射用水需高压灭菌，柱色谱配制溶液用水一律使用超纯水。所配制溶液经高压灭菌后需4℃保存，有效期7d。

（四）制剂过程的控制

生物技术药物的制剂研究从原液开始到半成品到成品，与化学药物不一样的是生物技术药物没有原料药的说法。大多数生物技术药物产品以冻干粉针剂和水针剂为主，冻干剂稳定性相对较好但生产成本较高，水针剂制备相对简单，但对保护剂要求较高。制剂处方一般要求药用试剂，其质量标准按照《中国药典》（2020年版）中冻干粉针剂和水针剂的有关要求执行，特殊处方试剂需提供处方的理由和相关的安全资料。对于冻干生物制剂，特别需要考察产品的生物活性和无菌要求。

四、生物技术药物产品质量控制

（一）重组DNA制品的质量控制

由于生物技术药物是蛋白质、核酸类物质，在生产过程中容易受到各种理化条件的影响，质量控制使用的生物活性测定方法与物理化学方法测定相比变异性较大，加之方法学和检测灵敏度的限制，对某些杂质在成品检定时可能检查不出来。因此，尽管在生产过程中进行了严格质量管理，对于最终目标产品的质量控制研究仍然非常必要。

1. 生物学活性的测定 生物技术药物与化学药物不同，单独的物理化学方法不能完全反映其特性，必须要发展一种或多种生物活性测定方法，以便在产品生产的各个阶段以及质量控制时提供关于该产品的有关指标。由于生物技术药物产品的化学本质是蛋白质、多肽和核酸，其活性多由产品的氨基酸及其空间结构决定。多肽的活性效价和其绝对分子质量不一致，所以也就不能按化学药品那样直接用重量单位来决定。此类产品的生物学活性与药效基本一致，利用这类产品的生物学活性建立特定的检测方法是生物技术药物质量控制的重要组成部分，是保证产品药效的重要手段。

生物学活性测定是分析生物活性物质效价的过程，可以在体内或体外进行。生物学活性测定必须采用国际上通用的方法，用国际或国家标准对测定结果进行校正，以国际单位或指定单位表示。根据产品的性质、药效学特点，生物活性测定方法可分为体外测定法（细胞与器官模型）、体内测定法（动物模型）、酶促反应法和免疫学方法。

选用的生物学活性测定方法最好能反映临床潜在应用相关的信息，不同的活性测定方法与临床适应证的相关性不同，在所选用的生物学活性测定方法中动物体内实验方法较能反映临床疗效（表10-1、表10-2），一方面强调与临床适应证的一致性，另一方面在生产实际工作中，还应采用一些实用的替代方法，如用简单的方法替代复杂的方法，用体外的方法替代体内方法，用理化方法替代细胞培养方法。这些替代方法要经过方法学验证，须采用平行研究的方法明确两种方法之间的定量关系。当然生物技术药品在临床的疗效和安全性最终要通过直接的人体临床试验来确定。

表 10－1　生物学测定方法与临床治疗疗效的相关性

生物学测定方法	临床治疗的相关性
动物模型	＋＋＋＋＋＋＋＋＋＋＋
器官培养	＋＋＋＋＋＋＋＋＋
细胞株模型	＋＋＋＋＋＋＋
结合受体模型	＋＋＋＋＋
抗原结合	＋＋＋＋
色谱方法	＋＋

表 10－2　生物学检测与免疫学检测的比较

检测项目	生物学活性检测	免疫学活性检测
原理	细胞因子待定生物学活性	细胞因子与其抗体（单抗或多抗）的特异性结合
结果显示	生物学活性	含量
灵敏度	一般较高	一般较低，亦可高
特异性	低（有交叉反应）	高
周期	长	短
重复性	较差	较好
标准化大量检测	困难	容易
受实验培养条件影响	大	小
细胞因子的相互干扰	有	无

2. 产品结构理化性质分析

（1）特异性鉴别试验　主要利用蛋白质具有抗原性的特性对特定蛋白质进行分析。

重组 DNA 制品通常用蛋白质印迹法（Western blotting）和斑点印迹法（Dot blotting）进行鉴定，特别是蛋白质电泳出现两条以上区带时则应该用蛋白质印迹法鉴别。一般结果判断标准为阳性。

另外，抗体中和活性抑制法可用于原液和成品的鉴别试验，该方法简便易行，要求抗体必须为中和抗体，如干扰素具有抗病毒活性，当加入干扰素中和抗体后则失去抗病毒活性。

（2）分子量测定　测定方法一般包括还原型 SDS-PAGE 法和质谱法。还原型 SDS-PAGE 法是实验室常规的分子量检测方法，蛋白质在 SDS 和 β-巯基乙醇存在下，沸水浴 5 分钟后会形成表面带大量负电荷的杆状分子，降低了分子形态和电荷的影响，在电泳过程中蛋白质迁移率基本上只与其分子量有关。但对于分子量较大的蛋白质进行测定就会有一定的误差，比如分子量大于 10000 的蛋白质，其测定误差为 10% 左右，因此大部分重组制品采用还原型 SDS-PAGE 法测定分子量。而对小分子蛋白质和多肽用该法测定误差就会更大，此时就需采用质谱法。质谱法具有准确、快速、重复性好、测定范围广等特点，其精确度可达 0.3%，如重组人表皮生长因子（rhEGF）、重组人碱性成纤维生长因子（rhbF-

GF)、重组水蛭素等。

（3）等电点测定 测定方法包括等电聚焦电泳法（IEF）和毛细管电泳（CE）。

不同蛋白质由于某些带电氨基酸如带负电的 Glu、Asp 和带正电的 Lys、Arg、His 等的存在，其净电荷各不相同，即等电点各不相同。均一的重组蛋白质只有一个等电点。但实际上重组蛋白质制品的等电点往往不均一，可能与蛋白质的构型改变如 N 端甲硫氨酸的有无或 C 端有无降解等有关。在生产过程实际质量控制中则应考虑批与批之间的电泳结果一致，以反映其生产工艺的稳定性。

等电聚焦电泳法是常用的检测方法，一般标准规定为主带理论值 ±0.5 pI 范围之内，有明显的主显带。而毛细管电泳则用于等电聚焦电泳法有困难的品种检定，主要适用于如 rhEGF、hCGRP 等不易染色的蛋白质药物。

（4）肽图分析 肽图分析主要指蛋白质通过各种定位裂解手段和方法如化学裂解法和蛋白质酶裂解法等，将蛋白质裂解成各种固定大小的多个肽片段，并通过各种分离手段如反相 HPLC、SDS-PAGE、质谱法等分离和检测。不同的产品采用不同的裂解方法和检测手段。大部分产品采用蛋白质酶裂解法和反相 HPLC 分析法。

（5）吸收光谱 根据蛋白质的紫外吸收特性，最大吸收波长是固定的，生产控制时应该保证批与批之间产品的紫外吸收峰一致，且与理论值相符。由于存在测定误差，需要确定一个标准范围，如 GM-CSF 最大吸收峰波长规定为 279nm ±3nm。

（6）氨基酸组成分析 采用微量氨基酸自动分析仪测定重组蛋白质的氨基酸组成成分，结果应与标准品一致。一般先进行蛋白质水解然后进行氨基酸分析。蛋白质水解法通常采用酸水解，但色氨酸为例外，采用碱水解。氨基酸分析有柱前衍生法和柱后衍生法两类。

（7）N 端和 C 端氨基酸测序 一般标准规定 N 端至少测定 15 个氨基酸，C 端测定 1~3 个。

3. 蛋白质含量和纯度测定

（1）蛋白质含量测定 蛋白质含量主要用于原液比活性计算和成品规格控制，测定方法主要有 Folin-酚试剂法（Lowry 法）、染色法（Bradford 法）、双缩脲法、紫外吸收法、HPLC 法、荧光法和凯氏定氮法等，其中 Lowry 法和 Bradford 法是质量检定中常用方法，具体测定方法参见《中国药典》（2020 年版）通则。几种含量测定方法的比较见表 10-3。

表 10-3 蛋白质含量测定方法的比较

方法	所需蛋白质的量（mg/ml）	破坏与否	蛋白质/蛋白质变化情况	技术复杂性	方法的相对标准偏差（%）
双缩脲法	0.5~5	是	少	简单、快速	5
Lowry 法	0.05~5	是	中等	显色慢、试剂多	5
凯氏定氮法	0.05~3	是	少	干扰、复杂、慢	0.154
紫外吸收法 A_{280}	0.05~2	否	大	简单、快速、干扰物质多	0.439
紫外吸收法 A_{205}	0.01~0.05	否	少	简单、快速、干扰物质多	
染料结合法	0.01~0.05	是	中等	简单、快速	3.75
荧光法	0.001~0.01	否	中等	较易	3.75

（2）蛋白质纯度分析 一般标准规定必须用非还原型 SDS-PAGE 和 HPLC 两种方法测

定蛋白质纯度，纯度要达到95%以上。某些重组蛋白质药物的纯度要求需达到99%以上，纯度的检查通常在原液中进行。另外毛细管电泳（CE）也可以检测蛋白质纯度。几种蛋白质纯度测定方法的比较见表10－4。

表10－4　常见重组蛋白质纯度检定方法的比较

特性	HPLC	SDS-PAGE、IEF	CE
分离机制	极性、非极性分配、分子大小、离子交换	电荷、等电点	电荷等
分析所需时间	10～120min	几小时	10～30min
分辨力	好	好	好
样品体积	10～50μl	1～50μl	1～50nl
灵敏度范围	ng～μg	ng～μg	pg
定量准确性	+	+	+
析出方式	紫外、荧光、折射、电化学、放射性	染色（可见，荧光）银染放射自显影	同HPLC
仪器价格	中～高	低	中～高
日常消耗	低	高	低
自动化	中～高	低	中～高
人力操作	低	高	低
制备级	中	中	微量级制备
收集样品	可以	可以	较困难

4. 杂质分析　重组蛋白质药物的杂质鉴定分析主要包括蛋白质类和非蛋白质类杂质。蛋白质类杂质中主要的一类是可能的残留的宿主细胞蛋白质、单克隆抗体、小牛血清，一般应用免疫学方法进行分析。另一类则是目的活性蛋白质由于再生产和纯化过程中产生降解、聚合、突变或错误折叠造成变构体，对这部分蛋白质杂质也应进行监测。残留菌体蛋白质含量测定一般采用双抗体夹心ELISA方法。

非蛋白质类杂质鉴定分析主要是对可能污染的病毒、细菌、支原体等微生物，热原、细菌内毒素、致敏原和DNA进行检测。除DNA外，一般采用传统的应用于生物技术药物的检测方法检测。由于生物技术药物的特点，对残留宿主细胞DNA的监测是非常必要的。DNA残留限量要求每一剂量应小于100pg，DNA残留量的检测一般采用核酸杂交法。

在世界卫生组织颁布的有关规定和我们国家的相关指南中规定，在生物技术药物的原液和成品检定中应该至少列入外源DNA、外源残留菌体蛋白质等检测项目，并且建议对内毒素等进行检测。

5. 安全性检测项目

（1）无菌检查　按照《中国药典》（2020年版）进行。注射用制品无菌检查有平皿法和滤膜法。口服和外用制剂检查项目还包括需氧菌、厌氧菌、霉菌和支原体。

（2）热原检查　热原检查一般采用家兔法。每只家兔耳沿静脉注射人用最大量的3倍量药物，判断标准为每只家兔体温升高不得超过0.6℃，3只总和不超过1.6℃。对生物活性比较高的细胞因子产品可以考虑用细菌内毒素检测替代家兔热原试验。

（3）异常毒性试验　主要检查生产工艺中是否含有目标产品以外的有毒物质。具体方法参考《中国药典》(2020 年版)。常用动物为小鼠和豚鼠，注射剂量分别是小鼠 1ml 和豚鼠 5ml。由于大多数重组产品本身有很强的生物活性，注射量过大会导致药物本身的生物活性引起毒性反应。因此不同重组产品，剂量选择和注射途径要根据各自的生物学活性来确定。

6. 重组 DNA 制品质量控制标准示例　重组（CHO 细胞）乙型肝炎疫苗的质量标准见表 10－5。

表 10－5　重组（CHO 细胞）乙型肝炎疫苗的质量标准

检测项目	检测方法	规定标准
原液		
蛋白质含量	Lowry 法	100 ~ 200μg/ml
特异蛋白质带	SDS-聚丙烯酰胺凝胶电泳	应有 23kD，27kD 的蛋白质条带
纯度	高效液相色谱法	原纯度≥95.0%
牛血清白蛋白残留量	酶联免疫法	≤50ng/剂量
CHO 细胞 DNA 残留量	固相斑点杂交法	≤10pg/剂量
CHO 细胞蛋白质残留量	酶联免疫法	≤总蛋白质含量的 0.05%
无菌检查	直接接种培养法	无菌生长
支原体检查	接种培养法	无支原体生长
蛋白质含量	Lowry 法	100 ~ 200μg/ml
特异蛋白质带	SDS-聚丙烯酰胺凝胶电泳	应有 23kD，27kD 的蛋白质条带
纯度	高效液相色谱法	原纯度≥95.0%
牛血清白蛋白残留量	酶联免疫法	≤50ng/剂量
CHO 细胞 DNA 残留量	固相斑点杂交法	≤10pg/剂量
CHO 细胞蛋白质残留量	酶联免疫法	≤总蛋白质含量的 0.05%
无菌检查	直接接种培养法	无菌生长
支原体检查	接种培养法	无支原体生长
成品		
鉴别试验	酶联免疫法	应为 HBsAg
外观	浊度法	应为乳白色混悬液体，可因沉淀而分层，易摇散，不应有摇不散的块状物
pH 值	电位法	5.5 ~ 6.8
铝含量	氢氧化铝测定法	≤0.43mg/ml
硫柳汞含量	滴定法	≤100μg/ml

（二）单克隆抗体药物的质量控制

抗体药物是生物技术药物发展过程中重要的组成部分，也是目前新药开发的主要方向。最新资料表明，2014 年全球销售额 Top10 的药物中有 7 个生物技术药物，其中 6 个为抗体药物。而 2013 年美国正在进行临床研究的 907 种生物技术药物中有 338 种抗体药物，比例超过 1/3。这些说明抗体药物正在成为生物技术药物发展的主要趋势。根据抗体的构成、组成成分和来源可以分为以下几类：多克隆抗体、单克隆抗体、嵌合抗体、人源化抗体、单链抗体等，目前上市的抗体药物嵌合抗体和人源化抗体为主导。根据用途又分为细菌毒素抗体、病毒抗体、抗排斥反应抗体、抗肿瘤抗体等。质量控制原则主要参考《人用单克隆抗体质量控制技术指导原则》，适用于在人体内应用的利用重组 DNA 技术制备的基因工程抗体。与一般的重组 DNA 制品的质量控制相比，单克隆抗体质量控制更具有复杂性和多样性。

1. 理化性质均一性的质量控制

（1）氨基酸序列　包括轻链和重链的序列。对基因重组单克隆抗体，其一级结构氨基酸序列必须直接检测或者从核酸序列推导。对杂交瘤来源的单克隆抗体，需要对其轻链进行理化和免疫学的检测，包括使用免疫球蛋白试剂，但并不需要获得抗体的完整一级结构。

（2）肽图分析　参照蛋白质产品进行，但需与轻链和重链的理论序列进行比较。

（3）SDS-PAGE 分析　抗体 SDS-PAGE 还原和非还原条件下表现不同的结果。在非还原条件下，表现为相对分子量与抗体的理论相对分子量是有差别的，除了主带外，还有一些杂带。而在还原条件下，可以观察到抗体的轻链和重链的相对分子质量与理论值基本相符。因此采用质谱法测定相对分子量更容易符合理论值。

（4）结构异质性的分析。由于基因工程抗体是由活细胞表达生产，因此会出现生产过程如电荷不均一异构体等类的杂质，一般可通过 IEC-HPLC、IEC-IEF 等方法测定。需要进行抗原结合区糖基化位点的检测，进行等电聚焦、肽图谱等项目的测定。

2. 生物学活性方面的测定　应该有抗体特异性、亲和力测定、结构完整性和效力的精确完善的检定方法。如特异性活性一样，免疫学活性及功能检测也可以量化检测。在条件许可时，应对靶分子的反应表位进行生物化学的鉴定，也应对抗原表位自身作检定。

3. 纯度的确定　纯度标准必须量化，而作为免疫球蛋白的鉴别，通过还原型 SDS-PAGE 电泳后分析轻链、重链两条主带确定，杂质方面还需定量分析产物相关的聚合物或者降解片段。

4. 安全性评价　产品的生产过程严格控制，包括对细胞库的定期质量检测和动物标准化管理，防止各种微生物的污染，除去各种可能的杂质，还必须建立稳定的生产工艺，并完成病毒灭活验证。

针对各种来源的抗体性质，采取不同的质量控制策略。

以下表 10－6、表 10－7 分别引自《中国药典》和国外资料的鼠源或嵌合单克隆抗体和人源化单克隆抗体的质量控制标准。

表 10－6　鼠源性单抗的质量标准

检测项目	检测方法	规定标准
原液		
蛋白质含量	Lowry 法或其他适宜方法	应在标示值的 ±10% 之内
活性测定	ELISA 或其他特异性方法	应与参比品比较在 80%~120% 或效价
蛋白质含量	Lowry 法或其他适宜方法	应在标示值的 ±10% 之内
活性测定	ELISA 或其他特异性方法	应与参比品比较在 80%~120% 或效价
SDS-PAGE 纯度	还原性 SDS-PAGE	免疫球蛋白（重链和轻链）含量应≥95%
	非还原性 SDS-PAGE	应与参比品一致
HPLC 纯度	SEC-HPLC	主峰应≥95%
等电点	水平等电聚焦电泳	应与参比品一致或符合规定的范围

续表

检测项目	检测方法	规定标准
其他杂质残留	ELISA 或其他方法	应符合规定
组织交叉性反应性测定	免疫组化法	应符合规定
成品		
外观	肉眼检查	液体制剂应为接近微带乳光的澄清液，不应有异物或浑浊不散的沉淀；冻干制品的外观应整洁，不可有可见的缺损，加注射用水后应能完全溶解，不应出现不溶性颗粒物
水分测定（冻干制品）	费休试验	应≤3.0%
pH	电位法	应符合规定
蛋白质含量	Lowry 法或其他方法测定	应在标示值的 ±10% 之内
活性测定	ELISA 或其他特异性方法	应与参比品比较，在 80%~120% 或效价
HPLC 纯度	SEC-HPLC	主峰应≥95%
异常毒素（豚鼠）	豚鼠试验	应符合规定
异常毒性（小鼠）	小鼠试验	应符合规定

表 10-7　人源化/嵌合单抗的质量标准

	检测方法	规定标准
原液		
蛋白质含量	紫外法或其他适宜方法	应在标示值的 ±10% 之内
生物学活性	动物体内或体外细胞学方法	应与参照品比较，在 80%~120% 或效价
结合活性	ELISA 或其他方法	应与参照品比较，在 80%~120%
SDS-PAGE	还原型 SDS-PAGE	主峰（单体）应≥95%
	非还原型 SDS-PAGE	应符合相应的规定
等电点	水平等电聚焦电泳	应与参照品一致或符合规定的范围
分子量测定	还原型 SDS-PAGE	重链应为 45 000~60 000
		轻链应为 22 000~28 000
肽图	RP-HPLC	应与参照品一致
宿主 DNA 残留量	DNA 分子杂交法	<100pg/剂量
宿主蛋白质残留量	ELISA	≤0.01%
蛋白质 A 残留量	ELISA	≤0.01%
N 端氨基酸序列（重链、轻链）	蛋白质测序仪	应符合理论序列（N 端 15 个）
其他杂质残留	ELISA 法或其他方法	应符合规定
成品		
外观	肉眼观察	液体制剂应为接近微带乳光的澄清液体，不应有异物或浑浊或摇晃不散的沉淀；冻干制剂的外观应整洁，不可有可见的缺损，加注射用水应能完全溶解，不应出现不溶性颗粒物
装量检查	《中国药典》	应符合规定
水分测定（冻干制品）	费休实验	应≤3.0%

续表

	检测方法	规定标准
成品		
pH	电位法	应符合规定
蛋白质含量	紫外法或其他方法测定	应在标示值的±10%之内
生物学活性	动物体内或体外细胞学方法	应与参照品比较在80%~120%
结合活性	ELISA或其他方法	应与参照品比较在80%~120%
无菌检查	直接接种法	应无菌生长
异常毒性（豚鼠）	豚鼠实验	应符合规定
异常毒性（小鼠）	小鼠实验	应符合规定
热原检查	家兔法	应符合规定
细菌内毒素	LAL法	应符合规定

（三）基因治疗产品的质量控制

基因治疗是指以改变细胞遗传物质为基础的医学治疗方式，作为一种新兴的生物医学治疗手段越来越多地被应用于临床。基因治疗根据导入途径分为体外（*in vitro*）和体内（*in vivo*）两种方式；根据作用靶细胞不同又分为生殖细胞基因治疗和体细胞基因治疗，由于生物技术伦理问题，目前仅限于开展体细胞的基因治疗。目前最常用的用于基因治疗的基因转移载体包括腺病毒载体和腺相关病毒载体。

“重组人p53腺病毒注射液”（注册商标名：今又生®/Gendicine®）是世界上第一个获准上市的基因治疗药物，用于治疗肿瘤，由中国深圳赛百诺公司研制，SFDA2004年批准上市，这也是全世界批准的第一个基因治疗药物。与其他重组生物技术制品的质量控制相似，主要包括产品鉴别、纯度含量测定、生物活性效价、安全性及其他常规理化质控项目，具体质量控制要点主要参考《人基因治疗研究和制剂质量控制指导原则》，见表10－8。

表10－8　重组人p53腺病毒注射液暂行质量标准

检测项目	检测方法	规定标准
原液		
活性单位（IU/支）	$TCID_{50}$	
病毒颗粒数测定（VP/支）	紫外吸收法	
比活性IU/VP		
无菌检查	《中国药典》三部	符合规定
成品		
外观		室温化融后为淡白色澄明液体，不含肉眼可见不溶物
装量		$1.5\sim10^{8}$ ml/支
pH		8.0~8.6
基因组酶切图谱	*Mlu* Ⅰ酶酶切	与对照品一致
*p53*基因检定	PCR扩增法	与对照品一致
活性单位	$TCID_{50}$	$\geqslant 3.3\times10^{10}$ IU/支
病毒颗粒数测定	紫外吸收法	$(1.0\sim1.2)\times10^{12}$ VP/支
比活性IU/VP		≥3.3%
A_{260}/A_{280}	紫外吸收法	1.20~1.30

续表

检测项目	检测方法	规定标准
HPLC 纯度	阴离子交换 HPLC	≥95.0%
表达蛋白质定性/定量检测	Western 印迹法/ELISA	阳性/待定
生物活性检测（$MOIC_{50}$）	SAOS2 细胞杀伤法	100～500
复制活性病毒（RCA/VP）检测	A549 细胞培养法	≤1RCA/3×10^{10}
腺相关病毒（AAV）检测	PCR 扩增法	阴性
残留牛血清检测	反相间接血凝法	≤50ng/支
残留细胞蛋白质检测	ELISA 法	≤100ng/支
残留细胞 DNA 检测	Slot blot 法	≤10ng/支
残留 Benzonase 检测	ELISA 法	≤1ng/支
无菌检查	《中国药典》三部	符合规定
异常毒性	《中国药典》三部小鼠法	符合规定
细菌内毒素检查	鲎试剂法	≤10EU/支

（四）DNA 疫苗的质量控制

DNA 疫苗又称为基因疫苗（genetic vaccine）或核酸疫苗（nucleic acid vaccine），指将编码某种蛋白质的外源基因与质粒载体连接后直接导入机体，通过机体的表达系统合成蛋白质，然后经过细胞免疫或体液免疫途径，达到预防或治疗某种疾病的目的。核酸疫苗的概念源自 1982 年的裸 DNA 的直接注入，于 1994 年在日内瓦专题会议上正式命名，是继减毒灭活疫苗、亚单位疫苗之后的第三次疫苗革命。目前在肿瘤和感染性疾病的免疫防治中起重要作用。尽管目前国内外还没批准一例 DNA 疫苗用于人类治疗，但在 DNA 疫苗的临床试验阶段的药物已达数十种。其质量控制主要参考 2004 年 SFDA 颁布的《预防用 DNA 疫苗临床前研究技术指导原则》，主要包括 DNA 含量检测、纯度分析、pH 测定和外观检查等。

五、生物技术药品的稳定性研究

药品的稳定性是评价药品有效性和安全性的重要指标，也是确定药品保存条件和使用期限的主要依据。由于生物技术药物活性成分大多为蛋白质或多肽，因此维持其分子构型和各种共价或非共价键从而保持其生物活性是至关重要的。这些制剂对诸如温度变化、氧化、光照、离子浓度、机械剪切等环境因素较为敏感，为保持生物学活性，必须严格规定保存条件，并对最终产品进行稳定性研究。没有哪一种单一的稳定性试验或参数能够完全反映生物技术药物的稳定性特征，必须对产品在一致性、纯度、分子特征和生物效价等方面的变化情况加以综合评价。

常见的稳定性研究的目的是为了了解药品原液或是制剂成品在各种环境影响因素下质量变化情况，特别是变性、失活等重要变化。影响因素包括温度、湿度和光照等。根据稳定性研究结果，建立药品贮存条件（storage conditions）、复验期（retest periods）和有效期（expiry date）。稳定性研究结果还可以确定产品生产工艺、产品制剂处方和包装材料选择的合理性，并为产品质量标准的制定提供试验依据。因此，稳定性研究是涉及到产品生产工艺、主药成分、辅料成分、包装材料、产品质量标准制定和产品相关各种变更研究的必不可少的一部分。其研究的结果反映了产品整个生产工艺过程和辅助材料的合理性，是直接决定一种药品是否能够成为上市产品的关键性研究。

生物技术药物的稳定性评价可能需要采用复杂的方法，产品生物学活性测定是其中关键项目。如果制剂的纯度和组分适当，也可以用适当的理化、生化和免疫学方法分析被检测物的含量和降解产物的含量。设计稳定性方案，需考虑影响化学反应速度的因素，哪些对具体制剂有影响，就应该进行对该因素的考察。当然，如果这个生物制剂结构复杂或者对其结构研究不是很清晰，又选择了新的辅料或剂型，最好进行全面的考察。这些因素中，具体条件（如观察时间、间隔时间、温度、湿度、光强度等条件）的设置可以参考 ICH 关于生物技术药物稳定性研究和药品稳定性研究的指导原则。

目前，没有一项单一的稳定性试验方法或参数能够完全反映生物制品药物的稳定性特征，因此应采用恰当的物理化学、生物化学和免疫化学等技术对其活性成分（active pharmaceutical ingredient，API）性质进行全面的鉴定，考察项目设计要全面、合理，应包括在贮存时易变化，且有可能影响产品质量、安全性和（或）有效性的考察项目，如外观、理化性质、蛋白质纯度、蛋白质含量、生物学活性、杂质、无菌试验和细菌内毒素等，根据各检测项目变化情况对产品进行综合评价，其中生物学活性测定是稳定性研究的关键内容之一。根据产品剂型的特点，应设定相关的考察项目，如粉针制剂应考察其水分含量；液体制剂应考察其装量变化情况等。通过分析各个考察项目随时间的变化情况，以达到了解产品降解途径和产品敏感的环境因素。

为了保证稳定性研究结果的真实可靠，稳定性试验的检验方法应经过方法学的验证，包括专属性、准确性、精密度、灵敏度等。稳定性研究中所使用的仪器，如恒温箱和恒湿箱等应经过严格检查和校验，并应定期开展监测。在贮藏过程中由于脱氨、氧化、磺酰化、聚合或降解等造成的分子变化，可选用电泳和高分辨率的高效液相色谱以及肽图分析等方法。对于敏感的检测项目，可采用多种原理的检测方法从多个角度进行检测。如蛋白质纯度项目的检测，可采用分子大小异质性分析方法、电荷异质性分析方法、氧化/疏水性为基础的分析方法等。

在进行稳定性考察时，需要检测哪些参数也是稳定性研究的重点内容。如果参数设计不好，会造成稳定性研究结果的偏倚。通常应选择在药品保存期间易于变化，并可能会影响到制品的质量、安全性和有效性的项目。根据生物技术药物特点和质量控制的要求，尽量选取能灵敏反映其稳定性的指标，一般要涉及化学因素、物理因素、生物因素等方面，如生物活性、纯度、有关物质、pH、水分、无菌试验等，但也要具体品种具体分析。应进行真实时间和真实温度的稳定性研究，加速条件和强力破坏研究也必须进行，因为它将会为制剂进一步开发提供稳定性参考数据，也有助于验证稳定性试验方案中的分析方法及阐明原料药和制剂的降解情况。当然加速试验不能替代真实保存条件下的常规试验。

正如生物技术药物的特殊性一样，其稳定性研究也遵循个体化（case by case）的原则，也就是根据生物活性物质结构特点及辅料的使用情况、制剂的类型等对稳定性的影响，设计稳定性研究方案。

影响生物技术药物稳定性研究的主要因素包括药物本身的浓度以及环境温度、湿度、光照和 pH 等。

六、生物类似药的研究与开发

近年来，生物药快速发展并在治疗一些疾病方面显示出明显的临床优势。随着原研生物药专利到期及生物技术的不断发展，以原研生物药质量、安全性和有效性为基础的生物类似药的研发，有助于提高生物药的可及性和降低价格，满足群众用药需求。生物类似药是指在质量、安全性和有效性方面与已获准注册的参照药具有相似性的治疗用生物制品。由于生物类似药可以更好地满足公众对生物治疗产品的需求，有助于提高生物药的可及性和降低价格，许多国家都十分重视生物类似药的研发和管理工作，全球已有20余个国家或组织制定了生物类似药相关指南。

为指导和规范生物类似药的研发与评价工作，推动生物医药行业健康发展，2015年3月，国家食品药品监督管理总局发布《生物类似药研发与评价技术指导原则（试行）》（以下简称《指导原则》），对生物类似药的申报程序、注册类别和申报资料等相关注册要求进行了规范。

生物类似药的研发和评价的基本原则如下。

（1）比对原则　生物类似药研发是以比对试验研究证明其与参照药的相似性为基础，支持其安全、有效和质量可控。每一阶段的每一个比对试验研究，均应与参照药同时进行，并设立相似性的评价方法和标准。

（2）逐步递进原则　研发可采用逐步递进的顺序，分阶段证明候选药与参照药的相似性。根据比对试验研究结果设计后续比对试验研究的内容。对前一阶段比对试验研究结果存在不确定因素的，在后续研究阶段还必须选择敏感的技术和方法设计有针对性的比对试验进行研究，并评价对产品的影响。

（3）一致性原则　比对试验研究所使用的样品应为相同产地来源的产品。对候选药，应当为生产工艺确定后生产的产品，或者其活性成分。对工艺、规模或产地等发生改变的，应当评估对产品质量的影响，必要时还需重新进行比对试验研究。

比对试验研究应采用适宜的方法和技术，首先考虑与参照药一致，对采用其他敏感技术和方法的，应评估其适用性和可靠性。

（4）相似性评价原则　对全面的药学比对试验的研究显示，候选药与参照药相似，并在非临床阶段进一步证明其相似的，可按生物类似药开展后续的临床比对试验研究与评价。

对不能判定相似性且仍按生物类似药研发的，应选择敏感的技术和方法，继续设计针对性的比对试验研究，以证明其相似性。

第二节　生物技术药物的安全性评价

扫码“学一学”

一、临床前研究与安全性评价

生物技术药物非临床安全性评价的主要目的与化学药物一致，主要为：①确定潜在的毒性靶器官和毒性反应的性质、程度及其可逆性；②推测人体使用的安全起始剂量以及随后的剂量递增方案；③确定临床监测的安全性参数。

但是，生物技术药物非临床安全性研究的方法和内容与常规化学药物存在许多不同之处，常规化学药物的安全性评价方法和模式并不都适用于生物技术药物。生物技术药物的非临床安全性研究更多强调根据生物制品特点采取具体问题具体分析的原则来评价其安全性，以支持该类技术药物的临床开发和上市批准。

每一种生物技术新药与传统新药一样，必须于临床研究前在合适的实验系统中研究药效学、药代动力学、急性和慢性毒理等内容，进行药物有效性和安全性评价。进行临床前评价的目的是确定药理学和毒理学效应，确定人用最初的起始剂量和随后的扩大剂量的方案；确定潜在的毒性靶器官和可疑的可能性；确定临床监测的参数。由于生物技术药物本身的特殊性，其临床前安全性评价也具有各自的特点。本节主要讨论以重组 DNA 制品为主的治疗类生物制品的临床前研究与安全评价问题，预防类疫苗的讨论参见《预防用生物制品临床前安全性评价技术审评一般原则》。

临床前安全性试验的目的主要是确定新制品是否会在人体引起未能预料的不良反应。但是，用于一般化学药物的传统安全性或毒性试验对 rDNA 产品不一定适用，用传统毒性试验来评价 rDNA 产品往往有困难，并受多种因素的影响。例如，某些蛋白质，如干扰素，具有高度种属特异性，这种人的蛋白质对人的药理学活性远超于对动物的活性，而且人的蛋白质氨基酸序列，常常与来自其他种系的蛋白质不同，例如糖基就不一样。因而由基因工程技术所制备的蛋白质或肽类往往会在人体以外的其他宿主中产生免疫应答，其生物学效应有所改变，并可能因形成免疫复合物而导致有毒性反应，而这样产生的毒性反应与人体安全性显然无关。

因此，对 rDNA 产品的临床前安全性试验要求，难以一概而论，应采取较为灵活的处置方法。除了一般生物技术药物的毒性试验要求之外，其他如长期毒性试验、药代动力学试验、药理学试验、毒理学试验，以及致畸和致突变等试验，应根据制品性质，与国家检定机构及药品审评中心商定所需进行的试验项目和方法，以及判定标准。

生物技术药物的安全性问题可能主要来自以下三方面：①药理作用的放大或延伸；②免疫毒性，包括免疫原性、免疫抑制和刺激反应及过敏反应；③杂质或污染物引起的毒性。对具体药物安全性担忧的性质和来源的分析有助于确定非临床安全性研究的试验项目和具体设计，以最大限度地为临床研究提供有价值的安全性信息。

（一）临床前安全性评价的一般原则

1. 常规研究的适用性 鉴于生物技术药物结构和生物学性质的专一性和多样性，包括种属特异性、免疫原性和无法预料的多种组织亲和性等，常规的药物毒性试验的研究思路，包括研究步骤、考察项目等，可能不一定完全适合生物技术药物。

2. 具体品种具体分析 应根据具体生物技术药物的立题设计（包括药物设计思路、作用机制、分子结构特点、创新性程度和特点等）、质量控制、非临床安全性和临床特点（临床适应证的性质和用药人群、临床拟用药剂量、是否已有较多人用经验、预期重要临床不良反应等）和注册法规中治疗用生物技术药物注册分类及申报资料项目要求、其他相关技术指导原则等来对上述内容进行具体问题具体分析。对于那些在结构和药理作用上与已有大量临床经验的产品类似的生物技术药物，可酌情减少毒性试验。

鉴于生物技术药物的化学特点，其质量控制是从目的基因确立、表达载体的构建、细胞库的建立到原材料、生产控制、质量标准的全过程的质量控制，非临床安全性研究是在此基础上的针对相关安全性担忧而进行的毒理学“质量控制”，两者密切关联、相互影响，上述药学质量控制因素的改变都有可能影响到已有的安全性评价的结论，并可能因此而提出新的非临床安全性及相关研究的要求。

3. 良好的试验管理规范（GLP） 毒性试验条件应符合 GLP 要求。若不符合 GLP 条件，应阐明其对于总体安全性评价的影响。

（二）基于生物技术药物生物学特性的安全性评价原则

1. 种属特异性　不同动物中由于重组蛋白质内药物的作用靶点（例如受体）在结构上的差异，或信号通路的不同，从而表现出对该药物的反应型不同。如人 IL-5 主要作用于嗜酸性粒细胞，而鼠 IL-5 还可作 用于 B 细胞。因此需要采用能反映重组蛋白质药物活性的动物，即相关种属动物来进行安全性研究。

2. 免疫原性　免疫原性是指机体对某种抗原产生的特异性免疫应答，涉及细胞及体液免疫应答。许多蛋白质和多肽对实验动物而言都是异源分子，抗体的产生可能会明显影响到对药效、药代和毒性研究（特别是长期毒性实验）结果的解释。必须考虑动物给予人体蛋白质后出现的毒性反应是否由过敏引起。因为实验动物长期给予种属特异性很强的人源蛋白质后，可导致免疫复合物疾病，对于提示药物在临床研究中的预期作用并无价值；另一方面，还需考虑是否由于其抗体的产生，中和了生物技术产品本身的生物活性，从而使其活性或毒性无法在实验中体现出来，实验结果为假阴性。也可能使某些常规的毒理实验研究无法长期进行下去（如中和抗体的产生会使实验期限受到影响）。因此，从免疫原性角度考虑，对实验结果与药物和临床的相关性进行分析就显得尤为重要。

3. 多功能性　多肽和蛋白质类生物制品的活性特点是往往具有广泛的作用靶点和病理生理、药理作用，有的是预期的药效作用，有的为非预期的毒性作用，这与多肽和蛋白质在体内的受体在多个器官广泛分布有关，有时可在某些重要的生命器官如心脏、大脑等组织分布，出现严重的非预期不良反应。例如用重组人促红细胞生成素纠正癌症患者贫血的同时可能促进肿瘤的生长；重组人生长激素会刺激肿瘤生长、增加血脂升高和引起糖尿病发病的风险；而应用组织纤溶酶原激活剂（tPA）治疗脑卒中会引起出血倾向。

细胞因子在体内的作用具有多向性、多效性、重叠性和网络性效应。细胞因子的网络作用主要通过以下三种方式：①一种细胞因子诱导或抑制另一种细胞因子的产生，如 IL-1 和 TGF-β 分别促进或抑制 T 细胞 IL-2 的产生；②调节同一种细胞因子受体的表达，如高剂量 IL-2 可诱导 NK 细胞表达高亲合力 IL-2 受体；③诱导或抑制其他细胞因子受体的表达，如 TGF-β 可降低 T 细胞 IL-2 受体的数量，而 IL-6 和 INF-γ 可促进 T 细胞 IL-2 受体的表达。在应激状态下，很多细胞因子会相互作用形成一个复杂的生物化学网络，有的起上调作用，有的起下调作用，导致所谓的“瀑布效应”，对细胞和机体造成损伤。在对细胞因子类药物进行安全性评价时要注意其作用特点，应考虑到潜在的非目的作用所带来的影响。

（三）生物技术药物临床前安全性评价的相关问题

1. 安全性担忧的性质和来源　治疗用生物制品的安全性担忧主要包括三个方面，一为其药理作用的放大或延伸；二为免疫毒性，包括免疫原性、免疫抑制和刺激反应及过敏反应；三为杂质或污染物所致的相关毒性。

其安全性担忧的来源主要包括生物制品本身和杂质。前者一般包含活性成分和产品相关蛋白质，杂质主要包括与工艺相关的杂质和产品相关杂质以及环境污染杂质。工艺相关的杂质是指生产过程中产生的杂质，如宿主细胞蛋白质、DNA、培养物（诱导剂、抗生素或其他培养基成分等）、纯化等工艺产生的杂质（酶、化学试剂、无机盐、溶剂、载体、抗体等）；产品相关杂质是指产品肽链的截短或延长形式、修饰形式（去酰胺化、异构体、二硫键错配、糖基化、磷酸化等）、聚合体、多聚体等；环境污染杂质包括细菌内毒素、可能携带的病毒和有害微生物等；宿主细胞（如细菌、酵母、昆虫、植物和哺乳动物细胞）的污染也存在潜在的危险性。这些均应严格控制。

若理化性质和生物活性与产品本身相似，变异体可作为产品相关蛋白质而不是杂质来对待。总之，对具体产品安全性担忧的性质和来源的分析与判断可以有针对性确定非临床安全性研究的试验项目和具体设计，以最大限度地为人体临床研究提供有价值的安全性信息。

2. 受试物的质量要求 安全性考虑可能涉及产品中存在的杂质或污染物，可通过纯化过程去除杂质和污染物，而不是为其质量控制建立一套非临床的试验方案。非临床安全性评价主要是针对生物制品的活性物质本身，杂质的安全性问题应尽可能地通过质量控制手段来解决。

一般来说，药理和毒理试验所用产品应与拟用于初期临床试验的产品具有可比性。药物开发过程中允许为提高产品质量和产量进行正常的生产工艺改进，但应考虑此类改变对于动物试验结果外推至人体的可能影响。

药物开发过程中若采用了一种新的或改进的制备工艺，或产品及其处方出现重大改变时，应证明其可比性。可比性评价应基于生化和生物学特征（如鉴别、纯度、稳定性和效价），某些情况下可能需要增加其他试验（如药代动力学、药效学和/或安全性试验）来阐明所用方法的科学合理性。

3. 相关动物种属/模型的选择 生物技术药物的生物活性与动物种属和/或组织特异性相关，其安全性评价常常不能按标准毒性试验采用常规动物（如大鼠和犬），而应使用相关动物种属。相关动物种属是指受试物在此类动物上的受体或抗原表位有表达，能够产生药理活性，其对生物技术药物的生物学反应能模拟人体反应。例如细胞因子在相关动物种属上可与相应细胞因子受体结合，亲和力与其在人相应受体上的表现相似，且产生与预期人体反应相似的药理作用。免疫化学和功能试验等许多技术可用于确定相关动物种属，体外亲和力试验、传统的竞争结合试验或细胞功能试验常可用于比较种属间的药理活性。生物技术药物在人体作用靶点的克隆、表达和纯化通常是种属比较时应进行的研究工作，了解有关受体/抗原表位分布的知识有助于科学评价潜在的体内毒性。

用于单克隆抗体试验的相关动物，应能表达所预期的抗原决定簇并能证明其与人体组织具有类似的组织交叉反应性，从而提高评价其与抗原决定簇结合及其非预期组织交叉反应所致毒性的能力。若能证明非预期的组织交叉反应性与人体的类似，即使是一种不表达所预期抗原决定簇的动物，对毒性评价仍有一定意义。

安全性评价方案一般应包括两种相关动物种属，但在某些已证明合理的情况下，如只能确定一种相关动物种属或对该生物技术药物的生物学活性已十分了解，一种相关动物种属已足够。此外，即使短期毒性试验必须用两种动物确定毒性，随后的长期毒性试验可能仍有理由使用一种动物，例如当两种动物的短期毒性试验结果类似时。不相关动物种属的毒性试验可产生误导，因而应避免。如果无相关动物种属问题时，建议考虑使用表达人源受体的相关转基因动物或使用同系蛋白质进行安全性等研究。应用同系蛋白质应关注其生产过程、杂质/污染物种类和含量、药代动力学特征和确切的药理机制，及其与拟用于临床产品的可能不同之处。如不能应用转基因动物模型或同系蛋白质时，可考虑采用一种动物进行有限的毒性试验如包括心血管和呼吸等重要功能指标的长期毒性试验（也称重复给药毒性试验），但应结合疾病适应证特点、产品性质、技术难度等来判断其必要性和可行性。

4. 动物数量/给药剂量的确定 每个剂量所用的动物数直接影响毒性的检测。样本量小可能会导致未能观察到一些毒性表现 。受样本量小限制的非人类灵长类动物试验可通过增加观察的次数和延长观察时间而得到部分补偿。

应关注生物制品在所用动物种属的药代动力学、生物利用度，以及可安全、人道地给予的药物容量。如果活性成分清除较快或溶解度低，可采用补偿的方式，增加实验动物的给药次数（与拟用临床试验方案相比）。应确定试验动物的暴露水平，并与临床暴露量比较，也应考虑容量、浓度、制剂和给药部位的影响。若受到生物利用度、给药途径、动物大小或生理状态等限制，采用与临床不同的给药途径也可被接受。

剂量设置应反映剂量-毒性反应关系，包括一个中毒剂量和一个未观察到不良反应的剂量（NOAEL）。对某些毒性很小的产品，不可能规定一个特定的最大剂量，但应提供剂量选择以及与预计人体暴露量倍数（安全范围）的合理性。为此，应考虑其预期的药理/生理作用、足量受试物的可获得性和推荐的临床适应证等。当一个产品在所选动物细胞的亲和力和效力比人细胞的低时，应该用更高剂量进行动物试验。

5. 免疫原性　很多拟用于人的生物制品对动物有免疫原性，因此该类产品进行长期毒性试验时，给药期间应检测抗体，以帮助解释试验结果。应明确抗体反应特点，如滴度、出现抗体的动物数、中和或非中和抗体等，并将抗体的出现与所有药理和/或毒理的变化综合考虑。尤其在解释数据时应考虑抗体形成对药代动力学/药效参数、影响范围和/或不良反应的严重程度、补体活化或出现新毒性作用等的影响，也应注意评价与免疫复合物形成和沉积有关的病理变化。

除非大多数动物的免疫反应中和或消除了生物制品的药理和/或毒理作用，否则检出抗体（即使是中和抗体）不能单独作为提前终止非临床安全试验或改变试验设定观察期限的标准。若对安全试验数据的解释不受这些问题的干扰，可认为抗体反应并无特殊意义。

在动物中诱导了抗体形成并不能预示在人体可能产生抗体。人体可能产生抗人源蛋白质的血清抗体，但往往出现抗体后仍存在治疗作用。人体很少发生对重组蛋白质的严重过敏反应。一般对蛋白质产品呈阳性的豚鼠过敏试验结果不能预测人体反应，但对那些针对试验动物和人体均为异体蛋白质的生物制品，豚鼠等动物的过敏试验结果对预测人体临床的过敏反应可能仍有一定价值。非人灵长类作为一个良好的模型可预示多种重组蛋白质在人体的相关免疫原性。

生物制品的长期暴露试验中，一些小分子量的人源蛋白质在动物体内不会产生免疫原性，或者产生很弱的免疫原性，它们也未见产生中和性抗体。即使对人蛋白质产生抗体，也不一定会引起免疫病理改变或中和活性。

（四）非临床安全性评价的主要内容和具体要求

本部分内容主要阐述治疗用生物制品非临床安全性评价所涉及的药理毒理各项试验的特点和基本要求。涉及与化学药相同的内容和要求请参见已发布的化学药相关技术要求和指导原则。

1. 药效学/生物学活性试验评价　生物学活性测定是测量生物活性物质效价的过程，可在体内或体外进行，该测定通过衡量和分析一个功能性反应的结果，可为效价的评估提供量化的统计数据。生物学活性测定包括测定的活体系统与活性物质的相互作用，这一点区别于理化测定方法。反应过程包括活性物质间的结合及一系列生物反应。正确设计的测定方法能估计生物分子与活性相关的对应关系，包括配基-受体结合、信号转导过程和最终观察到的生物学效应。

生物学活性是生物技术药物的重要质控指标。活性测定必须采用国际上通用的方法，用国际或国家标准品对测定结果进行校正，以国际单位或制定单位表示。根据产品的性质、药效学特点，活性测定可分为体外测定法、体内测定法、酶促反应测定法和免疫学活性测定法。

（1）体外细胞培养测定法　是指产品可以诱导细胞产生可测定的应答，如细胞聚集、裂解、融合或产生特异的化学物质。

1）促进细胞生长作用　大多数细胞因子都能促进某种细胞生长或为某种细胞株生长依赖因子，利用其不同功能特点，通过样品梯度稀释获得量-效关系进行活性测定的产品有：G-CSF（NFS-60 细胞）、GM-CSF（TF-1 细胞）、EGF（3T3 细胞）、IL-2（CTLL-2 细胞）、IL-3 和 GM-IL-3 融合蛋白（TF-1 细胞）、IL-6（7TD1 细胞）、IL-11（B9-11 细胞）等。

2）抑制细胞生长作用　利用制品对敏感细胞的毒性、促凋亡等不同功能特点，通过样品梯度稀释获得量-效关系进行活性测定。如利用 TNF 抑制 L929 细胞生长的作用测定其效价。测定方法是以 L929 为靶细胞，用不同浓度 TNF 处理细胞后，用结晶紫对存活 L929 细胞染色，按标准品 50% 最大效应点的稀释倍数折算为样品 TNF 效价。

3）间接保护细胞作用　利用制品对攻击敏感细胞的病毒、毒素、杀伤因子等具有的特异中和、保护作用。通过样品梯度稀释获得量-效关系进行活性测定。如 INF 可以保护人羊膜细胞（WISH）免受水泡性口炎病毒（VSV）破坏，用结晶紫对存活 WISH 细胞染色，可以得到 INF 对 WISH 细胞的保护效应曲线，按 50% 保护点的稀释倍数可以折算为待检样品中 INF 的效价。

（2）生化酶促反应测定法　这类测定方法主要基于产品与某种物质的结合或产品本身的生物化学反应，特别是酶反应实验，通过酶分子的活化或本身具备酶的活性，并以底物的变化检测酶活性，这类方法一般与温度及酶反应时间密切相关，具有便于操作、精确、稳定等特点。如重组链激酶生物学活性测定，链激酶和纤溶酶原（h-plg）首先形成复合物，激活游离的 h-plg 为有活性的纤溶酶，纤溶酶能降解人纤维蛋白为可溶性的纤维蛋白片段，在不溶性纤维蛋白琼脂平板中形成溶圈，根据不同剂量产生的溶圈大小的量-效关系，计算样品效价单位。

（3）免疫学活性测定法　这类测定方法不依赖活的生物系统，主要基于产品与其他种物质的结合特性，或产品本身的化学反应为设计原理。如采用经典的免疫反应，通过样品梯度稀释获得量-效关系进行活性测定，如抗体激活的补体对靶细胞的杀伤效应等。还有利用基因工程产品相应的免疫原性的特点。通过免疫动物，制作相应的单克隆抗体或多克隆抗体，采取 ELISA 方法测定产品活性。由于蛋白质的生物学活性与其免疫学活性不一定相平行，如果蛋白质肽键的抗原决定簇和生物活性中心相一致，ELISA 法测定结果和生物学活性测定结果一致；如果不一致则导致两者的结果不平行。由于两种测定法所代表的意义不同，所以免疫学活性测定法不能替代生物学活性的检测。

（4）离体动物器官测定法　如采用家兔主动脉条测定重组脑利钠肽生物学活性。

（5）体内测定法　利用动物体内某些生理、生化指标的变化，测定产品效价。如体内注射 EPO 后，计算小鼠网织红细胞增加的数量与标准品比较，确定其活性单位。骨形成蛋白（BMP）活性测定则是采用给小鼠身体局部植入药物一定时间后，根据局部产生骨组织结节的大小，用血清钙试剂盒测定钙的浓度，以植入区生成小 1μg 钙为 1 个生物学单位（BU）来判定活性单位。

通过药效学研究建立药物治疗的理论基础，阐明剂量-反应关系。药效学研究应该在生理的剂量下，调查一种产品的作用和功能的相互关系，有条件时还应该考虑将生物技术来源药物与天然来源药物进行比较研究。

药效学测定方法与研究的制剂类型有关。由于生物技术药物的种属专一性，体内分析时选择一种适宜动物进行试验时是很重要的，也可用体外分析方法进行生物活性的评价。

2. 一般药理学试验　一般药理学试验的目的在于提示治疗用生物制品对机体主要生理系统功能（如心血管、呼吸、肾脏和中枢神经系统）的影响。它可以单独进行，也可以结合其他毒性试验同时进行。常采用合适动物模型研究潜在、非预期的药理作用，也可采用离体器官或其他非整体动物的试验系统。试验结果可用于解释靶器官毒性的发生机制，但应慎重考虑毒性反应与用药人群和临床适应证的关系。

3. 急性毒性试验　通过急性试验可获得剂量与全身和/或局部毒性之间的剂量-反应关系，试验结果有助于选择长期毒性试验的剂量。急性毒性试验需考虑动物种属的选择。若毒性反应轻微时应谨慎评价。急性毒性试验可结合在一般药理学或模型动物药效学试验中进行。也可考虑将一般药理学参数结合到这些试验的设计中。

4. 长期毒性试验　长期毒性试验的动物种属选择考虑同前。给药途径和方案（如每天给药或间断给药）应充分考虑临床拟用途径或用药暴露情况。毒代动力学研究对药物毒性评价有重要意义，应尽可能考虑在长期毒性试验中进行毒代动力学参数的检测。

试验设计一般应包括恢复期，以观察毒性的可逆性、潜在的药理/毒性反应加剧和/或潜在的延迟毒性。对于药理/毒理作用持续时间较长的生物制品，其恢复期的观察期限应延长，直至毒性反应的恢复被证实。长期毒性试验的期限应根据其临床疗程和适应证情况确定，大多数生物制品的动物给药期限为1～3个月。对于计划短期使用（如7d以内）以及治疗紧急危及生命疾病的生物制品，一个月重复给药试验可以支持其临床试验以及上市批准。对拟用于慢性适应证的生物制品，一般给药期限为6个月。计划长期使用的生物制品，应科学地阐明长期毒性试验给药期限确定的合理性。

5. 免疫原性/毒性试验　免疫毒理学评价的内容之一是评价潜在免疫原性。很多生物制品试图用来刺激或抑制免疫系统，因而不仅影响体液免疫也影响细胞免疫。靶细胞表面抗原的表达若被改变，则提示有自身免疫的可能。免疫毒理研究可考虑进行筛查试验，若出现阳性结果，则随后需进行机制研究，以阐明其作用机制。然而，常规的阶梯式试验方法或标准试验组合并不被推荐用于生物制品的免疫毒性评价。

考虑到许多治疗用生物制品具有免疫调节作用，因此免疫抑制和免疫刺激反应是值得关注的免疫毒性。建议进入I期临床研究前在常规的动物重复给药试验中重点观察相关的免疫指标，包括血液学（含白细胞分类）、详细的免疫器官组织病理学检查和淋巴器官称重。若上述研究发现明显异常，还应考虑进行相关的免疫功能试验，以明确其作用的机制，为临床研究方案的设计提供重要参考。

6. 生殖毒性试验　应根据产品、临床适应证和拟用患者人群情况决定是否需要进行生殖毒性试验。其具体试验设计和给药方案（如给药期限、动物选择）可根据种属特异性、免疫原性、生物学活性和/或过长的消除半衰期等特点来考虑。若存在某些涉及潜在发育免疫毒性的担忧时，特别是对于某些有长效免疫作用的单克隆抗体，应对试验设计进行修改，以评价对新生动物免疫功能的影响。

某些特殊类型的化合物（如干扰素，其惟一相关动物种属为非人灵长类动物）的潜在生殖毒性可能已有大量的文献资料。如果一个相关新化合物的机制研究提示其很可能引起相似作用时，则可能无必要进行正规的生殖毒性试验。此时应提供评价其潜在生殖毒性的科学依据。

7. 遗传毒性试验 常规用于药物评价的遗传毒性试验并不适用于生物制品，因此通常不需要进行这些试验。一般不认为这类物质会直接与DNA或其他染色体物质发生相互作用，大量的多肽/蛋白质给药也可能得到无法解释的结果。对于某些生物制品，可能担心由于自发突变细胞的累积（如通过促进增殖的选择优势）而致癌，但标准的一组遗传毒性试验并不能用于检测这类情况，此时可能需要开发替代的体内或体外模型来评价该相关毒性。

8. 致癌性试验 标准致癌性试验一般不适用于生物制品评价，但也可能需要考虑产品（如生长因子、免疫抑制剂）的特点，如临床用药疗程、患者人群和/或生物活性，对其潜在致癌性进行评价。若结合适应证性质、用药疗程和作用特点（如有促进细胞异常增生的倾向）综合考虑存在明显致癌性担忧时，内源性多肽、蛋白质及其类似物在下述情况中可能仍需要进行长期致癌性评价，包括：①生物活性与天然物质明显不同；②与天然物质比较后显示，修饰后结构发生明显改变；③药物的暴露量超过了血液或组织中的正常水平。

具有加强或诱导转化细胞增生和克隆扩增潜力的产品可能具有致瘤性，应采用与患者人群可能相关的多种恶性的和正常的人体细胞，对其受体表达进行评价，以判断产品刺激正常或恶性细胞表达该受体后的生长能力。当体外结果提示存在潜在致癌性担忧时，可能需要用相关动物模型进行进一步试验。长期重复给药毒性试验中检测一些灵敏的细胞增生指标可能提供有用的信息。

某些情况下，若产品对啮齿类动物具有生物活性且无免疫原性，而其他试验又未提供评价潜在致癌性的充足资料时，则应考虑用一种啮齿类动物进行试验。将药代动力学和药效学指标、比较性受体特征、拟定人体暴露剂量结合起来考虑是确定合适剂量的最科学方法。试验中应阐述剂量选择的合理性。

9. 局部耐受性试验 应对拟上市制剂进行局部耐受性试验，但在某些已证明合理的情况下，对具有代表性的处方制剂进行试验是可行的。某些情况下，局部耐受性可在急性或长期毒性试验中进行评价。

10. 药代动力学/毒代动力学试验

（1）一般考虑 一般应考虑在相关动物种属中进行单剂量（必要时包括多剂量）给药的药代动力学和组织分布试验，但试图评价物料平衡的常规试验的价值不大。不同种属间药代动力学的差别，对动物研究结果的预测性或评价毒性试验的剂量-反应关系有明显影响。由免疫介导的清除机制引起的药代动力学特征改变可影响动力学行为和对毒性试验数据的解释。某些产品还可能出现固有药效作用的表达比药代动力学特征的明显延迟（如细胞因子），或药效作用的持续时间比血浆浓度水平的更长。

生物制品的药代动力学研究应注意中和抗体的存在。中和抗体出现可反映在重复给药或单剂量给药时动力学参数特征的改变，因此应特别注意抗体及其对药代动力学的影响。

可能情况下，药代动力学研究应尽可能使用拟用于毒性试验和临床研究的制剂，给药途径也应与拟临床试验给药途径相关。制剂、浓度、给药部位和给药容量都可影响吸收模式。如有可能，在各项毒性试验中监测全身药物暴露情况对把握相关毒性的安全范围和控制临床试验风险性有重要价值。

当使用放射性标记蛋白质时，重要的是要显示放射标记的受试物质仍保持了与非标记受试物相当的活性和生物学性质。由于迅速的体内代谢或放射性标记物的不稳定连接，可能难以解释用放射性标记蛋白质得到的组织放射活性浓度和/或放射自显影数据。解释特定的放射性示踪氨基酸试验时应谨慎，因为氨基酸可进入与产品无关的蛋白质或多肽的再循环。

临床研究前应提供相关动物模型中的吸收、分布和清除的数据，以便根据暴露水平和给药剂量预测其安全范围。

（2）测定　应在个案分析基础上提出使用一种或多种测定方法，并阐述方法的科学合理性。通常考虑使用一种经过确证的方法。例如，一种放射性标记蛋白质给药后定量测定TCA沉淀部分的放射活性，可能提供一定的信息，但优先考虑使用一种特异的分析方法。较为理想的是动物和人体研究中使用相同的分析方法。应确定血浆/血清中的血浆结合蛋白和/或抗体对测定的可能影响。

（3）代谢　生物制品代谢的预期结果是降解成为小肽和各种氨基酸，通常对其代谢途径已有了解，因此一般不需要进行经典的生物转化试验，但应了解生物制品在生物基质（如血浆、血清、脑脊髓液）中的行为以及其与结合蛋白的可能影响，这对于其药效学和安全性评价都有重要价值。

生物技术药物药代动力学具有几个特点：体内代谢降解迅速，分布容积比较小，某些药物有非线性消除动力学；体内分布有组织特异性；降解部位广泛，大多数组织中均有降解发生。

生物技术药物的毒性评价应依据受试药品所提供的药物代谢动力学、药效学等研究的技术资料，并考虑到人和动物之间潜在的差异，正确选择动物种类、剂量、给药途径、给药时间和动物数量是很重要的。

（五）生物技术药物安全性实验的GLP符合性问题

1. 对研制方和国家管理人员的要求　在许多国家及国际组织的指导原则中提出，对于生物技术药物的安全性评价，研究方应尽早地与该产品的国家管理人员接触，面对新问题共同协作，利用过去的经验和现有的知识寻找解决办法、并达成共识。在具体问题具体分析的基础上，确保产品临床前安全性评价研究设计方法、标准等的适当性。例如在美国FDA，在IND之前，研究方与FDA/CBER的新药申请预备会议（Pre-IND），经会议讨论、咨询，确定临床前研究方案。

2. 对申报临床实验的临床前毒理学实验要求　应该在具有GLP资质的研究机构及在完全符合GLP的条件下完成实验。当有部分实验不完全符合规范时，应该确定不符合部分，说明理由，并判断其妥当性和写出相关报告；实验中尽可能应用已被证实的或标准化的检验方法，尽可能对一些全新的检验方法进行标准化和证实，使其符合GLP。

3. 供试品要求　在符合GLP的毒理学研究中，应该尽可能早地应用代表临床批号和拟临床应用剂型，在GMP条件下生产及全部描述其特征的供试品（物理-化学特征、生物学特征、活性、免疫原性、纯度和杂质），如果开发商自己不具备GMP生产条件，可以借用其他具有GMP生产条件的厂家生产供试品；如果不能在GMP条件下生产供试品，实验室生产按GLP要求进行，其产品生产质量控制与临床应用产品具有可比性，并通过批签发。

4. 安全人员培训　对于某些生物技术产品，要进行特殊专业及生物安全性培训。例如针对腺病毒载体基因治疗产品，要进行生物安全培训，动物群养要防止相互交叉感染，以及与腺病毒相关的全面的知识和检测方法。

5. 实验动物要求 使用动物进行安全性实验时，应该符合实验动物保护的国家和国际法规，符合生物安全性要求，符合 GLP 要求。

6. 转基因研究的要求 转基因研究中要符合 GLP 要求。

二、临床研究与安全性评价

生物技术药物与其他传统药物一样，在经过临床前安全性评价后必须经过临床试验评价药效学和安全性，才能保证生产上市产品的安全性。药物临床试验是指任何在人体（患者或健康志愿者）进行药物的系统性研究，以证实或揭示试验药物的作用、不良反应及/或试验药物的吸收、分布、代谢和排泄，目的是确定试验药物的疗效与安全性，其质量控制和管理必须要遵循我国的相关法规，包括《中华人民共和国药品管理法》《药品注册管理办法》《药物临床试验质量管理规范》等。新药临床试验必须遵循《世界医学大会赫尔辛基宣言》，必须符合《药物临床试验技术指导原则》中的各项规定。如果是国际多中心临床试验，还需要符合其他国家的相关法规、伦理和科学，这是临床试验的基本原则。我国的 GCP 条例于 2003 年 9 月实施，要求所有进行临床试验的药物都要参照 GCP 标准执行。

临床试验质量控制一般包括几个方面：①定期验证试验系统与校准仪器设备；②所有人员严格按照试验方案与各项 SOP 进行操作；③数据的记录要及时、直接、准确、清楚；④经常检查数据记录的准确性、完整性；⑤数据的统计处理采用验证的可靠的统计软件，数据的输入采用有效的质控措施。在临床试验中特别强调试验记录的质量控制。

与传统的化学药物一样，生物技术药物临床试验包括Ⅰ、Ⅱ、Ⅲ、Ⅳ期试验。Ⅰ期试验研究在正常人体中进行，主要评价生物技术药物对人体的初始安全性和耐受性以及确定药物代谢动力学参数，一般选用正常健康人 30 ~ 50 例。Ⅱ期临床试验初步探索生物技术药物的药效学，通过随机和同期对照的研究，以评价药物对目标适应证的疗效和安全性，为Ⅲ期临床试验确定给药剂量和给药方案，一般选择患者 100 ~ 200 对。Ⅲ期临床试验在较大规模范围内验证药物的有效性和安全性，研究内容涉及进一步探索剂量 - 效应关系，对更广泛人群、疾病的不同阶段或合并用药进行研究。选择病例数将达到 500 例以上。Ⅳ期临床试验是在新药投产以后进行，为上市后临床试验或称为上市后药物监察（postmarketing surveilance，PMS）。目的是对已在临床广泛应用的新药进行社会性考察，着重于新药的不良反应（adverse drug reaction，ADR）监察。Ⅳ期临床试验一般可不设对照组，但应在多家医院进行，观察例数通常不少于 220 例。本期试验应注意对不良反应、禁忌、长期疗效和使用时的注意事项进行考察，以便及时发现可能有的远期不良反应，并对其远期疗效加以评估。此外，还应进一步考察药物对患者的经济与生活质量的影响。

生物技术药物的临床评价的主要难点之一体现在生物技术药物的药代动力学研究的特殊性。由于生物技术药物具有种族特异性、免疫原性和非预期的多向活性等特点，这使得其在体内的药代动力学研究受到诸多因素的限制，尤其是测定方法的建立遇到很大困难，因此选择正确的药代动力学研究方法至关重要。蛋白质多肽类药物的药代动力学十分复杂，受给药途径、给药方案、结合蛋白、种属差异、内源性物质等多种因素影响。一般来说，在动物药代动力学研究阶段，首选放射性核素示踪法结合电泳法或 HPLC 法进行全面药代动力学研究，同时选用免疫分析法和生物检定法测定血液药物浓度的动力学。用两种以上方法彼此互相补充和验证，可获得可靠并与临床研究衔接的药代动力学资料，是进行此类药物药代动力学研究的最佳选择。在蛋白质多肽类药物的吸收和分布研究中，发展新技术以获得可靠的临床药代动力学参数是非常重要的。目前关于单克隆抗体的药代动力学研究还不是很多，一般多采用放射性核素标记或 ELISA 法进行定量分析。

由于生物技术药物结构的复杂性，同时各种分析方法在某一方面都有不足之处，因此，在实际操作中应当根据具体情况和条件选择合适的方法以求得到可靠的并与临床研究衔接的药代动力学资料，几种方法联用进行此类药物的药代动力学研究是最佳的选择。

第三节　生物技术药物的生产质量管理规范

扫码“学一学”

一、GMP 的特殊性

药品生产质量管理规范，其英文名称为 Good Manufacturing Practices for Drugs，简称 GMP，于 1962 年首先由美国食品药品管理局（FDA）提出作为药品质量管理的法定性文件。1969 年世界卫生组织公布药品生产和质量控制规范（good practices for the manufacture and quality control of drugs）。随后世界上很多国家都先后制定和颁布了本国的 GMP。我国于 1988 年 3 月，颁布了《药品生产质量管理规范》，并于 1992 年和 1998 年两次修订《药品生产质量管理规范》，并建议国内药品企业在 2004 年全部实施《药品生产质量管理规范》，并进行 GMP 认证。

生物技术药物不同于传统的化学药物和中药，在生产质量管理方面纳入生物制品生产质量管理规范。考虑到生物技术药物生产质量控制和使用方法都有其特殊要求，世界卫生组织于 1992 年公布了《生物技术药物生产质量管理规范》，规定其适用范围：疫苗、抗原、反应原、激素、细胞因子、酶、人全血及其血浆衍生物、免疫球蛋白（包括单克隆抗体）、发酵制品（包括重组 DNA 制品）及体内体外诊断试剂等。该生物技术药物 GMP 与先前的药品 GMP 的基本原则和要求是一致的，主要明确提出了针对生物技术药物的生产和质量控制的相关特定要求作出相关规定和补充。主要包括：适用范围、原则、人员、厂房和设备、动物设施及管理、生产、标签、批检记录及分装记录、质量保证及控制九个部分。我国虽未制定及颁布《生物技术药物生产质量管理规范》，但在 1998 年修订版《药品生产质量管理规范》的附录“五、生物技术药物”中，对生物技术药物特殊要求作出明确规定。生物技术药物中的重组 DNA 制品和单克隆抗体也属于生物技术药物管理范畴，遵循生物技术药物生产质量管理规范。

防止产品交叉污染是生物技术药物厂房设计的重点。尤其是处理活性物体的工序。这些场所使用的设备、工具等都应有可靠的预防措施，专用的容器应贴签、灭菌后使用。处理活性物体直至完成灭活处理的设备均应专用。以人血或血浆衍生物为原料的生产设备和装置应专用。

对生产、管理人员要求更为严格。从事生物技术药物制造的技术、质量控制人员应有细菌学、病毒学、生物统计学、化学、医药、免疫学等学科基础知识和实践经验。为保证产品安全性，要考虑人员的免疫情况。一切参与生产、维修、检验和动物房管理的人员，应定期体检，并接种合适的疫苗。任何健康不正常或免疫状况发生变化的情况，如伤风、咳嗽、感染、腹泻等都应报告，必要时应调离岗位。从事无菌操作的人员应遵循无菌工作规定，与无菌操作无关的人员不得进入无菌区。检查、控制尽可能在区域外进行，必须进入时应严格按规定换鞋、更衣。从事动物组织材料和微生物培养基工作人员不得进入无菌区。

随着生命科学的不断进展和生物技术药物的不断创新，生物技术药物的生产质量控制和生产管理规范将会得到更多的重视，相关的管理法规和指南也将会不断完善。

二、我国生物技术药物的质量管理法规和技术指南

国家药品监督管理局先后制定了适合各类生物技术药物的系列技术指南和技术指导原则，这些指导原则和要求在保障生物技术药物产品的研究、开发、生产和使用过程中的安全有效方面起着重要作用。主要的技术指南和指导原则如下：

《中国药典》（2020 年版）（三部、四部）（NMPA，2020）

《生物类似药研发与评价技术指导原则》（NMPA，2015）

《治疗用生物制品非临床安全性评价指导原则》（NMPA，2010）

《预防用疫苗临床前研究技术指导原则》（NMPA，2010）

《人用重组 DNA 制品质量控制要点》（NMPA，1992）

《人用鼠源性单克隆抗体质量控制要点》（NMPA，1999）

《人用重组 DNA 制品质量控制技术指导原则》（NMPA，2003）

《人用单克隆抗体质量控制技术指导原则》（NMPA，2003）

《人基因治疗研究和制剂质量控制技术指导原则》（NMPA，2004）

《预防用 DNA 疫苗临床前研究技术指导原则》（NMPA，2004）

《艾滋病疫苗临床研究技术指导原则》（NMPA，2004）

《人体细胞治疗研究和制剂质量控制技术指导原则》（NMPA，2004）

《生物制品生产企业 GMP 检查指南》（WHO，1994）

《DNA 疫苗质量保证指南》（WHO，1997）

《DNA 疫苗的质量控制及非临床安全性评估指南》（WHO，2005）

《生物技术药物的临床前安全性评价》（ICH，1997）

《人用药物的安全药理研究》（ICH，2000）

《人用药物的免疫毒理研究》（ICH，2005）

《生物技术产品稳定性试验》（FDA，1995）

重点小结

本章重点是重组DNA制品的质量控制要点，难点在于质量控制的方法学研究和生物学活性测定的方法和意义。

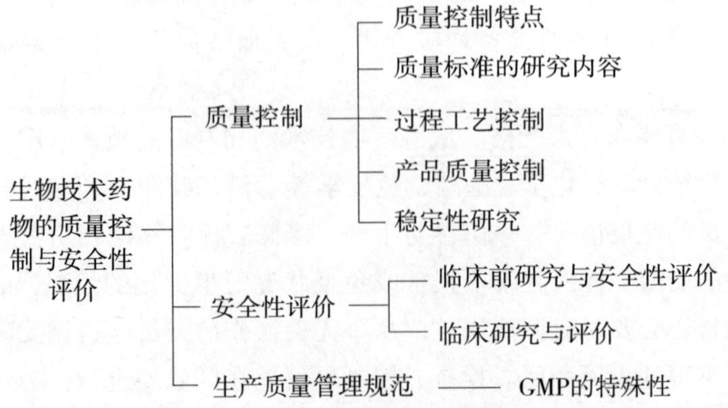

思考题

1. 简述生物技术药物质量控制的特殊性。
2. 简述生物技术药物质量标准研究的主要内容。
3. 简述生物药物活性测定方法分类及用途。
4. 蛋白质含量测定和纯度分析的方法有哪些?
5. 生物技术药物生物活性测定的意义和方法。
6. 简述生物技术药物质量控制中的安全性检测内容。
7. 分析生物技术药物临床前安全评价的特殊性。
8. 简述生物技术药物 GMP 的特殊性。

扫码“练一练”

（胡昌华）

附　录

附录一　FDA 批准上市的生物技术药物

产品	商品名	公司	首次批准时间	适应证
大肠杆菌表达产品（Produced by *E*，*coli*）				
多肽（ploypeptides）				
Teriparatide 甲状旁腺激素 1～34	Forteo	Eli Lilly	2002. 11	骨质疏松
Nesiritide， 利尿钠肽，hBNP	Natrecor	Scios	2001. 8	充血性心力衰竭
激素（Hormones）				
Human Somatropin 人生长激素	Bio Tropin Geno Tropin Humatrope Norditropin Nutropin Depot Nutropin A（i Protropin Somavert（PEG 化）	Biotech General Pharmacia Eli Lilly Novo Nordisk Genentech Genentech Genentech Nektar/ Pfizer	1995. 5 1995. 8 1996. 8 1995. 5 1999. 12 1993. 11 1985. 10 2003. 3	矮小症 肢端肥大症
Human Insulin，胰岛素	Humulin	Eli Lilly	1982. 1	糖尿病
Insulin lispro， 胰岛素突变体	Humalog Humalog Mix75/25	Eli Lilly	1996. 6 1996. 6	糖尿病
Insulin Glargine， 胰岛素突变体	Lantus	Eli Lilly	2000. 4	糖尿病
酶（Enzymes）				
Reteplase，tPA 突变体	Retavase	Centocor	1996 . 10	急性心梗
Collagenase Clostridium Histolyticum， 胶原酶溶组织梭菌， 胶原酶 AUX-I、 AUX-Ⅱ	Xiaflex（芽孢梭菌）	Auxilium pharms	2010. 2	损伤手掌功能的杜普伊特伦挛缩征
Pegloticase， 聚乙二醇重组尿酸酶	Krystexxa	Savient Pharms	2010. 9	常规治疗难治的成年患者慢性痛风
Asparaginase Erwinia chrysanthemi， L-门冬酰胺酶	Erwinaze（欧文菌）	EUSA Pharma	2011. 11	治疗部分急性淋巴细胞白血病（ALL）

续表

产品	商品名	公司	首次批准时间	适应证
Glucarpidase，羧肽酶	Voraxaze	BTG International	2012. 1	肾功能受损有延长甲氨蝶呤清除率患者中毒性血浆甲氨蝶呤
细胞因子（Cytokines）				
rhG-CSF， 粒细胞集落刺激因子	Neupogen Neulasta（PEG 化）	Amgen Amgen	1991. 2 2002. 1	白细胞减少
rh IL-1 Ra. IL-1 拮抗剂	Kineret	Amgen	2001. 11	类风湿关节炎
Interleukin eleven，IL-11	Neumega	Wyeth	1997. 11	血小板减少
Interleukin two，IL-2	Proleukln	Chiron	1992. 5	肾瘤、黑色素瘤
Interferon alfacon-1	Infergen	InterMune/ Amgen	1997. 10	丙肝
Interferon α-2a， 干扰素 α-2a	Roferon- A Pegasys（PEG 化）	Hoffmann- La Roche Roche/Nektar	1986. 6 2002. 10	乙肝、丙肝、白血病、Kaposi′s 肉瘤等
Interferon α-2a， 干扰素 α-2b	Intron A PEG- Intron（PEG 化） Rebetron （联合病毒唑）	Schering- Plough Enzon /Schering- Plough Schering- Plough	1986. 6 2001. 8 1998. 6	乙肝、丙肝、非甲非乙型肝炎、白血病、Kaposi′s 肉瘤等
Interferon β-1b， 干扰素 β-1b	Betaseron Extavia	Berlex /Chiron Novartis Pharm	1993. 8 2009. 8	多发性硬皮病
Interferon γ-1b， 干扰素 γ-1b	Actimmune	Inter Mune	1990. 12	慢性肉芽肿病、重度恶性骨骼石化症
Peginterferon alfa-2a， 聚乙二醇干扰素 α-2a	Peginterferon	Hoffman- La Roche	2004. 6	丙型肝炎病毒感染
Peginterferon alfa-2b， 聚乙二醇干扰素 α-2b	PegIntron/Rebetol Combo Pack	Schering	2008. 6	慢性丙型肝炎并带有补偿肝脏疾病的患者
Palifermin， 人角质细胞生长因子	Kepivance	Biovitrum AB	2004. 12	白血病或淋巴瘤患者放化疗产生的黏膜炎
Ranibizumab， 重组人源化 IgG1	Lucentis	Genentech	2006. 6	1. 新生血管性年龄相关性（湿性）黄斑退行性变性（AMD） 2. 视网膜血管闭塞（RVO）后黄斑水肿
Certolizumab pegol， TNF 阻滞剂	Cimzia	UCB INC	2008. 4	用于治疗 Crohn 病和中重度类风湿关节炎（RA）
Romiplostim， 模拟 TPO 激动 cMpl	Nplate	Amgen	2008. 8	患慢性免疫（特发性）血小板减少性紫癜（ITP）的血小板减少症患者
AbobotulinumtoxinA， 神经毒素 A 型	Dyspor （A 型肉毒杆菌） Xeomin	Ipsen Biopharm Ltd Merz Pharma	2009. 4 2010. 7	1. 成人颈肌张力障碍患者 2. 中-重度眉间纹患者

续表

产品	商品名	公司	首次批准时间	适应证
Tbo-filgrastim，重组非糖基化甲硫氨酰基人粒细胞集落刺激生长因子	Tbo-filgrastim	SICOR Biotech	2012.8	治疗因接受化疗而导致中性粒细胞减少症的非骨髓恶性肿瘤患者
Metreleptin，重组人瘦素	Myalept	Amylin Pharms	2014.2	治疗有瘦素缺乏症并发症的先天性或获得性全身脂肪代谢障碍患者
疫苗（Vaccine）				
OspA lipoprotein，OspA 脂蛋白	LYMErix	Glaxo Smith Kline	1998.12	预防莱姆病
其他				
Denileukin diftitox 白喉毒素-IL 2 融合蛋白	Ontak	Ligand Pharmaceuticals	1999.2	T 细胞淋巴瘤
酵母表达的产品（Produced by Yeast）				
多肽（ploypeptides）				
Glucagon 胰高血糖素	GlucaGen	Novo Nordisk	1998.6	低血糖症
激素（Hormones）				
Human Insulin，胰岛素	Novolin Novolin L Novolin N Novolin R Novolin 70/30 Velosulin	Novo Nordisk Novo Nordisk Novo Nordisk Novo Nordisk Novo Nordisk Novo Nordisk	1982.10 1991.6 1991.7 1991.6 1991.6 1999.7	糖尿病
Insulin Aspart，胰岛素突变体	NovoLog	Novo Nordisk	2000.5	糖尿病
酶（Enzymes）				
Rasburicase，尿酸降解酶	Elitek	Sanofi-Synthelabo	2002.7	血浆尿酸症
Ocriplasmin，人纤溶酶	Jetrea	Thrombo Genics Inc	2012，10	治疗玻璃体黄斑粘连（VMT）
细胞因子（Cytokines）				
rhGM-SCF	Leukine（sargarmostim）	Berlex Laboratories	1991.3	自体骨髓移植：急性髓性白血病化疗引起的白细胞中毒
rhPDGF-BB，血小板衍生生长因子	Regranex Gel（gel becaplermin）	Chiron	1997.12	糖尿病足溃疡
Ecallantide，人血浆血管急促素抑制剂	Kalbitor	Dyax Corp	2009.11	突发遗传性血管水肿
Albiglutide，GLP-1 受体激动剂	Tanzeum	GlaxoSmith Kline LLC	2014.4	治疗 2 型糖尿病成人患者的血糖控制

续表

产品	商品名	公司	首次批准时间	适应证
疫苗（Vaccine）				
Hepatitis B vaccine，乙肝疫苗	Engerix-B Recombivax-HB	GlaxoSmithKline Merck	1989.9 1986.7	预防乙肝
其他				
Lepirudin，水蛭素	Refludan	Berlex Laboratories	1998.3	抗凝
哺乳动物细胞表达的产品（括号中为宿主细胞）				
激素（Hormones）				
Human Somatropin，人生长激素	Saizen（Mouse C127） Zorbtive（Mouse C127）	Serono S. A Serono S. A	1996.10 1996.8	矮小症
Follitropin beta，促滤泡素-β	Follistim（CHO）	Akzo Nobel	1997.9	不孕症
Follitropin alfa，促滤泡素-α	GonalF-（CHO）	Serono S. A	1998.9	不孕症
Human Chorionic Gonadotropin，人绒毛膜促性腺激素	Ovidrel	Serono S. A	2000.9	不孕症
Thyrotropin alfa，促甲状腺素	Thyrogen（CHO）	Genzyme	1998.12	不孕症
酶（Enzymes）				
Alteplase，tPA	Activase（CHO）	Genentech	1987.11	急性心梗；肺栓塞，急性脑中风
Urokinase，尿激酶	Abbokinase（胎肾细胞培养）	Abbott	2002.1	肺栓塞
Laronidase，黏多糖-α-L-艾杜糖醛酸水解酶	Aldurayme（CHO）	Genzyme	2003.4	黏多糖贮积病
Imiglucerase，葡糖脑苷脂酶	Cereryme（CHO）	Genzyme	1994.5	Gaucher's 病
Algasidase beta，半乳糖苷酶-β	Fabraryme（CHO）	Genzyme	2003.4	Fabry's 病
Dornase alfa，DNA 酶	Pulmoryme（CHO）	Genentech	1993.12	囊性纤维化
Tenecteplase，t PA 突变体	TNKase（CHO）	Genentech	2000.6	急性心梗
Galsulfase，多态人类酶	Naglazyme（CHO）	BioMarin	2005.5	治疗黏多糖病Ⅵ型（MPSⅥ）
Alglucosidase Alfa，酸性α-葡萄糖苷酶	Myozyme（CHO） Lumizyme（CHO）	Genzyme	2006.4 2010.5	治疗庞贝病（Pompe/糖原累积症Ⅱ型）

续表

产品	商品名	公司	首次批准时间	适应证
Idursulfase, 硫酸酯酶	Elaprase （人细胞系）	Shire	2006. 7	亨特综合征（黏多糖症Ⅱ，MPSⅡ）
Elosulfase alfa, 糖胺 - 特异性酶	Vimizim（CHO）	Biomarin Pharm	2014. 2	治疗黏多糖贮积症类型ⅣA（Morquio A 综合征）
凝血因子（Blood clotting factors）				
Coagulation Factor Ⅶa	NovoSeven（BHK）	Novo Nordisk	1999. 3	血友病 A 或 B
Coagulation Factor Ⅸ	BeneFix（CHO）	Wyeth	1997. 2	血友病 B
Antihemophilic Factor Ⅷ	Bioclate	Aventis Behring	1993. 12	血友病 A
Antihemophilic Factor Ⅶ	Helixate（BHK） Kogenate FS（BHK）	Aventis Behring Bayer	1994. 2 1989. 9	血友病 A
Antihemophilic Factor Ⅷ	Recombinate rAHF （CHO）	Baxter Healthcare	1992. 2	血友病 A
Factor Ⅷ（无 B 链）	ReFacto（CHO）	Wyeth	2000. 3	血友病 A
细胞因子（Cytokines）				
Interferon α-N3, 干扰素 α-N3	Alferon （人白细胞培养诱导）	Interferon Sciences	1989. 1	生殖器疱疹
Interferon α-n1, 干扰素 α-n1	Wellferon（人成淋巴细胞培养与诱导）	GlaxoSmithKline	1999. 3	丙型肝炎
Interferon-1α, 干扰素-1α	Avonex（CHO） Rebif（CHO）	Biogen/ Idec Serono S. A/Pfizer	1996. 5 2002. 3	多发性硬皮病
Darbepoetin alfa, EPO 突变体	Aranesp（CHO）	Amgen	2001. 9	肾性贫血
Epoietin alfa, EPO 促红细胞生成素	Epogen（CHO） Procrit	Amgen Ortho Biotech	1989. 6 1990. 12	肾性贫血
rh Bone Morphogenetic sprotein-2, rhBMP-2	INFUSE Bone Graft /LT-AGE（CHO）	Wyeth and Medtronic Sofamor Danek	2002. 7	脊骨退行性病变的脊骨融合
rh Osteogenic protein 1, BMP-7	Osigraft（CHO）	Stryker	2001. 8	胫骨骨折
Ethoxy Polyethylene Glycol-epoetin beta	Mircera	Hoffman-La Roche	2007. 11	慢性肾病所引起的症状性贫血
Rilonacept，人白细胞介素受体（IL-1R）的配体结合域	Arcalyst（CHO）	Regeneron	2008. 2	1. 冷吡啉相关的周期性综合征（CAPS） 2. 家族冷自主炎症综合征（FCAS）
治疗性单克隆抗体（Therapeutical Monoclonal Antibodies）				
Bevacizumab （anti-EGFR）	Avastin （人源化，CHO）	Genentech	2004. 2	转移性结肠癌或直肠癌
1-131 Tositumomab （Anti-CD20）	Bexxar （鼠源，杂交瘤）	Corixa Corp. and GlaxoSmithKline	2003. 6	non-Hodgkin's 淋巴瘤

续表

产品	商品名	公司	首次批准时间	适应证
Alemtuzumab (anti-CD52)	Campath (人源化，CHO)	Ilex Oncology/ Millennium Pharmaceuticals/ Berlex Laboratories	2001.5	B-细胞慢性淋巴细胞白血病
Cetuximab (anti-EGFR)	Erbitux (嵌合，鼠骨髓瘤)	ImClone/ BMS	2004.2	转移性结肠癌或直肠癌
Trastuzumab (antiHER-2)	Herceptin (人源化，CHO)	Genentech	1998.9	转移性乳腺癌
Adalimumab (anti-TNFα)	Humira (人源)	CAT/ Abbott	2002.12	重度类风湿关节炎
Gemtuzumab ozogamicin (Anti-CD33)	Mylotarg (人源化，NSO)	Celltech / Wyeth	2000.5	CD33 $^{+}$ 急性髓性白血病
Muromomab-CD3 (anti-CD3)	Orthoclone OKT3 (鼠源，杂交瘤)	Ortho Biotech	1986.6	肾移植急性排斥
Efalizumab (anti-CD11a)	Raptiva (人源化，CHO)	Xoma/ Genentech	2003.10	慢性中重度银屑病
Infliximab (anti-TNFα)	Remicade (嵌合，NSO)	Centocor	1998.8	Crohn's 病；类风湿关节炎
Abciximab (Anti-GPllb/llla)	ReoPro (嵌合，NSO)	Centocor	1994.12	抗凝
Rituximab (Anti-CD20)	Rituxan (嵌合，CHO)	IDEC/ Genentech	1997.11	CD20 $^{+}$ B 细胞 non-Hodgkin's 淋巴瘤
Basiliximab (Anti-CD25)	Simulect (嵌合，鼠骨髓瘤)	Novartis	1998.5	肾移植急性排斥
Palivizumab (Anti-F protein of RSV)	Synagis (人源化，NSO)	Medlmmune	1998.6	防治小儿下呼吸道合胞病毒感染
Omalizumab (Anti-IgE)	Xolair (人源化，CHO)	Genentech/ Tanox/ Novartis	2003.6	中重度持续性哮喘
Daclizumab (Anti-CD25)	Zenapax (人源化，CHO)	Hoffmann-La Roche	1997.12	肾移植急性排斥
Ibritumomab Tiuxetan (Anti-CD20)	Zevalin (鼠源，杂交瘤)	IDEC	2002.2	B 细胞 non-Hodgkin's 淋巴瘤
Golimumab，人重组 IgG1κ 特异性针对 TNFα	Simponi (重组细胞系) Simponi Aria (重组细胞系)	Centocor Ortho Biotech Inc Janssen Biotech	2009.4 2013.7	1. 与免疫抑制剂甲氨蝶呤 (MTX) 联用治疗中度至严重活动性类风湿关节炎 2. 与 MTX 联用或单用治疗银屑病关节炎 3. 单用于强直性脊柱炎治疗
Canakinumab, IgG1/κ 亚型抗人 IL-1β	Ilaris (鼠类 Sp2/0-Ag14 细胞株)	Novartis Pharm	2009.6	成年和儿童 4 岁和以上隐热蛋白 (cryopyrin) 相关周期综合征 (CAPS)

续表

产品	商品名	公司	首次批准时间	适应证
Ustekinumab，IgG1κ 抗 IL-12 和 IL-23 细胞因子	Stelara（细胞系）	Centocor Ortho Biotech Inc	2009. 9	治疗银屑病关节炎和中重度克罗恩病
Ofatumumab，IgG1κ 单抗	Arzerra（重组小鼠细胞株 NS0）	Glaxo Grp Ltd	2009. 10	慢性淋巴细胞白血病（CLL）患者
Tocilizumab，IgG1κ 亚型抗 IL-6 受体	Actemra Actemra	Genentech Genentech	2010. 1 2013. 1	一种或多种肿瘤坏死因子拮抗剂应答不充分的成人中-重度风湿性关节炎（RA）患者
Denosumab，IgG_2 抗核因子配体的受体活化（RANKL）	Prolia（CHO） Xgeva（CHO）	Amgen Amgen	2010. 6	1. 骨质疏松症高危骨折的绝经后妇女 2. 增加男女性骨质疏松症的高风险骨折的骨量
Belatacep，择性 T 细胞共刺激 β 受体拮抗剂	Nulojix（哺乳动物细胞表达系统）	Bristol-Myers Squibb	2011. 6	成年患者接受肾移植中预防器官排斥
Brentuximab vedotin，anti-CD30	Adcetris（人源化 CHO）	Seattle Genetics	2011. 8	治疗霍奇金淋巴瘤以及复发性间变性大细胞淋巴瘤（ALCL）
Aflibercept，构成细胞外 VEGF 受体 1、2	Eylea（人源化 CHO）	Regeneron Pharmaceuticals	2011. 11	湿性老年性黄斑变性（AMD）以及视网膜中央静脉阻塞（CR-VO）继发黄斑水肿（ME）
Pertuzumab，抗人表皮生长因子受体 2（HER2）	Perjeta（人源化 CHO）	Genentech	2012. 6	HER-2 阳性的晚期（转移性）乳腺癌
Ziv-aflibercept，构成 VEGF 受体连接部分	Zaltrap（人源化 CHO）	Sanofi Aventis Us	2012. 8	治疗转移性结直肠癌
Belimumab，IgG1λ 特异性 B 淋巴细胞刺激蛋白质（BLyS）	Benlysta（人源化 CHO）	Human Genome Sciences Inc	2011. 3	靶向治疗红斑狼疮
Ipilimumab，抗细胞毒性 T 淋巴细胞相关抗原 4	Yervoy（人源化 CHO）	Bristol-Myers Squibb	2011. 3	治疗不可切除的或转移性黑色素瘤
Raxibacumab，IgG1λ 抗炭疽杆菌毒素的 PA	Raxibacumab（小鼠细胞）	Human Genome Sciences Inc	2012. 12	治疗吸入性炭疽病
Ado-trastuzumab emtansine，anti-HER2 IgG1	Kadcyla（人源化 CHO）	Genentech	2013. 2	治疗 HER-2 阳性，晚期（转移）乳腺癌患者
Obinutuzumab，anti-CD20	Gazyva（人源化 CHO）	Genentech	2013. 11	未接受过其他治疗的慢性淋巴细胞白血病患者
Ramucirumab，IgG1 特异性结合血管内皮生长因子受体 2	Cyramza（NS0）	Eli Lilly and Co	2014. 4	治疗晚期胃癌或胃食管连接部腺癌
Siltuximab，结合 IL-6	Sylvant（嵌合 CHO）	Janssen Biotech	2014. 4	HIV 阴性和人类疱疹病毒-8（HHV-8）阴性的多中心型巨大淋巴结增生症（MCD）患者

续表

产品	商品名	公司	首次批准时间	适应证
Vedolizumab，IgG1 整合素受体拮抗剂	Entyvio（人源化 CHO）	Takeda Pharms Usa	2014. 5	中度至重度活动性溃疡性结肠炎和克罗恩病成人患者
Natalizumab，人源化 IgG4κ	Tysabri（鼠骨髓瘤）	Biogen Idec	2004. 11	多发性硬皮症（multiple sclerosis，MS）
Abatacept，CTLA-4	Orencia	Bristol-Myers Squibb	2005. 12	缓解中、重度类风湿关节炎（RA）患者的症状和体征
Panitumumab，IgG2 结合 EGFR	Vectibix（人源化 CHO）	Amgen	2006. 9	适用于单药治疗或氟尿嘧啶奥沙利铂和伊立替康化疗后疾病的转移性直肠癌
Eculizumab，IgG2/4κ 抗体	Soliris（鼠骨髓瘤）	Alexion Pharm	2007. 3	阵发性睡眠性血红蛋白尿症（PNH），以减少溶血
体内诊断用鼠源单抗成像剂（Imaging agents of murine monoclonal antibodies）				
Technetium-99 acritumomab Anti-CEA	CEAScan	Immunomedics	1996. 6	转移性直肠结肠癌成像
Indium-111 Imciromab pentetate，Anti-human cardiac myosin	MyoScint not on market	Centocor	1996. 5	心肌梗死成像
Technetium-99 Nofetumomab Anti-carcinoma-Associated Antigen	Verluma not on market	Boehringer Ingelheim/NeoRx	1996. 8	小细胞肺癌成像
Indium-111 Capromab pendetide，Anti-PSMA，a tumor surface antigen	Prosta Scint	Cytogen	1996. 1	前列腺癌成像
Indium-111 satumomab pendetide，Anti-TAG-72，a tumor-associated glycoprotein	Onco Scint CRIOV not on market	Cytogen	1992. 12	结肠直肠、卵巢癌成像
Cell/tissue therapy（tissue engineering products）				
Living human skin substitute，组织工程皮肤	Apligraf	Organogenesis/Novartis	1998. 5	胫静脉溃疡；糖尿病足部溃疡
Autologous cultured chondrocytes，组织工程软骨	Carticel	Genzyme	1997. 8	重建受损膝盖关节软骨

续表

产品	商品名	公司	首次批准时间	适应证
Human dermal substitute，正在工程皮肤	Dermagraft	Advanced Tissue Sciences Inc. / Smith&Nephew plc	2001.9	糖尿病足部溃疡
Composite cultured skin，组织工程皮肤	orcei	Ortec International	2001.2	烧伤
Others				
Alefacept，LFA3-Fc 融合蛋自	Amevive（CHO）	Biogen/Idec	2003.1	中、重度银屑病
Etanercept，TNFR-Fc 融合蛋自	ENBREL（CHO）	Amgen/Wyeth	1998.11	中、重度类风湿关节炎，银屑病
Drotrecogin alfa，活化蛋自 C	Xigris（CHO）	Eli Lilly	2001.11	脓毒症
TECHNETIUM（^{99m}Tc）fanolesomab	NeutroSpec（杂交瘤）	Palatin Technologies	2004.7	阑尾炎造影剂

附录二　FDA 批准上市的抗体药物

产品	商品名	公司	首次批准时间	适应证
Muromomab-CD3（anti-CD3）莫罗单抗	Orthoclone OKT3（鼠源，杂交瘤）爱欧山	Ortho Biotech	1986.06	肾移植急性排斥
Abciximab（Anti-GPIIb/IIIa）阿昔单抗	ReoPro（嵌合，NS0）	Centocor	1994.12	抗凝
Rituximab（Anti-CD20）利妥昔单抗	Rituxan /MabThera（嵌合，CHO）美罗华	IDEC/ Genentech	1997.11	CD20$^+$ B 细胞 non- Hodgkin′s 淋巴瘤、类风湿关节炎（2006）、慢性淋巴细胞白血病
Daclizumab（Anti-CD25）	Zenapax（人源化，CHO）	Hoffmann-La Roche	1997.12	肾移植急性排斥
Basiliximab（Anti-CD25）巴利昔单抗	Simulect（嵌合，鼠骨髓瘤）舒莱	Novartis	1998.05	肾移植急性排斥
Palivizumab（Anti-F protein of RSV）帕利珠单抗	Synagis（人源化，NS0）	MedImmune	1998.06	防治小儿下呼吸道合胞病毒感染
Infliximab（anti-TNFa））英夫利昔单抗	Remicade（嵌合，NS0）类克	Centocor	1998.08	Crohn′s 病、溃疡性结肠炎、类风湿关节炎、强直性脊柱炎、银屑病性关节炎、斑块状银屑病
Trastuzumab（anti-HER-2）曲妥珠单抗	Herceptin（人源化，CHO）赫赛汀	Genentech	1998.09	过度表现基因 HER-2 的转移性乳腺癌、乳腺癌的辅助性疗法、HER-2 受体为阳性的转移性胃癌

续表

产品	商品名	公司	首次批准时间	适应证
Etanercept（TNFR-Fc 融合蛋白）依那西普	ENBREL（CHO）恩利	Amgen/Wyeth	1998.11	中、重度类风湿关节炎、银屑病
Gemtuzumab ozogamicin（Anti-CD33）	Mylotarg（人源化，NS0）	Celltech / Wyeth	2000.05	CD33⁺急性髓性白血病
Alemtuzumab（anti-CD52）	Campath（人源化，CHO）	Ilex Oncology/ Millennium Pharmaceuticals/ Berlex Laboratories	2001.05	B 细胞慢性淋巴细胞白血病
Ibritumomab tiuxetan（Anti-CD20）	Zevalin（鼠源，杂交瘤）	IDEC	2002.02	B 细胞 non-Hodgkin's 淋巴瘤
Adalimumab（anti-TNFa）阿达木单抗	Humira（人源）修美乐	CAT/ Abbott	2002.12	风湿性关节炎、幼年特发性关节炎、银屑病性关节炎、强直性脊柱炎、克罗恩病、溃疡性结肠炎、斑块状银屑病
Alefacept，LFA3-Fc 融合蛋白	Amevive（CHO）	Biogen/Idec	2003.01	中、重度银屑病
Efalizumab（anti-CD11a）依法利珠单抗	Raptiva（人源化，CHO）瑞体肤	Xoma/ Genentech	2003.01	慢性中、重度银屑病
I-131 Tositumomab（Anti-CD20）	Bexxar（鼠源，杂交瘤）	Corixa Corp. and GlaxoSmithKline	2003.06	non-Hodgkin's 淋巴瘤
Omalizumab（Anti-IgE）奥马珠单抗	Xolair（人源化，CHO）索雷尔	Genentech/ Tanox/ Novartis	2003.06	中、重度持续性哮喘、慢性特发性荨麻疹（CIU）（2014）
Bevacizumab（anti-VEGF）贝伐（珠）单抗	Avastin（人源化，CHO）安维汀，阿瓦斯汀	Genentech	2004.02	结肠或直肠转移性癌，局部蔓延、复发、转移性非小细胞肺癌（2006），蔓延性 HER2-阴性乳腺癌（2008），胶质母细胞瘤（2009），转移性肾细胞癌的治疗
Cetuximab（anti-EGFR）西妥昔单抗	Erbitux（嵌合，鼠骨髓瘤）爱必妥	ImClone/ BMS	2004.02	转移性结肠癌或直肠癌，头颈鳞状细胞癌
Technetium（99mTc）fanolesomab（anti-CD15）	NeutroSpec（鼠源，杂交瘤）	Palatin Technologies	2004.07	阑尾炎疑似患者的鉴别诊断
Natalizumab（anti-α4-integrin）那他珠单抗	TYSABRI（人源化，骨髓瘤细胞）	Biogen Idec	2004.11	治疗多发性硬皮症（multiple sclerosis MS）
Abatacept，融合蛋白	ORENCIA（哺乳动物细胞）	Bristol-Myers Squibb Company	2005.01	治疗类风湿关节炎
Ranibizumab（anti-VEGF-A）雷珠单抗	LUCENTIS（人源化，大肠杆菌）诺适得	Genentech	2006.06	治疗新生血管性（湿性）年龄相关性黄斑变性（AMD）
Panitumumab（anti-EGFR）帕尼单抗	Vectibix（全人，CHO）维克替比	Amgen	2006.09	治疗结直肠癌

续表

产品	商品名	公司	首次批准时间	适应证
Eculizumab（anti-complement protein C5）	Soliris（人源化，骨髓瘤细胞）	Alexion Pharmaceuticals	2007. 03	治疗阵发性睡眠性血红蛋白尿（PNH）
Rilonacept 白介素-1 阻断剂	ARCALYST（CHO）	Regeneron Pharmaceuticals, Inc.	2008. 02	治疗成人和 12 岁及以上儿童的家族冷自主炎症综合征和穆-韦二综合征
Certolizumab Pegol（anti-TNFα）	Cimzia（人源化，大肠杆菌）	UCB	2008. 04	治疗克隆病（Crohn's disease）
Canakunumab（anti-human-IL-1β）	ILARIS（全人，骨髓瘤细胞）	Novartis Pharmaceuticals Corporation	2009. 06	治疗成年和儿童 4 岁以上隐热蛋白（cryopyrin）-相关周期综合征（CAPS）
Ustekinumab（anti-IL-12/23）	STELARA（全人，重组细胞株）	Centocor Ortho Biotech Inc.	2009. 09	治疗银屑病关节炎
Tocilizumab（anti-human IL-6 receptor）	ACTEMRA（人源化）	Genentech, Inc.	2010. 01	治疗中、重度活动性类风湿关节炎（RA）
Denosumab（anti-RANKL）地诺单抗	Prolia（全人，CHO）	Amgen Inc.	2010. 06	用于具有骨折高风险的绝经后女性骨质疏松症的治疗
Belimumab（anti-BLyS）	BENLYSTA（全人，哺乳动物细胞）	Human Genome Sciences, Inc.	2011. 03	治疗系统性红斑狼疮（SLE）
Ipilimumab（anti-CTLA4）易普利姆玛单克隆抗体	YERVOY（全人，CHO）	Bristol-Myers Squibb Company	2011. 03	治疗晚期（转移性）黑色素瘤
Belatacept 融合蛋白	NULOJIX（哺乳动物细胞）	Bristol-Myers Squibb Company	2011. 06	适用于在成年患者接受肾移植中预防器官排斥
Brentuximab Vedotin（cAC10-MMAE）	ADCETRIS（CHO）	Seattle Genetics, Inc.	2011. 08	治疗霍奇金淋巴瘤和系统性间变性大细胞淋巴瘤
Aflibercept 重组融合蛋白	EYLEA（CHO）	Regeneron Pharmaceuticals, Inc.	2011. 11	用于新生血管性年龄相关性黄斑变性（wet-AMD，湿性AMD）的治疗
Pertuzumab（anti-HER2）	PERJETA（人源化，CHO）	Genentech, Inc.	2012. 06	治疗 HER-2 阳性的晚期（转移性）乳腺癌
RAXIBACUMAB（anti-PA component of B. anthracis toxin）瑞西巴库单抗	Abthrax（全人，鼠细胞）	Human Genome Sciences, Inc.	2012. 12	吸入性炭疽治疗
Ado-trastuzumab emtansine（anti-HER2）	KADCYLA（人源化，CHO）	Genentech, Inc.	2013. 02	对转移疾病以前接受治疗，或完成辅助治疗期间或 6 个月内疾病复发
Golimumab（anti-TNF）	SIMPONI ARIA（全人，重组细胞株）	Janssen Biotech, Inc.	2013. 07	联合甲氨蝶呤治疗中度至重度成人活动性风湿性关节炎（RA）成人患者

续表

产品	商品名	公司	首次批准时间	适应证
Obinutuzumab (anti-CD20)	GAZYVA（人源化，CHO）	Genentech	2013.11	联合苯丁酸氮芥（chlorambucil）化疗，用于既往未经治疗的慢性淋巴细胞白血病（CLL）患者
Ramucirumab (anti-VEGFR2) 雷莫芦单抗	Cyramza（嵌合，CHO）礼来	Elililly And Co	2014.04	晚期胃癌或胃-食管结合部腺癌
Siltuximab (anti-IL-6)	SYLVANT（嵌合，CHO）	Janssen Biotech	2014.04	多中心 Castleman 病（MCD）人免疫缺陷病毒（HIV）阴性和人类疱疹病毒-8（HHV-8）阴性患者
Vedolizumab（anti-α4β7 整合素）维多珠单抗	Entyvio（人源化，CHO）	Takeda Phlarms USA	2014.05	溃疡性结肠炎或克罗恩病

参考文献

[1]王友同，吴文俊，李谦，等．近年来我国生物技术药物研究进展和趋势［J］．药物生物技术，2013，20（1）：1－11.

[2]孟祥海，高山行，舒成利．生物技术药物发展现状及我国的对策［J］．中国软科学，2014，4：14－24.

[3]郭葆玉．生物技术药物［M］．北京：清华大学出版社，2011.

[4]王凤山．生物技术制药［M］．北京：人民卫生出版社，2011.

[5]李元．基因工程药物下游技术［M］．北京：化学工业出版社，2010.

[6]杜方川，王芬，神应强，等．非天然氨基酸修饰蛋白质研究进展［J］．杭州师范大学学报，2013，12（5）：438－445.

[7]刘亚光，方正之，姚文兵．遗传密码扩充技术在蛋白质研究中的应用进展［J］．中国生化药物杂志，2011，32（4）：328－311.

[8]殷红．细胞工程［M］．北京：化学工业出版社，2013.

[9]杨桂文．细胞工程［M］．北京：科学出版社，2016.

[10]陈朱波．流式细胞术：原理、操作及应用［M］．北京：科学出版社，2010.

[11]崔红娟．干细胞生物学［M］．重庆：西南师范大学出版社，2014.

[12]弗雷谢尼．动物细胞培养：基本技术和特殊应用指南［M］．指南北京：科学出版社，2016.

[13]彭静，黄聪，蒋思文．诱导多潜能干细胞（iPSCs）的临床应用进展［J］．科学通报，2014，59（9）：763－768.

[14]王军志．生物技术药物研究开发和质量控制［M］．北京：科学出版社，2018.

[15]马炜梁．植物学［M］．北京：高等教育出版社，2015.

[16]王志明．治疗性单克隆抗体药物的现状及发展趋势［J］．中国生物工程杂志，2013，33（6）：117－124.

[17]高云华．抗体药物研究进展［J］．中国新药杂志，2014，23（20）：2414－2417.

[18]王凤山．生物技术制药［J］．北京：人民卫生出版社，2016.

[19]Cameron DE，Bashor CJ，Collins JJ. A brief history of synthetic biology［J］．Nat Rev Microbiol，2014，12（5）：381－390.

[20]Ruder WC，Lu T，Collins JJ. Synthetic biology moving into the clinic［J］．Science，2011，333（6047）：1248－1252.

[21]于雷，饶春明．生物技术药物生物学活性测定方法研究进展［J］．生物技术通讯，2017，28（3）：392－396.

全国高等医药院校药学类专业第五轮规划教材

生物技术制药概论

第4版

（供药学类及相关专业使用）

主　编　姚文兵

副主编　夏焕章　谭树华　杨　红　胡昌华

编　者　（以姓氏笔画为序）

尹登科（安徽中医药大学）

田　浤（中国药科大学）

杨　红（广东药科大学）

何国振（广州中医药大学）

张　纯（四川大学华西药学院）

郑　青（暨南大学药学院）

赵广荣（天津大学化工学院）

胡昌华（西南大学药学院）

姚文兵（中国药科大学）

夏焕章（沈阳药科大学）

谭树华（中国药科大学）

中国健康传媒集团

中国医药科技出版社

内 容 提 要

本教材为全国高等医药院校药学类专业第五轮规划教材之一。本教材主要内容有十章，其中绪论部分概括得介绍了生物技术、生物技术制药及生物产业与生物经济的基本概念、现状与发展趋势；对基因工程制药、蛋白质工程制药、动植物细胞工程制药、发酵工程制药、酶工程制药、抗体工程制药以及合成生物学与制药的基本原理及应用进行了阐述，同时对生物技术药物的质量控制与安全评价等也作了简明介绍。本教材为书网融合教材，即纸质教材有机融合电子教材、教学配套资源（PPT、微课、视频、图片等）、题库系统、数字化教学服务（在线教学、在线作业、在线考试），使教学资源更加多样化、立体化。

本教材可作为药学及相关专业的主要必修课教材和生物工程及其相关专业的研究和教学参考书，也可供相关科技人员参考。

图书在版编目（CIP）数据

生物技术制药概论/姚文兵主编. —4 版. —北京：中国医药科技出版社，2019. 12

全国高等医药院校药学类专业第五轮规划教材

ISBN 978 -7 -5214 -1479 -0

Ⅰ. ①生…　Ⅱ. ①姚…　Ⅲ. ①生物制品 - 医学院校 - 教材　Ⅳ. ①TQ464

中国版本图书馆 CIP 数据核字（2019）第 287008 号

美术编辑　陈君杞

版式设计　友全图文

出版　**中国健康传媒集团**｜中国医药科技出版社

地址　北京市海淀区文慧园北路甲 22 号

邮编　100082

电话　发行：010 - 62227427　邮购：010 - 62236938

网址　www. cmstp. com

规格　889 × 1194 mm $^{1}/_{16}$

印张　18 $^{3}/_{4}$

字数　412 千字

初版　2003 年 2 月第 1 版

版次　2019 年 12 月第 4 版

印次　2021 年 9 月第 2 次印刷

印刷　三河市万龙印装有限公司

经销　全国各地新华书店

书号　ISBN 978 -7 -5214 -1479 -0

定价　48. 00 元